Aydin Boyaci

# Zum Stabilitäts- und Bifurkationsverhalten hochtouriger Rotoren in Gleitlagern

Karlsruher Institut für Technologie

Schriftenreihe des Instituts für Technische Mechanik

Band 15

# Zum Stabilitäts- und Bifurkations-verhalten hochtouriger Rotoren in Gleitlagern

von
Aydin Boyaci

Dissertation, Karlsruher Institut für Technologie
Fakultät für Maschinenbau
Tag der mündlichen Prüfung: 21. Januar 2011


**Impressum**

Karlsruher Institut für Technologie (KIT)
KIT Scientific Publishing
Straße am Forum 2
D-76131 Karlsruhe
www.ksp.kit.edu

KIT – Universität des Landes Baden-Württemberg und nationales
Forschungszentrum in der Helmholtz-Gemeinschaft

KIT Scientific Publishing 2012
Print on Demand

ISSN:  1614-3914
ISBN:  978-3-86644-780-6

# Zum Stabilitäts- und Bifurkationsverhalten hochtouriger Rotoren in Gleitlagern

Zur Erlangung des akademischen Grades

**Doktor der Ingenieurwissenschaften**

der
Fakultät für Maschinenbau
Karlsruher Institut für Technologie (KIT)

genehmigte
**Dissertation**

von

Dipl.-Ing. Aydin Boyaci
aus Pforzheim

Tag der mündlichen Prüfung: 21. Januar 2011
Hauptreferent: Prof. Dr.-Ing. Wolfgang Seemann
Korreferent: Prof. Dr.-Ing. Bernhard Schweizer
Korreferent: Prof. Dr.-Ing. Carsten Proppe

# Vorwort

Die vorliegende Arbeit entstand während meiner Tätigkeit als wissenschaftlicher Mitarbeiter am Institut für Technische Mechanik, Bereich Dynamik/Mechatronik des Karlsruher Instituts für Technologie (KIT).

Herrn Prof. Dr.-Ing. Wolfgang Seemann danke ich ganz herzlich für die wissenschaftliche Betreuung, die Übernahme des Hauptreferats sowie die stete Unterstützung und Förderung in fachlicher wie persönlicher Hinsicht. Von unschätzbarem Wert waren dabei für mich das von ihm entgegengebrachte Vertrauen und die am Institut gewährte wissenschaftliche Freiheit.

Herrn Prof. Dr.-Ing. Bernhard Schweizer vom Fachgebiet Mehrkörperdynamik der Universität Kassel danke ich für die Anregungen im Laufe dieser Arbeit und auch die wohlwollende Förderung über die letzten Jahre. Die zahlreichen Ideen und Diskussionen sind für mich bis heute von essentiellem Wert für meine wissenschaftliche Arbeit. Des Weiteren bedanke ich mich für die Übernahme des Korreferats.

Daneben danke ich Herrn Prof. Dr.-Ing. Carsten Proppe für das Interesse an meiner Arbeit sowie die Übernahme des Korreferats. Durch konstruktive Kritik und zahlreiche Anregungen hat er wesentlich zur Abrundung und somit zum Erfolg dieser Arbeit beigetragen. Dem Vorsitzenden des Prüfungsausschusses, Herrn Prof. Dr.-Ing. Martin Gabi vom Fachgebiet Strömungsmaschinen gilt ebenfalls mein Dank.

Besonderer Dank gilt außerdem Herrn Prof. Dr.-Ing. Dr. h.c. Jörg Wauer, der mich seit Ende meiner Studienzeit bei meiner wissenschaftlichen Arbeit stets motiviert und gefördert hat. Insbesondere ihm ist sowohl mein Interesse an der Mechanik als auch die Übermittlung der Grundlagen durch diverse Lehrveranstaltungen während meines Studiums zu verdanken.

Allen Kolleginnen und Kollegen am Institut für Technische Mechanik will ich hiermit meinen Dank für interessante und abwechslungsreiche Diskussionen sowie für die angenehme Atmosphäre am Institut aussprechen. Besonders bedanke ich mich bei den Herren Felix Fritz, Hartmut Hetzler, Christian Rudolf, Günther Stelzner und Bernd Waltersberger. Darüber hinaus gilt mein herzlicher Dank meinen Studien- und Diplomarbeitern sowie meinen studentischen Mitarbeitern. Ausdrücklich erwähnen möchte ich die Leistung von Albert Ginter, Felix Göbel, Bernhard Hack, Daniel Heinrich, Roman Mensing, Christoph Schnaithmann, Gerd Steinhilber und Benedikt Wiegert, deren hohe Motivation und Arbeitsleistung in besonderem Maße zum Erfolg dieser Arbeit beigetragen haben. Schließlich gebührt ein großer Dank auch meiner ganzen Familie, die mich während meiner gesamten Ausbildungszeit unterstützt und motiviert hat.

Karlsruhe, 2011
Aydin Boyaci

I

# Kurzfassung


In der vorliegenden Arbeit wird ein detaillierter Überblick über das Stabilitäts- und Bifurkationsverhalten hochtouriger Rotoren in hydrodynamischen Gleitlagern gegeben. Gleitgelagerte Rotoren können in der Praxis nach Stabilitätsverlust der Gleichgewichtslage bzw. der drehzahlsynchronen Schwingungen infolge Unwucht betrieben werden, solange die Amplituden der auftretenden selbsterregten Schwingungen in einem gewissen Toleranzbereich liegen und damit nicht allzu groß werden. Daher gibt die in der Literatur übliche Vorgehensweise mittels linearer Stabilitätsanalysen nur einen begrenzten Einblick in die Problematik. Folglich ist eine erweiterte systematische Stabilitätsuntersuchung des dynamischen nichtlinearen Systemverhaltens über den gesamten Betriebsdrehzahlbereich notwendig. Innerhalb der Arbeit werden dafür die numerischen Methoden der Pfadverfolgung angewandt, die eine effiziente Untersuchung der Stabilität sowie der Bifurkationen gleitgelagerter Rotoren erlauben.

Bei den durchgeführten nichtlinearen Untersuchungen wird neben kreizylindrischen Gleitlagern mit einem Schmierfilm insbesondere das nichtlineare Verhalten von Rotoren in Schwimmbuchsenlagern betrachtet, die aufgrund der besseren Stabilitäts- und Dämpfungseigenschaften zur Lagerung hochtouriger Rotoren bevorzugt eingesetzt werden. Um die ölfilminduzierten Instabilitätsmechanismen im Sinne einer Bifurkationstheorie näher zu erläutern, wird zunächst ausführlich das nichtlineare Systemverhalten des klassischen Laval-Rotors in Gleitlagern untersucht. Neben den weit bekannten „oil-whirl" bzw. „oil-whip"-Instabilitäten bei konventionellen Gleitlagern wird im Fall von Schwimmbuchsenlagern gezeigt, dass die Modeninteraktionen zwischen innerem und äußerem Schmierfilm der Grund für das Auftreten unterschiedlicher Arten von subsynchronen Schwingungen sind. Darüber hinaus werden die verschiedenen Bifurkationsszenarien in den kritischen Grenzzyklus diskutiert, der als eine Synchronisation zwischen innerem und äußerem Schmierfilm gedeutet werden kann und mit hoher Wahrscheinlichkeit einen Rotorschaden verursacht. Außerdem kann selbst beim ideal ausgewuchteten Laval-Rotor in Schwimmbuchsenlagern chaotisches Schwingungsverhalten nachgewiesen werden. Durch die Erweiterung der Rotormodellierung zu einem rotierenden symmetrisch gelagerten Balken können ebenfalls konische Bewegungsformen des Rotors unter Berücksichtigung gyroskopischer Effekte betrachtet werden.

Als abschließende Beispiele werden zwei typische Bifurkationsszenarien von Turboladerrotoren in Schwimmbuchsenlagern diskutiert. Hierbei treten die bei den einfacheren Rotormodellen erklärten nichtlinearen Phänomene in einer ähnlichen Weise auf. Durch die vorliegende Arbeit wird somit ein tiefes Verständnis über das komplexe Stabilitäts- und Bifurkationsverhalten von Rotoren sowohl in konventionellen Gleitlagern als auch in Schwimmbuchsenlagern erreicht, das sich auf praktische Anwendungen übertragen lässt.

# Inhaltsverzeichnis

# Kapitel 1

# Einleitung

## 1.1 Motivation

In technischen Anwendungen treten Rotoren in unterschiedlichen Ausführungen auf, wie beispielsweise in Thermischen Turbomaschinen, Getrieben und Motoren. Insbesondere für Thermische Turbomaschinen ist zum Erreichen eines guten Wirkungsgrades ein Betrieb mit sehr hohen Drehzahlen erforderlich. Bei diesen hochtourigen Rotoren werden daher gewöhnlicherweise hydrodynamische Lager gegenüber anderen Lagerungsarten wie Wälz- bzw. Magnetlager vorgezogen, da sie sich neben einer langen Lebensdauer bei niedrigen Kosten durch bessere Dämpfungseigenschaften auszeichnen. Zur Verbesserung des Stabilitäts- und Schwingungsverhaltens des Rotors kommt dabei oftmals eine kostengünstige Variante, das sogenannte Schwimmbuchsenlager, zum Einsatz. Ein typisches Anwendungsgebiet von Schwimmbuchsenlagern sind hochtourige Rotoren in Abgasturboladern.

Ein Schwimmbuchsenlager ist eine spezielle Bauform eines Gleitlagers. Zwischen Wellenzapfen und feststehendem Lagergehäuse befindet sich zusätzlich eine Buchse, so dass sich ein innerer und ein äußerer Schmierfilm ergeben. Die beiden Schmierfilme sorgen sowohl für eine höhere Tragfähigkeit als auch für eine bessere Dämpfungswirkung gegenüber kreiszylindrischen Gleitlagern mit einfachem Schmierfilm. Die axial geführte aber ansonsten frei bewegliche Buchse kann beispielsweise durch Anbringung eines Bolzens an der Drehung gehindert werden, wobei in praktischen Anwendungen beide Varianten mit feststehender sowie mit rotierender Buchse eingesetzt werden. Heutzutage muss in kritischen Fällen bei der Auslegung von Rotoren auf Schwimmbuchsenlager mit feststehender Buchse ausgewichen werden, da sie das günstigere Schwingungsverhalten aufweisen, obwohl die Variante mit rotierender Buchse aus wirtschaftlichen bzw. verschleißtechnischen Gründen und wegen geringerer Reibungsverluste eigentlich zu bevorzugen ist. Innerhalb der Arbeit wird darum ausschließlich der kompliziertere Fall mit rotierender Buchse betrachtet. Beim Begriff Schwimmbuchsenlager wird sich daher im Folgenden stets auf die Variante mit rotierender Buchse bezogen.

Der Betrieb gleitgelagerter Rotoren erfolgt üblicherweise in einem Drehzahlbereich, in dem die Gleichgewichtslage bzw. die drehzahlsynchronen Schwingungen infolge Unwucht schon längst instabil im Sinne von Ljapunow sind. Demzufolge entstehen ab einer verhältnismäßig geringen Grenzdrehzahl bereits selbsterregte Schwingungen unterschiedlicher Rotorschwingungsformen bzw. Frequenzen. Bleiben die zugehörigen Amplituden innerhalb gewisser Toleranzgrenzen, so ist weiterhin ein sicherer Betrieb des Rotors gewährleistet. Jedoch können

Betriebszustände erreicht werden, in denen die Amplituden der selbsterregten Schwingungen unzulässig hohe Werte annehmen und damit einen Rotorschaden verursachen.

## 1.2   Literaturübersicht

Im Folgenden wird zunächst eine Literaturübersicht über Rotoren in konventionellen Gleitlagern gegeben, bevor speziell auf Schwimbuchsenlager eingegangen wird.

### Konventionelle Gleitlager

Bei einer hydrodynamischen Lagerung von hochtourigen Rotoren können verschiedene Typen von selbsterregten Schwingungen auftreten, die bei herkömmlichen Gleitlagern mit einfachem Schmierfilm als „oil-whirl" bzw. „oil-whip" bezeichnet werden. Erstmals wurde ein „oil-whip"-Phänomen im Jahre 1925 von Newkirk und Taylor [73] experimentell nachgewiesen. Sie berichteten von Schwingungen mit ungefähr der halben Drehfrequenz der Welle („oil-whirl") bei Drehzahlen unterhalb der doppelten kritischen Drehzahl. Dagegen war der sogenannte „oil-whip" nahezu konstanter Frequenz näherungsweise ab der doppelten kritischen Drehzahl zu beobachten. In diesem Bereich zeichneten sich die Rotorschwingungen durch extrem hohe Amplituden aus, die nicht nur die Lager, sondern auch die Maschine zu zerstören drohten.

Zur selben Zeit haben Stodala [104] und Hummel [34] unabhängig voneinander die elastischen Eigenschaften des tragenden Ölfilms durch stückweise lineare Federsteifigkeiten angenähert und erste Bedingungen für einen Stabilitätsverlust der Gleichgewichtslage des Rotors formuliert. Die von Stodala und Hummel vernachlässigten Dämpfungskoeffizienten wurden dann in den Arbeiten von Haag [27, 28] vereinfacht berücksichtigt, der außerdem zeigen konnte, dass die obere Grenze für die Frequenz der entstehenden Schwingungen die halbe Drehfrequenz der Welle beträgt. Weitere Arbeiten in dieser Periode, welche die rechnerisch ermittelten Stabiliätsbedingungen für die Gleichgewichtslage experimentell nachprüfen, sind beispielsweise von Poritsky [78] bzw. Hori [33] durchgeführt worden.

In den Jahren danach hat sich das Augenmerk immer mehr den nichtlinearen Aspekten der „oil-whirl"-Schwingungen zugewendet. Das Interesse hat sich dabei aus praktischen Beobachtungen ergeben, bei denen einige Maschinen weit oberhalb der Stabilitätsgrenze der Gleichgewichtslage hinaus sicher betrieben werden konnten [72, 113]. Es wurde die Hypothese aufgestellt, dass die nichtlinearen Terme höherer Ordnung für eine Stabilisierung und damit nicht für ein unbegrenztes Anwachsen der Schwingungen (Grenzzyklus) nach dem Stabilitätsverlust der Gleichgewichtslage verantwortlich sind. Neben den Untersuchungen durch reine numerische Integration der Bewegungsgleichungen (z.B. [2, 62]) konnte Lund [56, 58] mittels Mittelungsmethoden analytisch die Existenz bzw. Lage und Größe von stabilen Grenzzyklen in der Umgebung des Stabilitätsverlustes der Gleichgewichtslage nachweisen, wobei er im Zusammenhang mit dem Auftreten der Instabilität von einer Bifurkation sprach. Ebenfalls in diesem Zeitabschnitt sind die Arbeiten von Someya [101, 102] entstanden, der für einen horizontal gleitgelagerten Laval-Rotor unter Annahme von kreisförmigen Bahnen den Übergang vom „oil-whirl"- in den „oil-whip"-Bereich semi-analytisch beschrieben hat. Darüber hinaus hat er bei Berücksichtigung der Unwucht erkannt, dass mehrere unwuchtsynchrone Lösungen in bestimmten Drehzahlbereichen koexistieren können und die zusätzliche Läuferunwucht durchaus einen stabilisierenden Einfluss auf die Schwingungen mit halber Drehfrequenz besitzen kann. Der Unwuchteinfluss wird ebenso in den Untersuchungen von Lund und Nielsen [57] bzw. Bannister und Makdissy [3] behandelt.

Bifurkationsdiagramme für die „oil-whirl"-Schwingungen in der lokalen Umgebung des Stabilitätsverlustes der Gleichgewichtslage sind schon von Warncke [119, 120] ermittelt worden, der die periodischen Lösungen mittels eines Galerkin-Verfahrens berechnet und auf ihre Stabilität überprüft hat. Jedoch sind die in den Diagrammen enthaltene Hopf-Bifurkation der Gleichgewichtslage bzw. die Sattelknoten-Bifurkation der periodischen Lösungen nicht als solche näher identifiziert worden. Myers [67] hat dann gezeigt, dass die Gleichgewichtslage ihre Stabilität aufgrund einer Hopf-Bifurkation verliert. Unter Verwendung der Bifurkationstheorie (Zentrumsmannigfaltigkeitsanalyse) konnte er zwischen super- und subkritischen Hopf-Bifurkationen unterscheiden. Eine ähnliche Untersuchung wenige Jahre später erfolgte von Hollis und Taylor [31], die die nichtlinearen Lagerkräfte anstatt nach der Langlagertheorie wie Myers nach der Kurzlagertheorie modellierten. Shaw und Shaw [98] berücksichtigten basierend auf der Arbeit von Myers noch zusätzlich eine Unwucht, um das Bifurkationsverhalten in der näheren Umgebung des Stabilitätsverlustes der unwuchtsynchronen Schwingungen zu charakterisieren.

Einen vollständigen Überblick über das globale Stabilitäts- und Bifurkationsverhalten von starren Rotoren in kreiszylindrischen Gleitlagern lieferte Moser in seiner Dissertation [65]. Dafür wandte er die Methoden der numerischen Pfadverfolgung sowie der Bifurkationstheorie an, mit denen er die auftretenden Bifurkationen sowohl der Gleichgewichtslagen als auch der periodischen Lösungen ausführlich analysieren konnte. Außerdem konnte er bei Berücksichtigung der Unwucht in gewissen Drehzahlbereichen quasi-periodisches bzw. chaotisches Verhalten nachweisen. Von ihm unabhängig durchgeführte Arbeiten (siehe beispielsweise [1, 13, 18, 105, 115, 116]) bestätigen bis zum heutigen Tag seine Erkenntnisse. Erwähnenswert bleibt, dass die bisher aufgeführten Arbeiten überwiegend von einem starren bzw. einem elastischen Laval-Läufer ausgehen, dessen nichtlineare Lagerkräfte im Allgemeinen nach der Kurzlager- bzw. Langlagertheorie approximiert werden. Ein erweitertes Rotormodell wird von Legrand et al. [51] verwendet, der primär mit Hilfe der Methode der nichtlinearen normalen Moden die Zulässigkeit einer Systemreduktion überprüft. Hierbei wird der Rotor als rotierender Balken unter Berücksichtigung gyroskopischer Effekte modelliert.

Weitere vor allem systematische Untersuchungen des Stabilitäts- und Bifurkationsverhaltens von komplizierteren Rotormodellen in Gleitlagern, die neben der Betrachtung einer zylindrischen Bewegung noch eine konische Bewegungsform[1] des Rotors unter Berücksichtigung der gyroskopischen Effekte erlauben, insbesondere unter Benutzung von Methoden der Pfadverfolgung sind nicht bekannt. Dabei sind aufeinanderfolgende „oil-whirl"- bzw. „oil-whip"-Phänomene unterschiedlicher Rotorschwingungsformen in Experimenten beispielsweise von Hori [33] und Muszynska [66] beobachtet worden.

### Schwimmbuchsenlager

Das Schwimmbuchsenlager hat eine vergleichsweise geringe Aufmerksamkeit im Forschungsgebiet gleitgelagerter Rotoren erhalten. Eine experimentelle sowie vereinfachte

---

[1]Bei Lund [56] wird ausschließlich die Stabilitätsgrenze der Gleichgewichtslage hinsichtlich des Auftretens der konischen Bewegungsform diskutiert.

theoretische Analyse über die Charakteristiken des Schwimmbuchsenlagers im stationären Betrieb ist erstmals von Shaw und Nussdorfer [99] im Jahre 1947 verwirklicht worden. Nach weiteren frühen Arbeiten [30, 41] wird von Orcutt und Ng [74] anhand experimenteller Untersuchungen gezeigt, dass zwei sogenannte „oil-whirl"-Instabilitäten[2] bei in Schwimmbuchsen gelagerten Rotoren infolge des inneren und äußeren Schmierfilms auftreten können. Bei der Instabilität des inneren Schmierfilms ist eine kreisförmige Bewegung des Zapfens zu beobachten, während die Buchse weitgehend ruhig bleibt. Die Frequenz der Schwingungen setzt sich dabei näherungsweise aus der halben Summe der Rotor- und Buchsendrehfrequenz zusammen. Im Falle der Instabilität des äußeren Schmierfilms bewegt sich die Buchse innerhalb der Grenzen des Lagerspiels mit ungefähr der halben Buchsendrehfrequenz, wobei sich nach Orcutt und Ng [74] gewöhnlicherweise eine komplexe Zapfenbewegung gleicher Frequenz einstellt. Daher sprachen sie von der gleichzeitigen Instabilität von innerem und äußerem Schmierfilm. Jedoch berichteten sie ebenfalls von Fällen der Instabilität alleine des äußeren Schmierfilms, bei denen neben einer Buchsenschwingung geringer Amplitude der Zapfen ruhig blieb.

Tatara [110] erklärte dann den schon von Orcutt und Ng erwähnten stabilisierenden Effekt des Schwimbuchsenlagers im Falle der „oil-whirl"-Instabilität des inneren Schmierfilms anschaulich dadurch, dass mit zunehmender Drehzahl die Schwingungen infolge der Dämpfungswirkung des äußeren Schmierfilms stabilisiert werden.

Eine analytische Stabilitätsanalyse der Gleichgewichtslage eines Laval-Rotors in Schwimmbuchsenlagern wurde von Tanaka und Hori [108] durchgeführt, die damit Stabilitätskarten in Abhängigkeit der relevanten Rotor- und Lagerparameter erstellten. Saito et al. [83] (aus dem Japanischen zitiert bei [21]) konnten die Stabilitätskarte in zwei Bereiche unterschiedlicher Frequenzen der entstehenden selbsterregten Schwingungen aufteilen, die sie gemäß den experimentellen Versuchen dem inneren und äußeren Schmierfilm zuordneten. Weitere analytische Untersuchungen des dynamischen Verhaltens von Rotoren in Schwimmbuchsenlagern befassten sich im Laufe der Jahre nahezu ausschließlich mit dem Stabilitätsverlust der Gleichgewichtslage [54, 107, 109].

Darüber hinaus wurden in den Arbeiten [21, 54, 61, 108] numerische Berechnungen der verschiedenen Typen von selbsterregten Schwingungen bei Annahme einfacher Rotormodelle vorgenommen, die weitestgehend mit experimentellen Ergebnissen verglichen wurden. Schließlich beschrieb Schweizer [94] mittels transienter Hochlaufsimulationen ausführlich das Stabilitäts- und Bifurkationsverhalten von Laval-Rotoren in Schwimmbuchsenlagern. Er zeigte, dass die Instabilität des inneren Schmierfilms einen kreisförmigen Rotororbit (Grenzzyklus) verursacht, während aus der Instabilität des äußeren Schmierfilms eine kompliziertere Rotorbewegung resultiert. Diese weist zusätzlich zur umlaufenden Bewegung noch eine radiale Komponente mit einer zweiten Frequenz auf. Überdies berichtete er erstmalig von einer sogenannten „totalen Instabilität", die bei realen in Schwimmbuchsen gelagerten Rotoren anzutreffen ist und somit auch von praktischem Interesse ist. Die „totale Instabilität" zeichnet sich ähnlich dem „oil-whip"-Phänomen bei konventionellen Gleitlagern durch extrem hohe Amplituden aus, die einen wahrscheinlichen Rotorschaden mit sich bringen. Schweizer erklärte die „totale Instabilität" als Folge einer Synchronisation der „oil-whirl"- bzw. „oil-whip"-Frequenzen des inneren und äußeren Schmierfilms.

---

[2]Im Rahmen der Literaturübersicht über das Schwimmbuchsenlager werden gemäß der zitierten Autoren im Allgemeinen die Begriffe Stabilität bzw. Instabilität nicht im mathematischen Sinne aufgefasst.

Neuere Veröffentlichungen über das Themengebiet des Schwimmbuchsenlagers beschäftigen sich vermehrt speziell mit dem nichtlinearen Schwingungsverhalten von hochtourigen Rotoren in Abgasturboladern, wobei die ersten Untersuchungen in die frühen achtziger Jahre zurückgehen. Li [53] hat im Jahre 1982 ein flexibles Modell eines Turboladerrotors kleinerer Bauart unter Berücksichtigung der gyroskopischen Effekte hergeleitet, um aus heutiger Sicht ausschließlich die selbsterregten Schwingungen im konischen Mode bei der Instabilität des äußeren Schmierfilms für bestimmte Drehzahlen mittels numerischer Zeitintegrationen genauer zu analysieren. Eine Reihe von experimentellen sowie numerischen Untersuchungen per Zeitintegration von kleinen Turboladerrotoren in Schwimmbuchsenlagern werden bis dato von San Andrés et al. (siehe beispielsweise [32, 40, 68, 84, 85, 86, 87]) durchgeführt, die sowohl verschiedene Einflüsse wie Temperatur, Unwucht, etc. als auch Lagerungen mit feststehender Buchse behandeln. Ähnliche Studien auf dem Gebiet von in rotierenden Schwimmbuchsen gelagerten kleinen Turboladerrotoren werden aktuell neben Bonello [5] insbesondere von Kirk et al. [42, 43, 44] verfolgt, dessen numerische Berechnungen auf dem von Gunter und Chen [26] entwickelten Rotordynamiktool DyRoBeS beruhen. Schweizer [92, 95, 96] ist es dann gelungen, die schon von San Andrés und Kirk beobachteten nichtlinearen Phänomene bei kleinen Turboladerrotoren in Schwimmbuchsenlagern anhand eigener Messungen sowie Simulationen zu klassifizieren und die bei einem Rotorhochlauf festgestellten (klassischen) Folgen subsynchroner Frequenzen zusammenzufassen. Hierbei werden die auftretenden subsynchronen Schwingungen nicht nur nach der Instabilität des inneren und äußeren Schmierfilms unterschieden, sondern zusätzlich auch noch die Rotorschwingungsform (konisch/zylindrisch) berücksichtigt. Des Weiteren weist er in [93, 95] das Auftreten der „totalen Instabilität" bei einem Turboladerrotor mittlerer Baugröße nach.

Zusätzlich zu den bei konventionellen Gleitlagern referenzierten Veröffentlichungen untersucht Rübel [80] ebenfalls anhand einer numerischen Pfadverfolgung die auftretenden Lösungen eines kleinen gewöhnlich gleitgelagerten Turboladerrotors auf Stabilität und Bifurkationen, der dabei nicht näher auf Schwimmbuchsenlager eingeht. Die numerische Stabilitäts- und Bifurkationsanalyse mit Hilfe einer Pfadverfolgung wird auch für starre Rotoren in vereinfacht modellierten Quetschöldämpfern von Sundararajan und Noah [105] bzw. Inayat-Hussain et al. [35, 36] angewandt, die nichtlineare Abhängigkeiten ausschließlich in der äußeren Lagersteifigkeit bzw. -dämpfung des Quetschöldämpfers berücksichtigen.

Eine weitere Arbeit von Ying et al. [124] beschäftigt sich mittels eines sogenannten „bruteforce"-Ansatzes ebenfalls mit dem nichtlinearen Schwingungsverhalten eines kleinen Turboladerrotors in gewöhnlichen Gleitlagern, wobei hauptsächlich der Einfluss der motorinduzierten Anregung auf die selbsterregten Schwingungen betrachtet wird. Methoden der numerischen Pfadverfolgung kommen nicht zum Einsatz.

Zusammenfassend lässt sich festhalten, dass das dynamische Systemverhalten im Sinne einer Stabilitäts- und Bifurkationstheorie selbst von einfachen Rotormodellen in Schwimmbuchsenlagern nach dem Stabilitätsverlust der Gleichgewichtslage weitgehend unbekannt ist. Genauere Untersuchungen zur Identifikation quasi-periodischer bzw. chaotischer Attraktoren liegen ebenfalls nicht vor. Zudem scheinen bislang Studien größerer Rotoren in Schwimmbuchsenlagern, die eine „totale Instabilität" aufweisen können, von geringem Interesse zu sein.

## 1.3   Zielsetzung

Wie bereits in der Literaturübersicht ausführlich dargestellt, geht ein großer Anteil der theoretischen Arbeiten im Rahmen der Rotordynamik von um die Gleichgewichtslage linearisierten Steifigkeits- und Dämpfungskoeffzienten der stark nichtlinearen Gleitlagerkräfte aus. Dadurch ist mittels einer Eigenwertanalyse die Ermittlung der linearen Stabilitätsgrenze möglich, welche die Drehzahl für das Auftreten der selbsterregten Schwingungen kennzeichnet. Außerdem können die Schwingungen kleiner Amplitude infolge der Unwucht um die Gleichgewichtslage bestimmt werden. Allerdings sind mit Hilfe dieser Methoden die bei höheren Drehzahlen auftretenden nichtlinearen Effekte (Sprungphänomene, Synchronisation, „mode-locking", Modeninteraktion, „blue-sky"-Katastrophe, etc.) bei gleitgelagerten Rotoren nicht erfassbar, die jedoch für einen sicheren Betrieb von enormer Bedeutung sein können.

Daneben besteht eine Vielzahl von eher praxisbezogenen Arbeiten, die mit Unterstützung experimenteller Untersuchungen eine detailgetreue Modellierung und Simulation von gleitgelagerten Rotoren ermöglichen. Hierbei werden die auftretenden nichtlinearen Effekte phänomenologisch erklärt. Dennoch können beispielsweise die auftretenden Bifurkationen nicht näher quantifiziert und identifiziert werden. Des Weiteren beschränkt man sich überwiegend auf Einzelfälle bzw. spezielle Rotoren, die generelle Aussagen über das nichtlineare Systemverhalten eigentlich nicht zulassen.

Die vorliegende Arbeit soll deshalb helfen, einen weitestgehend allgemein gültigen Überblick über die möglichen nichtlinearen Phänomene insbesondere bei Rotoren in Schwimmbuchsenlagern zu geben, womit sie eine Brückenfunktion zwischen den beobachteten nichtlinearen Effekten in der Praxis sowie der Theorie bildet. Dafür werden die Methoden der numerischen Pfadverfolgung bei verschiedenen Modellen (Laval-Rotor, Kontinuumsrotor bzw. analytisches Turboladerrotormodell) angewandt, die eine detaillierte und systematische Stabilitäts- und Bifurkationsanalyse auch periodischer Lösungen von gleitgelagerten Rotoren erlauben. Hierdurch ist anhand der Detektierung von relevanten Bifurkationen eine effiziente Untersuchung der Einflüsse von Systemparametern möglich. Grundsätzlich sollen die folgenden Untersuchungen einen Beitrag zum besseren Verständnis der Instabilitätsmechanismen leisten, um in Zukunft sowohl die selbsterregten Schwingungen als auch die kritischen Bereiche hoher Amplituden zu unterdrücken oder besser kontrollieren zu können.


## 1.4   Aufbau der Arbeit

Zur Untersuchung des Stabilitäts- und Bifurkationsverhaltens von hochtourigen Rotoren wird folgendermaßen vorgegangen: In den nächsten zwei Kapiteln der Arbeit werden die verwendeten theoretischen Grundlagen vorgestellt, während im darauf folgenden Kapitel 4 die Stabilitätsuntersuchungen mit dem symmetrisch gleitgelagerten Laval-Rotor beginnen, die in den weiteren Kapiteln 5 bzw. 6 sukzessive auf ein flexibles Modell des Turboladerrotors erweitert werden. Dementsprechend werden jeweils vor der Diskussion der Ergebnisse einer Modellstufe zunächst die dafür benötigten Bewegungsgleichungen hergeleitet. Aus den Erweiterungen folgen immer wieder neue Aspekte des nichtlinearen Schwingungsverhaltens, die dann in den jeweiligen Kapiteln im Vordergrund stehen.

In Kapitel 2 werden die Grundlagen der hydrodynamischen Lagertheorie behandelt, die in den später aufgestellten Modellen benötigt werden. Dabei wird insbesondere auf die Lösung der Reynoldsgleichung nach der Impedanz-Methode eingegangen, mit deren Hilfe ebenfalls die analytischen Lagerkräfte nach der Kurzlagertheorie hergeleitet werden. Die theoretischen Grundlagen zu den später durchgeführten Stabilitäts- und Bifurkationsanalysen werden in Kapitel 3 präsentiert. Nach Definition einiger Grundbegriffe dynamischer Systeme wird die zugrunde liegende Theorie anhand der Vorgehensweise bei der numerischen Bifurkationsanalyse dargelegt, die sich in drei Abschnitte (Bestimmung der stationären Lösungen, Stabilitäts- und Bifurkationsanalyse) untergliedern lässt. Danach werden gängige Methoden zur Beschreibung quasi-periodischer bzw. chaotischer Attraktoren dargestellt. Um einen leichteren Einstieg ins Themengebiet zu ermöglichen, werden in Kapitel 4 und 5 jeweils zuerst die Ergebnisse für konventionelle Gleitlager diskutiert, bevor auf Schwimmbuchsenlager eingegangen wird. In Kapitel 4 wird zunächst mit Hilfe eines symmetrisch gelagerten Laval-Rotors die Gültigkeit der nach der Kurzlagertheorie modellierten Lagerkräfte überprüft. Zur Einführung werden dann die beiden Methoden „transiente Hochlaufsimulation" und „numerische Bifurkationsanalyse" miteinander verglichen, wobei die auftretenden nichtlinearen Effekte anschaulich erläutert werden. Nach einer linearen Stabilitätsanalyse der Gleichgewichtslage wird ausführlich das nichtlineare Stabilitäts- und Schwingungsverhalten des ideal ausgewuchteten Rotors untersucht, wobei ebenfalls auf den Einfluss der Rotor- und Lagerparameter näher eingegangen wird. Schließlich wird der Unwuchteinfluss gesondert betrachtet. In Kapitel 5 ist ein symmetrisch gelagerter Kontinuumsrotor Gegenstand der Untersuchungen. Besonderes Augenmerk liegt auf den sich für die selbsterregten Schwingungen einstellenden Rotorschwingungsformen, die eine Klassifizierung der unterschiedlichen subsynchronen Schwingungen erfordern. Im Rahmen der durchgeführten Untersuchungen werden speziell der Einfluss gyroskopischer Effekte und der Unwuchtverteilung entlang des Rotors auf das Stabilitätsverhalten berücksichtigt. Kapitel 6 widmet sich der numerischen Bifurkationsanalyse zweier in Schwimmbuchsen gelagerter Turboladerrotoren unterschiedlicher Baugröße, deren Stabilitäts- und Bifurkationsverhalten mit den in den vorangegangenen Kapiteln gewonnenen Erkenntnissen erklärt wird. Die Arbeit schließt mit einer Zusammenfassung im 7. Kapitel.

# Kapitel 2

# Hydrodynamische Lagertheorie

Zur Lagerung rotierender Maschinenelemente werden häufig Gleitlager verwendet. Die Druckverteilung im Lager wird durch die Reynoldsgleichung beschrieben. Hierbei handelt es sich um eine partielle Differentialgleichung, deren Lösung sich nur bei wenigen Sonderfällen in analytischer Form darstellen lässt. Im Folgenden wird die Reynoldsgleichung ausgehend von der allgemeinen Darstellung an die Randbedingungen eines Radiallagers angepasst. Danach wird die Impedanz-Methode behandelt, die zur Erstellung von Kennfeldern für die Lagerkraftberechnung dienen kann. Zudem wird auf die Näherungslösung der Reynoldsgleichung nach der Kurzlagertheorie eingegangen, deren Gleichungen für die Lagerkräfte mittels der Impedanz-Methode formuliert werden.

## 2.1  Reynoldsgleichung

Die Reynoldsgleichung ergibt sich unter Berücksichtigung der Kontinuitätsbedingung aus den Navier-Stokes-Gleichungen für ein inkompressibles, Newtonsches Fluid konstanter Viskosität und konstanter Dichte. Die hier gegebene Darstellung folgt im Wesentlichen der Herleitung aus [106]. Weitere Betrachtungen der Thematik sind beispielsweise in [15, 49] gegeben.

Mit der dynamischen Viskosität des Schmiermittels $\eta$, der Schmierspalthöhe $h$ und den Geschwindigkeiten der bewegten Oberflächen der Lagerschale $U_1$ und des Lagerzapfens $U_2$ ergibt sich beispielsweise nach [106] die Reynoldsgleichung für Radiallager in der Form

$$\frac{\partial}{\partial x}\left(\frac{h^3}{\eta}\frac{\partial p}{\partial x}\right) + \frac{\partial}{\partial y}\left(\frac{h^3}{\eta}\frac{\partial p}{\partial y}\right) = 6\frac{\partial}{\partial y}\left(h(U_1 + U_2)\right) + 12\frac{\partial h}{\partial t} \tag{2.1}$$

welche die Druckverteilung $p$ im Schmierspalt beschreibt.

Abbildung 2.3 zeigt ein vollumschlossenes kreiszylindrisches Gleitlager, das den Ausgangspunkt der folgenden Betrachtungen darstellt. Die Lagerschale (Radius $R$) und der Lagerzapfen (Radius $r = R - C$, radiales Lagerspiel $C$) werden beide als starr und ideal kreiszylindrisch vorausgesetzt, wobei sie beide jeweils mit einer konstanten Winkelgeschwindigkeit $\omega$ bzw. $\omega_S$ um ihre geometrischen Mittelpunkte $O_Z$ bzw. $O_S$ rotieren. Jedoch kann sich nur der Lagerzapfen translatorisch bewegen. Darüber hinaus bleiben beide Körper stets achsparallel in Lagerlängsrichtung, so dass Schiefstellungen des Zapfens und der Schale nicht berücksichtigt werden. Werden die Oberflächengeschwindigkeiten des Zapfens sowie der Lagerschale durch die Beziehungen $U_1 = R\omega_S$ bzw. $U_2 = R\omega$ ersetzt, so nimmt nach

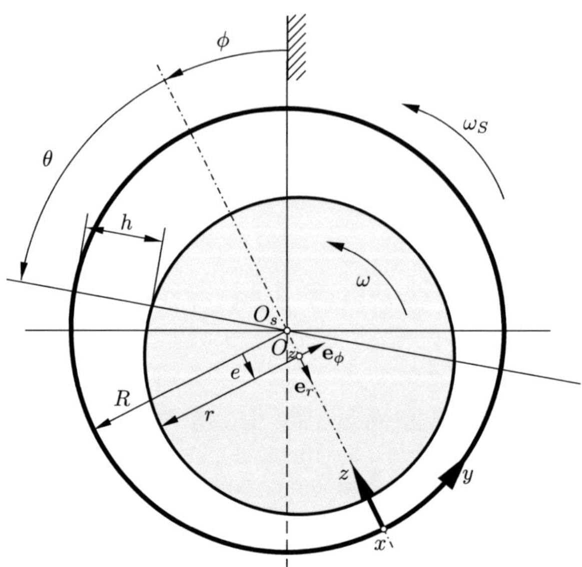


Abbildung 2.1: Geometrie des vollumschlossenen kreiszylindrischen Gleitlagers.

Einführung von Zylinderkoordinaten $(x, r, \phi)$ unter Verwendung von $y = R\theta$ die Reynoldsgleichung die Form

$$\frac{1}{R^2}\frac{\partial}{\partial\theta}\left(\frac{h^3}{\eta}\frac{\partial p}{\partial\theta}\right) + \frac{\partial}{\partial x}\left(\frac{h^3}{\eta}\frac{\partial p}{\partial x}\right) = 6(\omega + \omega_S)\frac{\partial h}{\partial\theta} + 12\frac{\partial h}{\partial t} \tag{2.2}$$

an.

Eine dimensionslose Notation der Reynoldsgleichung bietet den Vorteil, dass sie bei einer geringeren Anzahl an Parametern dennoch auf beliebige Radiallager angewendet werden kann. Daher können nach Normierung der Zeit $\tau = \omega_0 t$ mit einer beliebigen Bezugswinkelgeschwindigkeit $\omega_0$ folgende dimensionslose Größen eingeführt werden:

$$\bar{x} = \frac{x}{L}, \quad \varepsilon = \frac{e}{C}, \quad H = \frac{h}{C}, \quad \Pi = \left(\frac{C}{R}\right)^2\frac{p}{6\eta\omega_0}, \quad \Omega_0 = \frac{\omega + \omega_S}{\omega_0}. \tag{2.3}$$

Darin bezeichnet $\bar{x}$ die dimensionslose Koordinate in Lagerlängsrichtung sowie $\Omega_0$ ein Drehzahlverhältnis. Die Exzentrizität $e$ des Lagerzapfens und die Spalthöhe $h$ werden auf das radiale Lagerspiel $C$ bezogen. Die dimensionslose Reynoldsgleichung ergibt sich somit für die in (2.3) definierte Druckkennzahl $\Pi$

$$\frac{\partial}{\partial\theta}\left(H^3\frac{\partial\Pi}{\partial\theta}\right) + \frac{1}{4}\left(\frac{D}{L}\right)^2\frac{\partial}{\partial\bar{x}}\left(H^3\frac{\partial\Pi}{\partial\bar{x}}\right) = \Omega_0\frac{\partial H}{\partial\theta} + 2\frac{\partial H}{\partial\tau}. \tag{2.4}$$

Wird in sehr guter Näherung die für eine ideale Kreisgeometrie von Zapfen und Schale allseits bekannte Schmierspalthöhe

$$h \approx C + e\cos\theta \quad \text{bzw.} \quad H \approx 1 + \varepsilon\cos\theta \tag{2.5}$$

verwendet, so kann die rechte Seite der Reynoldsgleichung (2.4) umformuliert werden und
es ergibt sich

$$\frac{\partial}{\partial \theta}\left(H^3 \frac{\partial \Pi}{\partial \theta}\right) + \frac{1}{4}\left(\frac{D}{L}\right)^2 \frac{\partial}{\partial \bar{x}}\left(H^3 \frac{\partial \Pi}{\partial \bar{x}}\right) = 2\varepsilon' \cos\theta + 2\varepsilon \sin\theta(\phi' - \frac{1}{2}\Omega_0)\,. \tag{2.6}$$

Dabei bezeichnen $(\ldots)' = \frac{\mathrm{d}}{\mathrm{d}\tau}(\ldots)$ stets Ableitungen nach der dimensionslosen Zeit $\tau$.
Um ausgehend von Gleichung (2.6) die dimensionslose Druckverteilung $\Pi$ im Lager zu
ermitteln, müssen noch Randbedingungen festgelegt werden. In axialer Richtung wird im
Allgemeinen an den Lagerenden

$$\Pi = 0 \quad \text{für} \quad \bar{x} = \pm\frac{1}{2} \tag{2.7}$$

gefordert. Für die Randbedingungen in Umfangsrichtung gibt es verschiedene Ansätze [49].
Dabei werden die folgenden klassischen Randbedingungen häufig verwendet(vgl. Abbildung
2.2):

- Sommerfeld-Randbedingungen:

$$\Pi = 0 \quad \text{für} \quad \theta = 0, 2\pi\,. \tag{2.8}$$

- Gümbel- bzw. „Halb-Sommerfeld"-Randbedingungen:

$$\Pi = 0 \quad \text{für} \quad \theta = 0, \pi \quad \text{und} \quad \pi < \theta < 2\pi\,. \tag{2.9}$$

- Reynolds-Randbedingungen:

$$\begin{aligned}
\Pi &= 0 \quad \text{für} \quad \theta = 0, \theta_1 \quad \text{und} \quad \theta_1 < \theta < 2\pi\,, \\
\frac{\partial \Pi}{\partial \theta} &= 0 \quad \text{für} \quad \theta = \theta_1\,.
\end{aligned} \tag{2.10}$$

Bei Annahme von Sommerfeld-Randbedingungen ergibt sich ein $2\pi$-periodischer Druckverlauf, der zum engsten Spalt bei $\theta = \pi$ punktsymmetrisch ist. Der im divergierenden Spaltbereich vorherrschende Unterdruck ist vom Betrag her genauso groß wie der Überdruck
im konvergierenden Spaltbereich. Diese Randbedingungen stimmen deshalb nicht mit der
Realität überein, weil ein Ölfilm die aus einem Unterdruckgebiet resultierenden Zugkräfte
nur begrenzt übertragen kann.
Eine einfache Anpassung der aus den Sommerfeldschen Randbedingungen erhaltenen
Lösung erfolgt durch die Randbedingungen nach Gümbel, wonach der im divergierenden
Spaltbereich herrschende negative Druck zu Null gesetzt wird. Damit berücksichtigen
diese Randbedingungen die Tatsache, dass der Ölfilm nur geringe Zugkräfte aufnehmen
kann. Jedoch liegt dann an einer Stelle des Umfangs eine Unstetigkeit im Druckverlauf
vor, die unverträglich mit der Kontinuitätsbedingung ist.
Die Reynolds-Randbedingungen fordern das Verschwinden der ersten Ableitung an der
Übergangsstelle $\theta_1$ für den Druckverlauf, womit einerseits das Auftreten von Unterdruck
und andererseits die Unverträglichkeit mit der Kontinuitätsgleichung vermieden wird. Der
Nachteil liegt darin, dass für diese Art von Randbedingungen zwingend numerische Verfahren zur Bestimmung der Nullstelle bzw. Integrationsgrenze $\phi_1$ eingesetzt werden müssen.

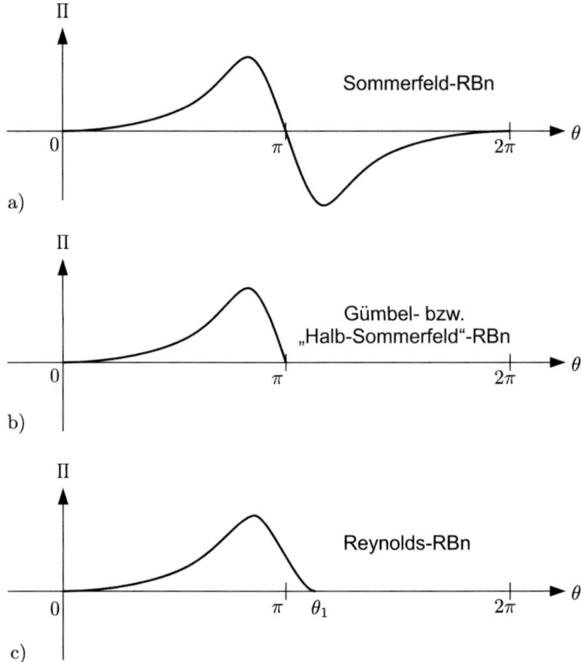


Abbildung 2.2: Druckverläufe in Umfangsrichtung bei verschiedenen Randbedingungen: a) Sommerfeld. b) Gümbel. c) Reynolds.

## 2.2 Impedanz-Methode

Heutzutage nehmen rechnergestützte Simulationsverfahren zur Lagerauslegung immer mehr an Bedeutung zu. Eine Unterteilung der typischen Gleitlagerberechnungsverfahren kann zum einen in Kennfeldlösungen und zum anderen in Verfahren vorgenommen werden, bei denen die Lösung der Reynoldsschen Differentialgleichung in jedem Zeitschritt numerisch erfolgt. Bei den sogenannten Kennfeldlösungen werden für Gleitlager mit einem bestimmten Breiten-Durchmesser-Verhältnis $L/D$ dimensionslose Kennfelder erstellt. Aus dem vorab erstellten Kennfeld können dann in der Simulation für jeden Berechnungsschritt die entsprechenden Werte für die Lagerkräfte interpoliert werden. Speziell bei der Impedanz-Methode wird der kombinierte Bewegungszustand aus Drehung und Verdrängung in einen hydrodynamisch äquivalenten reinen Verdrängungszustand transformiert. Dadurch reduziert sich die Dimension der Kennfelder für ein bestimmtes Breiten-Durchmesser-Verhältnis $L/D$ auf zwei unabhängige Größen. Als weitere Kennfeldmethoden sind zu erwähnen:

- Verfahren der überlagerten Tragkräfte,

- Verfahren der überlagerten Tragdrücke.

Die Vorteil der Impedanz-Methode gegenüber anderen Berechnungsverfahren liegt in den relativ kurzen Berechnungszeiten. Allerdings werden folgende Vereinfachungen vorausgesetzt:

- Kreiszylindrisches Radiallager mit starren Gleitflächen ohne axiale Geschwindigkeiten,

- konstante Viskosität und Dichte im gesamten Schmierspalt,

- keine Zapfen- oder Schalenschiefstellung (Parallelspalt in Breitenrichtung).

Hierbei ist anzumerken, dass die meisten in den technischen Anwendungen verwendeten Gleitlager keine ideale kreiszylindrische Geometrie besitzen. Häufig sind Freiräumungen, Nuten, Schmiertaschen oder Ölzuführbohrungen in den Lagern vorzufinden, die nach der klassischen Impedanz-Methode nicht berücksichtigt werden können. Um auch den Einfluss einer verbesserten Modellbildung des hydrodynamischen Lagers zu bewerten, müssen deutlich rechenzeitintensivere Berechnungsverfahren eingesetzt werden. Dazu wird die allgemeine Reynoldsgleichung in jedem Berechnungschritt numerisch gelöst. Bei zusätzlicher Berücksichtigung lokaler Deformationen im Lager können dann elastohydrodynamische Verfahren (EHD-Methoden) angewandt werden.

## 2.2.1 Allgemeines Vorgehen

Die Impedanz-Methode [16] ist ein Kennfeldverfahren, das auf der von Booker entwickelten Mobility-Methode [6] basiert. Da bei der Herleitung der klassischen Reynoldsgleichung die Trägheitskräfte vernachlässigt werden, kann ein Bezugssystem so gewählt werden, dass ein reiner Verdrängungszustand entsteht.

Ausgangspunkt der folgenden Betrachtungen bildet die Reynoldsgleichung (2.6) in dimensionsloser Form. Die Impedanz-Methode beruht auf der Tatsache, dass für den Lagerzapfen

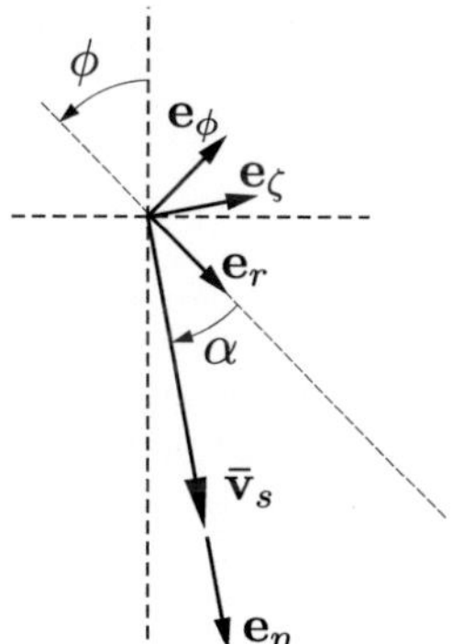

Abbildung 2.3: Winkel $\alpha$ zwischen dem Verdrängungsgeschwindigkeitsvektor und dem Einheitsvektor $\mathbf{e}_r$, der in Richtung der Exzentrizität $\varepsilon$ zeigt.

ein sich mit der Winkelgeschwindigkeit $1/2\,\Omega_0$ um die $\bar{x}$-Achse drehendes Relativsystem existiert, in dem aus Sicht eines Beobachters ausschließlich eine Druckentwicklung infolge einer Verdrängungsbewegung (und keine infolge einer Drehbewegung) stattfindet. Damit kann ein Verdrängungsgeschwindigkeitsvektor $\bar{\mathbf{v}}_s$ eingeführt werden, der stets in Richtung der $\eta$-Achse des $(\eta,\zeta)$-Koordinatensystems zeigt (vgl. Abbildung 2.3). Er steht mit den

Komponenten der Verdrängungsbewegung $\varepsilon'$ und der Drehbewegung $\varepsilon\phi'$ aus dem $(\bar{x}, r, \phi)$-Koordinatensystem im Zusammenhang

$$\bar{\mathbf{v}}_s = \begin{pmatrix} 0 \\ \varepsilon' \\ \varepsilon\phi' \end{pmatrix} - \begin{pmatrix} \frac{1}{2}\Omega_0 \\ 0 \\ 0 \end{pmatrix} \times \begin{pmatrix} 0 \\ \varepsilon \\ 0 \end{pmatrix} = \begin{pmatrix} 0 \\ \varepsilon' \\ \varepsilon\left(\phi' - \frac{1}{2}\Omega_0\right) \end{pmatrix} = \begin{pmatrix} 0 \\ \bar{v}_s \cos\alpha \\ -\bar{v}_s \sin\alpha \end{pmatrix}_{\bar{x}, r, \phi} , \qquad (2.11)$$

worin $\bar{\mathbf{v}}_s = \mathbf{v}_s/(C\omega_0)$ ist. Dadurch kann die Reynoldsgleichung (2.6) mit Hilfe des Betrags des Verdrängungsgeschwindigkeitsvektors $\bar{v}_s = |\bar{\mathbf{v}}_s|$ in

$$\frac{\partial}{\partial\theta}\left(H^3 \frac{\partial\Pi}{\partial\theta}\right) + \frac{1}{4}\left(\frac{D}{L}\right)^2 \frac{\partial}{\partial\bar{x}}\left(H^3 \frac{\partial\Pi}{\partial\bar{x}}\right) = 2\bar{v}_s \cos(\alpha + \theta) \qquad (2.12)$$

umformuliert werden. Die rechte Seite der Reynoldsgleichung (2.12) hängt nun weder von den Winkelgeschwindigkeiten $\phi'$, $\Omega_0$ noch von der radialen Zapfengeschwindigkeit $\varepsilon'$ ab. Die Lagerkräfte in dimensionsloser Form können durch Integration

$$f_r^* = 3 \int_{\theta_1}^{\theta_2} \Pi_m \cos\theta \, \mathrm{d}\theta , \quad f_\phi^* = 3 \int_{\theta_1}^{\theta_2} \Pi_m \sin\theta \, \mathrm{d}\theta . \qquad (2.13)$$

mit Hilfe des über die Lagerbreite gemittelten dimensionslosen Druckes

$$\Pi_m = \int_{-\frac{1}{2}}^{\frac{1}{2}} \Pi \, \mathrm{d}\bar{x} \qquad (2.14)$$

bestimmt werden. Die Integrationsgrenzen in (2.13) hängen davon ab, welche Randbedingungen in Umfangsrichtung angenommen werden. Unter Berücksichtigung der Sommerfeldzahl

$$So = \left(\frac{C}{R}\right)^2 \frac{W}{\eta\omega_0 L D} \qquad (2.15)$$

für eine bestimmte Belastung $W$ des Lagers ergibt sich ein Zusammenhang

$$f_i^* = So\frac{F_i}{W} \quad \text{für} \quad i = r, \phi \qquad (2.16)$$

für die Kraftkomponenten. Um die Abhängigkeit der Kraftkomponente von der Verdrängungsgeschwindigkeit $\bar{v}_s$ zu eliminieren, können die dimensionslosen Komponenten $f_i^*$ mit $\bar{v}_s$ durch sogenannte Impedanzvektorkomponenten $W_{I,i}^*$ gemäß

$$f_i^* = -\bar{v}_s W_{I,i}^* \quad \text{für} \quad i = r, \phi \qquad (2.17)$$

verknüpft werden. Die Impedanzvektoren können für bestimmte Breiten-Durchmesser-Verhältnisse $L/D$ in Abhängigkeit von diskreten Werten für $\varepsilon$ sowie $\alpha$ vorab berechnet und in Impedanzkennfelddateien abgelegt werden. Die Impedanz-Methode eignet sich besonders gut für den Rechnereinsatz, da die numerische Lösung der Reynoldsgleichung in jedem Rechenzeitschritt nicht mehr notwendig ist. Aus der momentanen Zapfenschwerpunktsgeschwindigkeit $\varepsilon'$ bzw. $\varepsilon\phi'$ und der Winkelgeschwindigkeit $\Omega_0$ werden mit (2.11) der Winkel $\alpha$ sowie die Verdrängungsgeschwindigkeit $\bar{v}_s$ ermittelt. Anschließend werden die Lagerkräfte (2.17) mittels der aus dem Kennfeld interpolierten Impedanzkomponenten bestimmt. Innerhalb dieser Arbeit wird bei der Lagerkraftberechnung nach der allgemeinen Reynoldsgleichung (2.6) auf die in [89] erstellten Impedanz-Kennfelder zurückgegriffen.

## 2.2.2 Kurzlagertheorie

In diesem Abschnitt werden die Gleichungen für die Lagerkräfte unter Verwendung der Impedanz-Methode für ein kurzes Lager $L/D \ll 1$ hergeleitet (siehe beispielsweise [16, 115]), wobei die sogenannte Kurzlagertheorie auf der Arbeit von DuBois und Ocvirk [22] beruht. Bei Gleitlagern mit einem Breiten-Durchmesser-Verhältnis $L/D < 1/2$ kann der Druckgradient in Umfangsrichtung $\frac{\partial \Pi}{\partial \theta}$ gegenüber dem Gradienten in Breitenrichtung $\frac{\partial \Pi}{\partial \bar{x}}$ vernachlässigt werden, so dass nachfolgend der erste Term auf der linken Seite der Reynoldsgleichung (2.12) nicht mehr berücksichtigt wird. Die vereinfachte Differentialgleichung kann damit jetzt zweimal nach $\bar{x}$ integriert werden. Unter Annahme der Randbedingungen $\Pi = 0$ an den Stellen $\bar{x} = -\frac{1}{2}$ und $\bar{x} = \frac{1}{2}$ ergibt sich für den Druck

$$\Pi = \left(4\bar{x}^2 - 1\right) \bar{v}_s \cos(\alpha + \theta) \left(\frac{L}{D}\right)^2 \frac{1}{H^3}, \tag{2.18}$$

oder über die Breite gemittelt

$$\Pi_m = -\frac{2}{3}\bar{v}_s \cos(\alpha + \theta) \left(\frac{L}{D}\right)^2 \frac{1}{H^3}. \tag{2.19}$$

Ein positiver Druck liegt im Bereich zwischen $\theta_1 = \frac{1}{2}\pi - \alpha$ und $\theta_2 = \frac{3}{2}\pi - \alpha$ vor. Folglich gelten die Gümbelschen Randbedingungen. Die Impedanzvektorkomponenten $W_{I,r}^*$ und $W_{I,\phi}^*$ folgen nach Einsetzen von (2.19) in (2.13) unter Berücksichtigung von (2.17):

$$W_{I,r}^* = 2\left(I_3^{02}\cos\alpha - I_3^{11}\sin\alpha\right) \left(\frac{L}{D}\right)^2, \quad W_{I,\phi}^* = 2\left(I_3^{11}\cos\alpha - I_3^{20}\sin\alpha\right) \left(\frac{L}{D}\right)^2. \tag{2.20}$$

Der darin enthaltene Ausdruck

$$I_m^{jk} = \int_{\phi_1}^{\phi_2} \sin^j \phi \cos^k \phi H^{-m}\, d\phi \tag{2.21}$$

wird auch Gleitlagerintegral genannt. Die Ergebnisse für die in (2.20) vorkommenden Integrale (vgl. [7, 115]) können wie folgt dargestellt werden:

$$I_3^{02} = \frac{1}{2(1-\varepsilon^2)^2} \left[(1+2\varepsilon^2)I_1^{00} + \frac{2\varepsilon\cos\alpha\,(3+(2-5\varepsilon^2)\sin^2\alpha)}{(1-\varepsilon^2\sin^2\alpha)^2}\right],$$

$$I_3^{11} = -\frac{2\varepsilon\sin^3\alpha}{(1-\varepsilon^2\sin^2\alpha)^2}, \tag{2.22}$$

$$I_3^{20} = \frac{1}{2(1-\varepsilon^2)} \left[I_1^{00} + \frac{2\varepsilon\cos\alpha\,(1-(2-\varepsilon^2)\sin^2\alpha)}{(1-\varepsilon^2\sin^2\alpha)^2}\right],$$

mit

$$I_1^{00} = \frac{\arccos(-\delta A) + \arccos(-\delta B)}{\sqrt{(1-\varepsilon^2)}} \tag{2.23}$$

und

$$A = \frac{\varepsilon + \sin\alpha}{1 + \varepsilon\sin\alpha}, \qquad B = \frac{\varepsilon - \sin\alpha}{1 - \varepsilon\sin\alpha}, \qquad \delta = \begin{cases} 1 & ,\ \cos\alpha \geq 0 \\ -1 & ,\ \cos\alpha < 0. \end{cases} \tag{2.24}$$

Die Transformation der Impedanzkomponenten $W_\eta$ und $W_\zeta$ ins $(\eta, \zeta)$-Koordinatensystem ist über die Zusammenhänge

$$W_{I,\eta}^* = W_{I,r}^* \cos\alpha - W_{I,\phi}^* \sin\alpha\,, \quad W_{I,\zeta}^* = W_{I,r}^* \sin\alpha + W_{I,\phi}^* \cos\alpha\,. \tag{2.25}$$

gegeben. Über die Komponenten $W_{I,\eta}^*$ und $W_{I,\zeta}^*$ kann dann die Rücktransformation in das ursprüngliche Koordinatensystem durchgeführt werden.

Da nach der Kurzlagertheorie in der Reynoldsgleichung das Breiten-Durchmesser-Verhältnis nicht mehr berücksichtigt wird, können in diesem Fall von $L/D$ unabhängige Impedanzvektorkomponenten

$$W_{I,i} = W_{I,i}^* / \left(\frac{L}{D}\right)^2 \quad \text{für} \quad i = \eta, \zeta \tag{2.26}$$

definiert werden. Wenn weiterhin $f_i = -\bar{v}_s W_{I,i}$ gilt, ergibt sich infolgedessen der in der Kurzlagertheorie übliche Zusammenhang zwischen den Kraftkomponenten

$$f_i = \frac{1}{S_m}\frac{F_i}{W} \quad \text{für} \quad i = \eta, \zeta\,, \tag{2.27}$$

worin $S_m$ die modifizierte Sommerfeldzahl

$$S_m = \frac{1}{So}\left(\frac{L}{D}\right)^2 \tag{2.28}$$

bezeichnet. Demzufolge sind die Impedanzvektorkomponenten $W_{I,\eta}$, $W_{I,\zeta}$ im Fall eines Kurzlagers nur noch abhängig von $\varepsilon$ und $\alpha$. Abbildung 2.4 zeigt das berechnete Impedanz-Kennfeld nach der Kurzlagertheorie, aus dem die Symmetrie bezüglich der $\zeta$-Achse erkennbar ist. Die darin enthaltenen Kurven repräsentieren die Resultierenden $W_{res} = \sqrt{W_{I,\eta}^2 + W_{I,\zeta}^2}$ der vom Breiten-Durchmesser-Verhältnis unabhängigen Impedanzvektoren mit gleichem Betrag.

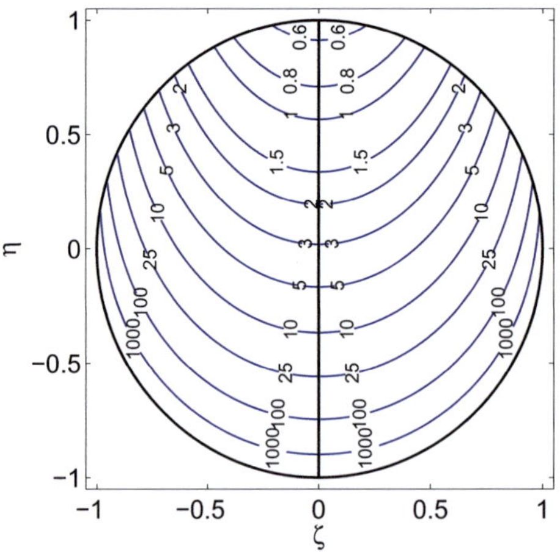

Abbildung 2.4: Impedanz-Kennfeld nach der Kurzlagertheorie.

# Kapitel 3

# Stabilitäts- und Bifurkationstheorie nichtlinearer dynamischer Systeme

In vielen Problemstellungen der Mechanik ist eine angemessene Beschreibung der physikalischen Vorgänge durch lineare dynamische Systeme möglich. Bei gleitgelagerten Rotoren kann dagegen die Linearisierung der zugrunde liegenden nichtlinearen Bewegungsgleichungen um die Gleichgewichtslage eine zu starke Vereinfachung darstellen und bildet somit in diesen Fällen nur einen begrenzten Teil der Realität ab.

Im Gegensatz zu linearen Systemen können nichtlineare Systeme ein komplexes dynamisches Verhalten aufweisen. Neben Gleichgewichtslagen und periodischen Schwingungen können in einem eingeschwungenen Zustand ebenfalls Bereiche quasi-periodischer oder chaotischer Schwingungen auftreten. Außerdem können typische nichtlineare Effekte wie beispielsweise Sprungphänomene, Hysterese-Erscheinungen sowie Synchronisationseffekte stattfinden. Da die Beschreibung der nichtlinearen Phänomene mittels analytischer Näherungsmethoden üblicherweise schon für wenige Freiheitsgrade einen großen Aufwand mit sich bringt, wird für die Beurteilung des Stabilitäts- und Bifurkationsverhaltens großer, komplexer nichtlinearer Systeme oftmals nur das transiente Verhalten im Zeitbereich analysiert. Die dabei beobachteten Effekte sind teilweise schwer zu deuten und eine effiziente bzw. systematische Untersuchung des Einflusses der Systemparameter auf das nichtlineare dynamische Verhalten kann sich als sehr schwierig und aufwendig gestalten.

Zur systematischen Analyse von Systemen nichtlinearer gewöhnlicher Differentialgleichungen bieten sich daher Methoden der numerischen Pfadverfolgung an, welche heutzutage eine schnelle und effiziente Stabilitäts- und Bifurkationsanalyse sowohl von Gleichgewichtslagen als auch von periodischen Lösungen ermöglichen. Im Folgenden wird deshalb auf die numerischen Methoden der Pfadverfolgung sowie die Grundlagen der Stabilitäts- und Bifurkationstheorie für nichtlineare dynamische Systeme eingegangen. Zudem werden die innerhalb der Arbeit zur Beschreibung quasi-periodischer und chaotischer Attraktoren verwendeten Methoden vorgestellt.

## 3.1 Grundbegriffe

Im Rahmen dieses Abschnitts werden die wichtigsten Bezeichnungen, Begriffe und Sätze aufgeführt, die für spätere Anwendungen benötigt werden.

**Dynamisches System**

Ein dynamisches System stellt die mathematische Formulierung eines deterministischen Prozesses dar. Das wichtigste Beispiel für ein zeitkontinuierliches dynamisches System ist das $n$-dimensionale System autonomer gewöhnlicher Differentialgleichungen

$$\dot{\mathbf{x}} = \mathbf{f}(\mathbf{x}, \boldsymbol{\alpha}), \quad \mathbf{x}, \mathbf{f} \in \mathbb{R}^n, \quad \boldsymbol{\alpha} \in \mathbb{R}^m, \tag{3.1}$$

von dem im Folgenden stets ausgegangen wird. Das nichtlineare Vektorfeld $\mathbf{f}(\mathbf{x}, \boldsymbol{\alpha})$ auf der rechten Seite des autonomen Systems (3.1) sei dabei ausreichend oft stetig differenzierbar (glatt). Im Parametervektor $\boldsymbol{\alpha}$ sind die $m$ Parameter des Systems enthalten. Unter einer Trajektorie des dynamischen Systems wird die Lösung der Gleichung (3.1) mit den Anfangsbedingungen $\mathbf{x}(t = t_0, \boldsymbol{\alpha}) = \mathbf{x}^0$ für feste Parameterwerte von $\boldsymbol{\alpha}$ verstanden.

In den folgenden Kapiteln können nach der Modellbildung unter Verwendung bekannter Methoden der Dynamik die nichtlinearen Bewegungsgleichungen des mechanischen Systems aufgestellt werden. Nach Einführung eines Zustandsvektors $\mathbf{y}$ können die Bewegungsgleichungen im Allgemeinen in eine nicht-autonome[1] Zustandsform

$$\dot{\mathbf{y}} = \mathbf{g}(\mathbf{y}, \boldsymbol{\alpha}, t), \quad \mathbf{y}, \mathbf{g} \in \mathbb{R}^n, \quad \boldsymbol{\alpha} \in \mathbb{R}^m, \quad t \in \mathbb{R}, \tag{3.2}$$

transformiert werden, wobei die Vektorfunktion $\mathbf{g}(\mathbf{y}, \boldsymbol{\alpha})$ erneut stetig differenzierbar sei. In der Rotordynamik sind die zeitabhängigen Einwirkungen häufig durch drehzahlperiodische Funktionen gegeben. Indem eine weitere Zustandsgröße $\varphi = 2\pi\, t/T$ eingeführt wird, kann das $n$-dimensionale $T$-periodische nicht-autonome System zu einem $(n+1)$-dimensionalen autonomen System

$$\dot{\mathbf{y}} = \mathbf{g}(\mathbf{y}, \varphi\, T/2\pi, \boldsymbol{\alpha}), \tag{3.3a}$$
$$\dot{\varphi} = 2\pi/T \tag{3.3b}$$

erweitert werden. Um das erweiterte System (3.3) einer Stabilitäts- und Bifurkationstheorie von autonomen Systemen zugänglich zu machen, ist die Lösung $\varphi$ der neuen Zustandsvariable zu beschränken. Dafür wird in [76] die Lösung der Differentialgleichung (3.3b) in der Form $\varphi = 2\pi\, t/T$ mod $2\pi$ vorgeschlagen ( mod ist die Modulo-Funktion), womit $\varphi$ nur noch Werte im Bereich $0 \leq \varphi < 2\pi$ annehmen kann. Folglich kann nach Definition des Zustandsvektors $\mathbf{x} = [\mathbf{y}, \varphi]^T$ das autonome System in (3.1) erhalten werden.

Darüber hinaus ist zu beachten, dass ebenfalls jedes nicht-periodische, nicht-autonome System der Ordnung $n$ in ein autonomes System der Ordnung $n+1$ umgeschrieben werden kann. Jedoch sind die Lösungen in diesem Fall nicht mehr beschränkt ($\varphi \to \infty$, wenn $t \to \infty$).

**Typen von Lösungsverhalten**

Bei der Untersuchung dynamischer Systeme interessiert vor allem das asymptotische Verhalten von Lösungstrajektorien für $t \to \infty$. Daran knüpft die Definition einer Grenzmenge an, die den transienten Übergang in einen eingeschwungenen Zustand nicht mehr

---

[1] Ergeben sich bei der Modellierung des mechanischen Systems keine zeitabhängigen Größen, wie z.B. zeitabhängige äußere Kräfte oder auch Parametererregungen, können hier die Bewegungsgleichungen direkt in die autonome Zustandsform (3.1) überführt werden.

berücksichtigt. Die Grenzmenge ist demnach die Menge aller Zustände $\mathbf{x} \in \mathbb{R}^n$ im Zustandsraum, die Häufungspunkte des dynamischen Systems (3.1) für $t \to \infty$ darstellen (siehe beispielsweise [76]). Die Grenzmenge kann anschaulich als die Darstellung der eingeschwungenen Lösung im Zustandsraum aufgefasst werden, worin die Zeit $t$ nicht mehr explizit vorhanden ist. Das Konzept der Grenzmenge lässt sich analog auch auf negative Zeiten $t \to -\infty$ übertragen[2]. Dabei können folgende vier grundlegenden Typen von Lösungsverhalten samt ihrer zugehörigen Grenzmenge unterschieden werden (vgl. Abbildung 3.1):

- Gleichgewichtslösungen:
  An einer Gleichgewichtslösung verschwindet das Vektorfeld, so dass sich eine konstante Lösung für alle Zeiten ergibt. Ihre Grenzmenge ist die Gleichgewichtslage selbst.

- Periodische Lösungen:
  Für eine periodische Lösung gilt die Periodizitätsbedingung $\mathbf{x}(t + T) = \mathbf{x}(t)$ mit einer minimalen Periode $T > 0$. Eine isolierte periodische Lösung liegt vor, wenn in ihrer unmittelbaren Nachbarschaft keine weiteren geschlossenen Lösungen existieren. Im autonomen Fall (selbsterregte Schwingungen) wird eine isolierte periodische Lösung auch als Grenzzyklus bezeichnet. Im Zustandsraum ergibt sich damit eine geschlossene Kurve als Grenzmenge.

- Quasi-periodische Lösungen:
  Quasi-periodische Lösungen setzten sich aus einer Überlagerung von einer abzählbaren Anzahl periodischer Lösungen unterschiedlicher Kreisfrequenz zusammen. Die (positiven) Kreisfrequenzen $\omega_i$ müssen rational linear unabhängig bzw. inkommensurabel sein, so dass ihre Summe $\sum k_i \omega_i$ für beliebige ganzzahlige Zahlen $k_i$ nicht verschwindet. Quasi-periodische Lösungen bewegen sich im Zustandsraum damit auf der Oberfläche eines Torus. Hierbei bildet die Oberfläche des Torus die Grenzmenge.

- Chaotische Lösungen:
  Aus einer praktischen Sichtweise können chaotische Lösungen darüber definiert werden, dass sie keinem der bisher beschriebenen Lösungstypen zugeordnet werden können. Außerdem besitzen sie eine sensitive Abhängigkeit gegenüber Änderungen der Anfangsbedingungen. Ihre Grenzmenge wird chaotischer Attraktor genannt.

Bezugnehmend auf die Schwingungslehre werden im Folgenden sowohl die Gleichgewichtslage als auch die periodische Lösung zusammen als stationäre Lösungen[3] bezeichnet. Dagegen beschreiben die quasi-periodischen sowie chaotischen Lösungen aperiodische Vorgänge. Ebenfalls wird weitgehend nicht mehr zwischen asymptotischen Lösungen und ihren Grenzmengen explizit differenziert.

---

[2]Hierbei handelt es sich um instabile Lösungen im Sinne Ljapunows.

[3]Oftmals wird im Rahmen der nichtlinearen Dynamik ausschließlich für die Gleichgewichtslage die Bezeichnung stationäre Lösung verwendet.

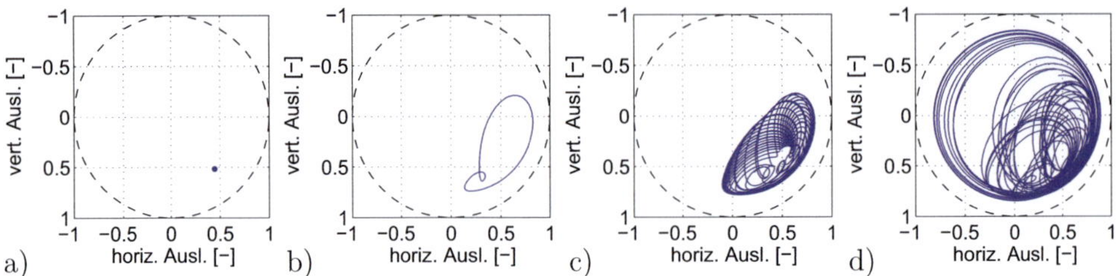

Abbildung 3.1: Zapfenorbits des starren Laval-Rotors in Gleitlagern [65] als Beispiel für die vier Typen von Lösungsverhalten: a) Gleichgewichtslösung. b) Periodische Lösung. c) Quasi-periodische Lösung. d) Chaotische Lösung.

## Bifurkationsdiagramm

Ein Bifurkationsdiagramm ist gewöhnlich eine zweidimensionale Graphik[4], welche das globale Lösungsverhalten eines dynamischen Systems in Abhängigkeit eines gewählten System- bzw. Bifurkationsparameters $\alpha_1$ kompakt und ausführlich darstellt. Im Bifurkationsdiagramm werden bei einer diskreten Variation des Parameters $\alpha_1$ die verschiedenen Typen von (asymptotischen) Lösungen im $(n+1)$–dimensionalen Zustandsparameterraum $\mathbb{R}^n \times \mathbb{R}$ durch eine möglichst aussagekräftige, parameterabhängige Kenngröße $k = k(\alpha_1)$ beschrieben, die sich über bestimmte Zustände der Grenzmenge definieren. Bei stationären Lösungen (Gleichgewichtslagen und periodische Lösungen) bilden die Anzahl der berechneten Lösungen dann näherungsweise kontinuierliche Kurven, welche als (Lösungs-)Äste bezeichnet werden. Mehrfach–periodische Lösungen sind üblicherweise durch mehrere Äste gekennzeichnet. Im Allgemeinen werden stabile Äste als durchgezogene Linien sowie instabile Äste als strichlierte Linien abgebildet. Dagegen können quasi–periodische und chaotische Lösungen gewöhnlich nicht mehr als einzelne Kurven in einem Bifurkationsdiagramm wiedergegeben werden, sondern bilden einen aus vielen Punkten bestehenden, verwischt erscheinenden Bereich („Punktwolke"). Schließlich werden zumeist die Bifurkationspunkte noch anhand von graphischen Symbolen deutlich hervorgehoben. Demzufolge bietet das Bifurkationsdiagramm einen guten Überblick über das globale Lösungsverhalten in Abhängigkeit eines Systemparameters, worin insbesondere auch koexistierende Lösungen einfach zu erkennen sind.

In der Rotordynamik bieten sich für die Wahl der charakteristischen Kenngröße $k = k(\alpha_1)$ die lokalen Maxima und Minima der relevanten Verschiebungen an, die gegenüber der Rotordrehzahl (Bifurkationsparameter $\alpha_1$) aufgetragen werden. Da bei gleitgelagerten Rotoren nur ein einziger Ast von Gleichgewichtslagen existiert, kann damit zwischen Gleichgewichtslagen und periodischen Lösungen im Bifurkationsdiagramm unterschieden werden (vgl. Abbildung 3.2). Jedoch ist die Unterscheidung zwischen quasi–periodischen und chaotischen Lösungen alleine anhand des Bifurkationsdiagramms normalerweise nicht möglich.

---

[4]Dreidimensionale Bifurkationsdiagramme sind bei Variation von zwei Systemparametern genauso möglich.

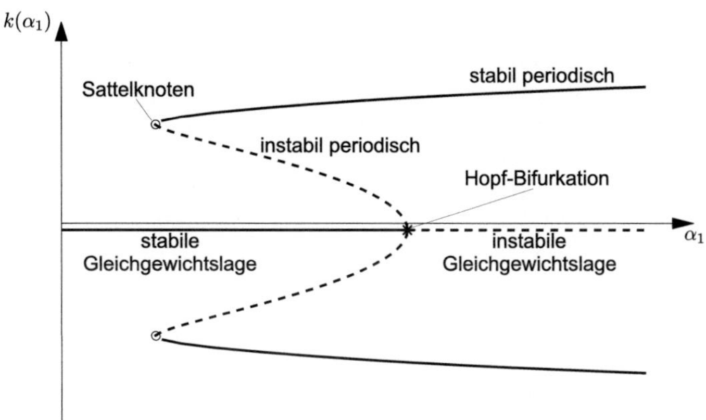



Abbildung 3.2: Prinzipskizze eines Bifurkationsdiagramms für gleitgelagerte Rotoren.

## 3.2 Stabilität und Bifurkationen stationärer Lösungen

Für die Stabilitäts- und Bifurkationsanalyse stationärer Lösungen (Gleichgewichtslagen und periodische Lösungen) nichtlinearer dynamischer Systeme existieren in der Literatur eine große Anzahl sowohl analytischer als auch numerischer Verfahren (siehe beispielsweise [29, 69, 97, 114]). Eine große Herausforderung bei beiden Methoden liegt in der Berechnung der stationären Lösungen, um sie dann einer linearen Stabilitätstheorie sowie einer Bifurkationstheorie bei Variation von Systemparametern zugänglich zu machen.

Während analytische Stabilitäts- und Bifurkationsuntersuchungen in der lokalen Umgebung von Gleichgewichtslagen weitestgehend ohne größeren Aufwand möglich sind, werden insbesondere zur Bestimmung der periodischen Lösungen (selbsterregte Schwingungen) Näherungsverfahren wie beispielsweise die harmonische Balance, das Ritz- bzw. Galerkin-Verfahren, Mittelwertbildungsverfahren nach Krylov-Bogoliubov und Mitropolsky, etc. angewandt. Demgegenüber steht die analytische Bifurkationstheorie (Zentrumsmannigfaltigkeitstheorie), bei der in der lokalen Umgebung einer Bifurkation eine Reduktion des nichtlinearen Differentialgleichungssystems vorgenommen wird. Danach liegt für die vereinfachten Gleichungen meistens eine analytische Lösung vor. Im Fall von gleitgelagerten Rotoren wird bei Anwendung von analytischen Verfahren normalerweise eine numerische Auswertung der Ergebnisse notwendig, so dass der Vorteil eines klar ersichtlichen funktionalen Zusammenhangs zwischen einzelnen Systemparametern entfällt. Daher wird oftmals von semi-analytischen Methoden gesprochen. Kann jedoch das zugrunde liegende technische System vereinfacht werden, ohne dabei das Systemverhalten allzu sehr zu beeinträchtigen, so können die Ergebnisse in der Regel übersichtlich in einer analytisch geschlossenen Form dargestellt werden. Für solche Fälle sind analytische Verfahren vorzuziehen.

Dagegen ist heutzutage die numerische Pfadverfolgung von Gleichgewichtslagen und periodischen Lösungen in Abhängigkeit von gewählten Systemparametern mittels rechenzeiteffizienter Algorithmen eine weit etablierte Methode [97]. Darüber hinaus werden in einer sogenannten numerischen Bifurkationsanalyse die Stabilität der ermittelten Lösungen beurteilt sowie Bifurkationen detektiert. Die Vorteile einer numerischen Bifurkationsanalyse liegen hauptsächlich darin, dass im Gegensatz zu analytischen Methoden einerseits die Nichtlinearitäten in den Differentialgleichungen vollständig berücksichtigt werden und andererseits auch größere, komplexere Systeme analysiert werden können.

Für die Anwendung numerischer Methoden der Bifurkationstheorie auf konkrete Problemstellungen existieren gegenwärtig speziell geeignete Softwarepakete wie beispielsweise MATCONT, AUTO, PATH sowie BIFPACK. Im Rahmen der Arbeit wird für die numerische Bifurkationsanalyse ausschließlich das MATLAB-Paket MATCONT verwendet. Auf die dabei angewandten numerischen Methoden wird in den folgenden Abschnitten kurz eingegangen. Für eine ausführlichere Beschreibung sowie die genaue Implementierung in MATCONT sei daher auf [24, 48] verwiesen.

Die Vorgehensweise bei einer numerischen Bifurkationsanalyse lässt sich bei Variation eines Systemparameters grob in drei Teilbereiche gliedern:

1. Bestimmung und Verfolgung der stationären Lösungen.

2. Beurteilung der stationären Lösungen bezüglich ihrer Stabilität.

3. Detektion der Bifurkationen auf dem verfolgten Lösungsast.

Neben der Pfadverfolgung bilden die Grundlagen für die numerische Bifurkationsanalyse die Stabilitäts- und die Bifurkationstheorie, die nachfolgend im Einzelnen vorgestellt werden.

## 3.2.1 Bestimmung der stationären Lösungen (Pfadverfolgung)

Bei der numerischen Berechnung von stationären Lösungen kann prinzipiell zwischen direkten und indirekten Methoden unterschieden werden:

- Indirekte Methoden („brute-force"-Ansatz):
  Beim „Brute-Force"-Ansatz werden numerische Zeitintegrationen des dynamischen Systems an diskreten Werten für den gewählten Bifurkationsparameter durchgeführt, bis jeweils ein eingeschwungener Zustand vorherrscht. Dabei ist zu beachten, dass die Integrationszeit auf jeden Fall oberhalb der jeweils erforderlichen Einschwingzeit des Systems liegt. Das Abschätzen der Einschwingzeit bzw. das Erkennen des stationären Zustands stellt die größte Schwierigkeit dieser Methode dar, zumal davon die benötigte Rechenzeit abhängt. Der „Brute-Force"-Ansatz lässt sich im Gegensatz zu den direkten Methoden ohne weiteres auf beliebige nichtlineare dynamische Systeme anwenden, die auch quasi–periodisches und chaotisches Verhalten aufweisen.

- Direkte Methoden:
  Bei der direkten Berechnung von stationären Lösungen wird das autonome Differentialgleichungssystem in ein nichtlineares Gleichungssystem (Gleichgewichtslage) oder ein Randwertproblem (periodische Lösung) umformuliert. Zu ihrer direkten Lösung bieten sich dann jeweils (gängige) numerische Methoden an. Der Vorteil dieser Verfahren gegenüber einer einfachen Zeitintegration liegt neben geringeren Rechenzeiten insbesondere in der Möglichkeit der Berechnung von instabilen Lösungen im Sinne Ljapunows.

## Gleichgewichtslagen

Ein System im Gleichgewicht befindet sich in einem Zustand, der sich nicht verändert. Gleichgewichtslagen bzw. stationäre Ruhelagen sind demnach konstante Lösungen des dynamischen Systems (3.1), für deren Geschwindigkeiten $\dot{\boldsymbol{x}} = \boldsymbol{0}$ gilt. Eine Gleichgewichtslage (Fixpunkt) liegt für einen vorgegebenen Parametervektor $\boldsymbol{\alpha}_{0G}^{i}$ vor, wenn die Bedingung

$$\mathbf{f}(\mathbf{x}_{0G}^{i}, \boldsymbol{\alpha}_{0G}^{i}) = \mathbf{0} \tag{3.4}$$

erfüllt wird. Das nichtlineare Gleichungssystem (3.4) dient somit als Ausgangspunkt zur Bestimmung der Gleichgewichtslage $\mathbf{x}_{0G}^{i}$, die auch gleichzeitig eine Lösung der Gleichung (3.1) darstellt.

Ein Anfangspunkt $(\mathbf{x}_{0G}^{0}, \boldsymbol{\alpha}_{0G}^{0})$ kann beispielsweise mittels eines Newton-Raphson-Verfahrens wie beispielsweise in MATCONT (vgl. [24]) als Lösung des nichtlinearen Gleichungssystems (3.4) ermittelt werden, der sich auf einem Ast bzw. Pfad des dynamischen Systems (3.1) befindet. Die Aufgabe der Pfadverfolgung liegt nun darin, eine Folge von weiteren Gleichgewichtslagen

$$(\mathbf{x}_{0G}^{1}, \boldsymbol{\alpha}_{0G}^{1}), \; (\mathbf{x}_{0G}^{2}, \boldsymbol{\alpha}_{0G}^{2}), \; (\mathbf{x}_{0G}^{3}, \boldsymbol{\alpha}_{0G}^{3}), \; \ldots$$

auf dem Lösungspfad zu bestimmen. Ist bei Erfüllung der Bedingung (3.4) die Vektorfunktion $\mathbf{f}$ in einer Umgebung von $(\mathbf{x}_{0G}^{i}, \boldsymbol{\alpha}_{0G}^{i})$ $m$-mal stetig differenzierbar, dann gewährleistet der Satz über Implizite Funktionen unter Voraussetzung einer invertierbaren Jacobi-Matrix $\mathbf{A}(\boldsymbol{\alpha}_{0G}^{i}) = \frac{\partial f_i(\mathbf{x}, \boldsymbol{\alpha}_{0G}^{i})}{\partial x_j}\big|_{\mathbf{x}=\mathbf{x}_{0G}^{i}}$ in der Umgebung von $(\mathbf{x}_{0G}^{i}, \boldsymbol{\alpha}_{0G}^{i})$ einen glatten, eindeutigen Verlauf des Lösungspfades [25, 97]. Um weitere Gleichgewichtslösungen auf dem Lösungspfad zu erhalten, können ähnlich wie bei einem Integrationsverfahren Prädiktor-Korrektor-Verfahren mit einer Schrittweitensteuerung eingesetzt werden [97]. Weitere Einzelheiten zur Implementierung in MATCONT finden sich beispielsweise in [19, 24].

Gleichzeitig zur Berechnung bzw. Verfolgung der Gleichgewichtslösungen können ihre Stabilität überprüft sowie Bifurkationspunkte detektiert werden. Die Vorgehensweise dazu wird in den beiden folgenden Abschnitten zur Stabilitäts- bzw. Bifurkationsanalyse näher erläutert.

## Periodische Lösungen

Periodische Lösungen bzw. Grenzzyklen eines dynamischen Systems kennzeichnen sich dadurch, dass der (Anfangs-)Zustand zu einem beliebig gewählten Anfangszeitpunkt nach einer gewissen Periodendauer $T$ wieder erreicht wird. Darum kann für eine effizientere und allgemeinere Berechnungsmethode der periodischen Lösungen[5] $\mathbf{x}_{0P}$ ein nichtlineares, $n$-dimensionales Randwertproblem

$$\dot{\mathbf{x}}_{0P} = \mathbf{f}(\mathbf{x}_{0P}, \boldsymbol{\alpha}_{0P}), \quad \mathbf{x}_{0P}(T) = \mathbf{x}_{0P}(0) \tag{3.5}$$

in der Zeit $t$ formuliert werden, wobei sich die Randbedingungen aus der Periodizitätsbedingung für den hier gewählten Anfangszeitpunkt $t_0 = 0$ ergeben. Da im Rahmen dieser Arbeit von autonomen Systemen ausgegangen wird, ist die Periode $T$ a priori unbekannt.

---

[5] Voraussetzung dafür ist die Existenz von periodischen Lösungen $\mathbf{x}_{0P}$ des dynamischen Systems für den vorgegebenen Parametervektor $\boldsymbol{\alpha}_{0P}$, die nachfolgend stets angenommen wird.

Zur Lösung des betrachteten $n$-dimensionalen Randwertproblems (3.5) gibt es somit $(n+1)$-Unbekannte. Nach einer Normierung der Zeit $\tau = t/T$ bezüglich der unbekannten Periodendauer $T$ kann das ursprüngliche Randwertproblem (3.5) um die triviale Beziehung $T' = 0$ erweitert werden:

$$\begin{pmatrix} \mathbf{x}'_{0P} \\ T' \end{pmatrix} = \begin{pmatrix} T\,\mathbf{f}(\mathbf{x}_{0P}, \boldsymbol{\alpha}_{0P}) \\ 0 \end{pmatrix}, \quad \begin{pmatrix} \mathbf{x}_{0P}(1) = \mathbf{x}_{0P}(0) \\ \Psi[\mathbf{x}_{0P}] = 0 \end{pmatrix}. \tag{3.6}$$

Zur Lösung des $(n + 1)$-dimensionalen erweiterten Randwertproblems ist die Annahme einer weiteren Randbedingung $\Psi[\mathbf{x}_{0P}]$ notwendig, die hier ein von der periodischen Lösung $\mathbf{x}_{0P}$ abhängiges, skalares Funktional darstellt. Bei dem Funktional $\Psi[\mathbf{x}_{0P}]$ handelt es sich lediglich um eine Phasenbedingung, damit eine periodische Lösung unter allen möglichen Lösungen[6] eindeutig definiert wird. In [48] wird eine integrale Phasenbedingung der Form

$$\Psi[\mathbf{x}] = \int_0^1 \mathbf{x}^T(\tau)\,\mathbf{x}'_{alt}(\tau)\,\mathrm{d}\tau = 0 \tag{3.7}$$

vorgeschlagen, worin $\mathbf{x}_{alt}(\tau)$ eine periodische Referenzlösung ist. Damit sorgt die Phasenbedingung (3.7) für einen minimalen Phasenunterschied zwischen der zu ermittelnden Lösung $\mathbf{x}(\tau)$ und einer vorherigen bekannten Lösung $\mathbf{x}_{alt}(\tau)$. In MATCONT wird dafür stets die alte Lösung des vorangegangenen Verfolgungsschritts gewählt [20]. Für die Ermittlung der periodischen Lösungen können beispielsweise auch die in [69, 97] vorgestellten Phasenbedingungen verwendet werden, die jedoch nach [48] weniger vertrauenswürdig sind.

Zur Lösung des erweiterten Randwertproblems (3.6) mit der unbekannten Periodendauer $T$ gibt es verschiedene numerische Verfahren, wie beispielsweise Einfach- und Mehrfachschießverfahren, Finite-Differenzen-Verfahren, etc. (siehe z.B. [48, 97]). In MATCONT wird zur Lösung ein Kollokationsverfahren angewandt, das in [20, 48] näher beschrieben wird. Die Durchführung der Pfadverfolgung der periodischen Lösungen erfolgt in der gleichen Weise wie im Fall von Gleichgewichtslagen (Prädiktor-Korrektor-Verfahren mit Schrittweitensteuerung).

### 3.2.2   Stabilitätstheorie

Im Rahmen dieser Arbeit wird weitestgehend der Stabilitätsbegriff im Sinne Ljapunows verwendet, der allein die Störungen der Anfangsbedingungen berücksichtigt. Auf den wichtigen Fall der Parameterstörung wird bei der Behandlung der Bifurkationen eingegangen, weshalb innerhalb dieses gesamten Abschnitts das autonome[7] dynamische System in (3.1) für einen konstanten Parametervektor $\boldsymbol{\alpha}_0$ den Ausgangspunkt der Betrachtungen bildet.

**Definition des Stabilitätsbegriffs im Sinne Ljapunows**

Zunächst wird vorausgesetzt, dass eine beliebige Lösung $\mathbf{x}_0(t)$ von (3.1) vorgegeben ist, die als ungestörte Lösung auf Stabilität untersucht werden soll. Die Störung der Anfangsbedingungen führt auf die gestörte Lösung $\mathbf{x}(t)$ bzw. den Störungsansatz

$$\mathbf{x}(t) = \mathbf{x}_0(t) + \Delta\mathbf{x}(t), \tag{3.8}$$

---

[6]Da jede phasenverschobene Lösung $\mathbf{x}_{0P}(t_0 + T)$ bzw. $\mathbf{x}_{0P}(\tau_0 + 1)$ ebenfalls eine Lösung des nicht erweiterten Randwertproblems darstellt, wird sie mittels einer beliebigen Phasenbedingung gegenüber der Zeitachse fixiert.

[7]Die innerhalb des Abschnitts vorgestellten allgemeinen Ergebnisse bzw. Aussagen über die Stabilität gelten in der gleichen Form auch für nicht-autonome Systeme.

womit die Auswirkungen der Störungen $\Delta\mathbf{x}(t)$ auf die ungestörte Bewegung betrachtet werden können. Infolgedessen kann der Begriff der Stabilität im Sinne Ljapunows wie folgt definiert werden:

- Die ungestörte Lösung $\mathbf{x}_0(t)$ ist stabil, wenn für jedes $\varepsilon > 0$ sich derart ein $\delta(\varepsilon) > 0$ finden lässt, dass während der gesamten Bewegung für den Abstand[8] zwischen der gestörten und ungestörten Lösung

$$|\Delta\mathbf{x}(t)| < \varepsilon \quad \forall\, t > t_0 \tag{3.9}$$

gilt, falls für die Anfangsbedingungen die Schranke

$$|\Delta\mathbf{x}(t_0)| < \delta(\varepsilon) \tag{3.10}$$

eingehalten wird. Somit bleiben bei Wahl einer hinreichend kleinen Anfangsstörung ($< \delta$) auch die Störungen zu allen späteren Zeitpunkten kleiner als eine gewisse Schranke $\varepsilon$.
Die ungestörte Lösung $\mathbf{x}_0(t)$ ist instabil, wenn für ein $\varepsilon$ keine Begrenzung $\delta(\varepsilon)$ gefunden werden kann.

- Die ungestörte Lösung $\mathbf{x}_0$ ist attraktiv, wenn allein durch Begrenzen der Anfangsbedingungen

$$|\Delta\mathbf{x}(t_0)| < \delta_0 \tag{3.11}$$

der Abstand zwischen gestörter und ungestörter Lösung langfristig ($t \to \infty$) verschwindet:

$$\lim_{t\to\infty} |\Delta\mathbf{x}(t)| = 0\,. \tag{3.12}$$

- Die ungestörte Lösung $\mathbf{x}_0$ ist asymptotisch stabil, wenn sie gleichzeitig attraktiv und stabil ist.

Attraktoren bzw. Repelloren sind ein typisches Merkmal dissipativer dynamischer Systeme. Attraktoren (Repelloren) sind Grenzmengen im Zustandsraum eines dynamischen Systems, die benachbarte Trajektorien für $t \to \infty$ ($t \to -\infty$) anziehen. Beispiele dafür sind stabile bzw. instabile Gleichgewichtslagen im Sinne Ljapunows. Die Menge aller Anfangsbedingungen im Zustandsraum, für den die entsprechende Trajektorie zu einem speziellen Attraktor konvergiert, wird dabei als Einzugsgebiet des Attraktors bezeichnet. Bei Existenz mehrerer Attraktoren werden deren Einzugsgebiete durch eine Separatrix getrennt, die durch einen Repellor gegeben ist. Abstoßungsgebiete werden gleichermaßen über die inverse Zeit $t \to -\infty$ definiert.

---

[8]Der Abstand kann durch jede beliebige Vektornorm angegeben werden, wobei hier die Euklidische Norm vorausgesetzt wird.

**Erste Methode von Ljapunow**

Um schließlich die Stabilität einer ungestörten Lösung $\mathbf{x}_0(t)$ zu beurteilen, werden nach der Ersten Methode von Ljapunow die Lösungen der im Allgemeinen nichtlinearen Störungsdifferentialgleichungen bzw. Variationsgleichungen betrachtet, die sich nach Einsetzen des Störungsansatzes (3.8) in (3.1) ergeben:

$$\Delta\dot{\mathbf{x}} = \mathbf{f}(\mathbf{x}_0 + \Delta\mathbf{x}, \boldsymbol{\alpha}_0) - \mathbf{f}(\mathbf{x}_0, \boldsymbol{\alpha}_0). \tag{3.13}$$

Der Sinn der Stabilitätstheorie liegt nun darin, ohne Integration der im Allgemeinen nichtlinearen Störungsgleichungen (3.13) auf die Stabilität der ungestörten Lösungen $\mathbf{x}_0(t)$ des dynamischen Systems (3.1) zu schließen.

Da für die innerhalb dieser Arbeit betrachtete dynamische Systeme ausschließlich nichtlineare Störungsgleichungen vorliegen, müssen zwecks einer Stabilitätsanalyse der ungestörten Lösungen $\mathbf{x}_0(t)$ die Störungsgleichungen in Form der sogenannten Störungsgleichungen der Ersten Näherung linearisiert werden. Aus einer Taylorreihenentwicklung von (3.13) um die ungestörte Lösung $\mathbf{x}_0(t)$ und Vernachlässigung der Terme zweiter und höherer Ordnung resultieren die Störungsgleichungen als ein lineares, homogenes Differentialgleichungssystem

$$\Delta\dot{\mathbf{x}}(t) = \mathbf{A}(t, \boldsymbol{\alpha}_0)\,\Delta\mathbf{x}(t) \tag{3.14}$$

mit der im Allgemeinen zeitvarianten Jacobi-Matrix

$$\mathbf{A}(t, \boldsymbol{\alpha}_0) = \left.\frac{\partial f_i(\mathbf{x}, \boldsymbol{\alpha}_0)}{\partial x_j}\right|_{\mathbf{x}=\mathbf{x}_0(t)}. \tag{3.15}$$

Die Beurteilung der Stabilität der ungestörten Lösung $\mathbf{x}_0(t)$ kann im Fall der streng linearen Störungsgleichungen (3.14) über die sogenannten charakteristischen Größen erfolgen. Dabei können in Abhängigkeit des zu untersuchenden Lösungsverhaltens $\mathbf{x}_0(t)$ grundsätzlich drei Fälle unterschieden werden:

    a) charakteristische Exponenten bei Gleichgewichtslagen $\mathbf{x}_0 = \mathbf{x}_{0G} = \text{const.}$,

    b) charakteristische Multiplikatoren bei periodischen (auch mehrfach-periodischen) Lösungen $\mathbf{x}_0(t) = \mathbf{x}_{0P}(t) = \mathbf{x}_{0P}(t + T)$,

    c) charakteristische Zahlen bzw. Ljapunow-Exponenten[9] bei aperiodischen Lösungen $\mathbf{x}_0(t)$.

Während die Fälle a) und b) in den folgenden Abschnitten detailliert behandelt werden, wird die durch die Ljapunow-Exponenten verallgemeinerte Eigenwerttheorie im Kapitel über chaotisches Verhalten vorgestellt. Prinzipiell können Ljapunow-Exponenten auch bezüglich der Beurteilung der stationären Lösungen hinzugezogen werden. Jedoch bringt insbesondere die Grenzwertbildung ($t \to \infty$) entlang einer Lösung $\mathbf{x}_0(t)$ einen erheblichen Aufwand mit sich, weshalb die Bestimmung der Ljapunow-Exponenten praktisch keine Alternative gegenüber den beiden speziellen Methoden a) und b) für stationäre Lösungen darstellt.

---

[9]Die Ljapunow-Exponenten werden in [55] als charakteristische Zahlen eingeführt.

Anzumerken bleibt, dass bei einer Linearisierung der ursprünglich nichtlinearen Störungsgleichungen mit Hilfe der charakteristischen Größen nur zwischen asymptotischer Stabilität und Instabilität der ungestörten Lösung $\mathbf{x}_0(t)$ unterschieden werden kann. Darum kann ein sogenannter kritischer Fall für die charakteristischen Größen eintreten, bei dem keine Aussage mehr über die Stabilität des Systems getroffen werden kann. Auf diesen kritischen Fall wird dann bei der Charakterisierung von Bifurkationen ausführlich eingegangen.

**a) Stabilität von Gleichgewichtslagen** Wird als ungestörte Lösung die Gleichgewichtslage $\mathbf{x}_0 = \mathbf{x}_{0G} = \text{const.}$ auf Stabilität untersucht, liegt eine zeitinvariante Jacobi-Matrix (Systemmatrix) $\mathbf{A}(\boldsymbol{\alpha}_0)$ des Differentialgleichungssytems der linearen Störungsgleichungen

$$\Delta\dot{\mathbf{x}}(t) = \mathbf{A}(\boldsymbol{\alpha}_0)\,\Delta\mathbf{x}(t) \tag{3.16}$$

vor. Über die $n$ Eigenwerte $\lambda_i$ der linearen Systemmatrix $\mathbf{A}(\boldsymbol{\alpha}_0)$ kann die Stabilität der Gleichgewichtslage $\mathbf{x}_{0G}$ im Sinne Ljapunows beurteilt werden:

- Wenn die Realteile aller Eigenwerte von $\mathbf{A}(\boldsymbol{\alpha}_0)$ negativ sind, dann ist $\mathbf{x}_{0G}$ asymptotisch stabil.

- Wenn mindestens ein Eigenwert von $\mathbf{A}(\boldsymbol{\alpha}_0)$ einen positiven Realteil aufweist, dann ist $\mathbf{x}_{0G}$ instabil.

- Wenn ein oder mehrere Eigenwerte von $\mathbf{A}(\boldsymbol{\alpha}_0)$ einen verschwindenden Realteil aufweisen und dagegen alle anderen Eigenwerte negative Realteile besitzen, dann liegt ein kritischer Fall im Sinne Ljapunows vor.

Demzufolge kann nach der Ersten Methode von Ljapunow nur über die Stabilität von hyperbolischen[10] Gleichgewichtslagen entschieden werden, während eine nicht-hyperbolische Gleichgewichtslage den kritischen Fall darstellt.

**b) Stabilität periodischer Lösungen** Hierbei wird von einer periodischen Lösung $\mathbf{x}_0(t) = \mathbf{x}_{0P}(t) = \mathbf{x}_{0P}(t + T)$ als ungestörte Lösung ausgegangen, womit sich eine zeitvariante, periodische Systemmatrix $\mathbf{A}(t,\,\boldsymbol{\alpha}_0) = \mathbf{A}(t + T,\,\boldsymbol{\alpha}_0)$ für die Störungsgleichung der 1. Näherung (3.14) ergibt. Daher kann (3.14) in ein System linearer Differentialgleichungen mit periodischen Koeffizienten

$$\Delta\dot{\mathbf{x}}(t) = \mathbf{A}(t,\,\boldsymbol{\alpha}_0)\,\Delta\mathbf{x}(t) \quad \text{mit} \quad \mathbf{A}(t,\,\boldsymbol{\alpha}_0) = \mathbf{A}(t + T,\,\boldsymbol{\alpha}_0) \tag{3.17}$$

umgeschrieben werden. Die Frage nach der Stabilität der periodischen Lösung $\mathbf{x}_{0P}(t)$ beantwortet in diesem Fall die Floquet-Theorie.

Für das lineare Differentialgleichungssystem (3.17) existieren $n$ linear unabhängige Lösungsvektoren $\boldsymbol{\Phi}^{(j)}$ ($j = 1, 2, \ldots, n$). Die Komponenten aller $n$ Lösungsvektoren können dabei auch in den $n$ Zeilenvektoren $\boldsymbol{\Phi}_i$ ($i = 1, 2, \ldots, n$) dargestellt werden. Zusammen ergeben sie die reguläre $n \times n$-Fundamentalmatrix[11] $\boldsymbol{\Phi}(t) = \big(\phi_{ij}(t)\big)$, für die in der

---

[10]Eine hyperbolische Gleichgewichtslage liegt vor, wenn $\mathbf{A}(\boldsymbol{\alpha}_0)$ keinen Eigenwert mit verschwindendem Realteil besitzt.

[11]Bei zeitvarianten Systemen hängt die Fundamentalmatrix vom Anfangszeitpunkt $t_0$ ab. Im Folgenden wird ohne Beschränkung der Allgemeinheit $t_0 = 0$ angenommen.

Folge die Normierungsbedingung $\boldsymbol{\Phi}(0) = \mathbf{I}$ gelten soll. Mit Hilfe der Fundamentalmatrix $\boldsymbol{\Phi}(t)$ kann bei bekannten Anfangsbedingungen $\Delta\mathbf{x}(0) = \Delta\mathbf{x}_0$ jede Lösung von Gleichung (3.17) gemäß

$$\Delta\mathbf{x}(t) = \boldsymbol{\Phi}(t)\,\Delta\mathbf{x}_0 \tag{3.18}$$

ermittelt werden. Unter Berücksichtigung der Beziehung[12] $\boldsymbol{\Phi}(t+T) = \boldsymbol{\Phi}(T)\,\boldsymbol{\Phi}(t)$ kann ebenfalls die Lösung zu einem späteren Zeitpunkt $t+T$ angegeben werden:

$$\Delta\mathbf{x}(t+T) = \boldsymbol{\Phi}(T)\,\boldsymbol{\Phi}(t)\,\Delta\mathbf{x}_0 \quad \text{bzw.} \quad \Delta\mathbf{x}(t+T) = \boldsymbol{\Phi}(T)\,\Delta\mathbf{x}(t)\,. \tag{3.19}$$

In der Folge wird die Fundamentalmatrix $\boldsymbol{\Phi}(T)$ zum Zeitpunkt $T$ auch als Mondromiematrix

$$\mathbf{C} = \boldsymbol{\Phi}(T) \tag{3.20}$$

bezeichnet, die den Zusammenhang zwischen zwei um die Periodendauer $T$ verschobenen Lösungen $\Delta\mathbf{x}(t)$ und $\Delta\mathbf{x}(t+T)$ wiedergibt. Die $n$ Eigenwerte von $\mathbf{C}$ sind die charakteristischen Multiplikatoren bzw. Floquet-Multiplikatoren $\mu_i$, über welche die Stabilität der periodischen Lösung $\mathbf{x}_{0P}(t)$ bestimmt werden kann.

Um diesen Sachverhalt zu verdeutlichen, kann nach Einführung einer invertierbaren, konstanten $n \times n$-Matrix $\mathbf{Q}$ eine lineare Transformation

$$\boldsymbol{\Phi}(t) = \mathbf{Q}\,\boldsymbol{\Psi}(t) \tag{3.21}$$

des Systems (3.19) durchgeführt werden. Wird im speziellen für $\mathbf{Q}$ die Modalmatrix der Monodromiematrix $\mathbf{C}$ gewählt, so folgt aus (3.19)

$$\boldsymbol{\Psi}(t+T) = \mathbf{D}\,\boldsymbol{\Psi}(t)\,. \tag{3.22}$$

Unter der Annahme von $n$ unterschiedlichen Eigenwerten $\mu_i$ ergibt sich dabei eine Diagonalmatrix in der Form

$$\mathbf{D} = \mathbf{Q}^{-1}\,\mathbf{C}\,\mathbf{Q} = \mathrm{Diag}(\mu_1,\,\mu_2,\,\ldots,\,\mu_n)\,. \tag{3.23}$$

Dadurch wird das System (3.22) in die $n$ Lösungskomponenten

$$\Psi_i(t+T) = \mu_i\,\Psi_i(t) \tag{3.24}$$

entkoppelt. Unter Berücksichtigung der Beziehung $\mathbf{C}(kT) = \mathbf{C}^k(T)$ gilt des Weiteren für ganze Zahlen $k$

$$\Psi_i(t+kT) = \mu_i^k\,\Psi_i(t)\,. \tag{3.25}$$

Für den Grenzfall $t \to \infty$ bzw. $k \to \infty$ lassen sich dann folgende Aussagen ableiten:

$$\Psi_i(t) \to \begin{cases} \mathbf{0} & \text{für} \quad |\mu_i| < 1\,, \\ \infty & \text{für} \quad |\mu_i| > 1\,. \end{cases} \tag{3.26}$$

---

[12]Jede Fundamentalmatrix lässt sich als Matrizen-Exponentialfunktion darstellen:
$\boldsymbol{\Phi}(t+T) = \exp\left(\mathbf{A}(t+T)\right) = \exp(\mathbf{A}t)\,\exp(\mathbf{A}T) = \boldsymbol{\Phi}(T)\,\boldsymbol{\Phi}(t).$

Für den Spezialfall $\mu_i = 1$ handelt es sich bei $\Psi_i(t)$ um eine periodische Lösung mit der Periode $T$, während für $\mu_i = -1$ sich eine Periode von $2T$ einstellt.

Bei Auftreten von mehrfachen Eigenwerten liegt die Matrix $D$ in der Jordanschen Normalform vor, wofür die eben getroffenen Aussagen über die Beschränktheit der Lösungen $\Psi_i(t)$ in (3.26) weiterhin unverändert gelten (siehe [70]).

Um eine Aussage über die Stabilität der periodischen Lösung $\mathbf{x}_{0P}(t)$ zu treffen, ist es demnach ausreichend, die Eigenwerte der Monodromiematrix $\mathbf{C}$ auszuwerten. Da die Monodromiematrix $\mathbf{C}$ immer einen Eigenwert mit $\mu_i = 1$ besitzt, erlauben die verbleibenden $n - 1$ Eigenwerte die Beurteilung der Stabilität:

- Die ungestörte periodische Lösung $\mathbf{x}_{0P}(t)$ ist asymptotisch stabil, wenn alle $n - 1$ Eigenwerte von $\mathbf{C}$ vom Betrag kleiner als eins sind.

- Die ungestörte periodische Lösung $\mathbf{x}_{0P}(t)$ ist instabil, wenn ein Eigenwert von $\mathbf{C}$ existiert, der vom Betrag größer als eins ist.

- Hat $\mathbf{C}$ keine Eigenwerte vom Betrag größer als eins, aber mindestens einen Eigenwert (von den $n-1$ Eigenwerten) vom Betrag gleich eins, dann ist asymptotische Stabilität der ungestörten periodischen Lösung $\mathbf{x}_{0P}(t)$ ausgeschlossen und es liegt ein kritischer Fall vor.

Diese Aussagen können anhand des Einheitskreises in der komplexen Ebene veranschaulicht werden. Im Falle asymptotischer Stabilität befinden sich $n - 1$ Eigenwerte innerhalb dieses Einheitskreises, wobei sich ein Eigenwert stets auf der reellen Achse des Einheitskreises aufhält. Dagegen liegt im Falle von Instabilität mindestens ein Eigenwert außerhalb des Einheitskreises.

### 3.2.3 Bifurkationstheorie

Eine Bifurkation eines dynamischen Systems ist eine qualitative Änderung des Lösungsverhaltens, die aus einer stetigen Variation eines oder mehrerer sogenannter Bifurkationsparameter erfolgt. Diese Definition der Bifurkation ist nach Wiggins [122] noch unpräzise, da der Begriff „qualitative Änderung" schwierig zu fassen ist. Wird nur die Dynamik in einer lokalen Umgebung von Gleichgewichtslagen bzw. periodischen Lösungen betrachtet, so kann eine derartige Definition weitgehend umgangen werden. Eine typische mit einer (lokalen) Bifurkation einhergehende Situation ist in diesen Fällen durch die Änderung der Stabilität (stabil $\rightarrow$ instabil, instabil $\rightarrow$ stabil) der betrachteten Lösung in Abhängigkeit der maßgeblichen Parameter gegeben, womit sich ebenfalls die Anzahl der „instabilen" Eigenwertpaare bzw. Floquet-Multiplikatoren ändern. Eine notwendige aber nicht hinreichende Bedingung für das Auftreten einer Bifurkation kann demnach über die Existenz einer nicht-hyperbolischen Gleichgewichtslage bzw. periodischen Lösung formuliert werden [122]. Die entsprechenden Eigenwerte liegen folglich auf der imaginären Achse (Gleichgewichtslage) bzw. auf dem Einheitskreis (periodische Lösung). Erwähnenswert bleibt, dass die hier aufgeführte allgemeine Definition einer Bifurkation eine Änderung des Stabilitätsverhaltens im Sinne Ljapunows der betrachteten Lösung nicht voraussetzt[13]. Nach Seydel [97] können beispielsweise alle sich in der Bifurkation treffenden Lösungsäste sogar

---

[13]Bei der nachfolgenden Charakterisierung der Bifurkationen wird trotzdem von einem Stabilitätswechsel der betrachteten Lösung ausgegangen.

instabil sein. Dennoch ist die (lokale) Bifurkationstheorie eng mit der Stabilitätstheorie stationärer Lösungen (Erste Methode von Ljapunow) verwandt. In diesen Fällen wird deshalb von lokalen Bifurkationen gesprochen.

Im Gegensatz dazu stehen die globalen Bifurkationen, die nicht anhand der Eigenwerte von Gleichgewichtslagen bzw. periodischen Lösungen nachgewiesen werden können. Stattdessen beteiligen sich an einer globalen Bifurkation eines dynamischen Systems die (hyperbolischen) instabilen stationären Lösungen vom Satteltyp sowie deren stabile und instabile invariante Mannigfaltigkeiten. Eine lokale stabile bzw. instabile Mannigfaltigkeit einer hyperbolischen instabilen Lösung ist definiert als eine Menge von Punkten im Zustandsraum, die für $t \to \infty$ bzw. $t \to -\infty$ gegen diese Lösung konvergieren. Die entsprechende Verallgemeinerung des Begriffs der stabilen Mannigfaltigkeit ist der Begriff des Einzugsgebiets von stabilen Lösungen [52].

Bevor auf die typischen Bifurkationen bei stationären Lösungen eingegangen wird, ist noch der Begriff der Codimension einzuführen. Die Codimension gibt die kleinste Dimension eines Parameterraumes an, bei der eine Bifurkation beschreibbar ist [12]. In der lokalen Umgebung des Bifurkationspunktes kann beispielsweise mittels einer Zentrumsmannigfaltigkeitsanalyse eine Reduktion des ursprünglichen (mehrdimensionalen) Systems auf ein niedrigdimensionales System der sogenannten Bifurkationsgleichungen durchgeführt werden. Um nun die vollständige Lösungsmannigfaltigkeit zu entwickeln, die auch universelle Entfaltung genannt wird, ist eine bestimmte Anzahl von Parametern notwendig [77, 114, 122]. Die dafür benötigte minimale Anzahl wird durch die Codimension charakterisiert, die einerseits von der Dimension der (reduzierten) Bifurkationsgleichungen und andererseits von den darin zu berücksichtigenden nichtlinearen Termen abhängt. Demzufolge ist die Detektierung einer Bifurkation höherer Codimension $k$ $(k > 1)$ im Allgemeinen nur bei einer Variation von $k$ gewählten Bifurkationsparametern möglich. Im Folgenden werden die Codimension-1-Bifurkationen von Gleichgewichtslagen sowie periodischen Lösungen mit einem Bifurkationsparameter ausführlich erläutert. In den nachfolgenden Abschnitten wird in diesen Fällen deshalb von der autonomen Differentialgleichung (3.1) unter Berücksichtigung eines einzelnen Bifurkationsparameters $\alpha_1$

$$\dot{\mathbf{x}} = \mathbf{f}(\mathbf{x}, \alpha_1)\,, \quad \mathbf{x}, \mathbf{f} \in \mathbb{R}^n\,, \quad \alpha_1 \in \mathbb{R}\,, \tag{3.27}$$

ausgegangen.

## Bifurkationen von Gleichgewichtslagen (Codimension-1)

Ausgehend von einer hyperbolischen Gleichgewichtslage können bei einer quasi-statischen Änderung des Bifurkationsparameters $\alpha_1$ kritische Werte für $\alpha_1 = \alpha_{1c}$ eintreten, bei denen dann eine nicht-hyperbolische Gleichgewichtslage vorliegt. Wie schon zuvor mehrmals erwähnt, lässt dieser kritische Fall mittels einer linearen Stabilitätsanalyse keine Aussage mehr über die Stabilität der Lösung zu. Wenn sich beispielsweise zusätzlich die Anzahl und/oder die Stabilität von Lösungen (qualitative Änderung des Lösungsverhaltens) ändert, dann handelt es sich bei diesem kritischen Fall um eine Bifurkation.

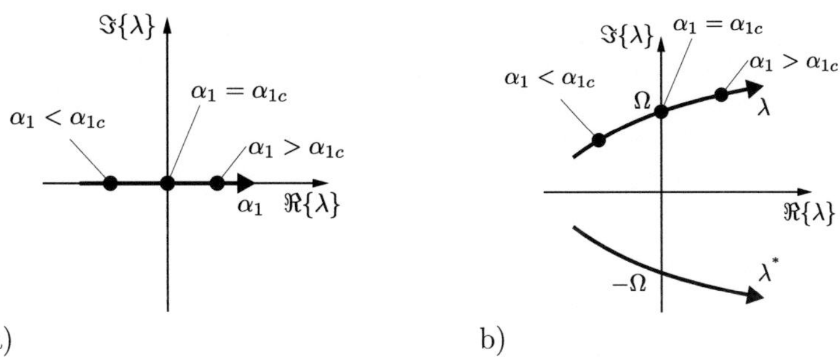


Abbildung 3.3: Kritische Eigenwerte in Abhängigkeit des Bifurkationsparameters $\alpha_1$: a) Sattelknoten-Bifurkation. b) Hopf-Bifurkation.

Für den Stabilitätsverlust der Gleichgewichtslage eines dynamischen Systems (3.27) können im Allgemeinen bei Vorliegen eines einzelnen Bifurkationsparameters $\alpha_1$ (Co-dimension-1) zwei Fälle unterschieden werden:

a) Sattelknoten-Bifurkation[14] bei einem sogenannten Null-Eigenwert,

b) Hopf-Bifurkation (Flatterinstabilität) beim Auftreten eines rein imaginären Eigen-wertpaars.

Ein Sattelknoten einer Gleichgewichtslage entspricht einem Übergang von einer stabilen zu einer instabilen Gleichgewichtslage, wohingegen an einer Hopf-Bifurkation die Gleichge-wichtslage ihre Stabilität zugunsten einer periodischen Lösung verliert. Bei gleitgelagerten Rotoren tritt der Stabilitätsverlust der Gleichgewichtslagen ausschließlich infolge von Hopf-Bifurkationen auf. Eine genauere Analyse der kritischen Eigenwerte $\lambda_i$ der Jacobi-Matrix $A(\alpha_1)$ ermöglicht die Bestimmung der Art des Stabilitätsverlustes. An einem Sattelknoten besitzt der Eigenwert neben $\Re\{\lambda\} = 0$ einen Imaginärteil mit dem Wert Null (vgl. Ab-bildung 3.3a). Im Fall einer Hopf-Bifurkation liegt ein kritisches Eigenwertpaar $\lambda$, $\lambda^*$ mit einem komplex konjugierten Imaginärteil $\pm j\Omega$ vor (vgl. Abbildung 3.3b).

Des Weiteren ist zu erwähnen, dass in einer allgemeinen Betrachtungsweise sowohl die transkritische Bifurkation als auch die Pitchfork-Bifurkation (z.B. Eulerscher Knickstab) nicht den Codimension-1-Bifurkationen zugeordnet werden (siehe beispielsweise [77]), ob-wohl sie genauso wie ein Sattelknoten einen kritischen Eigenwert mit Null besitzen. Bei-de stellen gewissermaßen Sonderfälle dar. Während sich die Gleichungen der transkriti-schen Bifurkation in eine für einen Sattelknoten überführen lassen können, müssen bei der Pitchfork-Bifurkation gewisse Symmetriebedingungen erfüllt werden, die zwecks ei-ner universellen Betrachtung eine Berücksichtigung eines weiteren Bifurkationsparameters (Codimension-2) erfordern. Bei der „Behandlung" als Codimension-1-Bifurkationen dieser Fälle führt eine Parameterstörung der zugrunde liegenden Gleichungen jeweils zu einem Sattelknoten [25, 77]. Folglich sind diese Bifurkationen in einer lokalen Umgebung eines kritischen Parameters nicht beschreibbar.

---

[14]In der Folge wird manchmal vereinfacht nur von einem Sattelknoten gesprochen, womit explizit nur die Bifurkation bei Vorliegen einer nicht-hyperbolischen Lösung und nicht der Typ einer hyperbolischen (instabilen) Lösung gemeint ist.

Im Folgenden werden die auftretenden Codimension-1-Bifurkationen anhand ihrer Normalformen näher charakterisiert. Nach dem Satz der Zentrumsmannigfaltigkeit lässt sich ein Differentialgleichungssystem der Form (3.27) beim Auftreten des kritischen Falls in eine reduzierte Normalform umschreiben, mit der das allgemeine Lösungsverhalten in der lokalen Umgebung von $\alpha_{1c}$ bestimmt werden kann. Die grundlegende Idee liegt darin, zunächst die für die Bifurkation wesentlichen und demnach kritischen Variablen von den unkritischen Variablen mittels der Modalmatrix des linearisierten Systems von (3.27) an der Stabilitätsgrenze zu entkoppeln. In der lokalen Umgebung des kritischen Punktes können dann die unkritischen Variablen als Funktion der kritischen Variablen aufgestellt werden, die als Zentrumsmannigfaltigkeit bezeichnet wird. Das sich daraus im Allgemeinen ergebende System von Bifurkationsgleichungen kann schließlich in eine Normalform transformiert werden, bei der nur die nichtlinearen Terme bis zu einer bestimmten Ordnung berücksichtigt werden, die für die vollständige Charakterisierung der vorliegenden Bifurkation absolut notwendig sind. Danach muss die Normalform noch in Abhängigkeit der zu betrachtenden Parameter (Codimension) entfaltet werden, um alle möglichen Lösungen zu erfassen. Für die genaue Vorgehensweise dieser analytischen Methode der Bifurkationstheorie sei beispielsweise auf die Literatur [14, 25, 114] verwiesen. Beispiele zur Untersuchung der Hopf-Bifurkation bei gleitgelagerten Rotoren mittels der Zentrumsmannigfaltigkeitsanalyse finden sich in [8, 31, 65, 67, 117].

**a) Sattelknoten-Bifurkation**    Zum Beginn der Entstehung der Bifurkationstheorie wurde ein Sattelknoten nicht als eine klassische Bifurkation angesehen. Im Gegensatz zu den anderen bekannten Bifurkationen schneiden sich nämlich keine zwei oder mehr Lösungsäste in einem Sattelknoten. Jedoch hat sich insbesondere mit der Entwicklung der Katastrophentheorie der Begriff der Bifurkation für einen Sattelknoten weitgehend etabliert. Aus dieser Ungeklärtheit heraus haben sich sowohl im Deutschen als auch im Englischen eine große Zahl von Bezeichnungen für eine Sattelknoten-Bifurkation ergeben, einige davon seien hier erwähnt: Umkehrpunkt, Tangenten-Bifurkation, „fold"-Bifurkation, „limit point", etc. Außerdem treten Sattelknoten sehr oft paarweise auf, woraus sich dann die für nichtlineare Systeme typischen Hysterese-Phänomene („cusp"-Katastrophe[15]) entwickeln.

Damit ein Sattelknoten im dynamischen System (3.27) mit einem Parameter $\alpha_1$ auftritt, müssen nach Sotomayor [103] folgende Bedingungen erfüllt werden:

- Das System befindet sich in der Gleichgewichtslage $\mathbf{x}_{0G}$ mit $\mathbf{f}(\mathbf{x}_{0G}, \alpha_1) = \mathbf{0}$.

- Die Jacobi-Matrix $\mathbf{A}(\alpha_1) = \partial f_i(\mathbf{x}, \alpha_1)/\partial x_j \big|_{\mathbf{x}=\mathbf{x}_{0G}}$ von (3.27) hat für $\alpha_1 = \alpha_{1c}$ genau einen Eigenwert mit $\lambda(\alpha_{1c}) = 0$ und keinen weiteren Eigenwert mit verschwindendem Realteil. Sei außerdem im Folgenden der zum Eigenwert $\lambda(\alpha_{1c}) = 0$ zugehörige Rechtseigenvektor durch $\mathbf{v} = (v_i)$ $(i = 1, 2, \ldots, n)$ sowie der Linkseigenvektor durch $\mathbf{w} = (w_i)$ gegeben.

---

[15]Ein weit bekanntes Beispiel dafür ist die in der Nähe der nichtlinearen Resonanz auftretende „Hysterese" beim Duffing-Schwinger. Hierbei handelt es sich um Sattelknoten von periodischen Lösungen, die die Amplitudensprünge zwischen den Schwingungen hoher und geringer Amplitude bewirken, wenn keine äußeren Störeinflüsse vorliegen.

- Mindestens eine zweite (partielle) Ableitung nach einer Koordinate verschwindet für $\alpha_1 = \alpha_{1c}$ nicht[16]: $w_i \left(\partial f_i(\mathbf{x}, \alpha_1)/\partial x_j x_k \big|_{\mathbf{x}=\mathbf{x}_{0G}}\right) v_j v_k \neq 0$.

- Mindestens eine partielle Ableitung nach dem Parameter verschwindet für $\alpha_1 = \alpha_{1c}$ nicht: $w_i \, \partial f_i(\mathbf{x}_{0G}, \alpha_1)/\partial \alpha_1 \big|_{\alpha_1=\alpha_{1c}} \neq 0$.

Mittels einer Zentrumsmannigfaltigkeitsanalyse kann das dynamische System (3.27) bei Vorliegen eines Sattelknotens für die Gleichgewichtslage in die Normalform

$$\dot{y} = \beta_1 + \sigma y^2 \tag{3.28}$$

mit dem Entfaltungsparameter $\beta_1$ zurückgeführt werden, wobei die zur Beschreibung des qualitativen Verhaltens nicht notwendigen Terme höherer Ordnung vernachlässigt werden. Die Signum-Funktion $\sigma = \text{sign}(a_0)$ bestimmt das Vorzeichen eines weiteren Parameters $a_0$, der sich aus dem zugrunde liegenden dynamischen System herleiten lässt. Demzufolge existieren somit für $\sigma\beta_1 < 0$ zwei Gleichgewichtslagen $\pm\sqrt{-\sigma\beta_1}$, während für $\sigma\beta_1 > 0$ keine reelle Lösung vorhanden ist. Die Stabilität der Gleichgewichtslagen kann über die erste Ableitung der rechten Seite von (3.28) bestimmt werden. Bei $\beta_1 = 0$ tritt für die Gleichgewichtslage $y_{0G} = 0$ der kritische Fall mit einem Null-Eigenwert $\lambda_c = 0$ ein, für welche die an einen Sattelknoten aufgestellten Bedingungen gelten. Je nach Vorzeichen von $\sigma$ ergeben sich letztendlich zwei Fälle (vgl. Abbildung 3.4):

- superkritische Sattelknoten-Bifurkation für $\sigma < 0$,

- subkritische Sattelknoten-Bifurkation für $\sigma > 0$.

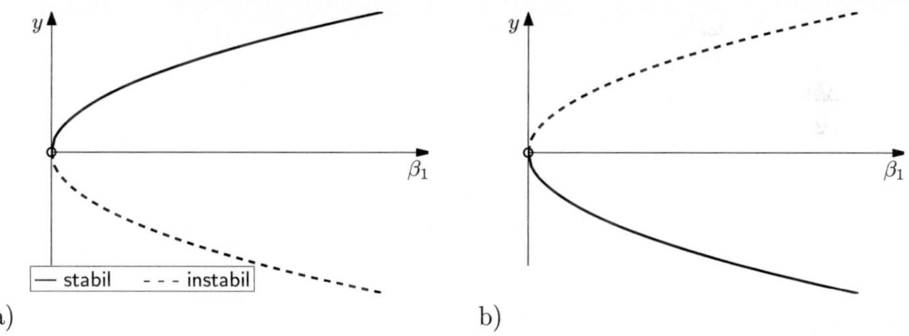


Abbildung 3.4: Arten von Sattelknoten-Bifurkationen im Zustandsparameterraum: a) Superkrtitischer Sattelknoten ($\sigma < 0$). b) Subkritischer Sattelknoten ($\sigma > 0$).

Im Rahmen der Arbeit wird nicht mehr zwischen super- und subkritischen Sattelknoten unterschieden.
Ein Sattelknoten stellt demnach in dynamischen Systemen im Allgemeinen eine Kollision bzw. Auslöschung einer stabilen und instabilen Gleichgewichtslage dar. In höherdimensionalen Systemen kann festgestellt werden, dass es sich dabei um eine Kollision bzw.

---

[16]Mit dieser Bedingung wird ein Wendepunkt ausgeschlossen.

Auslöschung eines stabilen Knotens mit einem instabilen Sattel handelt. Auf diesem Sachverhalt beruht schließlich die Namensgebung für die Sattelknoten-Bifurkation. Erwähnenswert bleibt, dass nachfolgend eine Sattelknoten-Bifurkation von Gleichgewichtslagen bei gleitgelagerten Rotoren nicht beobachtet werden kann. Dagegen erscheinen bei derartigen Rotor-Lager-Systemen Sattelknoten-Bifurkationen von periodischen Lösungen, die aufgrund der damit verbundenen Sprungphänomene (Hysterese) von immenser Bedeutung sind. Die grundlegenden Eigenschaften der Sattelknoten-Bifurkation von Gleichgewichtslagen ändern sich hierbei gegenüber der von periodischen Lösungen nicht.

**b) Hopf-Bifurkation**   Die wichtigste Bifurkation stellt für gleitgelagerte Rotoren die Hopf-Bifurkation dar, bei der ein Grenzzyklus von einer Gleichgewichtslage verzweigt. Nach dem Theorem von Hopf müssen für das Auftreten einer gewöhnlichen Hopf-Bifurkation des Systems (3.27) mit einem Parameter $\alpha_1$ folgende Bedingungen gelten:

- Das System befindet sich in der Gleichgewichtslage $\mathbf{x}_{0G}$ mit $\mathbf{f}(\mathbf{x}_{0G}, \alpha_1) = \mathbf{0}$.

- Die Jacobi-Matrix $\mathbf{A}(\alpha_1) = \partial f_i(\mathbf{x}, \alpha_1)/\partial x_j\big|_{\mathbf{x}=\mathbf{x}_{0G}}$ hat für $\alpha_1 = \alpha_{1c}$ genau ein rein imaginäres Eigenwertpaar mit $\lambda(\alpha_{1c}) = j\Omega$, $\lambda^*(\alpha_{1c}) = -j\Omega$ $(\Omega \neq 0)$ und keinen weiteren Eigenwert mit verschwindendem Realteil.

- Die Ableitung des kritischen Eigenwertpaares bezüglich dem Parameter verschwindet für $\alpha_1 = \alpha_{1c}$ nicht: $\mathrm{d}\Re\{\lambda(\alpha_{1c})\}/\mathrm{d}\alpha_1 \neq 0$.

Die Periodendauer des Grenzzyklus ist zu Beginn $T_c = \frac{2\pi}{\Omega}$ bei verschwindender Amplitude. Nach [48] lautet für das $n$-dimensionale dynamische System eine vereinfachte[17] Normalform der Hopf-Bifurkation

$$\dot{y}_1 = \beta_1\, y_1 - y_2 + \sigma(y_1^2 + y_2^2)\, y_1\,, \tag{3.29a}$$
$$\dot{y}_2 = y_1 + \beta_1\, y_2 + \sigma(y_1^2 + y_2^2)\, y_2\,, \tag{3.29b}$$

worin $\beta_1$ der Entfaltungsparameter und die Signum-Funktion $\sigma = \mathrm{sign}(l_1)$ wiederum das Vorzeichen einem aus der Zentrumsmannigfaltigkeitsanalyse resultierenden Parameter $l_1$ angibt. Die Normalform (3.29) kann nach Einführung von Polarkoordinaten $y_1 = r\cos\phi$, $y_2 = r\sin\phi$ in

$$\dot{r} = \beta_1 r + \sigma r^3\,, \tag{3.30a}$$
$$\dot{\phi} = 1 \tag{3.30b}$$

umgeschrieben werden, womit die Bifurkationsgleichungen entkoppelt vorliegen. Für den Winkel $\phi$ ergibt sich stets eine konstante Drehbewegung. Dagegen besitzt die radiale Komponente für $\sigma\beta_1 > 0$ die zwei Gleichgewichtslagen $\pm\sqrt{-\beta_1/\sigma}$, während im Fall $\sigma\beta_1 < 0$ abermals keine reelle Lösung existiert. Der kritische Fall ist für $\beta_1 = 0$ bei der Gleichgewichtslage $r_0 = 0$ gegeben. Es kann gezeigt werden, dass die Stabilität aller auftretenden

---

[17]Eine ausführlichere Normalform ist beispielsweise in [25, 122] diskutiert, aus der sich unter einer bestimmten Wahl der Parameter die hier aufgeführte Normalform ergibt. Aus Gründen der Übersichtlichkeit wird nur auf die vereinfachte Normalform eingegangen. Terme höherer Ordnung liefern keine qualitative Änderung des dynamischen Verhaltens.

Lösungen durch das Vorzeichen des Parameters $l_1$ beurteilt werden kann. Bei dem Parameter $l_1$ handelt es sich dabei um den größten Ljapunow-Exponenten für $\beta_1 = 0$, der bei der Reduktion des ursprünglichen Systems mitberechnet werden kann (siehe [48]). Infolgedessen können anhand von $\sigma$ erneut zwei Fälle unterschieden werden:

- Für $\sigma < 0$ verzweigt von der am Bifurkationspunkt stabilen Gleichgewichtslage ein stabiler Grenzzyklus bei zunehmenden Werten für $\beta_1 > 0$ ab: superkritische Hopf-Bifurkation.

- Andernfalls entsteht für $\sigma > 0$ am Bifurkationspunkt (instabile Gleichgewichtslage) ein instabiler Grenzzyklus bei abnehmenden Werten für $\beta_1 < 0$: subkritische Hopf-Bifurkation.

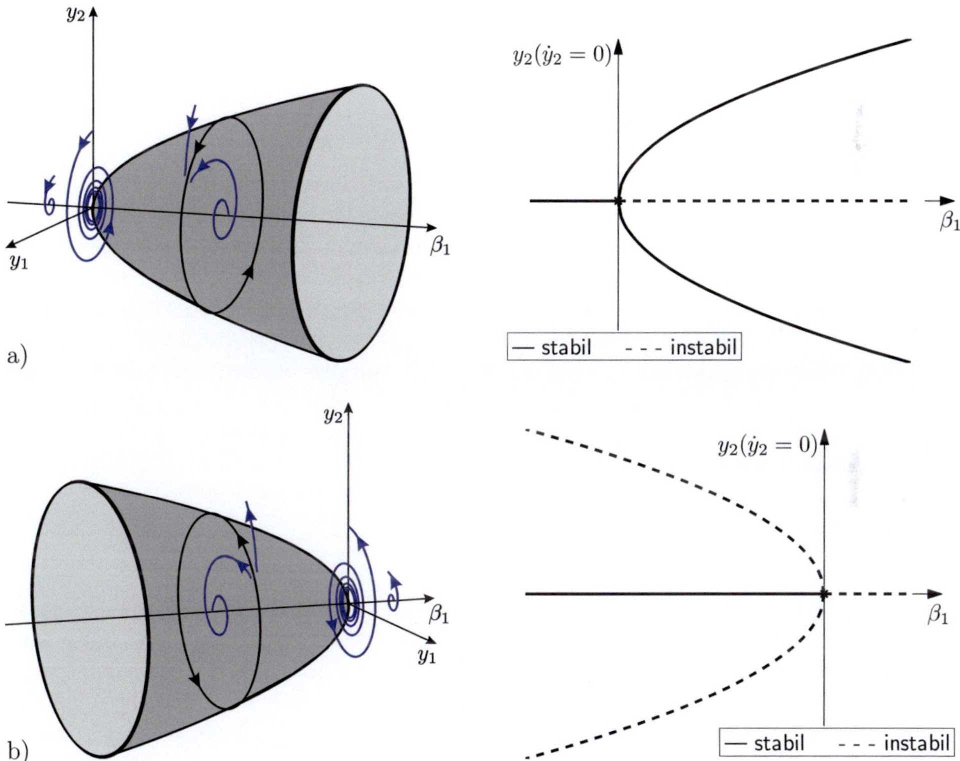



Abbildung 3.5: Arten von Hopf-Bifurkationen (links: Zustandsparameterraum, rechts: Bifurkationsdiagramm): a) Superkritische Hopf-Bifurkation ($\sigma < 0$). b) Subkritische Hopf-Bifurkation ($\sigma > 0$).

Das Systemverhalten in der lokalen Umgebung des kritischen Punkts kann in einer dreidimensionalen Darstellung veranschaulicht werden, die zusätzlich zu dem von $y_1$ und $y_2$ aufgespannten (zweidimensionalen) Zustandsraum den Parameter $\beta_1$ beinhaltet (vgl.

Abbildung 3.5). Darüber hinaus sind für bestimmte Werte von $\beta_1$ exemplarisch einige Lösungstrajektorien eingezeichnet, um deren Verhalten für bestimmte Bereiche zu verdeutlichen. Bei den entsprechenden Bifurkationsdiagrammen wird der Parameter $\beta_1$ beispielsweise gegenüber den lokalen Maxima und Minima[18] von $y_2(\dot{y}_2 = 0)$ aufgetragen. Hierbei wird eine Unterscheidung der stationären Lösungen durch die Kennzeichnung ihrer Stabilität im Sinne Ljapunows vorgenommen. Wie aus den Bifurkationsdiagrammen ersichtlich ist, entspricht die Hopf-Bifurkation bei einer Darstellung in Polarkoordinaten einer Pitchfork-Bifurkation der Amplitude $r$.

Wenn ausgehend von einer instabilen Gleichgewichtslage für abnehmende Parameterwerte von $\beta_1$ eine Hopf-Bifurkation stattfindet, so existieren zur Unterscheidung der beiden Fälle ($\sigma < 0$ bzw. $\sigma > 0$) im Allgemeinen bei Bifurkationen keine weiteren Begrifflichkeiten. Streng genommen sind dann die Bezeichnungen „superkritisch" bzw. „subkritisch" nicht mehr gültig. Um trotzdem eine nähere Charakterisierung nicht nur der Hopf-Bifurkation sondern auch anderer Bifurkationen weiterhin mit den gängigen Ausdrücken (super- und subkritisch) zu ermöglichen, wird im Folgenden nur das Vorzeichen von $\sigma$ und nicht die Richtung der Parametervariation berücksichtigt.

**Bifurkationen periodischer Lösungen (Codimension-1)**

Die Beschreibung von Bifurkationsphänomenen für Gleichgewichtslagen lässt sich weitgehend auch auf periodische Lösungen übertragen. Eine Parametervariation von $\alpha_1$ kann ebenfalls zu einer nicht-hyperbolischen periodischen Lösung führen, die den kritischen Fall der linearen Stabilitätstheorie im Sinne Ljapunows und eine notwendige Bedingung für eine Bifurkation darstellt. Innerhalb dieses Abschnitts wird angenommen, dass beim Vorliegen einer nicht-hyperbolischen stationären Lösung die hinreichenden Bedingungen für eine Bifurkation erfüllt sind. Zur Beurteilung der Stabilität von den betrachteten Lösungen wird auf die $n-1$ relevanten Floquet-Multiplikatoren (vgl. Abschnitt 3.2.2) zurückgegriffen. Der verbleibende Floquet-Multiplikator hat bekanntlich stets den Wert $+1$.

Für den Stabilitätsverlust von (mehrfach-)periodischen Lösungen eines dynamischen Systems (3.27) können in Abhängigkeit eines einzelnen Parameters $\alpha_1$ (Codimension-1) damit im Allgemeinen drei Fälle unterschieden werden:

a) $\mu = +1$:

Eine Sattelknoten-Bifurkation[19] tritt bei einem rein reellwertigen Eigenwert von $+1$ auf. Am Bifurkationspunkt löschen sich aufgrund einer Kollision ein stabiler Knoten und ein instabiler Sattel gegenseitig aus. Daher markiert der Sattelknoten bei einer Verfolgung entlang eines Lösungsastes den Übergang von stabilen zu instabilen periodischen Lösungen bzw. umgekehrt. In Sonderfällen kann sich auch wie bei Gleichgewichtslagen stattdessen eine transkritische Bifurkation oder eine Pitchfork-Bifurkation ergeben [25, 122].

b) $\mu = -1$:

Eine Flip-Bifurkation (Periodenverdopplung) findet bei einem rein reellwertigen Ei-

---

[18]Diese Art der Darstellung hat im Allgemeinen den Vorteil, dass zwischen periodischen Lösungen und Gleichgewichtslagen gut unterschieden werden kann.

[19]Im Rahmen dieser Arbeit treten Sattelknoten-Bifurkationen nur bei periodischen Lösungen auf. Daher bezieht sich im Folgenden stets ein Sattelknoten bzw. eine Sattelknoten-Bifurkation auf eine periodische Lösung.

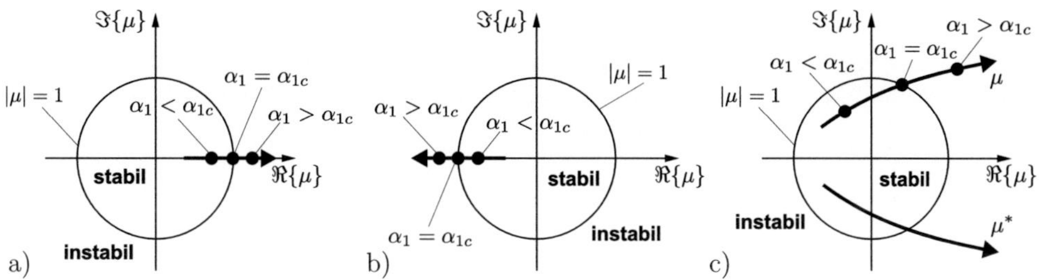

Abbildung 3.6: Kritische Floquet-Multiplikatoren in Abhängigkeit des Bifurkationsparameters $\alpha_1$: a) Sattelknoten-Bifurkation. b) Flip-Bifurkation. c) Torus-Bifurkation.

genwert von $-1$ statt. Am Bifurkationspunkt verzweigt ausgehend von der betrachteten periodischen Lösung (einfacher Periode) eine weitere periodische Lösung doppelter Periode.

c) $\mu = \varrho \pm j\Omega_T$, $|\mu| = 1$:

Die Torus-Bifurkation (Neimark-Sacker-Bifurkation, sekundäre Hopf-Bifurkation) ist durch das Auftreten eines komplex konjungierten Eigenwertpaars mit Betrag 1 gekennzeichnet. Am Bifurkationspunkt entsteht eine quasi-periodische Lösung (Torus) mit im Allgemeinen zwei inkommensurablen Frequenzen. Die Bifurkation in einen Torus kann auch als Hopf-Bifurkation der Amplitude der periodischen Lösung interpretiert werden, worauf schließlich die Bezeichnung als sekundäre Hopf-Bifurkation beruht.

In Abbildung 3.6 sind diese drei Fälle des Stabilitätsverlusts anhand der kritischen Floquet-Multiplikatoren in der komplexen Zahlenebene veranschaulicht. Sobald mindestens ein kritischer Floquet-Multiplikator aus dem Einheitskreis heraustritt, findet dabei eine Bifurka-

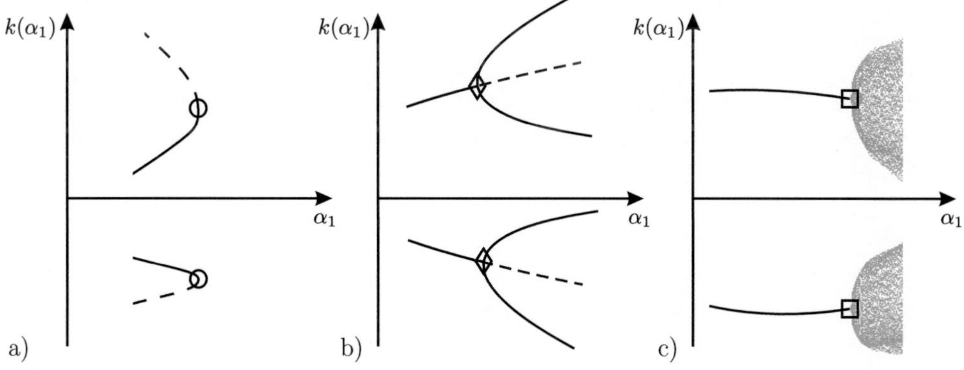

Abbildung 3.7: Darstellung der Bifurkationen von periodischen Lösungen (— stabil, --- instabil) im Bifurkationsdiagramm: a) Sattelknoten-Bifurkation. b) Flip-Bifurkation. c) Torus-Bifurkation.

tion statt. Zudem sind in Abbildung 3.7 exemplarisch für die drei Fälle das Verhalten einer charakteristischen Größe $k(\alpha_1)$ des dynamischen Systems in Abhängigkeit des Parameters $\alpha_1$ dargestellt. Die charakteristische Größe $k(\alpha_1)$ könnte beispielsweise die lokalen Maxima und Minima einer Schwingungskomponente beschreiben. Bei der Torus-Bifurkation wird eine quasi-periodische Lösung geboren, die nicht nur hier sondern auch in den folgenden Kapiteln zur Untersuchung des gleitgelagerten Rotors stets als graue „Punktwolke" abgebildet wird.

## 3.3 Methoden zur Charakterisierung quasi-periodischer und chaotischer Attraktoren

Die vorgestellten Methoden der Stabilitäts- und Bifurkationstheorie beschränken sich bisher auf eine Untersuchung von Gleichgewichtslagen bzw. periodischen Lösungen. Gleitgelagerte Rotoren können jedoch über einen weiten Drehzahlbereich quasi-periodische Schwingungen aufweisen, die unter Umständen auch in einen chaotischen Bereich übergehen können. Wie in den folgenden Kapiteln ausführlich dargelegt wird, müssen zwecks eines sicheren Betriebs des Rotors derartige Schwingungen zwar a priori nicht unbedingt vermieden werden, aber dennoch können sie zu einer erstaunlichen Anzahl von weiteren nichtlinearen Phänomenen führen. Innerhalb dieses Abschnitts werden daher ausgewählte Methoden dargestellt, die es gestatten, zwischen quasi-periodischen und chaotischen Attraktoren zu unterscheiden.

Darüber hinaus ist zu erwähnen, dass eine zuverlässige robuste bzw. universelle Pfadverfolgung von quasi-periodischen Lösungen aktuell noch Gegenstand von Forschungsaktivitäten ist. Mögliche Verfahren sind beispielsweise in [38, 76, 88] beschrieben. Die stabilen quasi-periodischen Lösungen werden daher innerhalb dieser Arbeit mittels eines „brute-force"-Ansatzes ermittelt. Nach einer geeignet gewählten Einschwingdauer wird ein definierter Zeitbereich betrachtet. Aus dieser im Folgenden angewandten Methode ergibt sich ein Überblick über die Charakteristik der betrachteten quasi-periodischen Attraktoren. Folglich können lokale Bifurkationen der quasi-periodischen Lösungen nicht festgestellt werden und darum keinen Hinweis auf einen Übergang in den chaotischen Bereich geben.

Um Chaos zu identifizieren, wird im Rahmen der Arbeit neben der Anwendung visueller Methoden (Poincaré-Schnitt und Spektralanalyse) der größte Ljapunow-Exponent numerisch berechnet, der im Falle eines chaotischen Attraktors größer null sein muss. Für andere Möglichkeiten zur Identifikation von Chaos sei auf die weitergehende Literatur [52, 76, 77, 90, 111] verwiesen.

### Routen ins Chaos bei dissipativen Systemen

In der nichtlinearen Dynamik bestehen verschiedene Definitionen des Begriffs Chaos, wobei sie alle die Sensitivität der Lösungen gegenüber Änderungen den Anfangsbedingungen gemeinsam haben. Aufgrund dieser Eigenschaft lässt sich der Zeitverlauf chaotischer Bewegungen nicht vorhersagen, obwohl ein deterministisches System zugrunde liegt. Daher wird auch in diesen Fällen von deterministischem Chaos gesprochen. Des Weiteren wird bei Chaos zwischen dissipativen und konservativen Systemen unterschieden. Da bei realen technischen Systemen stets Dämpfung vorhanden ist, wird im Folgenden nur auf Chaos in dissipativen Systemen eingegangen. Eine Voraussetzung für das Auftreten von Chaos in dissipativen Systemen ist das Vorliegen eines autonomen Systems 3. Ordnung, so dass schon bei einem nichtlinearen Einmassenschwinger mit einer expliziten Zeitabhängigkeit (Zwangs- bzw. Parametererregung) Chaos möglich ist.

Die sogenannten Routen ins Chaos können sowohl über lokale als auch globale Bifurkationen erfolgen, die dann bei weiterer Variation des Bifurkationsparameters in einen chaotischen Bereich führen können. In der Literatur (vgl. beispielsweise [52, 90, 111, 122]) werden diese folgenden typischen Szenarien beschrieben, die sogar allesamt experimentell nachgewiesen werden konnten:

- Kaskade von Flip-Bifurkationen:
  Infolge einer Kaskade von in immer kürzeren Abständen folgenden Flip-Bifurkationen kann schon bei einer geringen Änderung des Bifurkationsparamters eine sehr große Periode resultieren. Wenn die Anzahl der auftretenden Flip-Bifurkationen gegen unendlich geht, wird auch die Periode unendlich groß und es können chaotische Schwingungen entstehen.

- Newhouse-Ruelle-Takens-Route:
  Aus einer tertiären Hopf-Bifurkation (Hopf-Bifurktion → sekundäre Hopf- bzw. Torus-Bifurkation → tertiäre Hopf-Bifurkation) folgen quasi-periodischen Lösungen auf einem dreifrequenten Torus, die mit großer Wahrscheinlichkeit nach einer kleinen Parametervariation instabil werden und in einen chaotischen Attraktor übergehen.

- Intermittenz (Pomeau-Manneville):
  Intermittenzen sind Schwingungen, die abwechselnd periodischen und chaotischen Charakter aufweisen. Wird bei der Variation des Parameters die Dauer der chaotischen Abschnitte verlängert und die Dauer der periodischen verkürzt, so kann sich Chaos entwickeln. Die Ursache dafür liegt in einer Sattelknoten-Bifurkation.

- Krisen:
  Krisen können als globale Bifurkation interpretiert werden. Eine Krise findet dann statt, wenn ein chaotischer Attraktor mit einer instabilen Lösung bzw. ihrer stabilen invarianten Mannigfaltigkeit kollidiert. Dabei führen sowohl innere als auch äußere Krisen zu einer qualitativen Änderung des Lösungsverhaltens. Im Fall einer inneren Krise verändert der chaotische Attraktor am Bifurkationspunkt seine Größe und Form, während bei einer äußeren Krise (Grenzkrise) ein chaotischer Attraktor komplett verschwindet oder geboren wird.

Die aufgeführten Routen ins Chaos können beim gleitgelagerten Rotor beobachtet werden, weshalb sie bei der Darstellung der Ergebnisse nochmals ausführlich diskutiert werden. Die äußere Krise ist dabei für den Rotor in Schwimmbuchsenlagern von größter Bedeutung, da sie das Verschwinden des chaotischen Attraktors und damit einen Sprung in den kritischen Bereich hoher Amplituden verursacht.

## 3.3.1 Poincaré-Schnitt und Poincaré-Abbildung

Poincaré-Schnitte und Poincaré-Abbildungen sind beide sehr vielseitige Methoden, um dynamische Systeme hinsichtlich ihres qualitativen Lösungsverhaltens zu beschreiben. Der Poincaré-Schnitt hilft vor allem zwischen periodischen, quasi-periodischen sowie chaotischen Lösungen visuell zu unterscheiden. Dagegen wird bei einer Poincaré-Abbildung die

Behandlung des $n$-dimensionalen zeitkontinuierlichen dynamischen Systems dadurch vereinfacht, dass es in ein $(n-1)$-dimensionales zeitdiskretes dynamisches System transformiert wird.

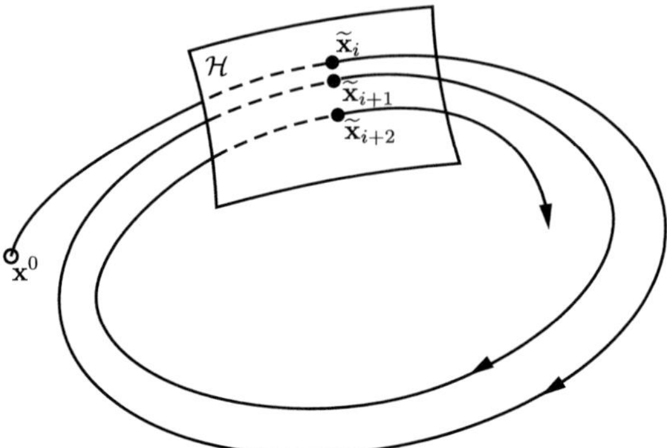


Abbildung 3.8: Konstruktion einer Poincaré-Abbildung zu einer zeitkontinuierlichen Trajektorie.

Bei einem Poincaré-Schnitt handelt es sich um eine spezielle Art der stroboskopischen Darstellung, bei der die Schnittpunkte der Lösungstrajektorie eines dynamischen Systems (3.1) mit einer $(n-1)$-dimensionalen Hyperebene $\mathcal{H}$ im $n$-dimensionalen Zustandsraum betrachtet werden[20]. Die Hyperebene $\mathcal{H}$ muss dabei so gewählt werden, dass ihr Normalenvektor $\mathbf{n}(\mathbf{x})$ nicht senkrecht zum Vektorfeld $\mathbf{f}(\mathbf{x})$ steht:

$$\mathbf{n}^T(\mathbf{x})\,\mathbf{f}(\mathbf{x}) \neq 0 \quad \text{für} \quad \mathbf{x} \in \mathcal{H}. \tag{3.31}$$

Damit wird gewährleistet, dass die Lösungstrajektorie die Hyperebene $\mathcal{H}$ im Zustandsraum transversal schneidet. Die Durchstoßungspunkte bilden dann einen sogenannten zweiseitigen Poincaré-Schnitt. Soll die Trajektorie die Hyperebene nur in einer bestimmten Richtung durchstoßen, so kann dies durch das Vorzeichen der linken Seite von (3.31) festgelegt werden. Für Durchstoßungspunkte mit gleichem Vorzeichen wird ein einseitiger Poincaré-Schnitt mit einem festen Richtungssinn erhalten, wovon im Folgenden ausgegangen wird. Dann können die Attraktortypen im Poincaré-Schnitt folgendermaßen visuell unterschieden werden (siehe beispielsweise [60]):

- Periodische Orbits $p$-facher Periode werden durch $p$ Punkte abgebildet.

- Quasi-periodische Orbits führen zu einer Folge von Punkten, die sich in einer glatten geschlossenen Kurve ausbilden.

- Chaotische Orbits zeichnen sich durch eine Figur von komplizierter topologischer Struktur aus (seltsamer Attraktor).

---

[20]Eine „tatsächliche" stroboskopische Darstellung ist insbesondere für nicht-autonome Systeme mit einer periodischen Zeitabhängigkeit von Vorteil, da dann die diskreten Zustände jeweils nach Durchlaufen einer Periode $T$ vereinfacht berücksichtigt werden können.

Sind die zeitlich nacheinander auftretenden Durchstoßungspunkte $\mathbf{x}^i \in \mathbb{R}^n$ durch die auf der Hyperebene $\mathcal{H}$ projizierten Zustände $\tilde{\mathbf{x}}_i \in \mathbb{R}^{n-1}$ gegeben, kann eine Poincaré-Abbildung gemäß

$$\tilde{\mathbf{x}}_{i+1} = \tilde{\mathbf{f}}(\tilde{\mathbf{x}}_i) \tag{3.32}$$

definiert werden. Durch die Wahl der Hyperebene $\mathcal{H}$ wird eine Zustandsgröße von $\mathbf{x}^i$ festgelegt, womit sich die Dimension der Abbildung $\tilde{\mathbf{f}}(\tilde{\mathbf{x}}_i)$ um eins auf $n-1$ reduziert. Folglich stellt die Abbildung (3.32) ein $(n-1)$-dimensionales zeitdiskretes dynamisches System dar, das dem Zustand $\tilde{\mathbf{x}}_i$ zum Zeitpunkt $t_i$ den Zustand $\tilde{\mathbf{x}}_{i+1}$ zum Zeitpunkt $t_{i+1}$ zuordnet. Die Zeitdauer $t_{i+1} - t_i$ zwischen zwei aufeinanderfolgenden Zuständen variiert indessen im Allgemeinen mit $i$. Eine explizite Angabe eines funktionalen Zusammenhangs für $\tilde{\mathbf{f}}(\tilde{\mathbf{x}}_i)$ der Poincaré-Abbildung (3.32) ist jedoch nur in Ausnahmefällen analytisch möglich.

Des Weiteren ist anzumerken, dass den Fixpunkten des zeitdiskreten Systems (3.32) periodische Lösungen von (3.1) entsprechen. Die Stabilität der periodischen Lösungen kann ebenfalls über die Fixpunkte der entsprechenden Poincaré-Abbildung (3.32) beurteilt werden, wobei die Monodromiematrix $\mathbf{C}$ (3.20) und die Jacobi-Matrix von $\tilde{\mathbf{f}}(\tilde{\mathbf{x}}_i)$ die gleichen Eigenwerte besitzen (ausgenommen ist der Eigenwert $+1$ der Monodromiematrix). Die Wahl der Hyperebene $\mathcal{H}$ hat darauf keinen Einfluss, solange die Transversalitätsbedingung (3.31) eingehalten wird.

### 3.3.2 Ljapunow-Exponent

Im Rahmen der Ersten Methode von Ljapunow ist der allgemeinste Fall durch lineare Störungsgleichungen (3.14) mit zeitvarianten Koeffizienten gegeben. Eine Beurteilung der Stabilität für Störungsgleichungen mit periodisch zeitvarianten Koeffizienten ist mit Hilfe der Floquet-Multiplikatoren noch möglich. Dagegen besteht für quasi-periodische bzw. chaotische Lösungen diese Möglichkeit nicht mehr. Hierfür kann auf die Idee der Ljapunow-Exponenten zurückgegriffen werden, die aus einer Verallgemeinerung der Untersuchung der Eigenwerte sowohl der Jacobi-Matrix an Gleichgewichtslagen als auch der Monodromiematrix für periodische Lösungen stammt. Die Ljapunow-Exponenten sind dabei ein Maß für die exponentielle Konvergenz bzw. Divergenz eng benachbarter Trajektorien eines nichtlinearen dynamischen Systems. Demnach quantifizieren sie die empfindliche Abhängigkeit der betrachteten Lösungstrajektorien von den Anfangsbedingungen. Zudem charakterisieren sie durch ihre Größe und ihr Vorzeichen die Eigenschaften des Attraktors. Speziell auf dem Gebiet der Chaosforschung werden sie heutzutage als wichtiges Werkzeug zur quantitativen Beschreibung von dynamischen Systemen eingesetzt.

Im Folgenden wird von einer Lösung $\mathbf{x}_0(t)$ von (3.1) zu einer beliebigen, aber festen Anfangsbedingung $\mathbf{x}_0(0) = \mathbf{x}^0$ ausgegangen, womit sich eine zeitvariante Systemmatrix $\mathbf{A}(t, \mathbf{x}^0, \boldsymbol{\alpha}_0)$ für die Störungsgleichung der 1. Näherung ergibt. Daher wird ein allgemeines System linearer Differentialgleichungen

$$\Delta \dot{\mathbf{x}}(t) = \mathbf{A}(t, \mathbf{x}^0, \boldsymbol{\alpha}_0) \, \Delta \mathbf{x}(t) \tag{3.33}$$

betrachtet, dessen Lösung durch die Fundamentalmatrix $\boldsymbol{\Phi}(t, \mathbf{x}^0)$ gegeben sein soll. Damit können die zugehörigen $n$ Ljapunow-Exponenten $\lambda_i$ gemäß [77] über

$$\lambda_i(\mathbf{x}^0) = \lim_{t \to \infty} \frac{1}{t} \ln \frac{|\boldsymbol{\Phi}(t, \mathbf{x}^0)\mathbf{e}_i|}{|\mathbf{e}_i|}, \quad (i = 1, 2, \ldots, n) \tag{3.34}$$

definiert werden, wobei die Richtungsvektoren $\mathbf{e}_i$ eine Basis in $\mathbb{R}^n$ kennzeichnen. Die Existenz des Grenzwertübergangs[21] in der Definition (3.34) kann sogar für einen unabhängigen Startpunkt $\mathbf{x}^0$ innerhalb der Attraktormenge mit Hilfe des multiplikativen Ergodentheorems von Oseledec [75] nachgewiesen werden.

Werden die Ljapunow-Exponenten der Größe nach geordnet, so dass

$$\lambda_1 \geq \lambda_2 \geq \cdots \geq \lambda_n \tag{3.35}$$

gilt, dann ergibt die Gesamtheit der $n$ Ljapunow-Exponenten eines $n$-dimensionalen dynamischen Systems das sogenannte Ljapunow-Spektrum des betrachteten Attraktors. Wenn darüber hinaus zur Unterscheidung zwischen positiven bzw. negativen Ljapunow-Exponenten die Symbole $+$ und $-$ verwendet werden, folgt daraus das symbolische Ljapunow-Spektrum. In Tabelle 3.1 ist eine Klassifizierung der verschiedenen Attrak-

| symbolisches Ljapunow-Spektrum | Attraktortyp |
|---|---|
| $\underbrace{(-, -, \ldots)}_{n-\text{mal}}$ | Gleichgewichtslage (Fixpunkt) |
| $(0, \underbrace{-, -, \ldots}_{(n-1)-\text{mal}})$ | periodischer Attraktor |
| $(\underbrace{0, 0, \ldots}_{k-\text{mal}}, \underbrace{-, -, \ldots}_{(n-k)-\text{mal}})$ | quasi-periodischer Attraktor ($k$-frequenter Torus) |
| $(\underbrace{+, +, \ldots}_{j-\text{mal}}, \underbrace{0, 0, \ldots}_{k-\text{mal}}, \underbrace{-, -, \ldots}_{(n-j-k)-\text{mal}})$ | chaotischer Attraktor |

Tabelle 3.1: Symbolische Ljapunow-Spektren verschiedener Attraktoren dissipativer zeitkontinuierlicher dynamischer Systeme.

tortypen mit Hilfe des symbolischen Ljapunow-Spektrums für dissipative zeitkontinuierliche dynamische Systeme dargestellt. Die Gleichgewichtslagen werden durch negative Ljapunow-Exponenten charakterisiert, die den Realteilen der Eigenwerte der Jacobi-Matrix des dynamischen Systems entsprechen. Bei periodischen Orbits verschwindet genau ein Ljapunow-Exponent, während die weiteren $n-1$ Ljapunow-Exponenten negativ bleiben. Ein $k$-frequenter Torus dagegen kennzeichnet sich durch $k$ verschwindende und $n-k$ negative Ljapunow-Exponenten. Existiert mindestens ein positiver Ljapunow-Exponent, so handelt es sich um einen chaotischen Attraktor, der in mindestens einer Phasenraumrichtung eine exponentielle Divergenz der Lösungstrajektorien aufweist.

Die numerische Berechnung des Ljapunow-Exponenten erfolgt im Rahmen dieser Arbeit mit einer differentiellen Form des Gram-Schmidtschen Orthogonalisierungsverfahrens und beruht auf der Arbeit von Christiansen und Rugh [17].

---

[21]Streng genommen muss in der Definition (3.34) der Limes durch einen Limes Superior ersetzt werden, weil der Grenzwert nicht zu existieren braucht. Wird jedoch ein reguläres dynamisches System angenommen, so gilt weiterhin die Definition (3.34).

# Kapitel 4

# Ölfilminduzierte Instabilitäten

Das dynamische Verhalten von Rotoren wird maßgeblich von den eingesetzten Lagern beeinflusst, da sie je nach Art nicht nur unterschiedliche Steifigkeits- und Dämpfungseigenschaften besitzen, sondern auch andere Anregungs- bzw. Instabilitätsmechanismen der Grund für unerwünschte Schwingungen sein können. Bei hydrodynamisch gelagerten Rotoren sind neben den Schwingungen infolge der Unwuchterregung insbesondere die Instabilitäten mit den einhergehenden selbsterregten Schwingungen von großer Bedeutung, weil sie abhängig von der Größe der Amplituden sowie der daraus resultierenden Biegebelastung zum Rotorschaden führen können. Um insbesondere die ölfilminduzierten Instabilitätsphänomene bei Rotoren genauer zu analysieren, bietet es sich an, die Stabilitätsuntersuchungen mit einem einfachen Rotormodell zu beginnen.

Der klassische Laval-Rotor[1] wird zunächst sowohl in konventionellen Gleitlagern als auch in Schwimmbuchsenlagern betrachtet. Zwecks einer Einführung in die numerische Bifurkationsanalyse werden für die beiden Lagerungsarten die Ergebnisse einer transienten Hochlaufsimulation mit denen einer Bifurkationsanalyse verglichen. Ferner wird die innerhalb der Arbeit überwiegend verwendete Kurzlagertheorie auf ihre Gültigkeit für typische Rotor- und Lagerparameter überprüft.

Für eine ausführliche Untersuchung des Stabilitäts- und Bifurkationsverhaltens zeigt sich, dass eine dimensionslose Formulierung der Bewegungsgleichungen vorteilhafter ist. Nach einer linearen Stabilitätsanalyse werden jeweils die subsynchronen Schwingungen des ideal ausgewuchteten Rotors charakterisiert. Im Fall von konventionellen Gleitlagern mit einfachem Schmierfilm werden die weit bekannten Begrifflichkeiten wie „oil-whirl" bzw. „oil-whip" nochmals im Rahmen der Bifurkationstheorie erklärt. Bei Schwimmbuchsenlagern dagegen wird detailliert auf die diversen nichtlinearen Phänomene eingegangen, die in Abhängigkeit einer statischen Belastung zu beobachten sind. Hervorzuheben sind hierbei einerseits die Bifurkation in den kritischen Grenzzyklus und andererseits die sogenannte Modeninteraktion. Der kritische Grenzzyklus entsteht infolge einer Synchronisation zwischen innerem und äußerem Schmierfilm und verursacht mit hoher Wahrscheinlichkeit einen Rotorschaden. Die Modeninteraktion ist der Grund für das Auftreten unterschiedlicher Arten von subsynchronen Schwingungen in Abhängigkeit der Drehzahl, die dem inneren und/oder dem äußeren Schmierfilm zugeordnet werden können. Das globale Stabilitäts- und Bifurkationsverhalten eines gleitgelagerten Rotors kann dann vereinfacht in sogenannten nichtlinearen Stabilitätskarten abgebildet werden. Darauf aufbauend wird

---

[1] Im englischsprachigen Raum wird der Laval-Rotor oft auch als Jeffcott-Rotor bezeichnet.

eine Parameter- und Sensitivitätsanalyse durchgeführt, indem ausgehend von einem typischen Satz von Rotor- und Lagerparametern jeweils ein Systemparameter variiert wird. Schließlich wird für beide Lagerungsarten der Einfluss der Unwucht auf die nichtlinearen Schwingungen der gleitgelagerten Rotoren beurteilt, wobei die Stabilität der drehzahlsynchronen Schwingungen wiederum anhand von Stabilitätskarten diskutiert wird.

## 4.1 Laval-Rotor in konventionellen Gleitlagern

### 4.1.1 Modellbildung

Bei der Herleitung der Bewegungsgleichungen wird von einem horizontal angeordneten Laval-Rotor (vgl. Abbildung 4.1) ausgegangen, der in identischen konventionellen Gleitlagern symmetrisch gelagert ist. Der Rotor mit der masselos angenommenen, elastischen Welle (Steifigkeit $k$) und der Scheibe der Masse $m$ wird unter dem Einfluss des Schwerefeldes der Erde $g$ mit dem Rotoreigengewicht $W = mg$ belastet. Außerdem werden die Bewegungen der Scheibe durch einen äußeren Dämpfer $d_a$ beeinflusst. Mit dem hier

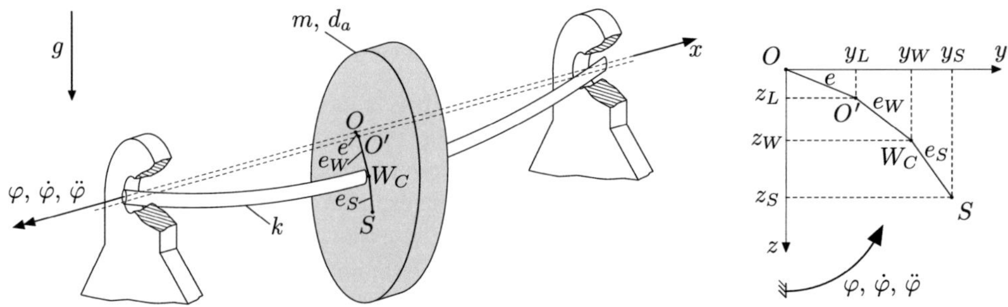


Abbildung 4.1: Laval-Rotor in konventionellen Gleitlagern.

beschriebenen Lavalläufer können nur zylindrische Bewegungsformen untersucht werden, da gyroskopische Einflüsse beim Laval-Rotor nicht modelliert werden und ein identisches Lagerverhalten angenommen wird. Der unwuchtige Laval-Läufer in konventionellen Gleitlagern kann demzufolge im raumfesten $(x, y, z)$-Koordinatensystem durch folgende Differentialgleichungen

$$m\ddot{y}_W + d_a\dot{y}_W + k(y_W - y_L) = me_S(\dot{\varphi}^2 \sin\varphi - \ddot{\varphi}\cos\varphi)\,, \tag{4.1a}$$

$$m\ddot{z}_W + d_a\dot{z}_W + k(z_W - z_L) = W + me_S(\dot{\varphi}^2 \cos\varphi + \ddot{\varphi}\sin\varphi)\,, \tag{4.1b}$$

$$-k(y_W - y_L) = 2F_y(y_L, \dot{y}_L, z_L, \dot{z}_L)\,, \tag{4.1c}$$

$$-k(z_W - z_L) = 2F_z(y_L, \dot{y}_L, z_L, \dot{z}_L)\,, \tag{4.1d}$$

dargestellt werden, wobei die Verschiebung des Wellenzapfens im Lager durch die Koordinaten $y_L$ und $z_L$ beschrieben wird. Die Koordinaten des Wellendurchstoßpunktes $W_C$ der Scheibe sind durch $y_W$ und $z_W$ gegeben, während die Massenexzentrizität $e_S$ den festen Abstand zwischen Scheibenschwerpunkt $S$ und Wellendurchstoßpunkt $W_C$ kennzeichnet. Das Produkt aus Exzentrizität $e_S$ und Scheibenmasse $m$ wird in der Praxis häufig als

Unwucht $U_S = m e_S$ angegeben [23]. Die Kräfte $F_y$ und $F_z$ in horizontaler bzw. vertikaler Richtung bezeichnen im Allgemeinen nichtlineare Lagerkräfte, die von der jeweiligen Lage und Geschwindigkeiten des Wellenzapfens an der Lagerstelle abhängen. Dabei wird der Lagerbock samt Lagerschale als starr und unverschieblich angenommen. Für die nachfolgenden instationären Hochlaufsimulationen wird unter Annahme eines idealen Antriebs stets eine konstante Drehbeschleunigung $\ddot{\varphi} = a_\varphi = \text{const.}$ vorgegeben, so dass sich ein linearer Winkelgeschwindigkeitsverlauf über der Zeit einstellt.

Für den Sonderfall des stationären Betriebs $\dot{\varphi} = \omega = \text{const.}$ vereinfachen sich die Gleichungen (4.1) des Laval-Rotors mit Hilfe von $\varphi = \omega t$ ohne Beschränkung der Allgemeinheit zu

$$m\ddot{y}_W + d_a \dot{y}_W + k(y_W - y_L) = m e_S \omega^2 \sin \omega t \,, \tag{4.2a}$$

$$m\ddot{z}_W + d_a \dot{z}_W + k(z_W - z_L) = W + m e_S \omega^2 \cos \omega t \,, \tag{4.2b}$$

$$-k(y_W - y_L) = 2 F_y(y_L, \dot{y}_L, z_L, \dot{z}_L) \,, \tag{4.2c}$$

$$-k(z_W - z_L) = 2 F_z(y_L, \dot{y}_L, z_L, \dot{z}_L) \,. \tag{4.2d}$$

## 4.1.2 Approximationsmethoden für die nichtlinearen Gleitlagerkräfte

Die auf den Rotor wirkenden nichtlinearen Lagerkräfte sind entscheidend für dessen Stabilitäts- und Bifurkationsverhalten über seinen Betriebsbereich. Daher kommt ihrer Modellierung bzw. Approximation eine hohe Bedeutung zu, da eine analytisch geschlossene Lösung der Reynoldsgleichung (2.2) bzw. (2.6) nicht bekannt ist. Da die klassischen analytischen Lösungsansätze (Kurz- bzw. Langlagerlösung) unter Vereinfachung der Reynoldsgleichung selbst gegenüber Kennfeldmethoden sowohl in der Rechenzeit aufgrund der nicht notwendigen Interpolation als auch in der leichten Handhabung von Vorteil sind, wird im Rahmen dieses Abschnitts anhand von instationären Hochlaufsimulationen überprüft, inwieweit eine vereinfachte Modellierung der Lagerkräfte gerechtfertigt ist. Dafür wird der durch die Gleichungen (4.1) beschriebene Laval-Rotor in konventionellen Gleitlagern untersucht, dessen Parameterwerte (vgl. [92, 95, 112]) der Tabelle 4.1 zu entnehmen sind. Die gewählte konstante Drehbeschleunigung $a_\varphi$ gibt die Steigung des linearen Drehfrequenzverlaufes über der Zeit wieder. Der niedrig belastete, unwuchtfreie Rotor wird im Folgenden sowohl nach der Impedanz-Methode als auch nach der Kurzlagertheorie[2] anhand eines Hochlaufes aus dem Stillstand heraus auf eine Drehfrequenz von 2000 Hz untersucht. Die daraus folgende Simulationsdauer von 100 s ist hinreichend lange gewählt und liegt in der Größenordnung, wie sie größtenteils im Experiment verwendet wird. Damit kann von einem quasi-stationären Hochlauf ausgegangen werden. Für alle im Rahmen der Arbeit durchgeführten Hochlaufsimulationen werden dabei verschwindende Anfangsbedingungen vorausgesetzt.

Darüber hinaus werden innerhalb dieses Abschnitts die auftretenden Phänomene bei gleitgelagerten Rotoren wie beispielsweise „oil-whirl" bzw. „oil-whip" näher erläutert.

---

[2]Die analytischen Lagerkräfte nach der Kurzlagertheorie können ebenfalls im Rahmen der Impedanz-Methode hergeleitet werden (vgl. Kapitel 2.2.2). Innerhalb dieses Kapitels kennzeichnet jedoch der Begriff der Impedanz-Methode stets die Lösung der allgemeinen (nicht vereinfachten) Reynoldsgleichung anhand eines vorab berechneten Kennfeldes.

| | |
|---|---|
| Scheibenmasse $m$ | $0.1\,\mathrm{kg}$ |
| Wellensteifigkeit $k$ | $2000.0\,\mathrm{N/mm}$ |
| Äußere Dämpfung $d_a$ | $0.01\,\mathrm{Ns/mm}$ |
| Unwucht $U_S$ | $0.0\,\mathrm{gmm}$ |
| Lagerdurchmesser $D$ | $6.0\,\mathrm{mm}$ |
| Lagerbreite $L$ | $3.6\,\mathrm{mm}$ |
| Lagerspiel $C$ | $0.0114\,\mathrm{mm}$ |
| Ölviskosität $\eta$ | $10.0\,\mathrm{mPa\,s}$ |
| Drehbeschleunigung $a_\varphi$ | $40\pi\,1/\mathrm{s}^2$ |

Tabelle 4.1: Parameterwerte für den Laval-Rotor in konventionellen Gleitlagern.

### Numerische Lösung der Reynoldsgleichung mittels Impedanz-Methode

Eine rechenzeiteffiziente Implementierung der nichtlinearen Gleitlagerkräfte nach der allgemeinen Reynoldsgleichung (2.6) ist unter Verwendung von Impedanz-Kennfeldern gegeben. Das genaue Verfahren ist in Kapitel 2 beschrieben. Die Auflösung des Kennfeldes [89] ist dabei so hoch gewählt, dass infolge des daraus folgenden geringen Interpolationsfehlers die Impedanz-Kennfeldmethode praktisch mit der numerischen Lösung der allgemeinen Reynoldsgleichung übereinstimmt. Das Ergebnis der entsprechenden Hochlaufsimulation für den gleitgelagerten Laval-Rotor (vgl. Tabelle 4.1) ist in Abbildung 4.2 veranschaulicht, wobei sowohl die Verschiebungen $z_W$ des Scheibenmittelpunktes $W_C$ in vertikaler Richtung als auch die relativen Lagerexzentrizitäten $\varepsilon$ dargestellt sind. Der Wellendurchstoßpunkt $W_C$ und der Scheibenschwerpunkt $S$ fallen in diesem betrachteten Fall zusammen, da die Unwucht vernachlässigt wird. Daher stellt sich aufgrund der Belastung durch die Gewichtskraft eine stabile Gleichgewichtslage für niedrige Drehzahlen ein, die ab einer Drehfrequenz von etwa 430 Hz ihre Stabilität verliert. Infolgedessen nimmt die Dämpfungswirkung durch den Schmierfilm schlagartig ab. Nach Durchfahren dieser ersten kritischen Drehzahl entstehen Grenzzykelschwingungen, deren Frequenzen ungefähr die Hälfte der Drehfrequenz betragen und demzufolge mit steigender Drehfrequenz zunehmen. Dieser Bereich der selbsterregten Schwingungen wird „oil-whirl" bzw. „Halbfrequenzwirbel" genannt, in dem der Rotor unter Umständen noch sicher betrieben werden kann [15, 66], obwohl die relativen Lagerexzentrizitäten schon hier gegen 1 streben. Die hohen Lagerexzentritäten führen zu einer Versteifung der Lager, die durch die steigende Drehfrequenz noch weiter verstärkt werden. Die Frequenzen der selbsterregten Schwingungen sind durch das Wasserfalldiagramm (3D- bzw. 2D-Ansicht) in Abbildung 4.3 verdeutlicht, das die reellen Kurzzeit-Amplitudenspektren der Verschiebungen $z_W$ perspektivisch darstellt. Aufgrund der fehlenden Unwucht ist die Drehzahlharmonische bzw. -synchrone nur als strichlierte Linie angedeutet.

Bei weiterer Erhöhung der Drehfrequenz findet jedoch bei einem Drehfrequenzbereich von ca. 1300 Hz bis 1400 Hz ein Übergang vom „oil-whirl"- in den „oil-whip"-Bereich statt, der einerseits dadurch gekennzeichnet ist, dass die Frequenzen der selbsterregten Schwingungen nicht mehr ansteigen und folglich bei einem bestimmten Wert verbleiben. Andererseits ist ein deutlicher Anstieg der Schwingungsamplituden verbunden mit einer höheren Biegebeanspruchung der Welle zu erkennen, welcher als Grund für die destruktive Wirkung der „oil-whip"-Schwingungen anzusehen ist [15, 66]. Dieses Phänomen tritt bei gleitge-

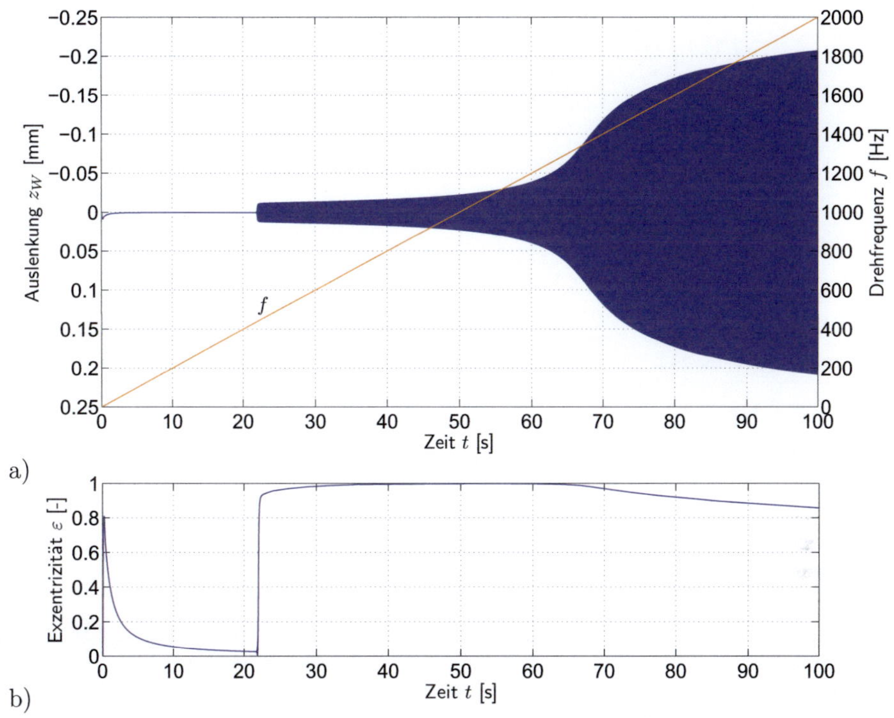

Abbildung 4.2: Hochlaufsimulation des Laval-Rotors in konventionellen Gleitlagern (Impedanz-Methode): a) Auslenkungen $z_W$ der Scheibe in vertikaler Richtung. b) Relative Lagerexzentrizitäten $\varepsilon$.

lagerten Rotoren dann auf, wenn die subsynchrone Frequenz $f_{sub} \approx \frac{1}{2}f$ der „oil-whirl"-Schwingungen mit einer Eigenfrequenz des gelagerten Rotors zusammenfällt. Hierbei sind die Schmierfilme der Lager derart versteift, dass schon von einem starr gelagerten Rotor mit der entsprechenden Biegeeigenfrequenz von $f_{eig} = \sqrt{k/m}/2\pi = 712\,\text{Hz}$ ausgegangen werden kann. Daraufhin erfolgt die Anregung („Selbstanregung") von „oil-whip"-Schwingungen bei einer Drehfrequenz von ungefähr $f \approx 2\,f_{eig} = 1424\,\text{Hz}$, die angesichts der Annahmen von starren Lagern nur eine obere Schranke für das Auftreten der gefährlichen Biegeschwingungen bildet. Hier sind die zugehörigen Schwingungsamplituden in diesem Bereich sichtbar begrenzt, weil eine kleine äußere Dämpfung von $d_a = 0.01\,\text{Ns/mm}$ angenommen wird. Die „oil-whirl"-Schwingungen dagegen werden von einer geringen äußeren Dämpfung kaum beeinflusst. Nach Erreichen des „oil-whip"-Bereichs bleibt trotz weiterer Drehfrequenzerhöhung die subsynchrone Frequenz der selbsterregten Schwingungen konstant und die „Selbstanregung" der Rotoreigenschwingungen wird im Gegensatz zu einer Fremdanregung durch eine Unwucht aufrechterhalten. Bei Berücksichtigung einer Unwucht kann unterhalb der kritischen Drehzahl für das Erscheinen der „oil-whip"-Schwingungen noch zusätzlich ein nichtlineares Resonanzphänomen bei einer Drehfrequenz von $f \approx f_{eig}$ auftreten, das bei der Auslegung des Rotor-Lager-Systems weiterhin zu beachten ist.

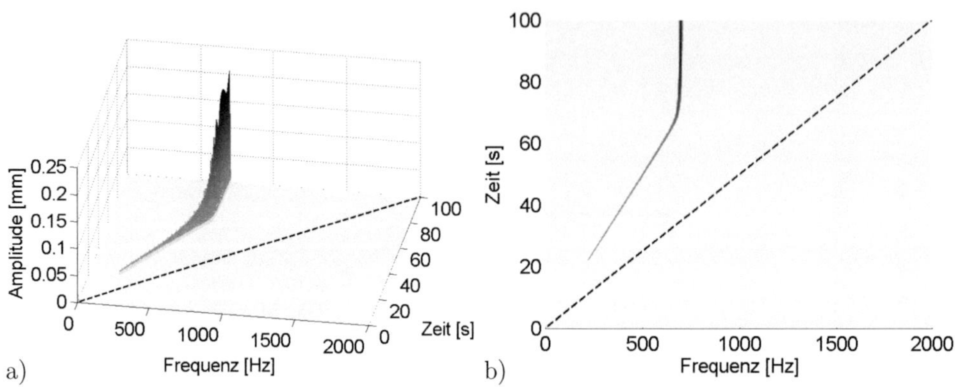


Abbildung 4.3: Hochlaufsimulation des Laval-Rotors in konventionellen Gleitlagern (Impedanz-Methode): a) 3D-Wasserfalldiagramm der Auslenkungen $z_W$ (vgl. Abbildung 4.2). b) 2D-Ansicht von a).

## Analytische Kurzlagerlösung

Die analytische Lösung nach der Kurzlagertheorie erweist sich insbesondere für Breiten-Durchmesser-Verhältnisse von $\frac{L}{D} < \frac{1}{2}$ als eine einfache, elegante Methode, um die nichtlinearen Gleitlagerkräfte zu approximieren. Die Herleitung der analytischen Formeln dafür sind Kapitel 2.2.2 zu entnehmen. Wie schon im Fall der numerischen Lösung der Reynoldsgleichung mittels Impedanz-Methode, wird die gleiche Hochlaufsimulation für den Laval-Rotor in konventionellen Gleitlagern (vgl. Tabelle 4.1) durchgeführt, wobei hier die Lagerkräfte nach der Kurzlagertheorie modelliert werden. Die selbsterregten Schwingungen sowie deren Frequenzen unterscheiden sich dabei für beide Approximationsarten der Lagerkräfte nicht nur qualitativ, sondern auch quantitativ kaum voneinander. Daher zeigt Abbildung 4.4 nur den Vergleich der Schwingungseinhüllenden von den Auslenkungen $z_W$ und der relativen Lagerexzentrizitäten $\varepsilon$ für beide Approximationsarten. Für die ausführlichere Darstellung der Ergebnisse aus der Hochlaufsimulation nach der Kurzlagertheorie wird auf den Anhang (vgl. Abbildungen A.1 und A.2) verwiesen. Der größte Unterschied ist beim Stabilitätsverlust der stationären Ruhelage zu erkennen, der bei Anwendung der Kurzlagertheorie bei einer höheren Drehfrequenz von näherungsweise 460 Hz anstatt 430 Hz wie bei der Impedanz-Methode auftritt. Daneben sind bei alleiniger Berücksichtigung des Kurzlageranteils in der Reynoldsgleichung die relativen Lagerexzentrizitäten $\varepsilon$ über den gesamten Drehfrequenzbereich unwesentlich geringer, da die Amplituden der Scheibenschwingungen nur beim Übergang vom „oil-whirl"- in den „oil-whip"-Bereich ein wenig voneinander abweichen.

Eine ebenfalls analytische Möglichkeit zur Berechnung der nichtlinearen Lagerkräfte ist außerdem durch die Langlagertheorie gegeben. Im Folgenden erscheint diese Lösungsmethode eher ungeeignet, weil die heutzutage verwendeten Lager weitgehend ein Breiten-Durchmesser-Verhältnis von $\frac{L}{D} < \frac{3}{4}$ besitzen. Demnach sind die erreichten Amplituden der selbsterregten Schwingungen bei der Hochlaufsimulation des gleitgelagerten Lavalläufers nach der Langlagertheorie deutlich höher als im Vergleich zu den beiden anderen Lösungsarten (vgl. Abbildungen A.3 bzw. A.4 im Anhang). Obwohl beim vorliegenden Rotor-Lager-System

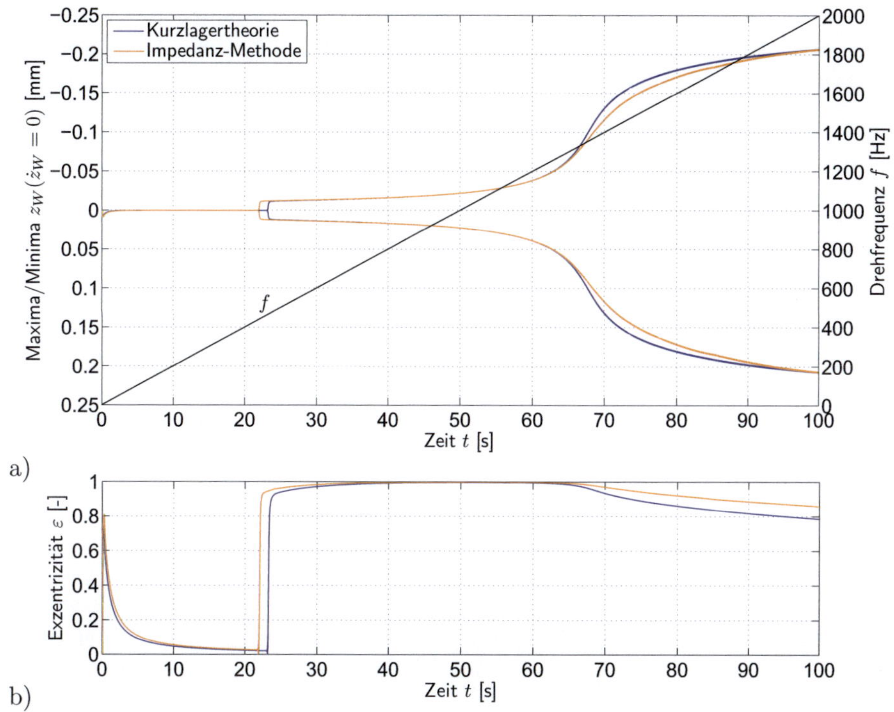

Abbildung 4.4: Vergleich der Kurzlagertheorie und der Impedanz-Methode anhand der Hochlaufsimulationen des Laval-Rotors in konventionellen Gleitlagern: a) Einhüllende der Schwingungen $z_W(\dot{z}_W = 0)$ der Scheibe in vertikaler Richtung. b) Relative Lagerexzentrizitäten $\varepsilon$.

ein Breiten-Durchmesser-Verhältnis von $\frac{L}{D} = \frac{3}{5} > \frac{1}{2}$ vorliegt, scheint dagegen die Kurzlagertheorie sowohl qualitativ („oil-whirl"- bzw. „oil-whip"-Phänomene) als auch quantitativ eine sehr gute Alternative zur numerischen Bestimmung der Lagerkräfte nach der allgemeinen Reynoldsgleichung zu sein und somit auch für praxisrelevante Simulationen einsetzbar.

### 4.1.3 Vergleich zwischen Hochlaufsimulation und numerischer Bifurkationsanalyse

Die Hochlaufsimulation ist ein recht einfaches Hilfsmittel, um das nichtlineare Lösungsverhalten von gleitgelagerten Rotoren über einen gewissen Drehzahlbereich abzuschätzen. Jedoch bietet sich vor allem bei komplexeren Rotor-Lager-Systemen eine detaillierte Stabilitätsuntersuchung mit den Methoden der numerischen Bifurkationsanalyse an, die nicht nur die Bestimmung der stabilen sowie instabilen Lösungen sondern auch die Detektierung der zugehörigen Bifurkationspunkte ermöglicht. Folglich kann auch die Existenz von mehreren unterschiedlichen Lösungen in bestimmten Bereichen des Bifurkationsparameters bei ansonsten festen Parameterwerten nachgewiesen werden. Zur Einführung in die

Bifurkationsanalyse wird der in den Hochlaufsimulationen zugrunde gelegte Laval-Rotor in konventionellen Gleitlagern mit numerischen Methoden der Pfadverfolgung untersucht. Die näherungsweise Berechnung der Lagerkräfte erfolgt dabei nach der Kurzlagertheorie.

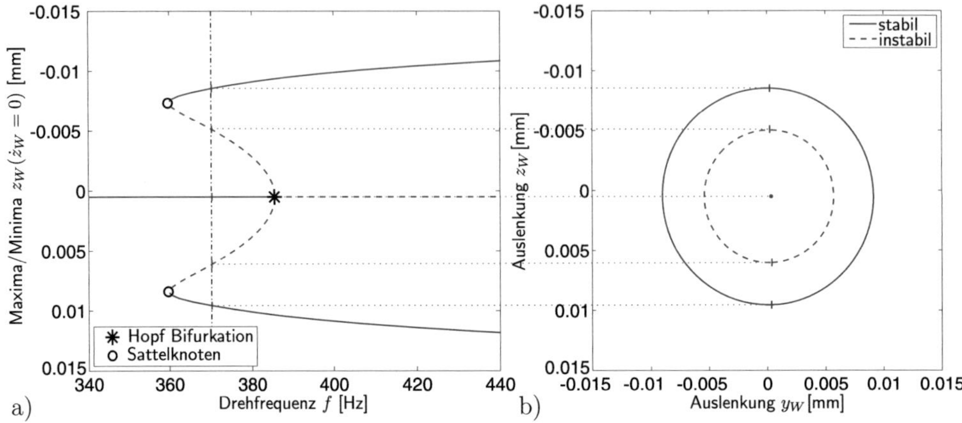



Abbildung 4.5: Bifurkationsanalyse des Laval-Rotors in konventionellen Gleitlagern (Kurz-lagertheorie) im Bereich des Stabilitätsverlustes der stationären Ruhelage: a) Bifurkati-onsdiagramm der maximalen sowie minimalen Auslenkungen $z_W(\dot{z}_W = 0)$ der Scheibe. b) Scheibenorbits bei $f = 370\,\text{Hz}$ (stabile Ruhelage, instabile und stabile periodische Lösung).

Das Bifurkationsdiagramm im Bereich des Stabilitätsverlustes der Gleichgewichtslage sowie die Orbits der Rotorscheibe für eine Drehfrequenz von $f = 370\,\text{Hz}$ sind in der Abbildung 4.5 dargestellt. Im Folgenden wird als Bifurkationsparameter stets die Rotordrehzahl wie beispielsweise hier die Drehfrequenz $f$ gewählt. Zur Charakterisierung des dynamischen Systemverhaltens in den Bifurkationsdiagrammen bietet sich als Kenngröße die Größe der Scheibenorbits und damit die Größe der Amplituden der selbsterregten Schwingungen an. Da sich jedoch die periodischen selbsterregten Schwingungen im Allgemeinen durch ei-ne Überlagerung von mehreren Schwingungen verschiedener Frequenzen zusammensetzen, gibt es nicht nur eine Schwingungsamplitude. Deshalb erfolgt die Beschreibung der Größe der Orbits anhand der Extremwerte der Scheibenauslenkungen in vertikaler $z$-Richtung, die dann als Kenngrößen in den nachfolgenden Bifurkationsdiagrammen wiederzufinden sind.

Für den ideal ausgewuchteten Rotor ist für niedrige Drehzahlen die stationäre Ruhelage zunächst stabil, die dann bei einem kritischen Wert für $f_c = 385.5\,\text{Hz}$ infolge einer subkri-tischen Hopf-Bifurkation ihre Stabilität verliert. Damit entsteht um die stabile Gleichge-wichtslage ein Bereich instabiler periodischer Grenzzyklen, die bei $f_{SK} = 359.6\,\text{Hz}$ einen Umkehrpunkt bzw. Sattelknoten aufweisen, der zu einem Stabilitätswechsel mit einem an-schließenden stabilen Bereich der periodischen Lösung führt. Wird die Drehzahl ausgehend von der stabilen Gleichgewichtslage erhöht, existiert oberhalb der kritischen Drehzahl $f_c$ in der lokalen Umgebung der Hopf-Bifurkation keine stabile Gleichgewichtslösung mehr. Infolgedessen nehmen im Gegensatz zu einer weichen Selbsterregung (superkritische Hopf-Bifurkation) die Schwingungsamplituden nach Überschreiten der linearen Stabilitätsgrenze nicht langsam zu, sondern aufgrund eines Amplitudensprungs folgen die stabilen Grenzzyklen des „oil-whirl"-Bereichs. Bei Verringerung der Drehzahl verlieren diese selbsterregten Schwingungen angesichts des Sattelknotens bei $f_{SK} = 359.6\,\text{Hz}$ zugunsten der Gleichgewichtslage ihre Stabilität. Die Drehfrequenz des Sattelknotens ist dabei kleiner als die der Hopf-Bifurkation, weshalb auch von einem Hysterese-Effekt des nichtlinearen Rotor-Lager-Systems gesprochen werden kann. Hier ist dieser nur relativ gering ausgeprägt, da

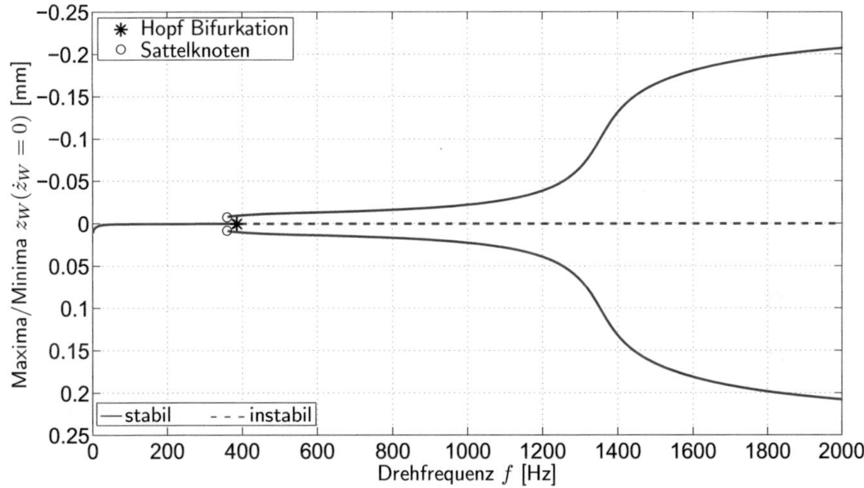


Abbildung 4.6: Bifurkationsdiagramm des Laval-Rotors in konventionellen Gleitlagern (Kurzlagertheorie).

sich die kritischen Drehzahlen beim Hoch- und Herunterfahren des Rotors im Vergleich zum gesamten Betriebsbereich nur wenig unterscheiden. Darum wird auch der in Experimenten beobachtete Hysterese-Effekt [118] bei Rotoren in konventionellen Gleitlagern für praktische Anwendungen eher unbedeutend sein.

Anzumerken bleibt, dass der Stabilitätsverlust der Gleichgewichtslage in der Hochlaufsimulation (vgl. Abbildung 4.4) einerseits bei einer höheren Drehfrequenz von etwa $460\,\text{Hz}$ offensichtlich auftritt und andererseits nicht mit einem Amplitudensprung verbunden ist. Streng genommen handelt es sich selbst bei dem hier vorliegenden langsamen Hochlauf um einen instationären Vorgang, so dass der Rotor beim Überschreiten der linearen Stabilitätsgrenze erst nach einem transienten Übergang einen quasi-stationären Zustand im „oil-whirl"-Bereich erreicht. Eine weitere Erhöhung der Simulationsdauer, die gewissermaßen mit einer längeren „Einschwingzeit" verknüpft ist, führt zu einer stetigen Annäherung an die mit Hilfe der linearen Stabilitätstheorie berechneten kritischen Drehzahl.

Bei Betrachtung des Bifurkationsdiagramms über den gesamten Drehzahlbereich in Abbildung 4.6 ist zu erkennen, dass beim Übergang vom „oil-whirl"- in den „oil-whip"-Bereich keine weitere Bifurkation stattfindet und es praktisch mit einer hinreichend langsamen Hochlaufsimulation übereinstimmt.

In Abbildung 4.7 sind die Grundfrequenzen der stationären, selbsterregten Schwingungen entsprechend eines Ordnungsdiagramms und eines Wasserfalldiagramms veranschaulicht.

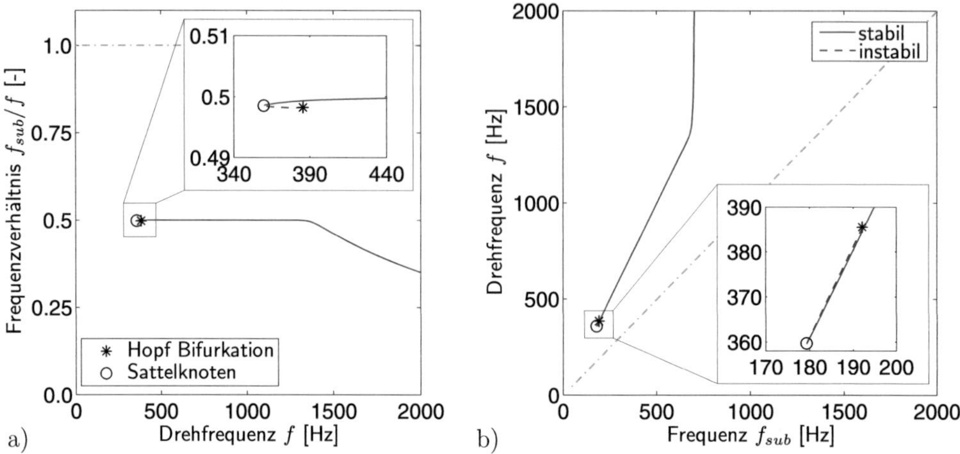

Abbildung 4.7: Subsynchrone Frequenzen der für die in Abbildung 4.6 dargestellten Grenzzyklen: a) Dimensionslose Darstellung normiert auf die Rotordrehfrequenz $f$ entsprechend eines Ordnungsdiagramms (Drehzahlharmonische bei 1 als strichpunktierte Linie eingezeichnet). b) Dimensionsbehaftete Darstellung entprechend einem Wasserfalldiagramm, vgl. Abbildung 4.3 (Drehzahlharmonische als strichpunktierte Winkelhalbierende eingezeichnet).

In der Darstellung a) wird im Gegensatz zu b) die subharmonische bzw. -synchrone Schwingungsgrundfrequenz mit der Drehfrequenz zum Ordnungsdiagramm normiert. Zudem sind die beiden Frequenzachsen vertauscht. In beiden Diagrammen ist sowohl die Entstehung von selbsterregten Schwingungen mit einer Frequenz von etwa der halben Drehzahl („oilwhirl" bzw. "Halbfrequenzwirbel") als auch das spätere Verharren in der Eigenfrequenz des gelagerten Rotors („oil-whip") zu verzeichnen, das sich im Ordnungsdiagramm mit einer Abnahme des Frequenzverhältnisses bemerkbar macht. Wiederum sind infolge der fehlenden Unwuchtberücksichtigung die Drehzahlharmonische bzw. -synchrone nur als strichpunktierte Linie angedeutet.

Die Bifurkationsanalyse stellt eine Alternative zu transienten Zeitsimulationen dar, um das nichtlineare Schwingungs- sowie Stabilitätsverhalten von gleitgelagerten Rotoren detailliert zu studieren. Die Bestimmung der Stabilitätsgrenzen wie beispielsweise der Beginn des „oil-whirl"-Bereichs kann sich bei einer Hochlaufsimulation als schwierig und rechenzeitaufwendig herausstellen. Dagegen können bei einer Bifurkationsanalyse nicht nur die Bifurkationspunkte sondern auch die instabilen Lösungen berechnet werden. Dies kann zu einem besseren Verständnis der entstehenden Phänomene bei nichtlinearen Systemen wie z.B. dem Hysterese-Effekt beitragen.

## 4.1.4   Dimensionslose Bewegungsgleichungen

Nach der exemplarischen Betrachtung des globalen Lösungsverhaltens für einen statisch gering belasteten Rotor sind die Einflüsse der Rotor- bzw. Lagerparameter auf das nichtlineare Schwingungsverhalten zu beurteilen. Die dimensionsbehafteten Bewegungsgleichungen des Laval-Rotors in konventionellen Gleitlagern sind für den stationären Betrieb $\omega = \text{const.}$ durch die Gleichungen (4.2) gegeben. Im Folgenden werden die darin auftretenden nichtlinearen Lagerkräfte stets nach der Kurzlagertheorie approximiert.

Zwecks einer systematischen Stabilitätsuntersuchung des Systems ist es sinnvoll, eine Reduktion der Modellparamater vorzunehmen, indem die nichtlinearen Bewegungsgleichungen in eine dimensionslose Form überführt werden. Nach Einführung der auf das radiale Lagerspiel $C$ bezogenen Auslenkungen der Scheibe sowie des Wellenzapfens im Lager

$$\bar{y}_W = \frac{y_W}{C}, \quad \bar{z}_W = \frac{z_W}{C}, \quad \bar{y}_L = \frac{y_L}{C}, \quad \bar{z}_L = \frac{z_L}{C}$$

und der dimensionslosen Zeit $\tau = \omega t$ können die Bewegungsgleichungen (4.2) in ihre dimensionslose Form

$$\bar{\omega}^2 \bar{y}_W'' + \bar{d}_a \bar{\omega} \bar{y}_W' + \frac{1}{\Gamma_0}(\bar{y}_W - \bar{y}_L) = \rho \bar{\omega}^2 \sin \tau \,, \tag{4.3a}$$

$$\bar{\omega}^2 \bar{z}_W'' + \bar{d}_a \bar{\omega} \bar{z}_W' + \frac{1}{\Gamma_0}(\bar{z}_W - \bar{z}_L) = 1 + \rho \bar{\omega}^2 \cos \tau \,, \tag{4.3b}$$

$$-\frac{1}{\Gamma_0}(\bar{y}_W - \bar{y}_L) = 2 S_m f_y(\bar{y}_L, \bar{y}_L', \bar{z}_L, \bar{z}_L') \,, \tag{4.3c}$$

$$-\frac{1}{\Gamma_0}(\bar{z}_W - \bar{z}_L) = 2 S_m f_z(\bar{y}_L, \bar{y}_L', \bar{z}_L, \bar{z}_L') \tag{4.3d}$$

umgeschrieben werden, wobei die Ableitungen nach der dimensionslosen Zeit $\tau$ stets mit $(\ldots)' = \frac{\mathrm{d}}{\mathrm{d}\tau}(\ldots)$ gekennzeichnet werden. Die weiteren dimensionslosen Größen sind gemäß

$$\bar{\omega} = \sqrt{\frac{Cm}{W}}\,\omega\,, \quad \rho = \frac{e_S}{C}\,, \quad \bar{d}_a = \sqrt{\frac{C}{mW}}d_a\,, \quad \Gamma_0 = \frac{1}{C}\frac{W}{k} \tag{4.4}$$

definiert. Bei festen Rotor- und Lagergrößen ist der dimensionslose Drehzahlparameter $\bar{\omega}$ stets proportional zur Winkelgeschwindigkeit $\omega$ des Rotors. Der dimensionslose Unwuchtparameter des Rotors $\rho$ bezeichnet die auf das Lagerspiel $C$ normierte Massenexzentrizität der Scheibe. Der dimensionslose Koeffizient $\bar{d}_a$ der äußeren Dämpfung ist von der Rotordrehzahl unabhängig. Die Berücksichtigung der Wellensteifigkeit führt zu einem weiteren dimensionslosen Parameter $\Gamma_0$, der die auf das Lagerspiel $C$ bezogene statische Durchbiegung des Rotors durch die Last $W$ beschreibt. Je höher der Wert für $\Gamma_0$ gewählt wird, desto flexibler ist die Welle. Folglich ist beim starren Rotor $\Gamma_0 = 0$. Da die modifizierte Sommerfeldzahl $S_m$ von der Rotorwinkelgeschwindigkeit[3] $\omega$ bzw. $\bar{\omega}$ abhängt, ist es bei der Untersuchung des nichtlinearen Schwingungsverhaltens gleitgelagerter Rotoren in Abhängigkeit von $\bar{\omega}$ bei ansonsten gegebenen Rotor-und Lagerparametern vorteilhafter, anstelle von $S_m$ den von der Winkelgeschwindigkeit unabhängigen Systemparameter

$$\sigma = \frac{S_m}{\bar{\omega}} = \frac{1}{4}\frac{DL^3\eta}{C^2\sqrt{mCW}} \tag{4.5}$$

---

[3]Die Winkelgeschwindigkeit des Rotors $\omega$ bzw. $\bar{\omega}$ wird im Folgenden in nicht vollständig exakter Ausdrucksweise oftmals als Drehzahl bezeichnet.

zu verwenden[4]. Die statische Last besteht wie in den meisten praktischen Anwendungen nur aus dem Rotoreigengewicht $W = mg$, so dass für die dimensionslosen Systemgrößen auch

$$\bar{\omega} = \sqrt{\frac{C}{g}}\,\omega\,, \quad \bar{d}_a = \sqrt{\frac{C}{g}}\,\frac{d_a}{m}\,, \quad \sigma = \frac{1}{4}\frac{DL^3\eta}{C^2\sqrt{\frac{C}{g}}}\,\frac{1}{W} \tag{4.6}$$

geschrieben werden kann. Während die dimensionslose Winkelgeschwindigkeit $\bar{\omega}$ des Rotors dann von der Belastung unabhängig ist, wird nachfolgend $\sigma$ aufgrund der Proportionalität zu $1/W$ als reziproker Lastparameter bezeichnet. Der sogenannte vertikale Rotor wird im Rahmen dieser Arbeit nicht explizit betrachtet. Jedoch entspricht für den Grenzfall $\sigma \to \infty$ das Verhalten des untersuchten Rotors dem des vertikalen Rotors, der ohne statische Last $W$ betrieben wird.

Die Stabilitätsanalyse des gleitgelagerten Laval-Rotors kann nun in Abhängigkeit der fünf verbleibenden dimensionslosen Parameter $\sigma$, $\bar{\omega}$, $\Gamma_0$, $\bar{d}_a$ und $\rho$ durchgeführt werden. Insbesondere bei den nichtlinearen Untersuchungen wird der Drehzahlparameter $\bar{\omega}$ weitestgehend als einziger Bifurkationsparameter gewählt, wobei die anderen Parameter nicht verändert werden. Daneben wird hauptsächlich bei der linearen Stabilitätsuntersuchung ein weiterer Bifurkationsparameter, nämlich die reziproke Belastung $\sigma$, einbezogen, die mit der dimensionslosen Winkelgeschwindigkeit im Zusammenhang $S_m = \sigma\bar{\omega}$ zur modifizierten Sommerfeldzahl $S_m$ steht. Infolgedessen kann $\sigma$ fortan auch als Lagerparameter angesehen werden. Für die Darstellung der nachfolgenden Stabilitätskarten werden daher diese beiden dimensionslosen Parameter $\sigma$ und $\bar{\omega}$ verwendet. Der Einfluss der statischen Durchbiegung $\Gamma_0$, der äußeren Dämpfung $d_a$ und der Unwucht $\rho$ werden ebenfalls betrachtet. Bei Berücksichtigung der Unwucht $\rho$ und auch vorwiegend bei den Untersuchungen des unwuchtfreien Rotors werden die in Tabelle 4.2 aufgeführten Parameterwerte für $\Gamma_0$ und $d_a$ benutzt.

| | | | |
|---|---|---|---|
| Wellennachgiebigkeit | $\Gamma_0$ | = | 0.01 |
| Äußere Dämpfung | $\bar{d}_a$ | = | 0.1 |

Tabelle 4.2: Dimensionsloser Standardparametersatz für den Laval-Rotor in konventionellen Gleitlagern.

### 4.1.5  Stabilitätsverlust der stationären Ruhelage

Bevor über die Stabilität der stationären Ruhelage bzw. Gleichgewichtslage des Rotor-Lager-Systems Aussagen getroffen werden können, muss sie zunächst ermittelt werden, um nach einer Linearisierung der Bewegungsgleichung um diese berechnete Ruhelage die Eigenwerte des linearisierten Systems zu bestimmen. Dabei kann sich eine Gleichgewichtslage nur dann einstellen, wenn auf den Rotor keine zeitveränderlichen Störungen wie beispielsweise eine Unwuchterregung einwirken. Deshalb wird hier die Unwucht vernachlässigt, so dass im Folgenden stets $\rho = 0$ gilt.

---

[4]Der reziproke Lastparameter $\sigma$ steht mit der von der Drehfrequenz befreiten Sommerfeldzahl $So_0$ (siehe beispielsweise [23]) im folgenden Zusammenhang: $\sigma = \beta^2/So_0$, wobei für das Breiten-Durchmesser-Verhältnis $\beta = L/D$ gilt.

Anzumerken bleibt, dass in der Realität eigentlich ein Rotor keine Gleichgewichtslage im klassischen Sinne (Statik) besitzt, da er gewissermaßen mit einer bestimmten Winkelgeschwindigkeit rotiert. In der Literatur (siehe beispielsweise [23]) wird beim stationären Betrieb eines ideal ausgewuchteten Rotors trotzdem häufig von einer statischen Gleichgewichtslage bezüglich der Bewegung des Lagerzapfenmittelpunkts gesprochen.

**Stationäre Ruhelage**

Für verschwindende Geschwindigkeiten $\bar{y}_W' = \bar{z}_W' = \bar{y}_L' = \bar{z}_L' = 0$ und Beschleunigungen $\bar{y}_W'' = \bar{z}_W'' = 0$ kann dann die Ruhelage $(\bar{y}_{W0}, \bar{z}_{W0}, \bar{y}_{L0}, \bar{z}_{L0})$ des Laval-Rotors in konventionellen Gleitlagern aus den Bewegungsgleichungen (4.3) berechnet werden. Während sich infolge der Gleichung (4.3a) die horizontalen Verschiebungen des Wellenzapfens im Lager sowie der Scheibe nicht unterscheiden ($\bar{y}_{W0} = \bar{y}_{L0}$), setzt sich nach (4.3b) die Auslenkung der Scheibe in vertikaler Richtung aus der Verschiebung des Wellenzapfens und der statischen Durchbiegung ($\bar{z}_{W0} = \bar{z}_{L0} + \Gamma_0$) aufgrund des Eigengewichts zusammen. Die beiden Komponenten $\bar{y}_{L0}$ und $\bar{z}_{L0}$ der Ruhelage ergeben sich aus den verbleibenden Gleichgewichtsbedingungen

$$0 = 2S_m f_y(\bar{y}_{L0}, \bar{y}_L' = 0, \bar{z}_{L0}, \bar{z}_L' = 0)\,, \tag{4.7a}$$

$$0 = 1 + 2S_m f_z(\bar{y}_{L0}, \bar{y}_L' = 0, \bar{z}_{L0}, \bar{z}_L' = 0), \tag{4.7b}$$

die unabhängig von der Scheibenlage $\bar{y}_{W0}$, $\bar{z}_{W0}$ und damit der Wellenelastizität sind. Aus diesem Grund bleibt die statische Ruhelage $\bar{y}_{L0}$, $\bar{z}_{L0}$ des Wellenzapfens gegenüber einer starren Modellierung unverändert. Nach Einführung der relativen Lagerexzentrizität $\varepsilon_0$ und des Verlagerungswinkels $\phi_0$ für die Gleichgewichtslage des Wellenzapfens besitzt das System die stationäre Ruhelage

$$\bar{y}_{W0} = \varepsilon_0 \sin\phi_0, \quad \bar{z}_{W0} = \varepsilon_0 \cos\phi_0 + \Gamma_0, \quad \bar{y}_{L0} = \varepsilon_0 \sin\phi_0, \quad \bar{z}_{L0} = \varepsilon_0 \cos\phi_0\,. \tag{4.8}$$

Für diese Ruhelage lassen sich die radiale und tangentiale Komponente der Lagerkraft $f_r$ und $f_t$ aus den Forderungen $\varepsilon' = \phi' = 0$ berechnen:

$$f_{r0} = -\frac{2\varepsilon_0^2}{(1 - \varepsilon_0^2)^2}\,, \qquad f_{t0} = \frac{\pi}{2}\frac{\varepsilon_0}{(1 - \varepsilon_0^2)^{3/2}}\,. \tag{4.9}$$

Für das statische Gleichgewicht muss mit Hilfe von $f_{y0} = f_y(\bar{y}_{L0}, \bar{y}_L' = 0, \bar{z}_{L0}, \bar{z}_L' = 0)$ und $f_{z0} = f_z(\bar{y}_{L0}, \bar{y}_L' = 0, \bar{z}_{L0}, \bar{z}_L' = 0)$ die Gleichung

$$1 = 2S_m\sqrt{f_{y0}^2 + f_{z0}^2} = 2S_m\sqrt{f_{r0}^2 + f_{t0}^2} \tag{4.10}$$

gelten. Daraus folgt die Beziehung der relativen Lagerexzentrizität für die Ruhelage in impliziter Form

$$S_m = \frac{(1 - \varepsilon_0^2)^2}{\varepsilon_0\sqrt{16\varepsilon_0^2 + \pi^2(1 - \varepsilon_0^2)}}\,, \tag{4.11}$$

deren Auswertung numerisch erfolgen muss. Der Verlagerungswinkel $\phi_0$ kann dann über den Zusammenhang

$$\phi_0 = \arctan\left(-\frac{f_{r0}}{f_{t0}}\right) = \arctan\left(\frac{\pi}{4\varepsilon_0}\sqrt{1 - \varepsilon_0^2}\right) \tag{4.12}$$

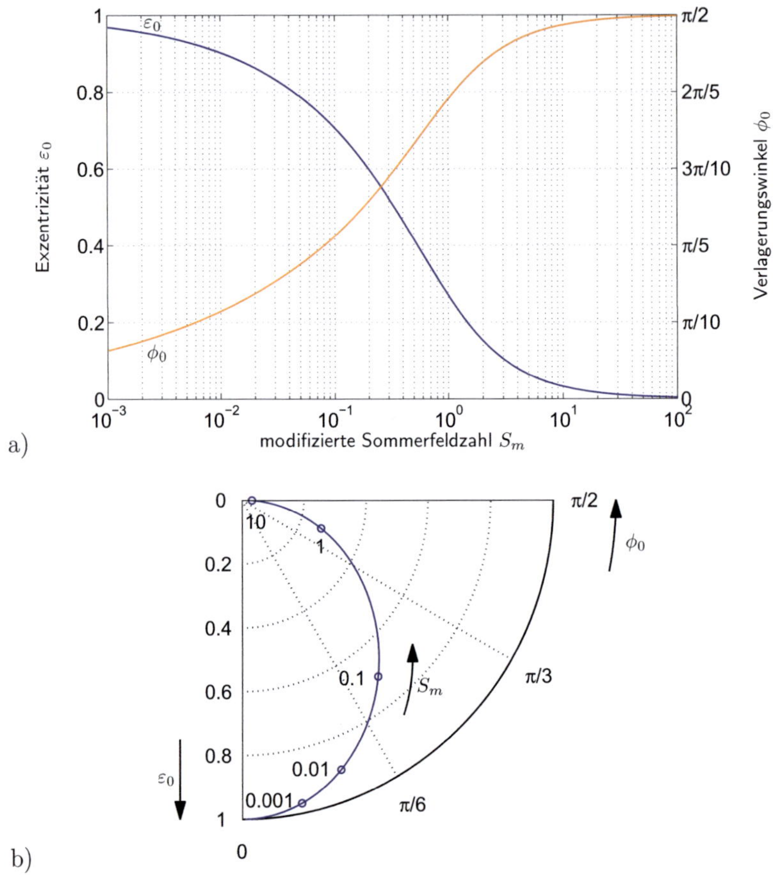



Abbildung 4.8: Stationäre Ruhelage des Wellenzapfens für konventionelle Gleitlager: a) Relative Lagerexzentrizität $\epsilon_0$ und Verlagerungswinkel $\phi_0$ in Abhängigkeit der modifizierten Sommerfeldzahl $S_m$. b) Orbitdarstellung von a).

ermittelt werden. Wie in Abbildung 4.8 dargestellt, ist die stationäre Ruhelage des Wellenzapfens im Lager durch das Wertepaar $(\varepsilon_0,\ \phi_0)$ gegeben und demzufolge nur von der modifizierten Sommerfeldzahl $S_m$ abhängig. Darüber hinaus ist zu erkennen, dass die Exzentrizität $\varepsilon_0$ bei einer Abnahme der modifizierten Sommerfeldzahlen $S_m$ gegen 1 strebt, was gleichbedeutend mit höheren Lasten bzw. niedrigeren Drehzahlen ist. Der Wellenzapfen nähert sich folglich immer mehr der Lagerschale an. Bei Erhöhung der modifizierten Sommerfeldzahlen $S_m$ (niedrige Lasten bzw. hohe Drehzahlen) erreicht angesichts verschwindender Exzentrizitäten $\varepsilon_0$ der Wellenzapfenmittelpunkt zunehmend den geometrischen Mittelpunkt der Lagerschale.

## Lineare Stabilitätsanalyse

Das Rotor-Lager-System (4.3) besitzt die mit Hilfe der Gleichungen (4.8), (4.11) und (4.12) gegebene stationäre Ruhelage $(\bar{y}_{W0}, \bar{z}_{W0}, \bar{y}_{L0}, \bar{z}_{L0})$, die abhängig von den Systemparametern stabil oder instabil sein kann. Die Annahme einer kleinen Störung um die Gleichgewichtslage $(\bar{y}_W = \bar{y}_{W0} + \Delta\bar{y}_W,\ \bar{z}_W = \bar{z}_{W0} + \Delta\bar{z}_W,\ \bar{y}_L = \bar{y}_{L0} + \Delta\bar{y}_L,\ \bar{z}_L = \bar{z}_{L0} + \Delta\bar{z}_L)$ führt unter Berücksichtigung ausschließlich linearer Terme auf das vereinfachte lineare Differentialgleichungssystem zweiter Ordnung

$$\bar{\omega}^2 \Delta\bar{y}_W'' + \bar{d}_a\bar{\omega}\Delta\bar{y}_W' + \frac{1}{\Gamma_0}(\Delta\bar{y}_W - \Delta\bar{y}_L) = 0\,, \tag{4.13a}$$

$$\bar{\omega}^2 \Delta\bar{z}_W'' + \bar{d}_a\bar{\omega}\Delta\bar{z}_W' + \frac{1}{\Gamma_0}(\Delta\bar{z}_W - \Delta\bar{z}_L) = 0\,, \tag{4.13b}$$

$$-\frac{1}{\Gamma_0}(\Delta\bar{y}_W - \Delta\bar{y}_L) = 2\sigma\bar{\omega}(\bar{k}_{yy}\Delta\bar{y}_L + \bar{d}_{yy}\Delta\bar{y}_L' + \bar{k}_{yz}\Delta\bar{z}_L + \bar{d}_{yz}\Delta\bar{z}_L')\,, \tag{4.13c}$$

$$-\frac{1}{\Gamma_0}(\Delta\bar{z}_W - \Delta\bar{z}_L) = 2\sigma\bar{\omega}(\bar{k}_{zy}\Delta\bar{y}_L + \bar{d}_{zy}\Delta\bar{y}_L' + \bar{k}_{zz}\Delta\bar{z}_L + \bar{d}_{zz}\Delta\bar{z}_L')\,, \tag{4.13d}$$

wobei die entsprechenden Steifigkeitskoeffizienten $\bar{k}_{yy}$, $\bar{k}_{yz}$, $\bar{k}_{zy}$, $\bar{k}_{zz}$ und Dämpfungskoeffizienten $\bar{d}_{yy}$, $\bar{d}_{yz}$, $\bar{d}_{zy}$, $\bar{d}_{zz}$ nur noch von der relativen Lagerexzentrizität $\varepsilon_0$ und damit von der modifizierten Sommerfeldzahl $S_m$ abhängen, vgl. (B.1) bzw. (B.2) im Anhang. Wird ein Zustandsvektor

$$\Delta\mathbf{x} = (\Delta\bar{y}_W, \Delta\bar{y}_W', \Delta\bar{z}_W, \Delta\bar{z}_W', \Delta\bar{y}_L, \Delta\bar{z}_L)^T \tag{4.14}$$

definiert, so können die um die stationäre Ruhelage linearisierten Bewegungsgleichungen in die Zustandsform

$$\Delta\mathbf{x}' = \mathbf{A}\Delta\mathbf{x} \tag{4.15}$$

transformiert werden. Die lineare zeitinvariante Systemmatrix ist dann durch

$$\mathbf{A} = \begin{pmatrix} 0 & 1 & 0 & 0 & 0 & 0 \\ -\dfrac{1}{\Gamma_0\bar{\omega}^2} & -\dfrac{\bar{d}_a}{\bar{\omega}} & 0 & 0 & \dfrac{1}{\Gamma_0\bar{\omega}^2} & 0 \\ 0 & 0 & 0 & 1 & 0 & 0 \\ 0 & 0 & -\dfrac{1}{\Gamma_0\bar{\omega}^2} & -\dfrac{\bar{d}_a}{\bar{\omega}} & 0 & \dfrac{1}{\Gamma_0\bar{\omega}^2} \\ -\dfrac{\bar{d}_{zz}}{2\sigma\bar{\omega}\Gamma_0\bar{D}_q} & 0 & \dfrac{\bar{d}_{yz}}{2\bar{D}_q\sigma\bar{\omega}\Gamma_0} & 0 & \dfrac{-2\sigma\bar{\omega}\Gamma_0\bar{D}_{k11}+\bar{d}_{zz}}{2\bar{D}_q\sigma\bar{\omega}\Gamma_0} & -\left(\dfrac{2\sigma\bar{\omega}\Gamma_0\bar{D}_{k12}+\bar{d}_{yz}}{2\bar{D}_q\sigma\bar{\omega}\Gamma_0}\right) \\ \dfrac{\bar{d}_{zy}}{2\bar{D}_q\sigma\bar{\omega}\Gamma_0} & 0 & -\dfrac{\bar{d}_{yy}}{2\bar{D}_q\sigma\bar{\omega}\Gamma_0} & 0 & \dfrac{2\sigma\bar{\omega}\Gamma_0\bar{D}_{k21}-\bar{d}_{zy}}{2\bar{D}_q\sigma\bar{\omega}\Gamma_0} & \dfrac{2\sigma\bar{\omega}\Gamma_0\bar{D}_{k22}+\bar{d}_{yy}}{2\bar{D}_q\sigma\bar{\omega}\Gamma_0} \end{pmatrix} \tag{4.16}$$

mit den verwendeten Abkürzungen

$$\begin{aligned} \bar{D}_q = \bar{d}_{yy}\bar{d}_{zz} - \bar{d}_{yz}\bar{d}_{zy}\,, \quad & \bar{D}_{k11} = \bar{d}_{zz}\bar{k}_{yy} - \bar{d}_{yz}\bar{k}_{zy}\,, \quad \bar{D}_{k12} = \bar{d}_{zz}\bar{k}_{yz} - \bar{d}_{yz}\bar{k}_{zz} \\ \bar{D}_{k21} = \bar{d}_{zy}\bar{k}_{yy} - \bar{d}_{yy}\bar{k}_{zy}\,, \quad & \bar{D}_{k22} = \bar{d}_{zy}\bar{k}_{yz} - \bar{d}_{yy}\bar{k}_{zz} \end{aligned} \tag{4.17}$$

gegeben.

Gemäß der Theorie linearer Differentialgleichungen ergibt sich die allgemeine Lösung von (4.15) über die Eigenwerte der Matrix $\mathbf{A}$ mit den zugehörigen Eigenvektoren. Daneben können mit Hilfe von (4.15) auch kleine Zwangsschwingungen um die stationäre Ruhelage unter Berücksichtigung einer Unwuchterregung berechnet werden (siehe beispielsweise

[23]). Sie werden aber im Folgenden nicht näher untersucht. Hier ist vor allem die Berechnung der sogenannten linearen Stabilitätsgrenze von Interesse, welche die Bereiche stabiler und instabiler Gleichgewichtslösungen voneinander trennt. Dazu werden die Eigenwerte der Matrix $\mathbf{A}$ in Abhängigkeit von den Systemparametern bestimmt. Die lineare Stabilitätsgrenze für die Gleichgewichtslage liegt nach Ljapunow genau dann vor, wenn ein Eigenwert von $\mathbf{A}$ mit Realteil Null auftritt und alle anderen Eigenwerte Realteile kleiner null besitzen. Diese Forderung ist gleichbedeutend mit der Bedingung, dass das Maximum der Realteile der Systemmatrix $\mathbf{A}$ den Wert null annimmt. Bei der linearen Stabilitätsgrenze muss demnach die Bedingung

$$\max\left(\Re\{\bar{\boldsymbol{\lambda}}\}\right) = 0 \tag{4.18}$$

gelten, wobei im Vektor $\bar{\boldsymbol{\lambda}} = \boldsymbol{\lambda}/\omega$ die sechs Eigenwerte der Matrix $\mathbf{A}$ zusammengefasst sind, die auf die Rotorwinkelgeschwindigkeit $\omega$ bezogen sind.

Alternativ kann die Stabilitätsgrenze der linearen Störungsgleichung (4.15) bei Anwendung des Hurwitz-Kriteriums ermittelt werden, indem durch einen Exponentialansatz der Form

$$\mathbf{x} = \mathbf{C}\, e^{\bar{\lambda}\tau} \tag{4.19}$$

das zugehörige charakteristische Polynom 6. Grades

$$P(\lambda) = \det(\bar{\lambda}\mathbf{I} - \mathbf{A}) \tag{4.20}$$

gebildet wird, und dann die notwendigen und hinreichenden Bedingungen überprüft werden. Infolge der komplizierten Ausdrücke für die linearisierten Lagerkräfte ist schon in diesem recht einfachen Fall des Laval-Rotors in konventionellen Gleitlagern zum Teil eine numerische Auswertung der aufgestellten Bedingungen für einen Stabilitätsnachweis notwendig (vgl. [101]). Angesichts sowohl moderner Rechner als auch rechenzeiteffizienter Lösungsalgorithmen bietet demgegenüber die direkte numerische Berechnung der Eigenwerte keinen Nachteil. Nachfolgend erfolgt bei den betrachteten Rotor-Lager-Modellen der Stabilitätsnachweis numerisch.

Wie schon erwähnt, kann über die Eigenwerte der Matrix $\mathbf{A}$ der linearisierten Bewegungsgleichungen die Stabilität der stationären Ruhelage in Abhängigkeit von den Parametern des Rotor-Lager-Systems beurteilt werden. Ein typischer Verlauf des kritischen Eigenwertpaares $\bar{\lambda}_c = \varrho + j\Omega$, $\bar{\lambda}_c^* = \varrho - j\Omega$ bei steigender Drehzahl $\bar{\omega}$ ist für einen Laval-Rotor in konventionellen Gleitlagern mit ansonsten festen Parametern in Abbildung 4.9 dargestellt, wobei die Realteile der weiteren Eigenwerte über den gesamten Drehzahlbereich negativ und damit unkritisch sind. Dagegen überschreitet das kritische, konjugiert komplexe Eigenwertpaar $\bar{\lambda}_c$, $\bar{\lambda}_c^*$ bei einer dimensionslosen Winkelgeschwindigkeit $\bar{\omega}_{c,lin} = 2.75$ die imaginäre Achse von der negativen in die positive Halbebene, ab der dann ein instabiles Verhalten für die Gleichgewichtslage vorliegt. Im Folgenden wird diese Grenzdrehzahl $\bar{\omega}_{c,lin}$ auch als lineare kritische Drehzahl des Rotor-Lager-Systems bezeichnet.

Bei einer genauen Analyse der Gleichgewichtslage kann gezeigt werden, dass im Allgemeinen bei gleitgelagerten Rotoren alle Bedingungen einer Hopf-Bifurkation an der Stabilitätsgrenze $\bar{\omega}_{c,lin}$ erfüllt werden. Während bei der Berechnung des Eigenwertverlaufes (vgl. Abbildung 4.9) als einziger Bifurkationsparameter der Drehzahlparameter $\bar{\omega}$ angenommen wird, hat sich bei der Darstellung der linearen Stabilitätsgrenze in sogenannten Stabilitätskarten beispielsweise die Berücksichtigung des reziproken Lastparameters $\sigma$ bewährt,

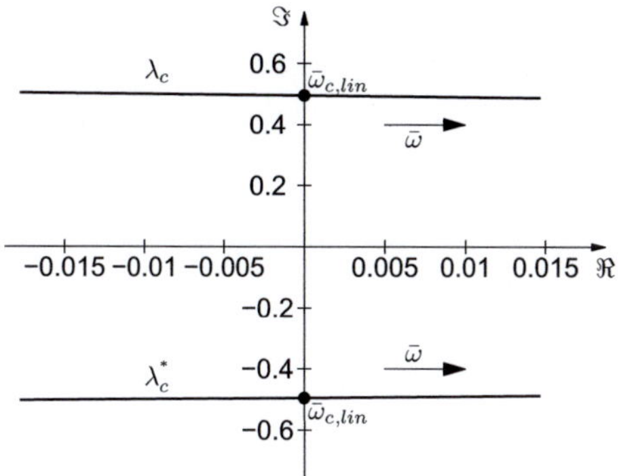

Abbildung 4.9: Kritisches, konjugiert komplexes Eigenwertpaar $\bar{\lambda}_c$, $\bar{\lambda}_c^*$ in Abhängigkeit des Drehzahlparameters $\bar{\omega}$ im Bereich des Stabilitätsverlustes der Gleichgewichtslage ($\sigma = 1.0$, $\Gamma_0 = 0.01$, $\bar{d}_a = 0.1$).

der im Gegensatz zur Sommerfeldzahl *So* bzw. $S_m$ unabhängig von der Drehzahl ist. Die Hopf-Bifurkationen können dann in der von den beiden Bifurkationsparametern aufgestellten $\sigma$-$\bar{\omega}$-Ebene verfolgt werden. Die im Parameterraum dargestellten Kurven mit verschwindendem Realteil $\pm j\Omega_{c,lin}$ des konjugiert komplexen Eigenwertpaares $\bar{\lambda}_c$, $\bar{\lambda}_c^*$ werden dabei auch Hopf-Kurven genannt. Abbildung 4.10 zeigt für den gleitgelagerten Laval-Läufer

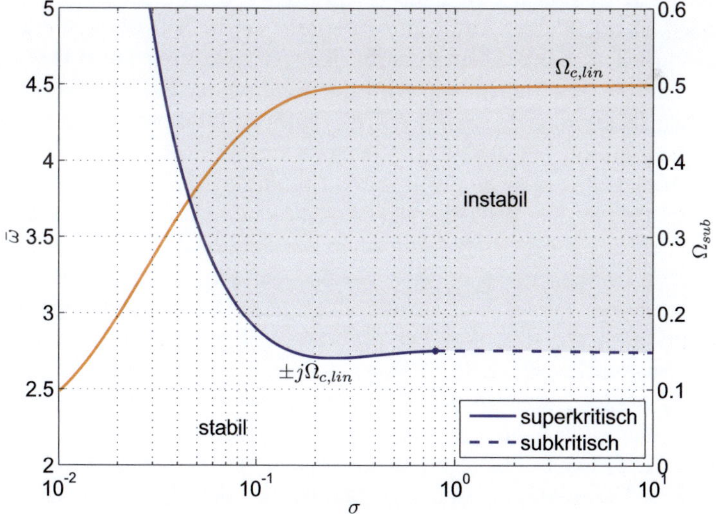


Abbildung 4.10: Stabilitätskarte für den Laval-Rotor in konventionellen Gleitlagern ($\Gamma_0 = 0.01$, $\bar{d}_a = 0.1$): Dimensionslose Grenzdrehzahl $\bar{\omega}_{c,lin}$ und zugehöriges Frequenzverhältnis $\Omega_{c,lin}$ in Abhängigkeit des Lastparameters $\sigma$, die durch das kritische Eigenwertpaar $\pm j\Omega_{c,lin}$ (Hopf-Kurve) definiert werden.

die dimensionslose Grenzdrehzahl $\bar{\omega}_{c,lin}$ in Abhängigkeit des Lastparameters $\sigma$. Neben der Hopf-Kurve $\pm j\Omega_{c,lin}$ ist auch das Frequenzverhältnis[5] $\Omega_{sub}$ abgebildet, das im weiteren Verlauf als Verhältnis

$$\Omega_{sub} = \frac{\omega_{sub}}{\omega} \tag{4.21}$$

der Kreisfrequenz $\omega_{sub}$ der infolge der Hopf-Bifurkation entstehenden selbsterregten Schwingungen zur Rotorwinkelgeschwindigkeit $\omega$ festgelegt wird. An der linearen Stabilitätsgrenze $\bar{\omega}_{c,lin}$ wird das Frequenzverhältnis $\Omega_{sub}$ durch den Imaginärteil des kritischen Eigenwertpaares

$$\Omega_{sub}(\bar{\omega} = \bar{\omega}_{c,lin}) = \Im\{\bar{\lambda}_c\} = \Omega_{c,lin} \tag{4.22}$$

wiedergegeben. Für hohe reziproke Lastparameter $\sigma$ nimmt das Frequenzverhältnis $\Omega_{sub}$ die für Gleitlager typischen Werte von ungefähr 0.5 an.

Abgesehen von der Bestimmung der Stabilität der Gleichgewichtslage ist von weiterem großen Interesse, ob die aus der Hopf-Bifurkation entstehenden Grenzzyklen in der lokalen Umgebung der linearen Stabilitätsgrenze stabil oder instabil sind. Daher kann durch beispielsweise Anwendung der Zentrumsmannigfaltigkeitstheorie zwischen subkritischen und superkritischen Hopf-Bifurkationen unterschieden werden. In MATCONT wird dazu der Ljapunow-Exponent ausgewertet. Weitere Einzelheiten sind in Kapitel 3 beschrieben. Für den untersuchten Laval-Rotor erfolgt der Übergang von der subkritischen zur superkritischen Hopf-Bifurkation bei einem Lastparameter von $\sigma = 0.80$. Folglich ist für einen niedrig belasteten Rotor ein Amplitudensprung von der Gleichgewichtslage auf einen stabilen Grenzzyklus höherer Amplitude zu erwarten (harte Selbsterregung, vgl. Abbildung 4.5), während bei einer hohen Last nach Überschreiten der linearen Stabilitätsgrenze ein stabiler Grenzyklus mit kleiner Amplitude existiert (weiche Selbsterregung).

Nach der ausführlichen Stabilitätsanalyse für den gleitgelagerten Laval-Läufer mit den festen Parameterwerten aus Tabelle 4.2, wird der Einfluss der Nachgiebigkeit der Welle $\Gamma_0$ und der äußeren Dämpfung $\bar{d}_a$ sowohl auf die lineare Stabilitätsgrenze als auch auf die Art der Hopf-Bifurkation betrachtet. Die entsprechenden Stabilitätskarten sowie die zugehörigen Frequenzverhältnisse an der linearen Stabilitätsgrenze sind in den Abbildungen 4.11 und 4.12 dargestellt. Die Wellennachgiebigkeit $\Gamma_0$ bewirkt eine Absenkung der linearen kritischen Drehzahl $\bar{\omega}_{c,lin}$. Allerdings kann ein außergewöhnlich hoher Wert für $\Gamma_0 = 0.2$ offenbar für niedrige Lastparameter $\sigma$ sogar zu einer sehr geringen Stabilisierung der Gleichgewichtslage beitragen. Ferner liegt an der Stabilitätsgrenze durchgängig eine subkritische Hopf-Bifurkation vor. Dagegen hat die äußere Dämpfung $\bar{d}_a$ stets einen positiven Effekt auf die lineare kritische Drehzahl $\bar{\omega}_{c,lin}$. Jedoch kann bei höheren Dämpfungswerten $\bar{d}_a = 0.3$ bzw. $\bar{d}_a = 1.0$ ein weiterer Bereich subkritischer Hopf-Bifurkationen bei kleineren $\sigma$-Werten auftreten. Eine Erhöhung der Wellennachgiebigkeit $\Gamma_0$ führt bei vorhandener äußerer Dämpfung $\bar{d}_a$ nur zu einer geringen Abnahme des Frequenzverhältnisses $\Omega_{sub}$. Bei steigender äußerer Dämpfung $\bar{d}_a$ ist demgegenüber eine deutliche Verminderung von $\Omega_{sub}$ zu erkennen.

Ein Vergleich mit dem aus der Literatur [56, 65] bekannten starren Laval-Rotor ist der Abbildung C.2 aus dem Anhang zu entnehmen. Die linearen kritischen Drehzahlen des starren Laval-Rotors ($\Gamma_0 \to 0$) liegen dabei nur unwesentlich höher. Der Einfluss der äußeren

---

[5]In nicht vollständig exakter Ausdrucksweise wird das dimensionslose Frequenzverhältnis oftmals einfach als Frequenz bezeichnet.

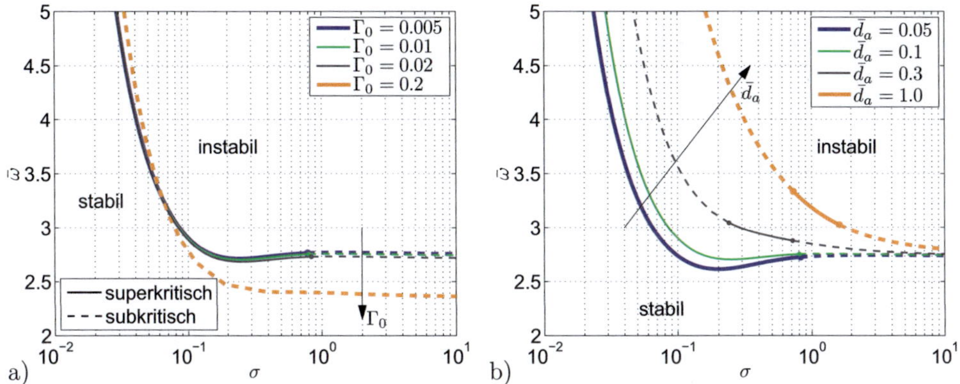

Abbildung 4.11: Stabilitätskarten für den Laval-Rotor in konventionellen Gleitlagern: a) Einfluss der Wellennachgiebigkeit $\Gamma_0$ ($\bar{d}_a = 0.1$). b) Einfluss der äußeren Dämpfung $\bar{d}_a$ ($\Gamma_0 = 0.01$).

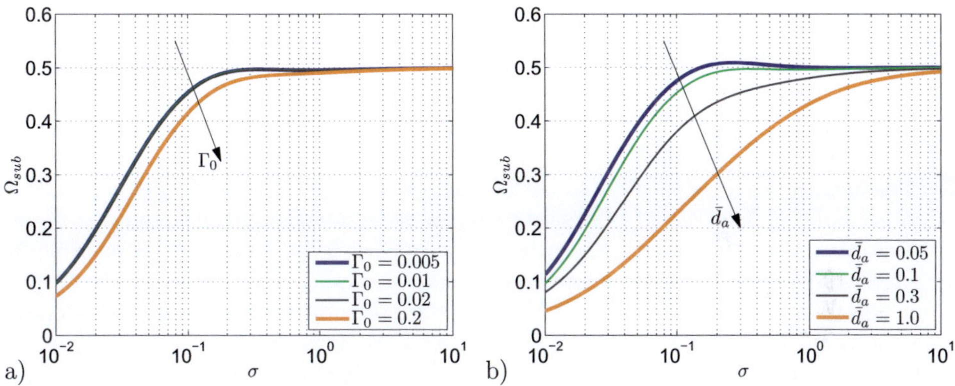

Abbildung 4.12: Frequenzverhältnisse an den in Abbildung 4.11 dargestellten linearen Stabilitätsgrenzen: a) Einfluss der Wellennachgiebigkeit $\Gamma_0$ ($\bar{d}_a = 0.1$). b) Einfluss der äußeren Dämpfung $\bar{d}_a$ ($\Gamma_0 = 0.01$).

Dämpfung $\bar{d}_a$ für den starren Laval-Rotor wird bereits bei [56] und [65] diskutiert, so dass zum hier betrachteten Rotormodell mit einer Wellennachgiebigkeit von $\Gamma_0 = 0.01$ keine relevanten Unterschiede bestehen. Da in der Praxis hochtourige Rotoren verhältnismäßig steif ausgelegt werden, sind die zugehörigen linearen kritischen Drehzahlen mit denen des starren Rotors vergleichbar. Die elastischen Eigenschaften der Welle machen sich hauptsächlich dann für höhere Drehzahlen im „oil-whip"-Bereich[6] bemerkbar, der im folgenden Abschnitt näher behandelt wird. Zusätzlich sind im Anhang (vgl. Abbildung C.1) explizit sowohl der

---

[6]Für den starren Laval-Rotor in konventionellen Gleitlagern existiert der „oil-whip"-Bereich nicht.

Einfluss der Wellennachgiebigkeit $\Gamma_0$ als auch der äußeren Dämpfung $\bar{d}_a$ auf die lineare Stabilitätsgrenze für einen festen Lagerparameter $\sigma = 1.0$ gegeben.

Erwähnenswert bleibt, dass die stationäre Ruhelage des vertikalen Rotors für alle Rotor- und Lagerparameter durch $\varepsilon_0 = 0$ gegeben ist, die stets instabil ist.

## 4.1.6   Stabilitäts- und Bifurkationsverhalten des ideal ausgewuchteten Rotors

Wie schon vorher beschrieben, treten bei gleitgelagerten Rotoren nach dem Stabilitätsverlust der Gleichgewichtslage die in der Praxis beobachteten „oil-whirl"- bzw. „oil-whip"-Schwingungen auf. Interessieren am globalen Lösungsverhalten des nichtlinearen Rotor-Gleitlager-Systems nur diese ölfilminduzierten selbsterregten Schwingungen ohne den Einfluss der Unwucht und keine Resonanzphänomene, so ist es zunächst für die nichtlinearen Untersuchungen ausreichend, einen ideal ausgewuchteten Rotor ($\rho = 0$) anzunehmen. Ausgangspunkt bilden die nichtlinearen Bewegungsgleichungen (4.3). Bei der Gegenüberstellung von Hochlaufsimulation und numerischer Bifurkationsanalyse (vgl. Abschnitt 4.1.3) wird das prinzipielle nichtlineare Schwingungsverhalten eines statisch gering belasteten Rotors in konventionellen Gleitlagern diskutiert. In diesem Abschnitt wird insbesondere sowohl der Einfluss der statischen Last $\sigma$ als auch der anderen Systemparameter $\Gamma_0$ und $\bar{d}_a$ auf das globale Lösungsverhalten des gleitgelagerten Laval-Läufers bewertet.

### Bifurkationsszenarien

Bei der linearen kritischen Drehzahl verliert der unwuchtfreie Rotor in Gleitlagern seine Stabilität aufgrund einer Hopf-Bifurkation, die entweder subkritischer oder superkritischer Art sein kann. Aus Abbildung 4.13 werden die drei prinzipiellen Bifurkationsszenarien[7] für verschiedene Werte des reziproken Lastparameters $\sigma$ ersichtlich, die von der stabilen Gleichgewichtslage in den „oil-whirl"-Bereich mit relativ hohen Schwingungsamplituden führen können. Das dynamische Systemverhalten in den Bifurkationsdiagrammen wird wiederum in Abhängigkeit vom Drehzahlparameter $\bar{\omega}$ anhand der auf das Lagerspiel $C$ bezogenen Extremwerte der Scheibenauslenkungen in vertikaler $z$-Richtung charakterisiert. Wie bereits für den exemplarischen Fall eines statisch gering belasteten Rotors im vorherigen Abschnitt ausführlich diskutiert, ist für hohe Lastparameter wie beispielsweise $\sigma = 1.0$ eine subkritische Hopf-Bifurkation an der linearen Stabilitätsgrenze $\bar{\omega}_{c,lin}$ für einen Amplitudensprung in den „oil-whirl"-Bereich verantwortlich.

Bei Erhöhung der statischen Lagerbelastung ($\sigma = 0.5$) ergibt sich eine andere typische Bifurkationsfolge für den Laval-Rotor in Gleitlagern. Ausgehend von einer superkritischen Hopf-Bifurkation der Gleichgewichtslage entstehen für Drehzahlparameter $\bar{\omega} > \bar{\omega}_{c,lin}$ stabile Grenzyklen, deren Amplituden zunächst stetig und nicht sprunghaft mit steigender Drehzahl langsam zunehmen. Jedoch erscheint für einen höheren Drehzahlparameter von $\bar{\omega}_{abs,SK}$ ein Sattelknoten bzw. Umkehrpunkt („fold"-Bifurkation), an dem die stabilen periodischen Lösungen ihre Stabilität verlieren. Daher führt bei quasi-statischer

---

[7]Die Drehzahlen für die Hopf- bzw. Sattelknoten-Bifurkationen des zugehörigen starren Laval-Rotors können der Abbildung C.2 aus dem Anhang entnommen werden, der bereits für den dämpfungsfreien Fall $\bar{d}_a = 0$ in [65] ausführlich behandelt wurde.

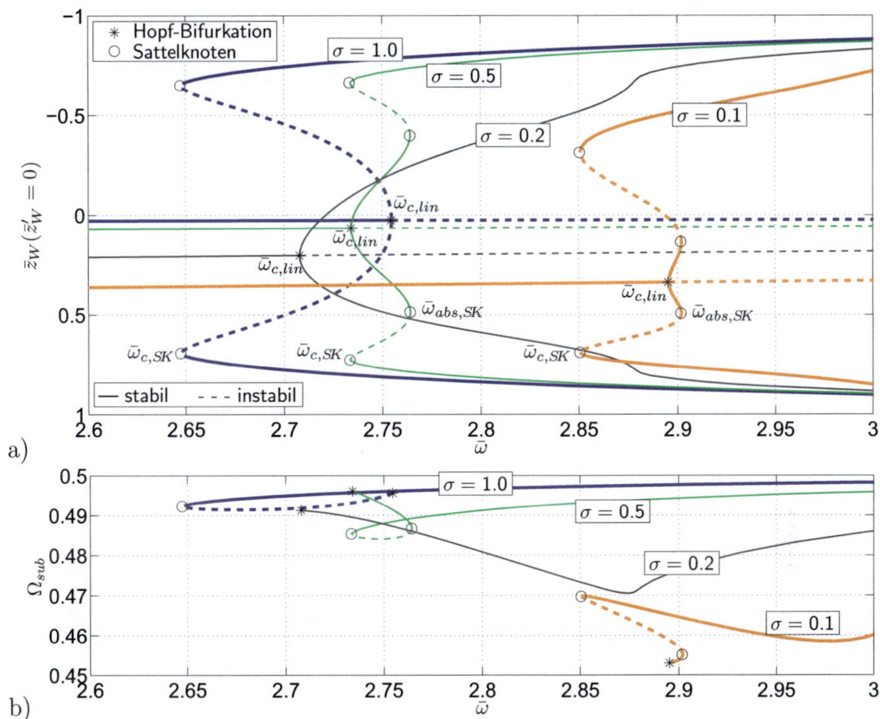


Abbildung 4.13: Bifurkationsanalyse des Laval-Rotors in Gleitlagern ($\Gamma_0 = 0.01$, $\bar{d}_a = 0.1$) im Bereich des Stabilitätsverlusts der Gleichgewichtslage für verschiedene Werte des Lastparameters $\sigma$: a) Bifurkationsdiagramm. b) Frequenzverhältnis.

Erhöhung von $\bar{\omega} \geq \omega_{abs,SK}$ ein Amplitudensprung von stabilen Grenzzyklen kleiner Amplitude zu solchen mit weitaus höherer Amplitude. Bei einem kleineren Drehzahlparameter von $\bar{\omega}_{c,SK} < \bar{\omega}_{abs,SK}$ tritt für die stabilen periodischen Lösungen höherer Amplituden ein weiterer Sattelknoten auf. Folglich existiert zwischen den beiden Sattelknoten $\bar{\omega}_{c,SK} < \bar{\omega} < \bar{\omega}_{abs,SK}$ ein Bereich von instabilen periodischen Lösungen, die sich an den entsprechenden Sattelknoten $\bar{\omega}_{c,SK}$ und $\bar{\omega}_{abs,SK}$ gegenseitig mit den jeweiligen stabilen periodischen Lösungen sowohl kleiner als auch höherer Amplitude auslöschen. Zudem erfolgt bei quasi-statischer Verringerung von $\bar{\omega} \leq \omega_{c,SK}$ ein Amplitudensprung zurück auf die stabilen Grenzzyklen geringer Amplitude. In Abhängigkeit von den Systemparametern wie beispielsweise $\sigma$ kann der Amplitudensprung ebenso auf die stabile Gleichgewichtslage zurückführen.

Demzufolge kann der beschriebene Hysterese-Bereich entweder zwischen zwei Sattelknoten $\bar{\omega}_{c,SK} < \bar{\omega} < \bar{\omega}_{abs,SK}$ (z.B. $\sigma = 0.5$) oder auch zwischen dem Sattelknoten periodischer Lösungen und der linearen Stabilitätsgrenze $\bar{\omega}_{c,SK} < \bar{\omega} < \bar{\omega}_{c,lin}$ (z.B. $\sigma = 1.0$) auftreten. Wie schon erwähnt, ist der Hysterese-Effekt bei konventionellen Gleitlagern eher schwach ausgeprägt und betrifft nur die „oil-whirl"-Schwingungen. Dennoch können auch hier in Vorwegnahme zum kommenden Abschnitt mit Schwimmbuchsenlagern zwei sogenannte nichtlineare kritische Drehzahlen für das Hoch- und Herunterfahren des Rotors in konventionellen Gleitlagern definiert werden. Der beim Hochfahren des Rotors entscheidende Drehzahlparameter $\bar{\omega}_{abs,SK}$ bzw. $\bar{\omega}_{c,lin}$ wird dabei als absolute kritische Drehzahl bezeichnet, da bis zu dieser entweder stabile periodische Lösungen geringer Amplitude oder die stabile Gleichgewichtslage existieren. Allerdings können beim Hochfahren schon eventuell kleine Störungen der stabilen Grenzyklen geringerer Amplitude bzw. der stabilen Gleichgewichtslage im Drehzahlparameterbereich ($\bar{\omega}_{c,SK} < \bar{\omega} < \bar{\omega}_{abs,SK}$ bzw. $\bar{\omega}_{c,SK} < \bar{\omega} < \bar{\omega}_{c,lin}$) ausreichen, um den Rotor in den Einzugsbereich der stabilen periodischen Lösung höherer Amplitude zu bringen. Die nichtlineare kritische Drehzahl $\bar{\omega}_{c,SK}$ kennzeichnet den Sattelknoten, ab dem sich dann stabile Grenzzyklen höherer Amplitude ausbilden können. Wenn in der Praxis bei der Auslegung von gleitgelagerten Rotoren die „oil-whirl"-Schwingungen höherer Amplituden und damit hoher relativer Lagerexzentrizitäten ($\varepsilon \to 1$) sicher vermieden werden sollen, muss der Rotor zwangsläufig unterhalb der nichtlinearen kritischen Drehzahl $\bar{\omega} < \bar{\omega}_{c,SK}$ betrieben werden. Aus diesem Grund ist die Kenntnis des globalen Lösungsverhaltens von gleitgelagerten Rotoren unter Berücksichtigung der Nichtlinearitäten der Lagerkräfte notwendig.

Wird die Lagerbelastung ausgehend von $\sigma = 0.5$ gesteigert, so nähern sich die zwei Sattelknoten $\bar{\omega}_{c,SK}$ und $\bar{\omega}_{abs,SK}$ immer stärker einander an, bis sie sich letztendlich gegenseitig aufheben und demnach ganz verschwinden. Repräsentativ für dieses Bifurkationsszenario ohne Sattelknoten ist in Abbildung 4.13a) zusätzlich das Bifurkationsdiagramm für den Lastparameter $\sigma = 0.2$ veranschaulicht. Der Übergang vom Stabilitätsverlust der Gleichgewichtslage zu den stabilen periodischen Grenzzyklen hoher Amplitude verläuft dabei stetig und relativ langsam im Vergleich zu geringeren statischen Belastungen. Für kleinere Werte des Lastparameters, wie z.B. $\sigma = 0.1$, entstehen wiederum zwei Sattelknoten $\bar{\omega}_{c,SK}$ und $\bar{\omega}_{abs,SK}$ und das Bifurkationsszenario ähnelt dem für den Fall von $\sigma = 0.5$. Jedoch findet bei $\sigma = 0.1$ der Amplitudensprung beim Herunterfahren des Rotors auf die stabile Gleichgewichtslage statt.

Die stationären, selbsterregten Schwingungen für den unwuchtfreien Rotor in konventionellen Gleitlagern setzen sich zumeist nur aus der Grundfrequenz zusammen. Die bereits durch Gleichung (4.21) definierten Frequenzverhältnisse $\Omega_{sub}$ sind neben den zugehörigen Bifurkationsdiagrammen in Abbildung 4.13 verdeutlicht, wobei alle Lastparameter prinzipiell das gleiche Verhalten für $\Omega_{sub}$ in Abhängigkeit der Drehzahl $\bar{\omega}$ zeigen. Das Frequenzverhältnis $\Omega_{sub}$ nähert sich, unter Umständen nach einer leichten Abnahme wie für $\sigma = 0.1$ bzw. $\sigma = 0.2$, immer mehr mit zunehmender Drehzahl $\bar{\omega}$ dem Wert 0.5 an. Dieser Sachverhalt deutet daraufhin, dass es sich hierbei um die typischen „oil-whirl"-Schwingungen halber Rotordrehzahl handelt. Darüber hinaus ist zu bemerken, dass mit einem sinkenden Wert für den Lastparameter $\sigma$ auch im Allgemeinen das Frequenzverhältnis $\Omega_{sub}$ abnimmt.

Die untersuchten Bifurkationsszenarien von der stabilen Gleichgewichtslage zu den stabilen periodischen Lösungen im „oil-whirl"-Bereich werden neben der Lage bzw. der Art der Hopf-Bifurkation hauptsächlich durch die Lage der eventuell auftretenden Sattelknoten beeinflusst. Dadurch ergeben sich weitere mögliche Instabilitätsbereiche der Gleichgewichtslage u.a. infolge stoßartiger äußerer Belastungen. Um auch diese Stabilitätsgrenzen der selbsterregten Schwingungen sowie das Ausmaß des Hysterese-Effektes samt den einhergehenden Amplitudensprüngen in einer sogenannten erweiterten, nichtlinearen Stabi-

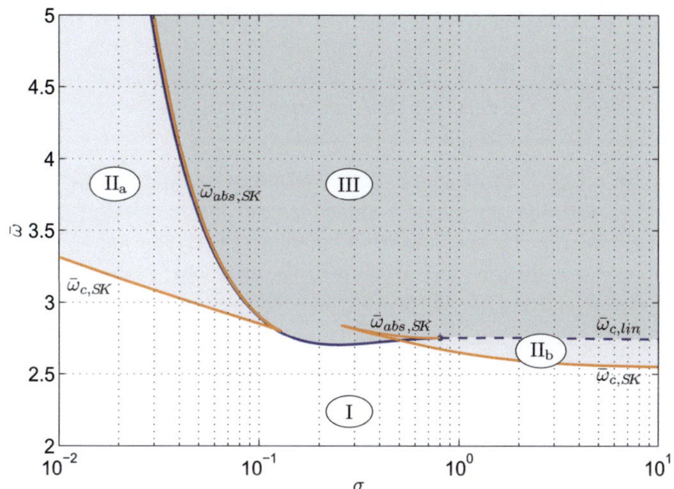


Abbildung 4.14: Nichtlineare Stabilitätskarte für den Laval-Rotor in konventionellen Gleitlagern ($\Gamma_0 = 0.01$, $\bar{d}_a = 0.1$).

litätskarte[8] zu erfassen, bietet sich die Verfolgung nicht nur der Hopf-Kurven, sondern auch der beiden Sattelknoten im zweidimensionalen Parameterraum der Bifurkationsparameter $(\sigma, \bar{\omega})$ an. Nach Übertragung der verfolgten Hopf- und Sattelknoten-Kurven kann die in Abbildung 4.14 dargestellte nichtlineare Stabilitätskarte grob in drei Bereiche eingeteilt werden, die die Existenz von mehreren, inbesondere stabilen Lösungen für Parameterwerte von $\sigma$ und $\bar{\omega}$ berücksichtigen:

- Bereich I ($\bar{\omega} < \bar{\omega}_{c,SK}$ bzw. $\bar{\omega} < \bar{\omega}_{c,lin}$):
  Es existiert außer der stabilen Gleichgewichtslage keine weitere Lösung. Selbst erhebliche Störungen der Gleichgewichtslage können in diesem Bereich nicht zu selbsterregten Schwingungen führen und klingen infolgedessen stets ab. Je nach Lastparameter $\sigma$ bildet dabei entweder die lineare kritische Drehzahl $\bar{\omega}_{c,lin}$ (Hopf-Bifurkation für $0.12 < \sigma < 0.50$) oder die nichtlineare kritische Drehzahl $\bar{\omega}_{c,SK}$ (Sattelknoten für $\sigma < 0.12$ bzw. $\sigma > 0.50$) die Stabilitätsgrenze der periodischen Lösungen.

- Bereich II ($\bar{\omega}_{c,SK} < \bar{\omega} < \bar{\omega}_{abs,SK}$ bzw. $\bar{\omega}_{c,SK} < \bar{\omega} < \bar{\omega}_{c,lin}$) :
  In diesem sogenannten Hysterese-Bereich koexistieren zwei stabile Lösungen, von denen jeweils eine entweder beim quasi-statischen Hoch- oder Herunterfahren erreicht wird. Jedenfalls können Störungen einen Amplitudensprung schon vor Erreichen der jeweiligen kritischen Drehzahl bewirken. Je weiter die zwei kritischen Drehzahlen voneinander entfernt sind, desto ausgedehnter ist der Hysterese-Bereich. Der Hysterese-Effekt wird im Folgenden für den leicht und schwer belasteten Rotor ge-

---

[8]Wenn nicht nur Hopf-Kurven sondern auch Bifurkationen periodischer Lösungen in einer von zwei Parametern aufgespannten Ebene verfolgt werden, so wird ihre Darstellung einschließlich einer Unterteilung in verschiedene Bereiche im Folgenden als nichtlineare Stabilitätskarte bezeichnet.

sondert betrachtet, da für eine mittlere Belastung $0.13 < \sigma < 0.26$ keine Sattelknoten vorhanden sind. Daher werden zwei weitere Gebiete $\mathrm{II_a}$ und $\mathrm{II_b}$ unterschieden.

- $\mathrm{II_a}$ ($\sigma < 0.13$): Bei den zwei stabilen Lösungen handelt es sich um jeweils zwei Grenzzyklen mit geringer bzw. höherer Amplitude, womit zwei Sattelknoten die beiden Grenzdrehzahlen $\bar{\omega}_{c,SK}$ und $\bar{\omega}_{abs,SK}$ des Hysterese-Bereichs definieren.

- $\mathrm{II_b}$ ($\sigma > 0.26$): Während bei einem Lastparameter $0.26 < \sigma < 0.80$ sich für die beiden stabilen Lösungen wiederum zwei Grenzzyklen (siehe $\mathrm{II_a}$) ergeben, ko-existieren für $\sigma > 0.80$ stabile Gleichgewichtslagen neben stabilen Grenzzyklen höherer Amplitude. Der Hysterese-Bereich wird demzufolge von einem Sattel-knoten und einer Hopf-Bifurkation mit den zugehörigen Drehzahlen $\bar{\omega}_{c,SK}$ und $\bar{\omega}_{c,lin}$ begrenzt.

- Bereich III ($\bar{\omega} > \bar{\omega}_{abs,SK}$ bzw. $\bar{\omega} > \bar{\omega}_{c,lin}$):
Die Grenzzyklen im „oil-whirl"-Bereich sind die einzigen existierenden (stabilen) Lösungen. Für Lastparameter $0.13 < \sigma < 0.26$ findet aufgrund einer superkritischen Hopf-Bifurkation bei $\bar{\omega}_{c,lin}$ mit zunehmender Drehzahl ein stetiger aber langsamer Übergang zu den „oil-whirl"-Schwingungen hoher Amplitude statt. Ansonsten ist ein Amplitudensprung zu den stabilen Grenzzyklen hoher Amplituden verantwortlich, der einerseits von der stabilen Gleichgewichtslage (subkritische Hopf-Bifurkation für $\sigma < 0.80$) bei $\bar{\omega}_{c,lin}$ und andererseits von stabilen Grenzzyklen geringer Amplitude (Sattelknoten für $\sigma < 0.13$ bzw. $0.26 < \sigma < 0.80$) bei $\bar{\omega}_{abs,SK}$ erfolgen kann.

Zusammenfassend gibt die Abbildung 4.14 einen Überblick auf die verschiedenen Bifurkati-onsszenarien für den gleitgelagerten Laval-Rotor. Für einen gegebenen Wert des reziproken Lastparamters $\sigma$ können aus der nichtlinearen Stabilitätskarte außer der Hopf-Bifurkation die eventuell auftretenden Sattelknoten in Abhängigkeit des Drehzahlparameters $\bar{\omega}$ be-stimmt werden. Eine um die Sattelknoten erweiterte Stabilitätskarte ist schon in [65] für den starren Rotor ($\Gamma_0 \to 0$, $\bar{d}_a = 0$) in konventionellen Gleitlagern dargestellt. Aus der Abbildung C.2 im Anhang ist zu erkennen, dass für die hier gewählte Wellennachgiebig-keit $\Gamma_0 = 0.01$ die Unterschiede zum starren Laval-Rotor gering sind. Im Gegensatz zum einem starren Laval-Rotor jedoch können im Folgenden die „oil-whip"-Schwingungen abge-bildet werden. Wie vorher angemerkt, ist das genaue Bifurkationsverhalten des Rotors im Bereich des Stabilitätsverlustes der Gleichgewichtslage für praktische Fälle nur von gerin-gem Interesse. Deswegen soll dieser Abschnitt weitgehend zur Einführung dienen. In den nachfolgenden Kapiteln werden die weitaus komplexeren Bifurkationsszenarien ebenfalls in nichtlinearen Stabilitätskarten abgebildet.

In Abbildung 4.15 ist der Einfluss des Lagerparameters $\sigma$ auf den Übergang vom „oil-whirl"- in den „oil-whip"-Bereich zu erkennen, wenn die nichtlineare Dynamik des Rotor-Lager-Modells nicht nur in der lokalen Umgebung der Hopf-Bifurkation betrachtet wird. Die Drehzahl zur Anregung von „oil-whip"-Schwingungen

$$\bar{\omega}_{whip} \approx 2\,\bar{\omega}_{eig} = 2\sqrt{\frac{1}{\Gamma_0}} \tag{4.23}$$

kann aufgrund der hohen Lagerexzentrizitäten auch in diesem Fall ($\bar{\omega}_{whip} \approx 20$ für $\Gamma_0 = 0.01$) über die dimensionslose Eigenkreisfrequenz $\bar{\omega}_{eig}$ des starr gelagerten Laval-Läufers

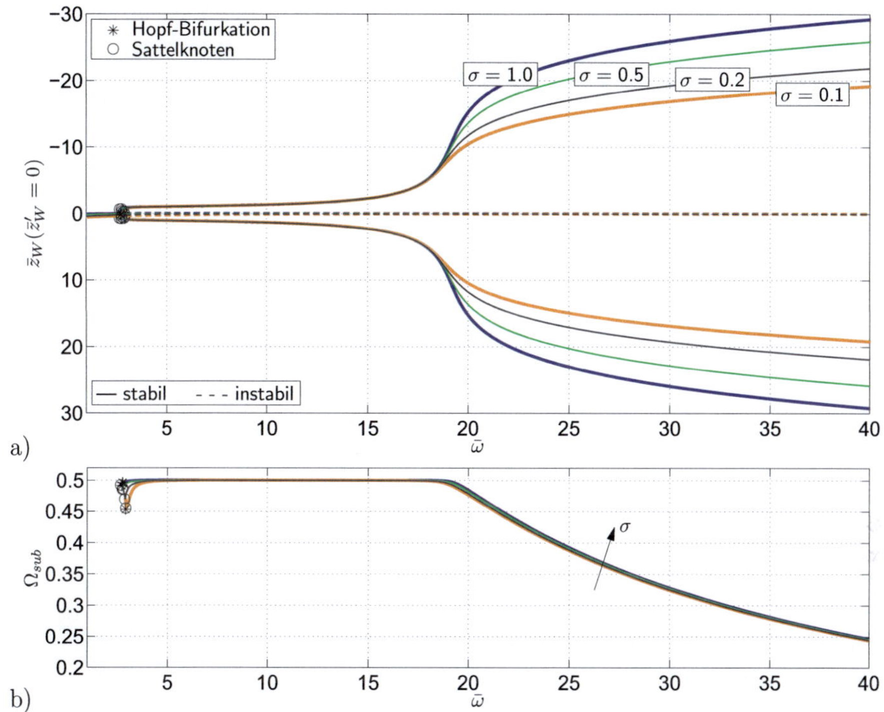


Abbildung 4.15: Bifurkationsanalyse des Laval-Rotors in Gleitlagern ($\Gamma_0 = 0.01$, $\bar{d}_a = 0.1$) während des Übergangs vom „oil-whirl"- in den „oil-whip"-Bereich für verschiedene Werte des Lastparameters $\sigma$: a) Bifurkationsdiagramm. b) Frequenzverhältnis.

abgeschätzt werden. Der Zusammenhang zur dimensionsbehafteten Eigenkreisfrequenz $\omega_{eig}$ lautet unterdessen

$$\bar{\omega}_{eig} = \sqrt{\frac{Cm}{W}}\,\omega_{eig}. \tag{4.24}$$

Bei Variation des Lagerparameters $\sigma$ ändern sich weder die Schwingungsamplituden des „oil-whirl"-Bereichs noch der Drehzahlbereich merklich, in dem der Übergang zu den „oil-whip"-Schwingungen stattfindet. Dagegen nehmen die Schwingungsamplituden des „oil-whip"-Bereichs mit zunehmendem Lagerparameter $\sigma$ deutlich zu. Je steifer die Lager infolge höherer Werte für $\sigma$ sind, desto weniger kann die Dämpfung der Lager etwas bewirken. Letztendlich führt diese verringerte Lagerdämpfung zu den höheren Amplituden. Der Einfluss von $\sigma$ auf das Frequenzverhältnis $\Omega_{sub}$ ist vernachlässigbar klein, wobei sich die Versteifung der Lager in einer leichten Zunahme von $\Omega_{sub}$ äußert.

### Einfluss von $\Gamma_0$ und $\bar{d}_a$

Um den Effekt der beiden anderen Systemparameter $\Gamma_0$ und $\bar{d}_a$ auf das nichtlineare Schwingungsverhalten des unwuchtfreien Laval-Läufers in konventionellen Gleitlagern zu beurteilen, wird im Folgenden ein verhältnismäßig gering belasteter Rotor mit dem konstanten Lastparameter $\sigma = 1.0$ betrachtet. Die prinzipiellen Aussagen für eine Variation von $\Gamma_0$ und $\bar{d}_a$ ändern sich dabei gegenüber einem höher belasteten Rotor nicht.

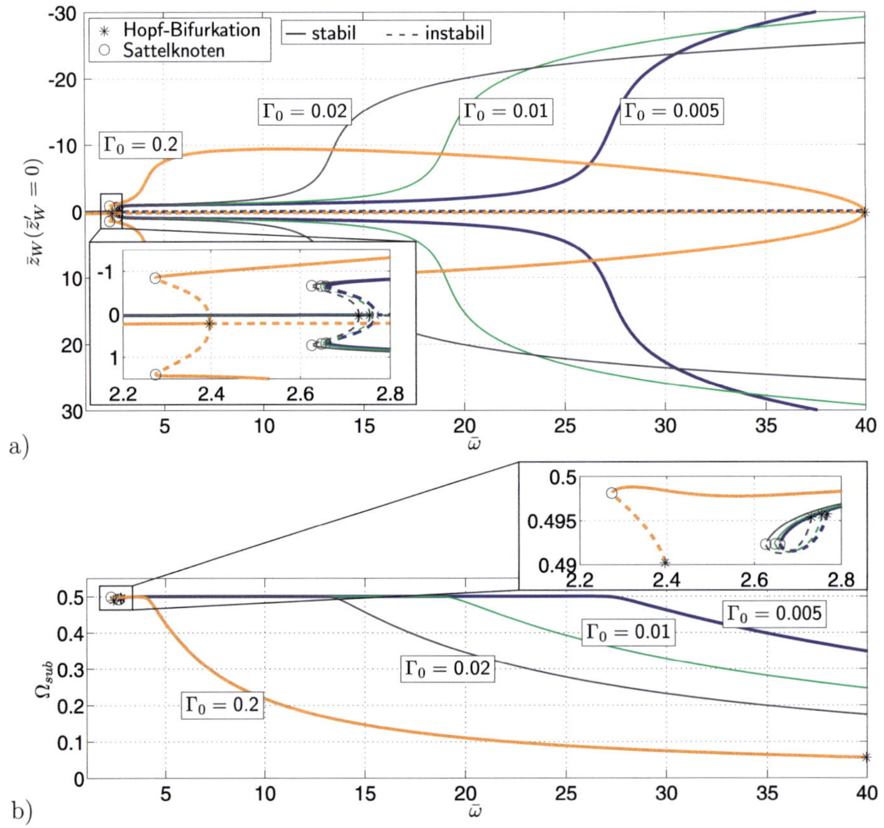


Abbildung 4.16: Bifurkationsanalyse des Laval-Rotors in Gleitlagern ($\sigma = 1.0$, $\bar{d}_a = 0.1$) für verschiedene Werte der Wellennachgiebigkeit $\Gamma_0$: a) Bifurkationsdiagramm. b) Frequenzverhältnis.

Abbildung 4.16 zeigt den Einfluss der Nachgiebigkeit der Welle $\Gamma_0$ auf das globale Lösungsverhalten des Rotor-Lager-Systems sowie auf das Frequenzverhältnis $\Omega_{sub}$ der selbsterregten Schwingungen. Das Bifurkationsszenario, das vom Stabilitätsverlust der Gleichgewichtslage zu den stabilen Grenzzyklelschwingungen im „oil-whirl"-Bereich führt, bleibt qualitativ unverändert. Jedoch treten bei Erhöhung der Wellennachgiebigkeit $\Gamma_0$ die zugehörige Hopf-Bifurkation sowie der Sattelknoten bei geringeren Drehzahlparametern $\bar{\omega}_{c,lin}$ bzw. $\bar{\omega}_{c,SK}$ auf. Wie zu erwarten, verschiebt sich auch der Übergang von „oil-whirl"- zu „oil-whip"-Schwingungen mit zunehmenden Werten für $\Gamma_0$ zu niedrigeren Drehzahlen $\bar{\omega}$. Für alle untersuchten Parameterwerte bildet indes die Abschätzung nach (4.23) eine sehr gute Näherung. Dabei ergeben sich umso höhere Amplituden der „oil-whip"-Schwingungen, je steifer die Welle bzw. je kleiner $\Gamma_0$ ist. Für den Sonderfall $\Gamma_0 = 0.2$ ist sogar eine „vollständige Abdämpfung" der „oil-whip"-Schwingungen im betrachteten Drehzahlbereich zu beobachten. Die Exzentrizitäten $\varepsilon$ werden nämlich mit steigender Drehzahl im „oil-whip"-Bereich immer kleiner, um die selbsterregten Schwingungen in der Eigenfrequenz des gelagerten Rotors aufrechtzuerhalten. Dadurch entwickelt sich eine höhere Dämpfungswirkung des Lagers, die schließlich die Stabilisierung der Gleichgewichtslage herbeiführt. Im Sinne der Bifurkations- und Stabilitätstheorie gewinnt infolge einer weiteren Hopf-Bifurkation bei $\bar{\omega} = 40.0$ die instabile Gleichgewichtslage ihre Stabilität und die selbsterregten Schwingungen verschwinden. Anzumerken bleibt, dass dieses Phänomen der „vollständigen Abdämpfung" der selbsterregten Schwingungen auch bei anderen Werten der Systemparameter erscheint. Jedoch können die Drehzahlen dafür weitaus höher liegen und sind für die Praxis (Rotorschaden beim Übergang in den „oil-whip"-Bereich) weniger interessant, so dass auf ihre Darstellung verzichtet wird.

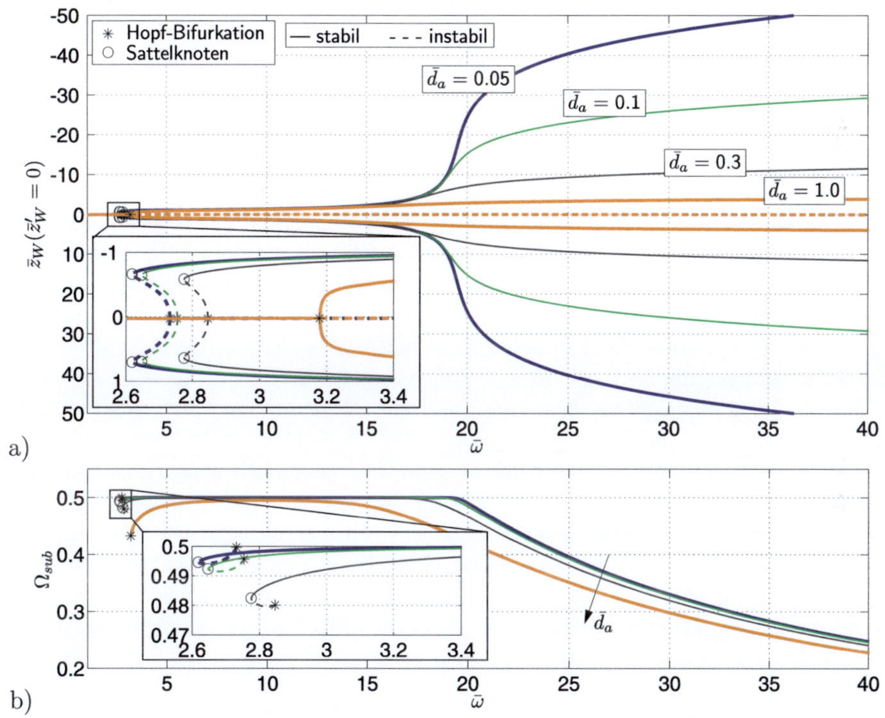


Abbildung 4.17: Bifurkationsanalyse des Laval-Rotors in Gleitlagern ($\sigma = 1.0$, $\Gamma_0 = 0.01$) für verschiedene Werte des Dämpfungsparameters $\bar{d}_a$: a) Bifurkationsdiagramm. b) Frequenzverhältnis.

Wie Abbildung 4.17 zu entnehmen ist, beeinflusst die äußere Dämpfung für moderate Werte von $\bar{d}_a = 0.05$, $0.1$, $0.3$ sowohl die Hopf-Bifurktion als auch die nachfolgenden Amplituden der „oil-whirl"-Schwingungen kaum. Die entsprechende Hopf-Bifurkation sowie die Sattelknoten treten aufgrund einer höheren Dämpfung bei leicht erhöhtem Drehzahlparameter $\bar{\omega}$ auf. Dagegen kann ein verhältnismäßig hoher Wert für die äußere Dämpfung

$\bar{d}_a = 1.0$ anstatt einer subkritischen zu einer superkritischen Hopf-Bifurkation führen, wie schon innerhalb der linearen Stabilitätsanalyse festgestellt. Während sich der Drehzahlbereich für das Erscheinen des „oil-whip"-Bereichs nicht sichtbar ändert, führt eine erhöhte Dämpfung nicht nur zu kleineren Amplituden, sondern auch zu geringeren Grundfrequenzen der „oil-whip"-Schwingungen. Darüber hinaus ist mit zunehmender äußerer Dämpfung eine Stabilisierung der Gleichgewichtslage (vgl. Abbildung 4.16 für $\Gamma_0 = 0.2$) bei geringeren Drehzahlen $\bar{\omega}$ wahrscheinlicher, die dann ein Durchfahren der Instabilität wie beispielsweise bei einem Resonanzphänomen ermöglicht.

## 4.1.7 Einfluss der Unwucht

Anhand eines ideal ausgewuchteten Rotors können die bei Gleitlagern auftretenden nichtlinearen Phänomene wie „oil-whirl"- bzw. „oil-whip" erklärt werden. Jedoch besitzen die Rotoren in der Realität trotz moderner Auswuchtanlagen stets eine gewisse Rest- bzw. Betriebsunwucht, die eine harmonische, drehzahlsynchrone Zwangserregung bewirkt. Darum wird im Rahmen dieses Abschnitts untersucht, inwieweit eine Unwucht neben einer nichtlinearen Resonanz die „oil-whirl"- bzw. „oil-whip"-Schwingungen des gleitgelagerten Rotors beeinflusst.

Dafür wird wiederum der relativ gering belastete Rotor in konventionellen Gleitlagern mit dem Lastparameter $\sigma = 1.0$ in Abhängigkeit des Unwuchtparameters $\rho$ betrachtet. Die Ergebnisse der numerischen Bifurkationsanalyse sowie die zugehörigen Frequenzverhältnisse können für verschiedene Unwuchtgrößen $\rho$ der Abbildung 4.18 entnommen werden. Für niedrige Drehzahlen ergeben sich in allen vier Fällen im Vergleich zum ideal ausgewuchteten Rotor anstatt einer stabilen Gleichgewichtslage zunächst stabile periodische, drehzahlsynchrone Schwingungen infolge der Unwucht. Bei geringen Unwuchtwerten wie beispielsweise $\rho = 0.05$ ist davon auszugehen, dass sich die drehzahlsynchronen Unwuchtschwingungen kleiner Amplitude um die Gleichgewichtslage des unwuchtfreien Rotors ausbilden. Die periodischen Lösungen können damit näherungsweise aus einer Linearisierung der Bewegungsgleichungen um die Gleichgewichtslage berechnet werden. Bei Erhöhung der Drehzahl tritt für die Unwuchtparameter $\rho = 0.05$ und $\rho = 0.1$ eine subkritische Flip-Bifurkation auf, die zu einem Sprung in den „oil-whirl"-Bereich stabiler Grenzzyklen doppelter Periode („Halbfrequenzwirbel") führt. Im Vergleich zum ideal ausgewuchteten Rotor wird die Stabilitätsgrenze der drehzahlsynchronen Schwingungen bei einem Unwuchtparameter von $\rho = 0.05$ noch herabgesetzt, während für eine größere Unwucht $\rho = 0.1$ wiederum eine Erhöhung zu verzeichnen ist.

Für beide Unwuchtparameter werden die sogenannten 2-periodischen Lösungen jeweils aufgrund eines Sattelknotens instabil. Nach Überschreiten des Sattelknotens entstehen stabile quasi-periodische Schwingungen, deren subsynchrone Frequenz jetzt nicht mehr genau die Hälfte der Drehfrequenz entspricht. Die quasi-periodischen bzw. chaotischen Lösungen werden mittels eines „brute-force"-Ansatzes ermittelt. Nach einer „Einschwingzeit" von 3000 Umdrehungen für jeden diskreten Wert des Drehzahlparameters $\bar{\omega}$ werden im Allgemeinen für die letzten 100 Umdrehungen die lokalen Maxima bzw. Minima der betrachteten Verschiebungen bestimmt, die als graue „Punktwolke" in den Abbildungen veranschaulicht sind. Zudem ist zu erwähnen, dass die quasi-periodischen Schwingungen bei einer weiteren Erhöhung der Drehzahl in chaotische Bereiche übergehen können. Chaotisches Verhalten ist beispielsweise in [13, 65] für den starren Rotor im „oil-whirl"-Bereich nachgewiesen. Mit zu-

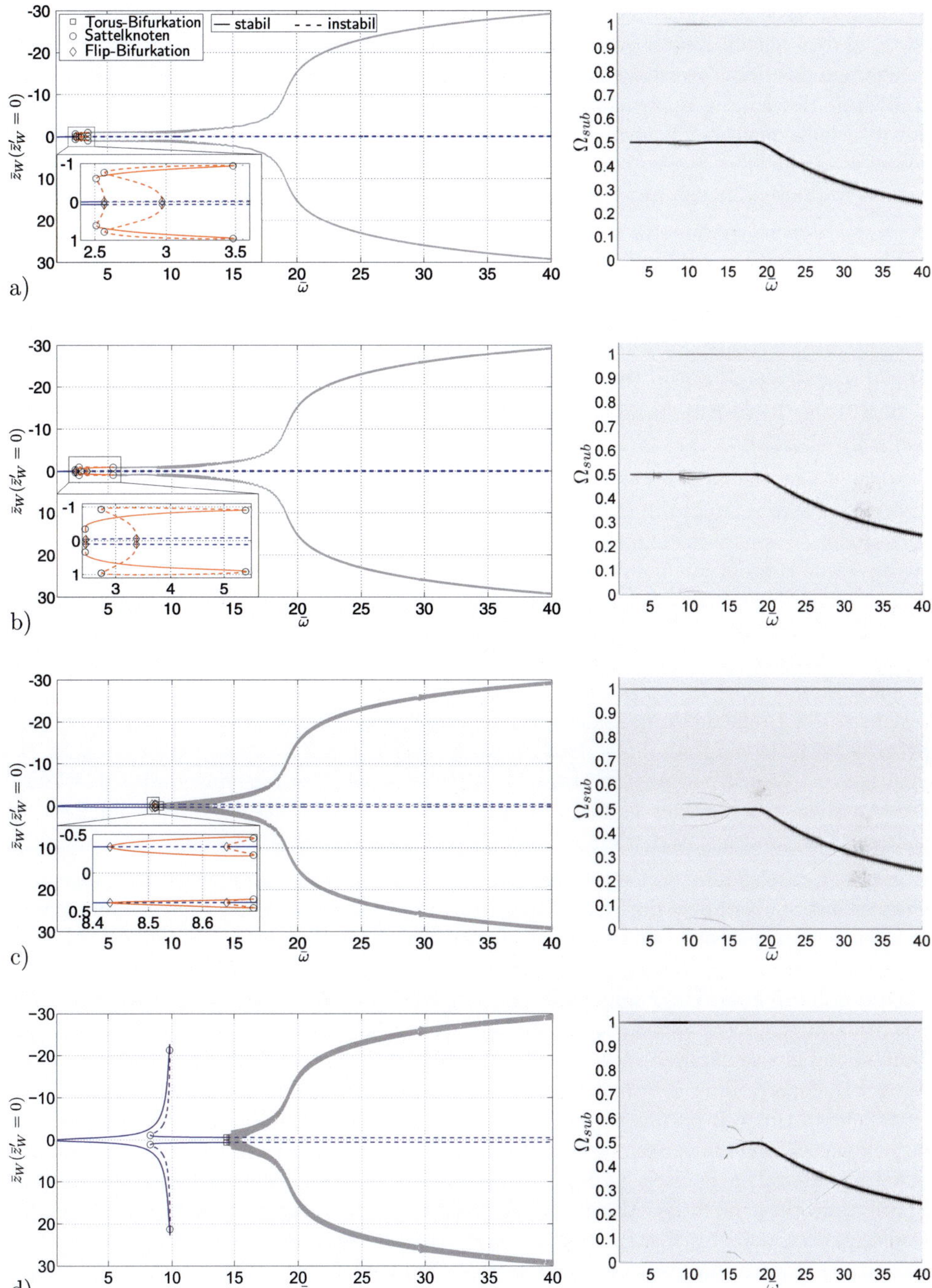

Abbildung 4.18: Bifurkationsdiagramme und zugehörige 2D-Ordnungsdiagramme des Laval-Rotors in Gleitlagern ($\sigma = 1.0$, $\Gamma_0 = 0.01$, $\bar{d}_a = 0.1$) unter Berücksichtigung des Einflusses der Unwucht: a) $\rho = 0.05$. b) $\rho = 0.1$. c) $\rho = 0.3$. d) $\rho = 0.5$.

nehmender Drehzahl findet dann der Übergang vom „oil-whirl"- in den „oil-whip"-Bereich statt, in dem ausschließlich quasi-periodische Schwingungen vorherrschen. Obwohl streng genommen das Superpositionsprinzip für nichtlineare Systeme nicht gilt, scheinen sich im „oil-whip"-Bereich die subsynchronen Schwingungen des unwuchtfreien Modells quasi mit den drehzahlsynchronen Schwingungen infolge Unwucht zu überlagern. Folglich werden die „oil-whip"-Schwingungen von der Unwucht eigentlich kaum beeinflusst, während sich das Lösungsverhalten für den unwuchtigen Rotor im „oil-whirl"-Bereich stark verändern kann.

Wird der Unwuchtparameter auf $\rho = 0.3$ erhöht, so tritt die Flip-Bifurkation bei deutlich höheren Drehzahlen auf. In diesem Fall ist sie superkritischer Art und die daraus entstehenden stabilen Grenzzyklen doppelter Periode existieren nur in einem kleinen Drehzahlbereich. Für eine quasi-statische Erhöhung von $\bar{\omega}$ führt dann ein Sprung infolge eines Sattelknotens erneut zu rein stabilen drehzahlsynchronen Schwingungen, die ihre Stabilität durch eine zweite Flip-Bifurkation wiedererlangt haben. Danach folgen aus einer superkritischen Torus-Bifurkation die quasi-periodischen Schwingungen im „oil-whirl"- bzw. „oil-whip"-Bereich.

Schließlich verschwinden für einen ziemlich hoch gewählten Unwuchtparameter von $\rho = 0.5$ über einen weiten Drehzahlbereich die „oil-whirl"-Schwingungen zugunsten rein drehzahlsynchroner Unwuchtschwingungen. Nach Durchfahren der Resonanz sorgt eine superkritische Torus-Bifurkation bei einer verhältnismäßig hohen Drehzahl für den Übergang in den „oil-whirl"- und den anschließenden „oil-whip"-Bereich. In diesem Fall tritt aber die nichtlineare Resonanz stärker in den Vordergrund. Die Abschätzung der Resonanzdrehzahl $\bar{\omega} \approx 10$ über die Eigenfrequenz des starr gelagerten Rotors ist wiederum gerechtfertigt. Die Resonanzkurve weist überdies zwei Sattelknoten auf, an denen beim Hoch- bzw. Herunterfahren der Drehzahl Amplitudensprünge stattfinden. Dieses Verhalten deutet auf eine progressive Federkennlinie hin („Duffing-Schwinger"). Die Resonanz wird zwar auch bei niedrigeren Unwuchtparametern angeregt, jedoch erscheint sie zusammen mit subsynchronen Anteilen ungefähr der halben Drehfrequenz und die Größe der Amplituden ist bei weitem nicht so ausgeprägt wie bei einem Unwuchtparameter von $\rho = 0.5$.

Alle bisher durchgeführten Untersuchungen zeigen, dass unter Berücksichtigung einer Unwuchtbelastung vor allem die Stabilitätsgrenzen der drehzahlsynchronen Schwingungen im unteren Drehzahlbereich stark variieren können, die das Auftreten der „oil-whirl"-Schwingungen markieren. Der Übergang vom „oil-whirl"- in den „oil-whip"-Bereich bleibt dagegen nahezu unbeeinflusst. Um ebenfalls die Abhängigkeit der Stabilitätsgrenzen sowie die Art des Stabilitätsverlusts vom Lastparameter $\sigma$ zu veranschaulichen, bietet sich erneut eine Darstellung in sogenannten nichtlinearen Stabilitätskarten an. Dafür werden die in Abbildung 4.18 dargestellten Bifurkationen im zweidimensionalen Parameterraum $(\sigma, \bar{\omega})$ für die betrachteten Unwuchtparameter verfolgt und in stabile und instabile Existenzbereiche der drehzahlsynchronen Lösungen unterteilt (vgl. Abbildung 4.19). Bei einer geringen Unwucht $\rho = 0.05$ erfolgt im Bereich geringer Lastparameter $\sigma$ bzw. hoch belasteter Rotoren der Stabilitätsverlust durch eine Torus-Bifurkation (Neimark-Sacker-Bifurkation). Für ein periodisch zwangserregtes System ergibt sich gewissermaßen anstatt einer Hopf-Bifurkation eine Torus-Bifurkation, die ebenfalls als Hopf-Bifurkation der Amplitude der unwuchtzwungenen Schwingungen interpretiert werden kann. Diese Torus-Bifurkationen bilden im Parameterraum eine sogenannte Neimark-Sacker-Kurve. Bei Verfolgung dieser Neimark-Sacker-Kurve in den Bereich höherer Lastparameter $\sigma$ findet dann eine Codimension-2-Bifurkation statt, bei der die Imaginärteile der beiden kritischen Floquet-Multiplikatoren

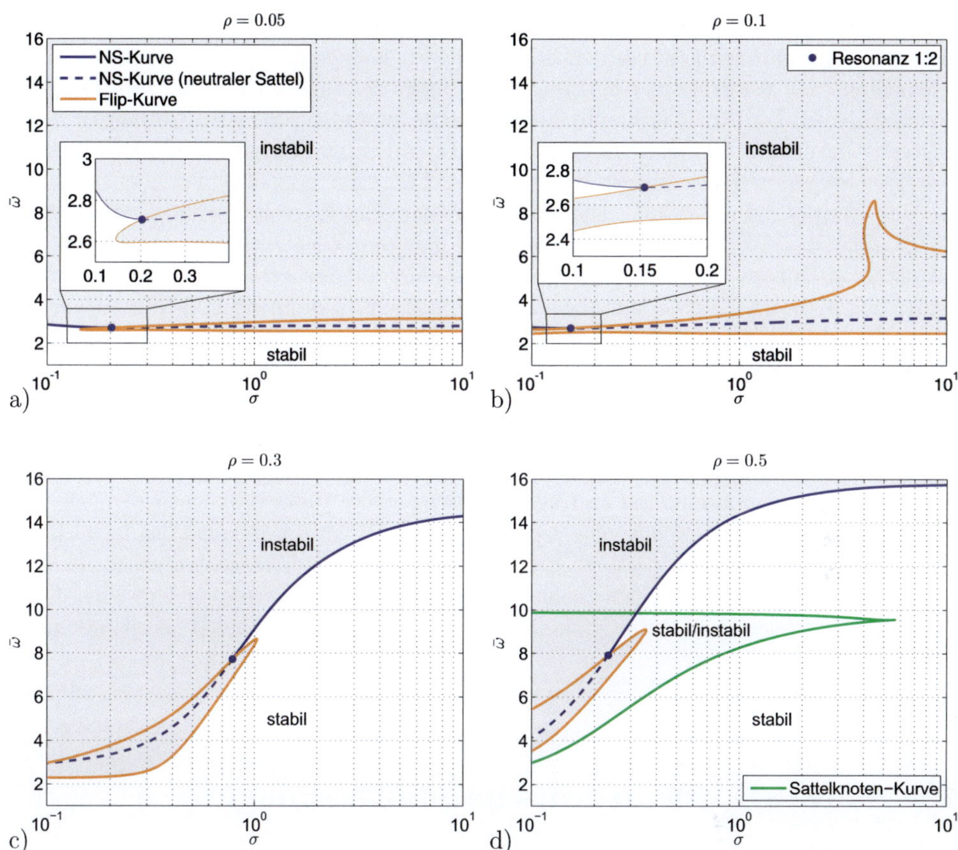



Abbildung 4.19: (Nichtlineare) Stabilitätskarten des Laval-Rotors in Gleitlagern ($\Gamma_0 = 0.01$, $\bar{d}_a = 0.1$) für die drehzahlsynchronen Schwingungen unter Berücksichtigung des Einflusses der Unwucht: a) $\rho = 0.05$. b) $\rho = 0.1$. c) $\rho = 0.3$. d) $\rho = 0.5$.

verschwinden und ihre Realteile einen Wert von $-1$ annehmen. Diese Codimension-2-Bifurkation periodischer Lösungen wird auch als innere 1:2 Resonanz der Torus-Bifurkation bezeichnet (siehe beispielsweise [48]). Sie zeichnet sich dadurch aus, dass die Frequenzen der im Allgemeinen quasi-periodischen Lösungen in einem festen rationalen Verhältnis von 1:2 stehen. Folglich stellt sich auf dem Torus eine geschlossene periodische Lösung doppelter Periode ein. Im weiteren Sinne kann dies auch als Synchronisation der subsynchronen mit den drehzahlsynchronen Schwingungen des gleitgelagerten Rotors gedeutet werden. Aus dieser Codimension-2-Bifurkation resultieren letztendlich zwei sich in verschiedene Richtungen ausbreitende Flip-Kurven, die jeweils einen Floquet-Multiplikator von $-1$ aufweisen. Außerdem erscheint anstelle der Neimark-Sacker Kurve eine sogenannte neutrale Sattelkurve (strichliert), die keine Bifurkationskurve mehr darstellt [48]. Für höhere Lastparameter bzw. gering belastete Rotoren bildet somit die Flip-Kurve die Stabilitätsgrenze der drehzahlsynchronen Schwingungen.

Während für den Unwuchtparameter $\rho = 0.1$ prinzipiell ein ähnliches Stabilitätsverhalten der drehzahlsynchronen Lösungen zu beobachten ist, können sich für moderate bzw. hohe Unwuchten ($\rho = 0.3$ bzw. $\rho = 0.5$) die Stabilitätsgrenzen deutlich zu höheren Drehzahlen verschieben. Die Art des Stabilitätsverlustes ist in diesen Fällen im Gegensatz zu geringeren Unwuchten überwiegend durch eine Torus-Bifurkation gegeben, wobei sich für kleinere Lastparameter $\sigma$ abermals periodische Lösungen doppelter Periode infolge einer Flip-Bifurkation entwickeln. Die entsprechenden Flip-Kurven werden allesamt an einer Codimension-2-Bifurkation (1:2 Resonanz) geboren. Zusätzlich sind für $\rho = 0.5$ die Sattelknoten-Kurven bei der nichtlinearen Resonanz aufgetragen. Der Schnittpunkt der beiden Sattelknoten-Kurven kennzeichnet ebenfalls eine Codimension-2-Bifurkation, die „cusp"-Bifurkation bzw. Spitzen-Bifurkation genannt wird. Für Parameterwerte von $\sigma$ oberhalb der Spitzen-Bifurkation ist demzufolge eine gewöhnliche Resonanzkurve zu erwarten.

Erwähnenswert bleibt, dass Stabilitätskarten für den starren, unwuchtigen Laval-Rotor ($\Gamma_0 \to 1$, $\bar{d}_a = 0$) ebenfalls in [65] diskutiert werden. Da die Unwucht insbesondere die „oil-whirl"-Schwingungen beeinflusst und hier ein relativ steifer Rotor untersucht wird, sind die innerhalb der Arbeit erzielten Ergebnisse vergleichbar. Dieses Kapitel über den Laval-Rotor in Gleitlagern soll daher hauptsächlich zur Einführung in die Thematik dienen, um nicht nur die grundlegenden Phänomene nochmals anschaulich zu erklären, sondern auch die im Rahmen der nichtlinearen Rotordynamik angewandte Stabilitäts- und Bifurkationstheorie näher zu bringen.

## 4.2　Laval-Rotor in Schwimmbuchsenlagern

### 4.2.1　Modellbildung

**Bewegungsgleichungen**

Für die folgenden Stabilitäts- und Bifurkationsanalysen wird erneut ein horizontaler Laval-Rotor vorausgesetzt, wie in Abbildung 4.20 dargestellt ist. Dabei handelt es sich um den im vorherigen Kapitel untersuchten Laval-Läufer (Scheibenmasse $m$, Wellensteifigkeit $k$, äußere Dämpfung $d_a$ und Massenexzentrizität $e_S$), der diesmal jedoch anstatt in konventionellen Gleitlagern in zwei identischen Schwimmbuchsenlagern jeweils der Masse $m_B$ und dem Massenträgheitsmoment $J_B$ symmetrisch gelagert ist. Aufgrund dieser symmetrischen Lagerung und der Beschränkung auf zylindrische Bewegungsformen des Rotors verhalten sich beide Schwimmbuchsen gleich, so dass die Berücksichtigung einer Schwimmbuchse bei der Herleitung der Bewegungsgleichungen ausreichend ist. Ferner werden die Verkippungseffekte sowohl der Buchse in der starr und unverschieblichen Lagerschale als auch des Wellenzapfens stets vernachlässigt. Die als starr angenommene Schwimmbuchse hat demnach zwei translatorische Verschiebungsfreiheitsgrade $y_B$ bzw. $z_B$ und eine unbekannte sich infolge der Reibmomentendifferenz der beiden Schmierfilme einstellende Buchsenwinkelgeschwindigkeit $\omega_B$ („halber" Freiheitsgrad). Die Bewegungsgleichungen (4.2) erweitern sich in diesem Fall für den stationären Betrieb $\omega = \text{const.}$ um die Gleichungen für eine

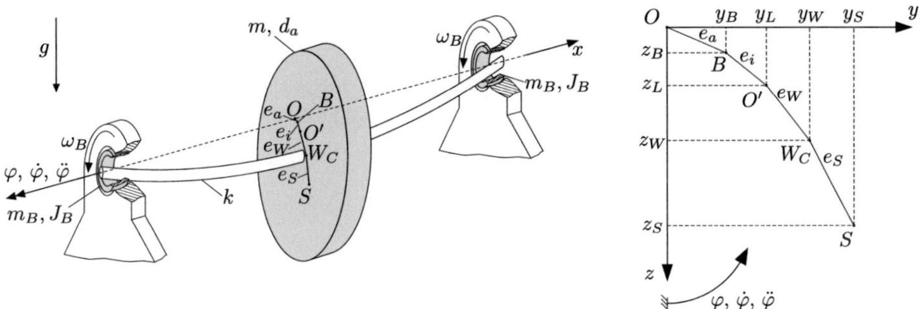

Abbildung 4.20: Laval-Rotor in Schwimmbuchsenlagern.

Schwimmbuchse, so dass im raumfesten $(x, y, z)$-Koordinatensystem für den unwuchtigen Laval-Rotor in Schwimmbuchsenlagern folgendes Differentialgleichungssystem

$$m\ddot{y}_W + d_a\dot{y}_W + k(y_W - y_L) = m e_S \omega^2 \sin\omega t \tag{4.25a}$$

$$m\ddot{z}_W + d_a\dot{z}_W + k(z_W - z_L) = W + m e_S \omega^2 \cos\omega t \tag{4.25b}$$

$$- k(y_W - y_L) = 2F_{yi}(y_L, \dot{y}_L, z_L, \dot{z}_L, y_B, \dot{y}_B, z_B, \dot{z}_B, \omega_B) \tag{4.25c}$$

$$- k(z_W - z_L) = 2F_{zi}(y_L, \dot{y}_L, z_L, \dot{z}_L, y_B, \dot{y}_B, z_B, \dot{z}_B, \omega_B) \tag{4.25d}$$

$$m_B\ddot{y}_B = F_{ya}(y_B, \dot{y}_B, z_B, \dot{z}_B, \omega_B) - F_{yi}(y_L, \dot{y}_L, z_L, \dot{z}_L, y_B, \dot{y}_B, z_B, \dot{z}_B, \omega_B) \tag{4.25e}$$

$$m_B\ddot{z}_B = W_B + F_{za}(y_B, \dot{y}_B, z_B, \dot{z}_B, \omega_B) - F_{zi}(y_L, \dot{y}_L, z_L, \dot{z}_L, y_B, \dot{y}_B, z_B, \dot{z}_B, \omega_B) \tag{4.25f}$$

$$J_B\dot{\omega}_B = M_i(y_L, z_L, y_B, z_B, \omega_B) - M_a(y_B, z_B, \omega_B) \tag{4.25g}$$

erhalten wird. Neben der Rotorbelastung $W$ wirkt zudem jeweils die statische Last $W_B$ auf die Buchse. Im Folgenden bezieht sich der Index $()_i$ und $()_a$ auf den inneren bzw. äußeren Schmierfilm. Am Wellenzapfen greifen die nichtlinearen Lagerkräfte $F_{yi}$ bzw. $F_{zi}$ aufgrund des inneren Schmierfilms an, die von der Lage und den Geschwindigkeiten nicht nur des Wellenzapfens an der Lagerstelle sondern auch der Buchse abhängen. Dagegen werden die Lagerkräfte $F_{ya}$ und $F_{za}$ nur durch Zustandsänderungen der Buchse hervorgerufen. Die infolge der Scherbeanspruchung an der Buchse angreifenden Reibungsmomente können nach [108] durch

$$M_i = \frac{1}{4}\pi\frac{\eta_i D_i^3 L_i(\omega - \omega_B)}{C_i\sqrt{1 - \varepsilon_i^2}} \quad \text{und} \quad M_a = \frac{1}{4}\pi\frac{\eta_a D_a^3 L_a\omega_B}{C_a\sqrt{1 - \varepsilon_a^2}} \tag{4.26}$$

angenähert werden.

Wenn auch beim Laval-Rotor in Schwimmbuchsenlagern ein instationärer Vorgang wie beispielsweise ein Hochlauf untersucht werden soll, kann wiederum für die Scheibe von den Gleichungen (4.1a-b) ausgegangen werden.

**Dimensionslose Notation**

Im Rahmen dieses Abschnitts werden die dimensionslosen Bewegungsgleichungen des Laval-Läufers in Schwimmbuchenlagern formuliert, um die Anzahl der Rotor- und Lagerparamter für die nachfolgenden Stabilitätsuntersuchungen zu reduzieren. Hierbei werden für den Rotor sowie den inneren Schmierfilm weitestgehend die schon in Kapitel 4.1.4 definierten dimensionslosen Parameter übernommen.

Bei Betrachtung von Schwimmbuchsenlagern werden die Auslenkungen der Scheibe, des Wellenzapfens im Lager sowie der Buchse auf das innere Lagerspiel $C_i$ bezogen:

$$\bar{y}_W = \frac{y_W}{C_i}, \quad \bar{z}_W = \frac{z_W}{C_i}, \quad \bar{y}_L = \frac{y_L}{C_i}, \quad \bar{z}_L = \frac{z_L}{C_i}, \quad \bar{y}_B = \frac{y_B}{C_i}, \quad \bar{z}_B = \frac{z_B}{C_i}.$$

Zudem ist zur vollständigen Beschreibung des Rotor-Lager-Systems die Einführung eines auf die Rotorwinkelgeschwindigkeit $\omega$ normierten Buchsendrehzahlverhältnisses

$$\Omega_B = \frac{\omega_B}{\omega}$$

notwendig. Analog zu konventionellen Gleitlagern können mit Hilfe des inneren Lagerspiels $C_i$ weiterhin die bekannten dimensionslosen Parameter

$$\bar{\omega} = \sqrt{\frac{C_i m}{W}}\, \omega\,, \quad \rho = \frac{e_S}{C_i}\,, \quad \bar{d}_a = \sqrt{\frac{C_i}{mW}}\, d_a\,, \quad \Gamma_0 = \frac{1}{C_i}\frac{W}{k} \tag{4.27}$$

verwendet werden. Der reziproke Lastparameter bzw. Lagerparameter $\sigma$ ergibt sich aus der modifizierten Sommerfeldzahl $S_{mi}$ des inneren Schmierfilms:

$$\sigma = \frac{S_{mi}}{\bar{\omega}} = \frac{1}{4}\frac{D_i L_i^3 \eta_i}{C_i^2 \sqrt{mC_i W}}\,. \tag{4.28}$$

Darüber hinaus ist für das Schwimmbuchsenlager die Definition der Verhältnisse

$$\mu = \frac{W_B}{W}\,, \quad \gamma = \frac{C_a}{C_i}\,, \quad \delta = \frac{D_a}{D_i}\,, \quad \Lambda = \frac{L_a}{L_i}\,, \quad \bar{\eta} = \frac{\eta_a}{\eta_i} \tag{4.29}$$

erforderlich. Während $\mu$ das statische Belastungsverhältnis einer Buchse zum Rotor beschreibt, setzen das Lagerspielverhältnis $\gamma$, das Durchmesserverhältnis $\delta$, das Breitenverhältnis $\Lambda$ sowie das Viskositätsverhältnis $\bar{\eta}$ die entsprechenden Lagergrößen des inneren und des äußeren Schmierfilms in Relation. Um die Anzahl der dimensionslosen Parameter so gering wie möglich zu halten, wird das in der Gleichung (4.25g) gegebene Massenträgheitsmoment $J_B$ gemäß der Formeln für einen Hohlzylinder

$$J_B = \frac{1}{8} m_B \left( D_a^2 + D_i^2 \right) \tag{4.30}$$

angenähert. Unter Berücksichtigung der Beziehung zwischen den modifizierten Sommerfeldzahlen

$$S_{ma} = \frac{\Lambda^3 \delta \bar{\eta}}{\mu \gamma^2}\, S_{mi} \tag{4.31}$$

und der dimensionslosen Zeit $\tau = \omega t$ können die Bewegungsgleichungen (4.25) in ihre dimensionslose Form

$$\bar{\omega}^2 \bar{y}_W'' + \bar{d}_a \bar{\omega} \bar{y}_W' + \frac{1}{\Gamma_0}(\bar{y}_W - \bar{y}_L) = \rho \bar{\omega}^2 \sin\tau\,, \tag{4.32a}$$

$$\bar{\omega}^2 \bar{z}_W'' + \bar{d}_a \bar{\omega} \bar{z}_W' + \frac{1}{\Gamma_0}(\bar{z}_W - \bar{z}_L) = 1 + \rho \bar{\omega}^2 \cos\tau\,, \tag{4.32b}$$

$$-\frac{1}{\Gamma_0}(\bar{y}_W - \bar{y}_L) = 2S_{mi}f_{yi}(\bar{y}_L, \bar{y}_L', \bar{z}_L, \bar{z}_L', \bar{y}_B, \bar{y}_B', \bar{z}_B, \bar{z}_B', \Omega_B)\,, \tag{4.32c}$$

$$-\frac{1}{\Gamma_0}(\bar{z}_W - \bar{z}_L) = 2S_{mi}f_{zi}(\bar{y}_L, \bar{y}_L', \bar{z}_L, \bar{z}_L', \bar{y}_B, \bar{y}_B', \bar{z}_B, \bar{z}_B', \Omega_B)\,, \tag{4.32d}$$

$$\mu\bar{\omega}^2 \bar{y}_B'' = S_{mi}\left(\frac{\Lambda^3\delta\bar{\eta}}{\gamma^2}f_{ya}(\bar{y}_B, \bar{y}_B', \bar{z}_B, \bar{z}_B', \Omega_B) - f_{yi}(\bar{y}_L, \bar{y}_L', \bar{z}_L, \bar{z}_L', \bar{y}_B, \bar{y}_B', \bar{z}_B, \bar{z}_B', \Omega_B)\right)\,, \tag{4.32e}$$

$$\mu\bar{\omega}^2 \bar{z}_B'' = \mu + S_{mi}\left(\frac{\Lambda^3\delta\bar{\eta}}{\gamma^2}f_{za}(\bar{y}_B, \bar{y}_B', \bar{z}_B, \bar{z}_B', \Omega_B) - f_{zi}(\bar{y}_L, \bar{y}_L', \bar{z}_L, \bar{z}_L', \bar{y}_B, \bar{y}_B', \bar{z}_B, \bar{z}_B', \Omega_B)\right)\,, \tag{4.32f}$$

$$\bar{\omega}^2\Omega_B' = 8\pi\frac{\nu^2}{\mu(1+\delta^2)}S_{mi}\left(\frac{1-\Omega_B}{\sqrt{1-\varepsilon_i^2}} - \frac{\bar{\eta}\delta^3\Lambda}{\gamma}\frac{\Omega_B}{\sqrt{1-\varepsilon_a^2}}\right) \tag{4.32g}$$

überführt werden, wobei zur Bestimmung der Buchsendrehzahl $\Omega_B$ ein weiterer Parameter

$$\nu = \frac{C_i}{L_i} = \frac{1}{2}\frac{\psi_i}{\beta_i} \tag{4.33}$$

eingeführt werden muss. Das sogenannte Spiel-Breiten-Verhältnis $\nu$ kann als Verhältnis des inneren Lagerspiels $C_i$ zur inneren Lagerbreite $L_i$ angesehen werden. Alternativ ist auch eine Darstellung von $\nu$ unter Verwendung dimensionsloser Lagergrößen für den inneren Schmierfilm möglich, nämlich dem relativen Lagerspiel $\psi_i = 2C_i/D_i$ und dem Breiten-Durchmesser-Verhältnis $\beta_i = L_i/D_i$. Im Folgenden wird keine Variation des Parameters $\nu$ durchgeführt, da bei Annahme von realistischen Werten sein Einfluss auf das Schwingungsverhalten des Rotors eher klein ist. Sind die statischen Lasten des Rotors $W = mg$ bzw. der Buchse $W_B = m_B g$ durch ihr jeweiliges Eigengewicht gegeben, so können die dimensionslosen Parameter gemäß

$$\mu = \frac{m_B}{m}\,, \quad \bar{\omega} = \sqrt{\frac{C_i}{g}}\,\omega\,, \quad \bar{d}_a = \sqrt{\frac{C_i}{g}}\frac{d_a}{m}\,, \quad \sigma = \frac{1}{4}\frac{D_i L_i^3 \eta_i}{C_i^2\sqrt{\frac{C_i}{g}}}\frac{1}{W} \tag{4.34}$$

vereinfacht werden.

Die Durchführung der folgenden Stabilitätsanalysen kann nun in Abhängigkeit der elf dimensionslosen Parameter $\sigma$, $\bar{\omega}$, $\Gamma_0$, $\bar{d}_a$, $\rho$, $\gamma$, $\delta$, $\Lambda$, $\mu$, $\bar{\eta}$ und $\nu$ erfolgen. Der Hauptbifurkationsparameter ist wiederum die dimensionslose Rotorwinkelgeschwindigkeit $\bar{\omega}$. Als weiterer Bifurkationsparameter wird wie schon für das konventionelle Gleitlager der Lagerparameter $\sigma$ gewählt. Die auftretenden Bifurkationen werden in der $\sigma$-$\bar{\omega}$-Parameterebene verfolgt und die Ergebnisse in Stabilitätskarten zusammengefasst. Die verbleibenden Parameter werden bei den Bikurkationsanalysen als konstant angenommen. Um dennoch ihren Einfluss auf das Stabilitäts- und Bifurkationsverhalten abzuschätzen, wird ausgehend von dem in Tabelle 4.3 definierten Standardparametersatz[9] (vgl. Lagerparameter in [108]) jeweils ein Parameter variiert, wobei ein typisches Rotor-Schwimmbuchsenlager-System zugrunde gelegt wird. Bei Annahme einer Unwucht wird dagegen unter Verwendung der Parameterwerte aus Tabelle 4.3 und Vorgabe des Lastparameters $\sigma$ nur die Änderung der normierten Massenexzentrizität $\rho$ betrachtet.

| | | | |
|---|---|---|---|
| Wellennachgiebigkeit | $\Gamma_0$ | = | 0.01 |
| Äußere Dämpfung | $\bar{d}_a$ | = | 0.001 |
| Lagerspielverhältnis | $\gamma$ | = | 1.4 |
| Durchmesserverhältnis | $\delta$ | = | 1.32 |
| Breitenverhältnis | $\Lambda$ | = | 1.0 |
| Viskositätsverhältnis | $\bar{\eta}$ | = | 1.0 |
| Massen- bzw. Belastungsverhältnis | $\mu$ | = | 0.03 |
| Spiel-Breiten-Verhältnis | $\nu$ | = | 0.005 |

Tabelle 4.3: Dimensionsloser Standardparametersatz für den Laval-Rotor in Schwimmbuchsenlagern.

## 4.2.2 Instabilitätsphänomene (Hochlaufsimulation/Bifurkationsanalyse)

Rotoren in Schwimmbuchsenlagern können ebenfalls ölfilminduzierte Instabilitäten aufweisen, die im Gegensatz zu konventionellen Gleitlagern sowohl durch den inneren als auch den äußeren Schmierfilm verursacht werden können. Dennoch bietet in der Praxis die Schwimmbuchsenlagerung eine enorme Verbesserung der Stabilitätseigenschaften im Sinne von tolerierbaren Schwingungsamplituden, solange eine gegenseitige Dämpfungswirkung der beiden Schmierfilme vorliegt. Bei hohen Drehzahlen jedoch kann diese Dämpfungswirkung versagen, so dass der Rotor selbsterregte Schwingungen mit sehr großer Amplitude ausführt, die zu einer stark erhöhten Biegebeanspruchung der Welle und letztendlich zum Rotorschaden führen können. Um die beschriebenen Phänomene der gegenseitigen Dämpfungswirkung sowie deren Versagen zu veranschaulichen, wird nachfolgend exemplarisch ein unwuchtiger Laval-Rotor mittlerer Baugröße[10] in Schwimmbuchsenlagern näher betrachtet, dessen Parameterwerte in Tabelle 4.4 gegeben sind. Wie schon beim vorherigen Abschnitt für den Laval-Rotor in konventionellen Gleitlagern vorgestellt, sind dabei sowohl die Hochlaufsimulation als auch die numerische Bifurkationsanalyse geeignete Methoden, um das nichtlineare Lösungsverhalten über den gesamten Drehzahlbereich vorauszuberechnen.

### Hochlaufsimulation

Um mittels eines Vergleichs die Güte der Kurzlagerlösung auch im Fall von schwimmbuchsengelagerten Rotoren nachzuweisen, werden bei der Hochlaufsimulation die Lagerkräfte

---

[9]Im Gegensatz zum Laval-Rotor in konventionellen Gleitlager wird ein deutlich kleinerer bzw. nahezu vernachlässigbarer Dämpfungsparameter von $\bar{d}_a$ = 0.001 gewählt, um somit den Einfluss der Dämpfungswirkung des äußeren Schmierfilms besser hervorheben zu können.

[10]Hier wird im Vergleich zu konventionellen Gleitlagern ein höher belasteter Laval-Rotor betrachtet, da kritische Schwingungen großer Amplitude (Rotorschaden) wahrscheinlicher sind.

| | |
|---|---|
| Scheibenmasse $m$ | $2.0\,\mathrm{kg}$ |
| Wellensteifigkeit $k$ | $12000.0\,\mathrm{N/mm}$ |
| Äußere Dämpfung $d_a$ | $0.0\,\mathrm{Ns/mm}$ |
| Unwucht $U_S$ | $15.0\,\mathrm{gmm}$ |
| Buchsenmasse $m_B$ | $0.026\,\mathrm{kg}$ |
| Massenträgheitsmoment der Buchse $J_B$ | $2.8\,\mathrm{kg/mm^2}$ |
| Innerer Lagerdurchmesser $D_i$ | $18.0\,\mathrm{mm}$ |
| Äußerer Lagerdurchmesser $D_a$ | $25.0\,\mathrm{mm}$ |
| Innere Lagerbreite $L_i$ | $10.0\,\mathrm{mm}$ |
| Äußere Lagerbreite $L_a$ | $10.0\,\mathrm{mm}$ |
| Inneres Lagerspiel $C_i$ | $0.04725\,\mathrm{mm}$ |
| Äußeres Lagerspiel $C_a$ | $0.0585\,\mathrm{mm}$ |
| Innere Ölviskosität $\eta_i$ | $6.4\,\mathrm{mPa\,s}$ |
| Äußere Ölviskosität $\eta_a$ | $9.5\,\mathrm{mPa\,s}$ |
| Drehbeschleunigung $a_\varphi$ | $160\pi\,\mathrm{1/s^2}$ |

Tabelle 4.4: Parameterwerte für den Laval-Rotor in Schwimmbuchsenlagern.

sowohl nach der Impedanz-Methode als auch nach der Kurzlagertheorie modelliert. Der lineare Drehzahlhochlauf wird dabei vom Stillstand heraus auf eine Drehfrequenz von 4000 Hz über eine Simulationsdauer von 50 s durchgeführt (vgl. Drehbeschleunigung $a_\varphi$ in Tabelle 4.4), so dass ein langsamer und damit quasi-stationärer Hochlauf vorliegt. Hierbei werden die beim gewählten Beispiel auftretenden Mechanismen phänomenologisch erklärt, die zum einen zu den Instabilitäten der einzelnen Lösungen und zum anderen zu den kritischen Schwingungen großer Amplituden (Rotorschaden) führen können.

Während für die Approximation der numerischen Lösung der Reynoldsgleichung auf die schon in Kapitel 4.1.2 verwendeten Impedanz-Kennfelder [89] zurückgegriffen wird, sind die für die Kurzlagerlösung benötigten Formeln innerhalb des Kapitels 2.2.2 wiedergegeben. Abbildung 4.21 zeigt den Vergleich der beiden Approximationsmethoden für die nichtlinearen Lagerkräfte anhand der wichtigsten Ergebnisgrößen (Scheibenauslenkung $z_W$, Lagerexzentrizitäten $\varepsilon_a$ bzw. $\varepsilon_i$ und Buchsendrehzahlverhältnis $\Omega_B = \omega_B/\omega$) der Hochlaufsimulation des Laval-Läufers mit den in Tabelle 4.4 vorgegebenen Rotor- und Lagerparametern. Darüber hinaus können die zugehörigen Frequenzen der nichtlinearen Schwingungen durch die 2D-Ansichten der Wasserfalldiagramme für die Auslenkungen $z_W$ der Scheibe in Abbildung 4.22 miteinander verglichen werden.

Zunächst ergeben sich für niedrige Drehzahlen drehzahlharmonische Schwingungen geringer Amplitude infolge Unwuchterregung, die sich um die Gleichgewichtslage des ideal ausgewuchteten Rotors ausbilden. Ab einer Drehzahl von etwa 220 Hz verlieren nur im Fall der Kurzlagerlösung die rein unwuchtsynchronen Schwingungen ihre Stabilität und es entstehen subsynchrone Schwingungen, die mit einem deutlichen Anstieg der relativen Lagerexzentrizitäten $\varepsilon_i$ des inneren Schmierfilms auf mittlere Werte von ca. 0.5 verbunden sind. Da die Exzentrizitäten $\varepsilon_a$ des äußeren Schmierfilms nicht sonderlich weiter ansteigen, ist die Dämpfungswirkung des äußeren gegenüber der des inneren Schmierfilms immer noch gewährleistet. Demnach nehmen die Exzentrizitäten des inneren Schmierfilms nur moderate Werte an und die subsynchronen Schwingungen werden mit zunehmender Dreh-

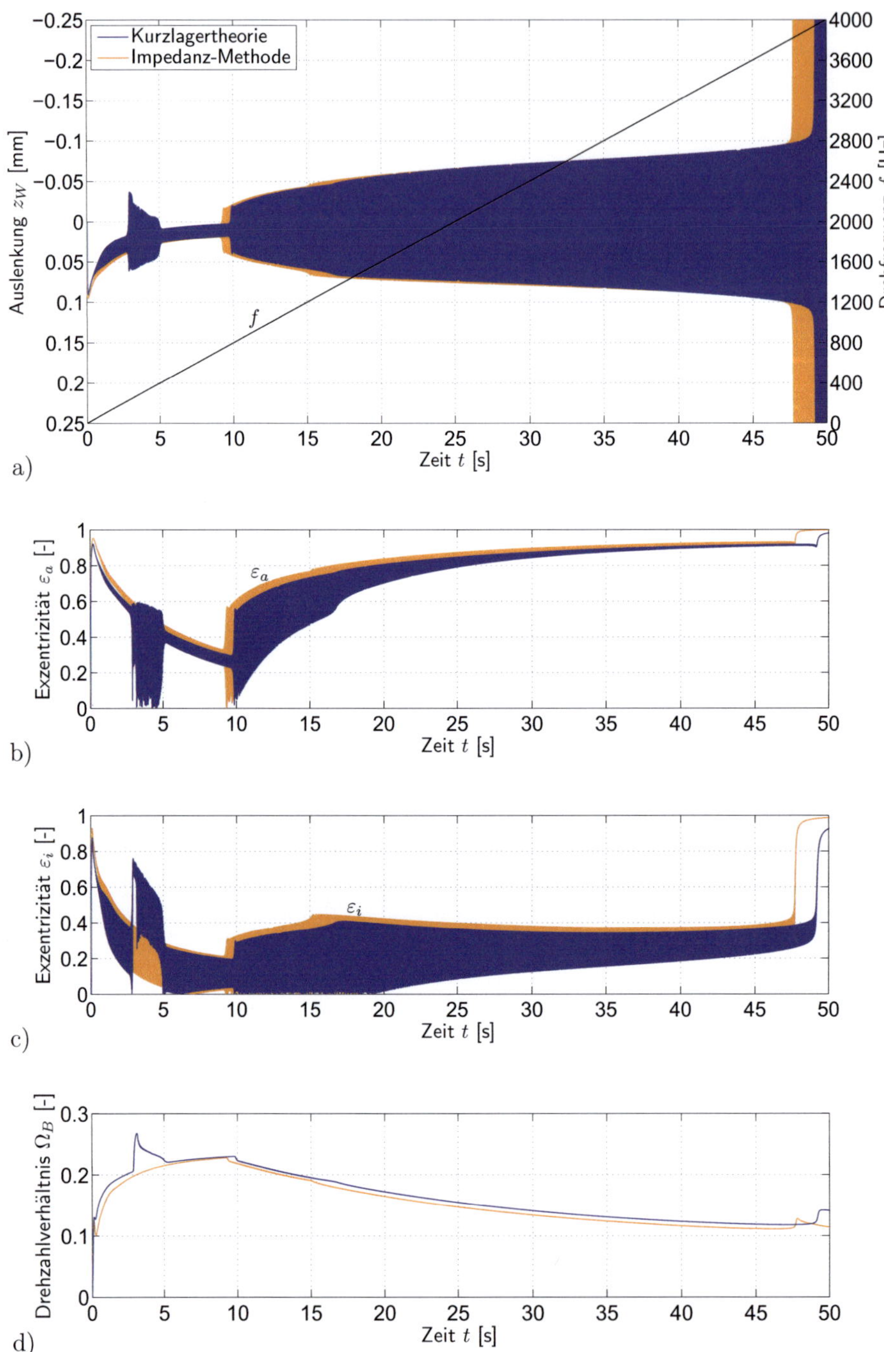


Abbildung 4.21: Vergleich der Kurzlagertheorie und der Impedanz-Methode anhand der Hochlaufsimulationen des Laval-Rotors in Schwimmbuchsenlagern: a) Auslenkung $z_W$ der Scheibe in vertikaler Richtung. b) Relative Lagerexzentrizität $\varepsilon_a$ des äußeren Schmierfilms. c) Relative Lagerexzentrizität $\varepsilon_i$ des inneren Schmierfilms. d) Drehzahlverhältnis $\Omega_B$ der Buchse.

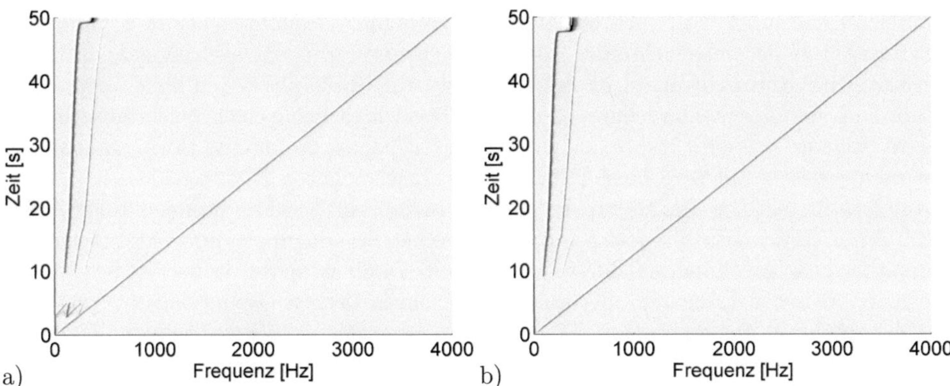

Abbildung 4.22: Vergleich der Kurzlagertheorie und der Impedanz-Methode anhand der 2D-Ansichten der Wasserfalldiagramme für die Auslenkungen $z_W$ der Scheibe: a) Kurzlagertheorie. b) Impedanz-Methode.

zahl immer mehr abgedämpft, bis sie schließlich ab einer Drehzahl von näherungsweise 400 Hz vollständig verschwinden und nur noch rein unwuchterregte Schwingungen vorhanden sind. Die Frequenzen der subsynchronen Schwingungen $f_{sub,i} \approx \frac{1}{2}(f + f_B)$ liegen derweil knapp oberhalb der Hälfte der Rotordrehfrequenz. Anzumerken bleibt, dass auch für die Impedanz-Methode die unwuchterregten Schwingungen im Drehzahlbereich von ungefähr 200 Hz bis 400 Hz instabil werden können, wenn der Hochlauf noch weitaus langsamer als im vorliegenden Fall realisiert wird (vgl. Abbildung A.7 im Anhang).

Nachdem sozusagen die erste Instabilität der unwuchterregten Schwingungen infolge des inneren Schmierfilms durchfahren wird, tritt erneut ein Stabilitätsverlust der unwuchterregten Schwingungen bei einer Drehfrequenz von etwa 770 Hz (Kurzlagertheorie) bzw. 720 Hz (Impedanz-Methode) auf, der hauptsächlich mit einem Zuwachs der Exzentrizität $\varepsilon_a$ des äußeren Schmierfilms verbunden ist. Die dämpfende Wirkung des inneren Schmierfilms bleibt aufgrund geringer Werte von $\varepsilon_i$ weitgehend erhalten, so dass der Rotor nach dem Stabilitätsverlust über einen weiten Drehzahlbereich noch sicher betrieben werden kann. Die Grundfrequenz $f_{sub,a} \approx \frac{1}{2}f_B$ der entstehenden subsynchronen Schwingungen ist neben den hohen Werten für die Exzentrizität $\varepsilon_a$ ein weiteres Indiz dafür, dass die Instabilität durch den äußeren Schmierfilm verursacht wird.

Bei weiterer Erhöhung der Drehfrequenz $f$ nehmen die Exzentrizitäten $\varepsilon_i$ bzw. $\varepsilon_a$ der beiden Schmierfilme immer weiter zu. Infolge der steiferen Lager wird einerseits die Dämpfungswirkung der Schmierfilme geringer und andererseits steigen die Schwingungsfrequenzen an, bis schließlich bei einer Drehfrequenz von ca. 3920 Hz (Kurzlagertheorie) bzw. 3800 Hz (Impedanz-Methode) die Frequenzen der „Selbstanregung" sowohl des inneren als auch des äußeren Schmierfilms synchronisieren. Dadurch erreichen die beiden relativen Lagerexzentrizitäten Werte nahe eins und es kommt zu einem Versagen der gegenseitigen Dämpfung beider Schmierfilme. Wie beim Rotor in konventionellen Gleitlagern befindet sich die nun gemeinsame Frequenz der „Selbstanregung" in der Nähe einer Eigenfrequenz des gelagerten Rotors. Die Auslenkungen $z_W$ der Scheibe streben dann im Falle einer verschwindenden äußeren Dämpfung ($d_a = 0.0\,\text{Ns/mm}$) gegen unendlich. Zusammenfassend führt die Synchronisation der Anregungsfrequenzen beider Schmierfilme zur Instabilität der subsynchronen Schwingungen und zu einem nachfolgendem Bereich von kritischen Rotorschwingungen extrem hoher Amplitude, die durch hohe Lagerexzentrizitäten $\varepsilon_i$ und $\varepsilon_a$ gekennzeichnet sind. Dieser Bereich als Folge einer Synchronisation der beiden Schmierfilme wird bisher nur von Schweizer [93, 94, 95] mittels Hochlaufsimulationen nachgewiesen und wird hinsichtlich eines wahrscheinlichen Rotorschadens als „totale Instabilität"bezeichnet. Der Begriff der „totalen Instabilität"wird im Rahmen dieser Arbeit nicht weiter verwendet, weil es sich bei den kritischen Schwingungen überwiegend um eine im mathematischen Sinne stabile Lösung handelt. Dafür wird von kritischen Schwingungen bzw. kritischen Lösungen oder auch von einem kritischen Grenzzyklus für den ideal ausgewuchteten Rotor gesprochen. Eine genaue Klassifizierung der auftretenden Lösungen sowie der einzelnen kritischen Drehzahlen folgt bei den systematischen Untersuchungen in den kommenden Abschnitten.

Des Weiteren ist zu erwähnen, dass die Kurzlagerlösung abermals bei der Modellierung von Schwimmbuchsenlagern eine sehr gute und rechenzeiteffiziente Approximation der Lagerkräfte liefert, obwohl für den inneren Schmierfilm ein Breiten-Durchmesser-Verhältnis von $\frac{L_i}{D_i} > 0.5$ angenommen wird. Während die Effekte allesamt qualitativ richtig abgebildet werden, sind die Drehzahlen für die Instabilitätspunkte der einzelnen Lösungen im Vergleich zur Impedanz-Methode ein wenig zu höheren Drehzahlen verschoben. Die Instabilität der rein unwuchterregten Schwingungen infolge des inneren Schmierfilms im niederen Drehzahlbereich von etwa 200 Hz bis 400 Hz wird sogar im Rahmen einer geringeren Hochlaufzeit abgebildet. Der beschriebene Sachverhalt ist wohl auf den Genauigkeitsverlust bei der Interpolation im Impedanz-Kennfeld zurückzuführen. Hinsichtlich der Frequenzen der nichtlinearen Schwingungen und der Lagergrößen wie Exzentrizitäten bzw. Buchsendrehzahl ist der Unterschied beider Approximationsmethoden vernachlässigbar klein.

### Numerische Bifurkationsanalyse

Zwecks einer Einführung in die Bifurkationsanalyse sowie einem Vergleich mit den Ergebnissen der Hochlaufsimulation, wird das gewählte Beispiel des Laval-Läufers in Schwimmbuchsenlagern mittels Methoden der numerischen Pfadverfolgung und einer anschließenden nichtlinearen Stabilitätsanalyse untersucht. Die Lagerkräfte werden im Rahmen der Bifurkationsanalyse nach der Kurzlagertheorie approximiert.

Abbildung 4.23 zeigt das zugehörige Bifurkationsdiagramm des unwuchtigen Laval-Läufers in Schwimmbuchsenlagern, wobei der Stabilitätsverlust der unwuchtsynchronen Schwingungen im niederen Drehzahlbereich nochmals vergrößert dargestellt ist. Eine subkritische Flip-Bifurkation bzw. Periodenverdopplung ist die Ursache für die unterbrochene Stabilität der rein unwuchterregten Schwingungen geringer Amplitude. Bei einer Drehfrequenz von $f_{PD} = 175\,\text{Hz}$ entstehen damit subsynchrone Schwingungen mit der doppelten Periode (vgl. Abbildung 4.24) der Erregung. Bei einer quasi-statischen Erhöhung der Drehfrequenz $f$ ist während des Überschreitens der Stabilitätsgrenze eine sprunghafte Zunahme der Amplituden zu beobachten, da unmittelbar in der Nähe der subkritischen Flip-Bifurkation keine stabile subsynchrone Lösung vorliegt. Ein Sattelknoten bzw. Umkehrpunkt der 2-periodischen Lösung sorgt für einen Stabilitätswechsel der infolge der Flip-Bifurkation entstehenden instabilen 2-periodischen Lösung. Folglich zeigt auch der unwuchtige Laval-Läufer in Schwimmbuchsenlagern ein Hysterese-Verhalten, ähnlich wie bei einer subkritischen Hopf-Bifurkation. Zunächst nehmen die Amplituden dieser stabi-

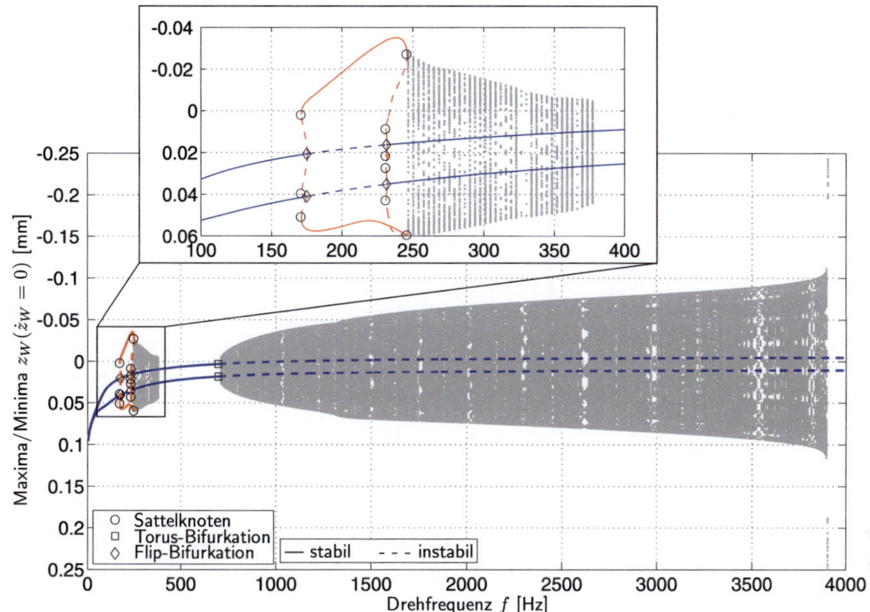

Abbildung 4.23: Bifurkationsdiagramm des exemplarischen Laval-Rotors in Schwimmbuchsenlagern (Kurzlagertheorie).

len subsynchronen Schwingungen doppelter Periode mit steigender Drehfrequenz weiter zu. Nach Erreichen eines Maximalwertes gehen dann die Amplituden zurück, bis sich an einem Sattelknoten bei $f_{SK} = 246\,\mathrm{Hz}$ die stabile und instabile 2-periodische Lösung gegenseitig auslöschen. Nach einem weiteren Sattelknoten bei etwa $f_{SK} = 230\,\mathrm{Hz}$ folgt ein kleiner Bereich stabiler Schwingungen doppelter Periode, die dann schließlich wegen einer weiteren Flip-Bifurkation bei $f_{PD} = 232\,\mathrm{Hz}$ in stabile unwuchtsynchrone Schwingungen übergehen.

Erwähnenswert bleibt, dass nach Passieren des Sattelknotens bei $f_{SK} = 246\,\mathrm{Hz}$ ein Bereich stabiler Torus-Lösungen vorzufinden ist, der bei $f \approx 377\,\mathrm{Hz}$ instabil wird. Die quasiperiodischen Lösungen werden mittels Zeitintegration als Anfangswertproblem ermittelt. Um zu beurteilen, ob ein eingeschwungener Zustand vorliegt, gelten die gleichen Annahmen wie für den unwuchterregten Laval-Rotor in konventionellen Gleitlagern (siehe Abschnitt 4.1.7). Abbildung 4.24 verdeutlicht in einem Ordnungsdiagramm die Frequenzverhältnisse $f_{sub}/f$ der an den stabilen nichtlinearen Schwingungen beteiligten Anteile. Aufgrund des Hysterese-Verhaltens in der Umgebung der beiden Flip-Bifurkationen und des Vorhandenseins einer quasi-periodischen Lösung können verschiedene stabile Lösungen koexistieren. Daher werden im Ordnungsdiagramm nur die Frequenzen mit den entsprechenden Amplituden der Scheibenschwingungen $z_W$ berücksichtigt, die bei einer quasi-statischen Erhöhung der Drehfrequenz erreicht werden. Bei der Entstehung der Torus-Lösungen am betrachteten Sattelknoten spaltet sich die Frequenz des subsynchronen Anteils der 2-periodischen Schwingungen in zwei subsynchrone Anteile auf, bei denen es sich um Kombinations-

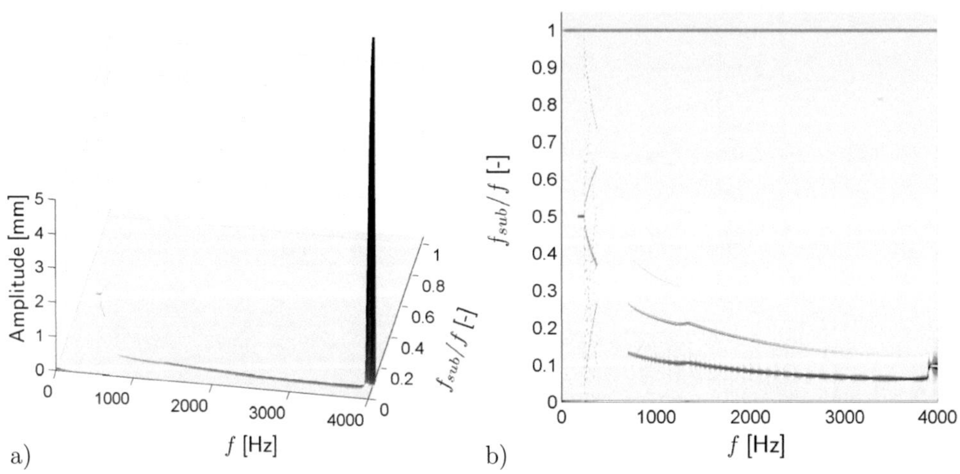

Abbildung 4.24: Frequenzverhältnisse $f_{sub}/f$ mit zugehörigen Amplituden für die aus der Bifurkationsanalyse erhaltenen stabilen Lösungen bei einer quasi-statischen Erhöhung der Drehfrequenz $f$: a) 3D-Ordnungsdiagramm der Lösungen $z_W$ (vgl. Abbildung 4.23). b) 2D-Ansicht von a).

frequenzen mit den Verhältnissen $f_{sub,K1/2}/f \approx 1/2 \pm \Delta f_{sub,K}/f$ handelt. Die Frequenz $\Delta f_{sub,K}$ beschreibt die Differenz zur halben Rotordrehfrequenz $1/2f$, die hier mit steigender Drehfrequenz $f$ immer größer wird. Daneben sind noch weitere Anteile insbesondere der unwuchtsynchronen Schwingungen ersichtlich.

Zur Veranschaulichung der vorgestellten Ergebnisse zeigt Abbildung 4.25 für bestimmte Werte der Drehfrequenz $f$ exemplarisch sowohl die Bahnkurven des Scheibenmittelpunkts als auch die Lage des Scheibenmittelpunkts im zugehörigen zweiseitigen Poincaré-Schnitt. Als Poincaré-Schnittebene werden wie schon bei den Bifurkationsdiagrammen die lokalen Maxima bzw. Minima der vertikalen Auslenkung des Scheibenmittelpunkts $\dot{z}_W = 0$ gewählt. Da die Richtung des Vorzeichenwechsels nicht berücksichtigt wird und demzufolge nicht zwischen Maxima bzw. Minima unterschieden wird, ergeben sich sogenannte zweiseitige Poincaré-Schnitte.

Wie für die rein unwuchtsynchronen Schwingungen vor deren Stabilitätsverlust ($f = 174\,\text{Hz}$) sowie nach deren erneutem Stabilitätsgewinn ($f = 670\,\text{Hz}$) aus Abbildung 4.25 a) erkennbar ist, werden die periodischen Lösungen einfacher Periode durch zwei Fixpunkte anstatt wie üblich durch einen Fixpunkt repräsentiert. Als Beispiel für die periodischen Schwingungen doppelter Periode sind die stabilen und instabilen Lösungen bei der Drehfrequenz von $f = 174\,\text{Hz}$ abgebildet. Daraus resultieren beim Auftreten einer inneren Schleife der Bahnkurve vier Fixpunkte (instabile Lösung), ansonsten sind zwei Fixpunkte (stabile Lösung) vorhanden. Wie zu erwarten, weist die aus dem Sattelknoten geborene Torus-Lösung dagegen eine geschlossene Kurve der ermittelten Lagen des Scheibenmittelpunkts im Poincaré-Schnitt auf.

Nach Verschwinden dieser stabilen Torus-Lösung bei einer Drehfrequenz von etwa $f \approx 377\,\text{Hz}$ existiert wiederum nur die rein unwuchterregte Schwingung als einzige Lösung. Bei

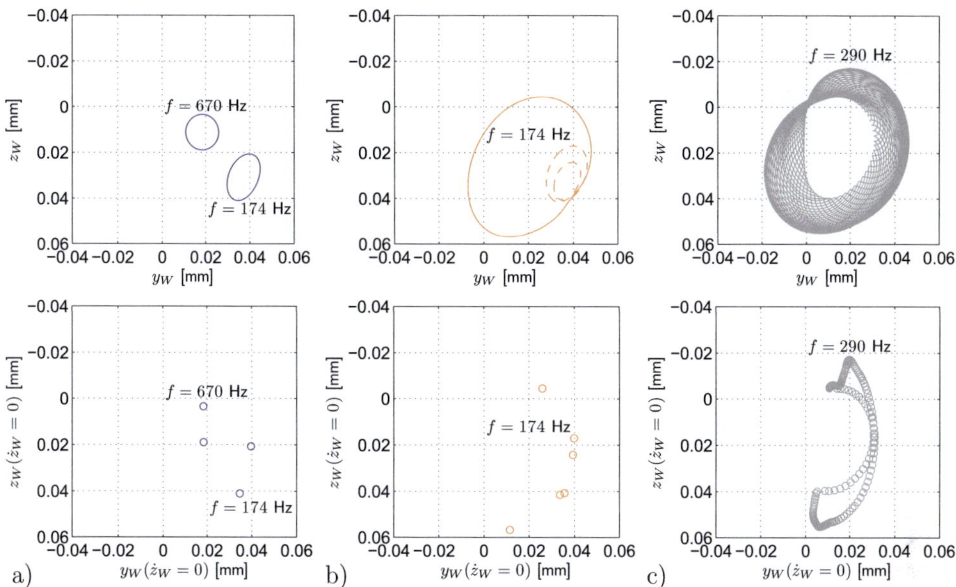

Abbildung 4.25: Orbits (oben) und Position des Scheibenmittelpunkts im zweiseitigen Poincaré-Schnitt (unten) bei verschiedenen Werten der Drehfrequenz $f$: a) Unwucht-synchrone Lösungen (1-periodisch). b) Subsynchrone Lösungen doppelter Periode (2-periodisch). c) Quasi-periodische bzw. Torus-Lösungen.

einer weiteren Steigerung der Drehfrequenz auf $f_{NS} = 699\,\text{Hz}$ erfolgt der Stabilitätsverlust durch eine superkritische Torus- bzw. Neimark-Sacker-Bifurkation, die durch den äußeren Schmierfilm verursacht wird. Der Rotor führt dann im Allgemeinen quasi-periodische Bewegungen aus. Wie später gezeigt wird, können die quasi-periodischen Schwingungen durch Bereiche chaotischen Verhaltens unterbrochen werden. Bei einer Drehfrequenz von etwa $f = 3900\,\text{Hz}$ wird die quasi-periodische bzw. chaotische Lösung dann instabil, und es folgt ein Amplitudensprung auf die kritische Lösung weitaus größerer Amplitude, die mit hohen Lagerexzentrizitäten beider Schmierfilme verbunden ist. In Abbildung 4.26 ist nochmals der Bereich der quasi-periodischen Schwingungen infolge des äußeren Schmierfilms und der Amplitudensprung auf die kritische Lösung anhand der Orbits mit den zugehörigen Poincaré-Schnitten verdeutlicht. Für eine Drehfrequenz von $f = 1330\,\text{Hz}$ entsteht wiederum eine geschlossene Kurve der Lagen des Scheibenmittelpunkts im Poincaré-Schnitt. Des Weiteren ist schon aus dem Bifurkationsdiagramm zu erkennen, dass nach Überschreiten der Torus-Bifurkation zwischendurch auch Bereiche mit stabilen periodischen Lösungen vorhanden sind, die auch als periodische Fenster bezeichnet werden. Ein Beispiel dafür ist im Drehfrequenzbereich um $f = 2613\,\text{Hz}$ gegeben, in dem sich eine stabile periodische Lösung 14-facher Periode einstellt. Wenn eine äußere Dämpfung wie im vorliegenden Fall vernachlässigt wird, so streben die Auslenkungen $y_W$ bzw. $z_W$ im kritischen Drehzahlbereich gegen nahezu unendlich hohe Werte. Darum zeigt Abbildung 4.26c) nur die weitere

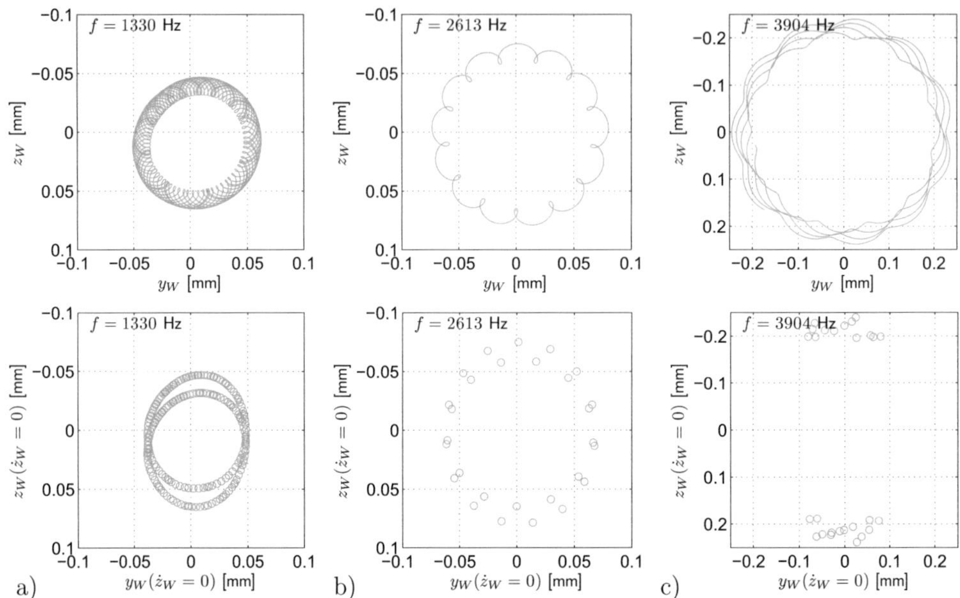

Abbildung 4.26: Orbits (oben) und Position des Scheibenmittelpunkts im zweiseitigen Poincaré-Schnitt (unten) bei verschiedenen Werten der Drehfrequenz $f$: a) Quasiperiodische bzw. Torus-Lösung. b) Periodische Lösung 14-facher Periode. c) Nicht eingeschwungene Lösung kurz nach dem Amplitudensprung in den kritischen Drehzahlbereich.

Amplitudenzunahme der kritischen Schwingungen, die nach einer vorab bestimmten maximalen Einschwingzeit von 3000 Umdrehungen erhalten wird.

Beim Vergleich der beiden Methoden Hochlaufsimulation und numerischer Bifurkationsanalyse fällt vorwiegend auf, dass trotz eines verhältnismäßig langsamen Hochlaufs der jeweilige Stabilitätsverlust der unwuchtsynchronen Lösungen aufgrund einer Flip-Bifurkation und einer Torus-Bifurkation zu spät vorausgesagt wird. Wie im Fall von konventionellen Gleitlagern dauert bei Überschreiten der beiden Bifurkationen der transiente Übergang zu den mit Hilfe der Pfadverfolgung berechneten (quasi)-periodischen Lösungen recht lange. Während der Stabilitätsverlust der Torus-Lösung im niederen Drehfrequenzbereich bei der Hochlaufsimulation ebenfalls bei verhältnismäßig höheren Drehfrequenzen erscheint, tritt der rasante Anstieg der Amplituden (Amplitudensprung im Bifurkationsdiagramm) zu den kritischen Schwingungen bei geringfügig höheren Drehfrequenzen auf. Dieser Sachverhalt deutet auf einen großen Einzugsbereich der kritischen Lösung hin.

Letztendlich ist noch anzumerken, dass bei Berücksichtigung der Unwucht zusätzlich zu den Frequenzen der selbsterregten Schwingungen eine weitere Frequenz dem System von außen aufgeprägt wird, so dass im Allgemeinen ein größerer Bereich quasi-periodischer Schwingungen zu erwarten ist. Mit den herkömmlichen Methoden der numerischen Pfadverfolgung ist dieser schwieriger zu analysieren, da weder die instabilen Torus-Lösungen noch deren Bifurkationen bestimmt werden können. Aus diesem Grund wird nachfolgend die Stabilitätsuntersuchung der ideal ausgewuchteten Rotoren in Schwimmbuchsenlagern ausführlicher durchgeführt, um einerseits ein besseres Verständnis zu gewinnen und andererseits Rückschlüsse auch auf den unwuchtbehafteten Fall zu ziehen. Darüber hinaus wird wieder auf die dimensionslose Formulierung der Bewegungsgleichungen zurückgegriffen, die eine systematische Untersuchung mit weniger Rotor- und Lagerparametern ermöglicht.

### 4.2.3 Arten des Stabilitätsverlusts der stationären Ruhelage

Bei gleitgelagerten Rotoren ist der einfachste Stabiltätsverlust einer stationären Lösung durch die Hopf-Bifurkation der Gleichgewichtslage gegeben. Im Schwimmbuchsenlager sorgt der zusätzliche zweite Schmierfilm nicht nur für deutlich bessere Dämpfungseigenschaften des Systems, sondern kann auch eine Ursache für eine weitere Instabilität infolge einer Hopf-Bifurkation sein. Mittels einer linearen Stabilitätsanalyse können sowohl die Stabilitätsgrenze der stationären Ruhelage ermittelt werden als auch die Bereiche in der $\sigma$-$\bar{\omega}$-Parameterebene identifiziert werden, bei denen entweder der innere oder der äußere Schmierfilm für den Stabilitätsverlust verantwortlich ist. Damit sich überhaupt eine Gleichgewichtslage des Rotor-Lager-Systems ausbildet, muss vom ideal ausgewuchteten Rotor ($\rho = 0$) ausgegangen werden.

**Stationäre Ruhelage**

Zur Berechnung der stationären Ruhelage ($\bar{y}_{W0}$, $\bar{z}_{W0}$, $\bar{y}_{L0}$, $\bar{z}_{L0}$, $\bar{y}_{B0}$, $\bar{z}_{B0}$, $\Omega_{B0}$) aus den Bewegungsgleichungen (4.32) des schwimmbuchsengelagerten Laval-Läufers sind zunächst verschwindende Geschwindigkeiten $\bar{y}_W' = \bar{z}_W' = \bar{y}_L' = \bar{z}_L' = \bar{y}_B' = \bar{z}_B' = 0$ und Beschleunigungen $\bar{y}_W'' = \bar{z}_W'' = \bar{y}_B'' = \bar{z}_B'' = \Omega_B' = 0$ vorauszusetzen. Folglich sind in der Gleichgewichtslage die Auslenkungen des Wellenzapfens $\bar{y}_{L0}$, $\bar{z}_{L0}$ und der Buchse $\bar{y}_{B0}$, $\bar{z}_{B0}$ unabhängig sowohl von der Verschiebung der Scheibe $\bar{y}_{W0}$, $\bar{z}_{W0}$ als auch von der statischen Durchbiegung $\Gamma_0$ der Welle. Daher ergeben sich aus den Gleichungen (4.32c-g) die folgenden vereinfachten Gleichgewichtsbedingungen für die Lage des Wellenzapfens und der Buchse:

$$0 = 2S_{mi}\, f_{yi}(\bar{y}_{L0}, \bar{y}_L' = 0, \bar{z}_{L0}, \bar{z}_L' = 0, \bar{y}_{B0}, \bar{y}_B' = 0, \bar{z}_{B0}, \bar{z}_B' = 0, \Omega_{B0})\,, \tag{4.35a}$$

$$0 = 1 + 2S_{mi}\, f_{zi}(\bar{y}_{L0}, \bar{y}_L' = 0, \bar{z}_{L0}, \bar{z}_L' = 0, \bar{y}_{B0}, \bar{y}_B' = 0, \bar{z}_{B0}, \bar{z}_B' = 0, \Omega_{B0})\,, \tag{4.35b}$$

$$0 = \frac{\Lambda^3 \delta\bar{\eta}}{\gamma^2}\, S_{mi}\, f_{ya}(\bar{y}_{B0}, \bar{y}_B' = 0, \bar{z}_{B0}, \bar{z}_B' = 0, \Omega_{B0})\,, \tag{4.35c}$$

$$0 = \frac{1}{2} + \mu + \frac{\Lambda^3 \delta\bar{\eta}}{\gamma^2}\, S_{mi}\, f_{za}(\bar{y}_{B0}, \bar{y}_B' = 0, \bar{z}_{B0}, \bar{z}_B' = 0, \Omega_{B0})\,, \tag{4.35d}$$

$$0 = \frac{1 - \Omega_{B0}}{\sqrt{1 - \varepsilon_{i0}^2}} - \frac{\bar{\eta}\delta^3\Lambda}{\gamma}\, \frac{\Omega_{B0}}{\sqrt{1 - \varepsilon_{a0}^2}}\,. \tag{4.35e}$$

Für die Lagekoordinaten der stationären Ruhelage kann unter Einführung von relativen Lagerexzentriziäten $\varepsilon_{i0}$, $\varepsilon_{a0}$ und Verlagerungswinkel $\phi_{i0}$, $\phi_{a0}$ beider Schmierfilme

$$
\begin{aligned}
\bar{y}_{W0} &= \bar{y}_{L0}\,, & \bar{z}_{W0} &= \bar{z}_{L0} + \Gamma_0\,, \\
\bar{y}_{L0} &= \varepsilon_{i0}\sin\phi_{i0} + \bar{y}_{B0}\,, & \bar{z}_{L0} &= \varepsilon_{i0}\cos\phi_{i0} + \bar{z}_{B0}\,, \\
\bar{y}_{B0} &= \gamma\,\varepsilon_{a0}\sin\phi_{a0}\,, & \bar{z}_{B0} &= \gamma\,\varepsilon_{a0}\cos\phi_{a0}
\end{aligned}
\tag{4.36}
$$

geschrieben werden. In der Gleichgewichtslage beträgt nach Gleichung (4.35e) das Buchsendrehzahlverhältnis

$$\Omega_{B0} = \frac{\gamma\sqrt{1-\varepsilon_{a0}^2}}{\gamma\sqrt{1-\varepsilon_{a0}^2} + \bar{\eta}\,\Lambda\,\delta^3\sqrt{1-\varepsilon_{i0}^2}}\,. \tag{4.37}$$

Für das statische Gleichgewicht sind die radialen und tangentialen Komponenten der Lagerkräfte $f_{ri0}$, $f_{ti0}$, $f_{ra0}$ und $f_{ta0}$ unter Berücksichtigung der Buchsendrehzahl $\Omega_{B0}$ aus (4.37) in der Form

$$
\begin{aligned}
f_{ri0} &= -\frac{2\varepsilon_{i0}^2(\Omega_{B0}+1)}{(1-\varepsilon_{i0}^2)^2}\,, & f_{ti0} &= \frac{\pi}{2}\frac{\varepsilon_{i0}(\Omega_{B0}+1)}{(1-\varepsilon_{i0}^2)^{3/2}}\,, \\[2mm]
f_{ra0} &= -\frac{2\varepsilon_{a0}^2\Omega_{B0}}{(1-\varepsilon_{a0}^2)^2}\,, & f_{ta0} &= \frac{\pi}{2}\frac{\varepsilon_{a0}\Omega_{B0}}{(1-\varepsilon_{a0}^2)^{3/2}}
\end{aligned}
\tag{4.38}
$$

gegeben. Somit können die Gleichgewichtsbedingungen (4.35a-d) weiter vereinfacht werden:

$$1 = 2\,S_{mi}\sqrt{f_{ri0}^2 + f_{ti0}^2}\,, \tag{4.39a}$$

$$\frac{1}{2} + \mu = \frac{\Lambda^3\delta\bar{\eta}}{\gamma^2}\,S_{mi}\sqrt{f_{ra0}^2 + f_{ta0}^2}\,. \tag{4.39b}$$

Daraus folgen beispielsweise die Beziehungen

$$S_{mi} = \frac{(1-\varepsilon_{i0}^2)^2}{\varepsilon_{i0}\,(\Omega_{B0}+1)\sqrt{16\varepsilon_{i0}^2 + \pi^2(1-\varepsilon_{i0}^2)}}\,, \tag{4.40a}$$

$$\frac{\Lambda^3\delta\bar{\eta}}{\gamma^2\left(1+\frac{1}{2\mu}\right)} = \frac{2\varepsilon_{i0}\,(\Omega_{B0}+1)\,(1-\varepsilon_{a0}^2)^2\sqrt{16\varepsilon_{i0}^2 + \pi^2(1-\varepsilon_{i0}^2)}}{\varepsilon_{a0}\,\Omega_{B0}\,(1-\varepsilon_{i0}^2)^2\sqrt{16\varepsilon_{a0}^2 + \pi^2(1-\varepsilon_{a0})^2}} \tag{4.40b}$$

zur Bestimmung der relativen Lagerexzentrizitäten $\varepsilon_{i0}$, $\varepsilon_{a0}$ beider Schmierfilme. Die impliziten Gleichungen in (4.40) bilden unter Verwendung von (4.37) ein nichtlineares Gleichungssystem, aus dem die beiden Lagerexzentrizitäten $\varepsilon_{i0}$, $\varepsilon_{a0}$ in Abhängigkeit der modifizierten Sommerfeldzahl $S_{mi}$ des inneren Schmierfilms für ein durch die Parameter $\gamma$, $\delta$, $\Lambda$, $\bar{\eta}$ bzw. $\mu$ vorgegebenes Schwimmbuchsenlager numerisch bestimmt werden können. Nach Einsetzen der nun bekannten Lagerexzentritäten $\varepsilon_{i0}$, $\varepsilon_{a0}$ in die Gleichung (4.37) kann das Buchsendrehzahlverhältnis $\Omega_{B0}$ der stationären Ruhelage ermittelt werden. Die zugehörigen Verlagerungswinkel $\phi_{i0}$, $\phi_{a0}$ können dann über die Beziehungen

$$\phi_{i0} = \arctan\left(\frac{\pi}{4\varepsilon_{i0}}\sqrt{1-\varepsilon_{i0}^2}\right)\,, \qquad \phi_{a0} = \arctan\left(\frac{\pi}{4\varepsilon_{a0}}\sqrt{1-\varepsilon_{a0}^2}\right) \tag{4.41}$$

ebenfalls berechnet werden.

Wie aus Abbildung 4.27 ersichtlich, ergibt sich für das Schwimmbuchsenlager mit den Standardparametern aus Tabelle 4.3 in Abhängigkeit der modifizierten Sommerfeldzahl $S_{mi}$ die dargestellte stationäre Ruhelage, die zum einen durch die Exzentrizitäten $\varepsilon_{i0}$, $\varepsilon_{a0}$ bzw. Verlagerungswinkel $\phi_{i0}$, $\phi_{a0}$ der beiden Schmierfilme und zum anderen durch das Buchsendrehzahlverhältnis $\Omega_{B0}$ vollständig beschrieben werden kann. Die Gleichgewichtslagen des Wellenzapfens und der Buchse zeigen dabei das gleiche Verhalten. Während für

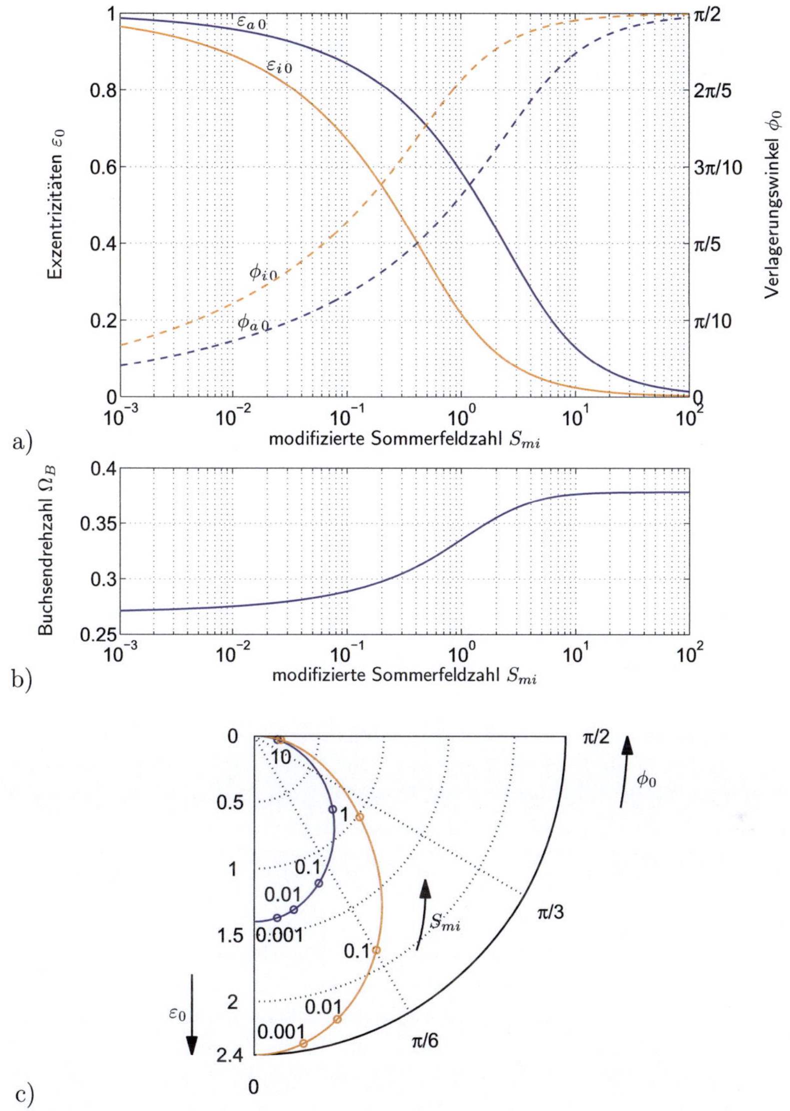



Abbildung 4.27: Stationäre Ruhelage des Wellenzapfens und der Buchse in Abhängigkeit der modifierten Sommerfeldzahl $S_{mi}$ für das Schwimmbuchsenlager ($\gamma = 1.4$, $\delta = 1.32$, $\Lambda = 1.0$, $\bar{\eta} = 1.0$, $\mu = 0.03$): a) Relative Lagerexzentrizitäten $\varepsilon_{i\,0}$, $\varepsilon_{a\,0}$ und Verlagerungswinkel $\phi_{i\,0}$, $\phi_{a\,0}$. b) Buchsendrehzahlverhältnis $\Omega_{B\,0}$. c) Orbitdarstellung von a).

sehr hohe Werte von $S_{mi}$ der Wellenzapfen und die Buchse nahezu zentrisch laufen, kommen sie mit zunehmenden Werten von $S_{mi}$ immer näher an die Buchse bzw. Lagerschale heran. Das Buchsendrehzahlverhältnis $\Omega_{B\,0}$ dagegen nähert sich bei Erhöhung von $S_{mi}$

asymptotisch dem hier maximal möglichen Drehzahlverhältnis von etwa 0.378 an. Für eine ausführliche Diskussion über die Abhängigkeit der stationären Ruhelage von den dimensionslosen Parametern des Schwimmbuchsenlagers sei auf [54] verwiesen.

**Lineare Stabilitätsanalyse**

Zur Durchführung einer linearen Stabilitätsanalyse werden die Bewegungsgleichungen (4.32) des Laval-Rotors in Schwimmbuchsenlagern um die stationäre Ruhelage linearisiert. Dafür wird eine kleine Störung der zuvor berechneten Gleichgewichtslage (4.36) bzw. (4.37) überlagert:

$$\bar{y}_W = \bar{y}_{W0} + \Delta\bar{y}_W\,, \quad \bar{z}_W = \bar{z}_{W0} + \Delta\bar{z}_W\,, \quad \bar{y}_L = \bar{y}_{L0} + \Delta\bar{y}_L\,, \quad \bar{z}_L = \bar{z}_{L0} + \Delta\bar{z}_L\,, \tag{4.42}$$
$$\bar{y}_B = \bar{y}_{B0} + \Delta\bar{y}_B\,, \quad \bar{z}_B = \bar{z}_{B0} + \Delta\bar{z}_B\,, \quad \Omega_B = \Omega_{B0} + \Delta\Omega_B\,.$$

Durch Einsetzen des Störungsansatzes (4.42) in (4.32) und Berücksichtigung nur linearer Terme in der Reihenentwicklung erhält man die linearisierten Bewegungsgleichungen, die nach Definition des Zustandsvektors

$$\Delta\mathbf{x} = (\Delta\bar{y}_W,\ \Delta\bar{y}_W',\ \Delta\bar{z}_W,\ \Delta\bar{z}_W',\ \Delta\bar{y}_L,\ \Delta\bar{z}_L,\ \Delta\bar{y}_B,\ \Delta\bar{y}_B',\ \Delta\bar{z}_B,\ \Delta\bar{z}_B',\ \Delta\Omega_B)^T \tag{4.43}$$

auch in Zustandsform

$$\Delta\mathbf{x}' = \mathbf{A}\,\Delta\mathbf{x} \tag{4.44}$$

angegeben werden können. Bei Betrachtung von Schwimmbuchsenlagern stellt $\mathbf{A}$ eine lineare $11 \times 11$ Matrix des Rotor-Lager-Systems dar, über deren elf Eigenwerte im Vektor $\bar{\boldsymbol{\lambda}}$ die Stabilität der stationären Ruhelage überprüft werden kann. Dabei ist diese gewährleistet, solange die Realteile aller Eigenwerte in $\bar{\boldsymbol{\lambda}}$ negativ sind.

Für hydrodynamisch gelagerte Rotoren verschwinden an der linearen Stabilitätsgrenze die Realteile eines konjugiert komplexen Eigenwertpaares. Im Gegensatz zu konventionellen Gleitlagern können beim Schwimmbuchsenlager aufgrund zweier Schmierfilme auch zwei konjugiert komplexe Eigenwertpaare zur Instabilität der Gleichgewichtslage führen. Daher ergeben sich zwei kritische Eigenwertpaare $\bar{\lambda}_i = \varrho_i + j\Omega_i$, $\bar{\lambda}_i^* = \varrho_i - j\Omega_i$ bzw. $\bar{\lambda}_a = \varrho_a + j\Omega_a$, $\bar{\lambda}_a^* = \varrho_a - j\Omega_a$, die je nach dem für die Instabilität verantwortlichen Schmierfilm (innerer oder äußerer) unterschieden werden können. Die Zuordnung erfolgt anhand der Imaginärteile $\Omega_i$ und $\Omega_a$ der beiden kritischen Eigenwertpaare. Aus sowohl experimentellen als auch theoretischen Untersuchungen (siehe z.B. [53], [96]) des Schwimmbuchsenlagers ist bekannt, dass der bei konventionellen Gleitlagern auftretende „Halbfrequenzwirbel" in anderer Form erscheint. Das Frequenzverhältnis ist hier als Verhältnis

$$\Omega_{sub,i} = \frac{\omega_{sub,i}}{\omega} \quad \text{bzw.} \quad \Omega_{sub,a} = \frac{\omega_{sub,a}}{\omega} \tag{4.45}$$

der Grundfrequenz $\omega_{sub,i}$ bzw. $\omega_{sub,a}$ der subsynchronen Schwingungen zur Rotorwinkelgeschwindigkeit $\omega$ definiert. Wird der innere Schmierfilm mit einer Instabilität assoziiert, so setzt sich das Frequenzverhältnis der entstehenden Grundschwingungen

$$\Omega_{sub,i} \approx \frac{1}{2}(1 + \Omega_B) \tag{4.46}$$

näherungsweise aus der halben Rotor- und Buchsendrehzahl zusammen. Dagegen ist bei der durch den äußeren Schmierfilm verursachten Instabilität nur die halbe Buchsendrehzahl für das Frequenzverhältnis

$$\Omega_{sub,a} \approx \frac{1}{2}\Omega_B \tag{4.47}$$

der selbsterregten Grundschwingungen entscheidend. Jedoch können wegen der großen gegenseitigen Dämpfungswirkung in Schwimmbuchsenlagern die Frequenzverhältnisse deutlich unterhalb der aufgestellten Näherungen liegen (vgl. Abbildung 4.12 bzw. 4.17). Folglich kann zur Unterscheidung der beiden kritischen Eigenwertpaare die Beziehung $\Omega_a < \Omega_i$ für die Imaginärteile verwendet werden.

Beide Fälle des Stabilitätsverlusts der stationären Ruhelage sind in Abbildung 4.28 für den schwimmbuchsengelagerten Laval-Läufer mit den Standardparametern aus Tabelle 4.3 veranschaulicht. Je nach Lastparameter $\sigma$ überschreitet mit steigender Drehzahl $\bar{\omega}$ entweder das kritische Eigenwertpaar $\bar{\lambda}_i$, $\bar{\lambda}_i^*$ oder $\bar{\lambda}_a$, $\bar{\lambda}_a^*$ zuerst die imaginäre Achse in die positive Halbebene, während jeweils alle Realteile der restlichen Eigenwerte negativ sind.

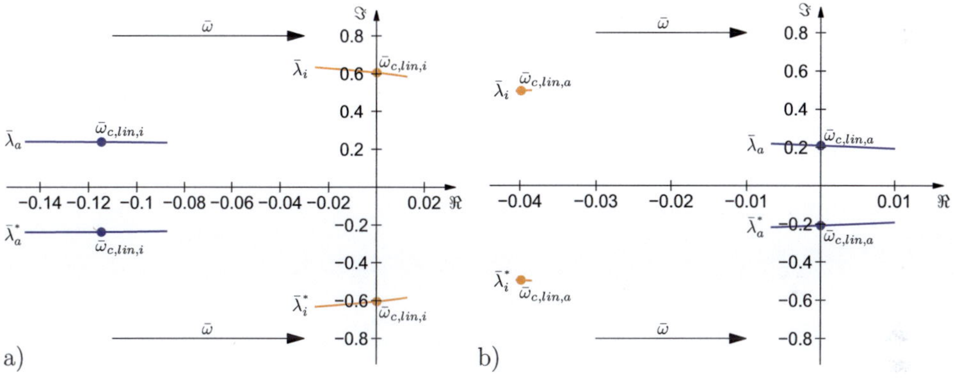

Abbildung 4.28: Kritische, konjugiert komplexe Eigenwertpaare in Abhängigkeit des Drehzahlparameters $\bar{\omega}$ im Bereich des Stabilitätsverlustes der Gleichgewichtslage für Standardparameter (vgl. Tabelle 4.3): a) Instabilität verursacht durch inneren Schmierfilm $\bar{\lambda}_i$, $\bar{\lambda}_i^*$ für $\sigma = 1.0$. b) Instabilität verursacht durch äußeren Schmierfilm $\bar{\lambda}_a$, $\bar{\lambda}_a^*$ für $\sigma = 0.5$.

An der jeweiligen linearen Stabilitätsgrenze $\bar{\omega}_{c,lin,i}$ bzw. $\bar{\omega}_{c,lin,a}$ werden wiederum alle Bedingungen für eine Hopf-Bifurkation erfüllt. Demnach kann erneut die Verfolgung der Hopf-Bifurkationen infolge des inneren und des äußeren Schmierfilms nach den beiden Bifurkationsparametern $\sigma$ und $\bar{\omega}$ durchgeführt werden. Das Ergebnis für die in der $\sigma$-$\bar{\omega}$-Parameterebene verfolgten Hopf-Kurven $\pm j\Omega_{c,lin,i}$ und $\pm j\Omega_{c,lin,a}$ kann Abbildung 4.29 für die Standardparameter entnommen werden. Die Stabilitätsgrenze wird hierbei durch die Hopf-Kurve bestimmt, die zuerst bei einem festen Wert für den Lagerparameter $\sigma$ mit zunehmendem Drehzahlparameter $\bar{\omega}$ überquert wird. Die lineare kritische Drehzahl $\bar{\omega}_{c,lin}$ für den Laval-Rotor in Schwimmbuchsenlagern ist demzufolge für niedrige Lagerparameter $\sigma$ (hohe Lasten) durch die Hopf-Kurve $\pm j\Omega_{c,lin,a}$ des äußeren Schmierfilms gegeben. Bei Erhöhung des Lagerparameters $\sigma$ führt dann das kritische Eigenwertpaar $\pm j\Omega_{c,lin,i}$ des

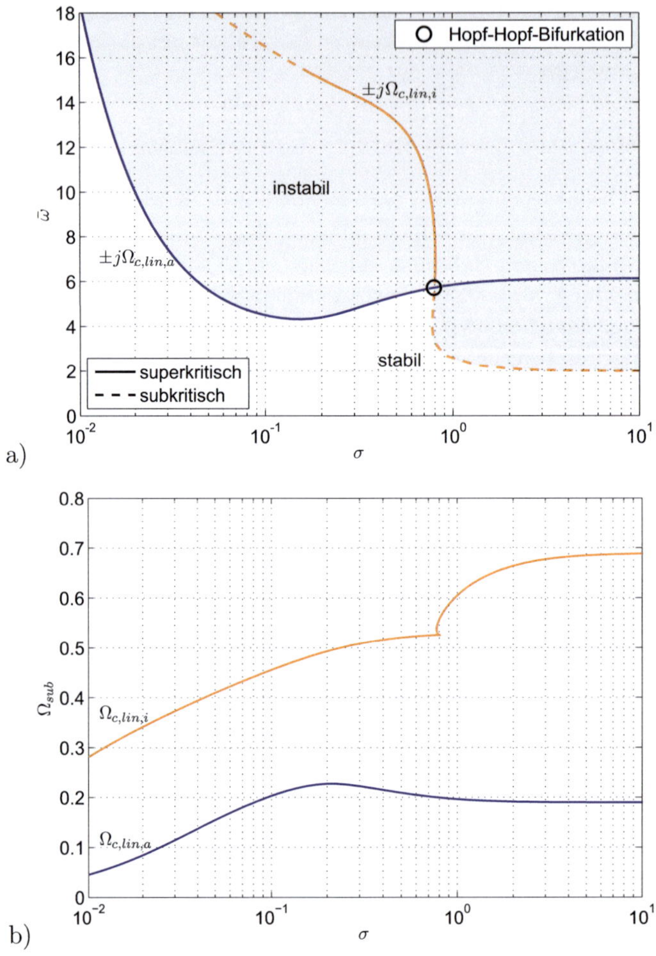


Abbildung 4.29: Stabilitätskarte und Frequenzverhältnisse für den Laval-Rotor in Schwimmbuchsenlagern (vgl. Tabelle 4.3): a) Kritische Eigenwertpaare (Hopf-Kurven) $\pm j\Omega_{c,lin,i}$ und $\pm j\Omega_{c,lin,a}$ für die stationäre Ruhelage, welche die Stabilitätsgrenze definieren. b) Imaginärteile $\Omega_{c,lin,i}$ und $\Omega_{c,lin,a}$ entlang der Hopf-Kurven.

inneren Schmierfilms zur Instabilität der stationären Ruhelage. Des Weiteren ist die Art der Hopf-Bifurkation aus Abbildung 4.29 a) zu erkennen. Für den vorliegenden Rotor liegt im untersuchten Parameterbereich durchgehend eine superkritische Hopf-Bifurkation vor, wenn das kritische Eigenwertpaar $\bar{\lambda}_a$, $\bar{\lambda}_a^*$ des äußeren Schmierfilms die imaginäre Achse kreuzt. Entlang der Hopf-Kurve $\pm j\Omega_{c,lin,i}$ können indessen die Hopf-Bifurkationen aufgrund des inneren Schmierfilms entweder sub- oder superkritischer Art sein. Falls die Hopf-Kurve $\pm j\Omega_{c,lin,i}$ tatsächlich die lineare Stabilitätsgrenze bildet, so verliert der Rotor nur durch eine subkritische Hopf-Bifurkation seine Stabilität. Dieser Sachverhalt deckt sich mit den in [8] durchgeführten Untersuchungen für einen starren Rotor in Schwimmbuchsenlagern.

Als kurzes Zwischenfazit ist festzuhalten, dass niedrig belastete Rotoren in Schwimmbuchsenlagern eher zu einer Instabilität infolge einer subkritischen Hopf-Bifurkation neigen, die durch den inneren Schmierfilm ausgelöst wird. Hoch belastete Rotoren werden im Gegensatz dazu durch eine im äußeren Schmierfilm hervorgerufene superkritische Hopf-Bifurkation instabil.

Abbildung 4.29b) zeigt die Frequenzverhältnisse der entstehenden selbsterregten Grundschwingungen an der jeweiligen Hopf-Kurve, die durch die Imaginärteile $\Omega_{c,lin,i}$ und $\Omega_{c,lin,a}$ der beiden kritischen Eigenwertpaare beschrieben werden können. Für hohe Lastparamter $\sigma$ erreichen die beiden Frequenzverhältnisse $\Omega_{c,lin,i}$, $\Omega_{c,lin,a}$ zunehmend die für Schwimmbuchsenlager typischen Werte von näherungsweise (4.46) und (4.47).

Am Schnittpunkt der beiden Hopf-Kurven $\pm j\Omega_{c,lin,i}$ und $\pm j\Omega_{c,lin,a}$ findet in der $\sigma$-$\bar{\omega}$-Parameterebene eine sogenannte Hopf-Hopf-Bifurkation bzw. doppelte Hopf-Bifurkation (vgl. Abbildung 4.29) statt, an dem für einen festen Lagerparameter $\sigma = 0.793$ beide kritischen Eigenwertpaare gleichzeitig bei einer bestimmten Drehzahl $\bar{\omega} = 5.72$ die imaginäre Achse passieren. Eine Hopf-Hopf-Bifurkation bedingt insbesondere in ihrer Umgebung ein weitaus komplexeres Verhalten des dynamischen Systems. Auf die sich dann ergebenden Modeninteraktionen wird bei den nichtlinearen Untersuchungen näher eingegangen. Neben der im Bereich der Hopf-Hopf-Bifurkation vergrößerten Stabilitätskarte ist in Abbildung 4.30 der

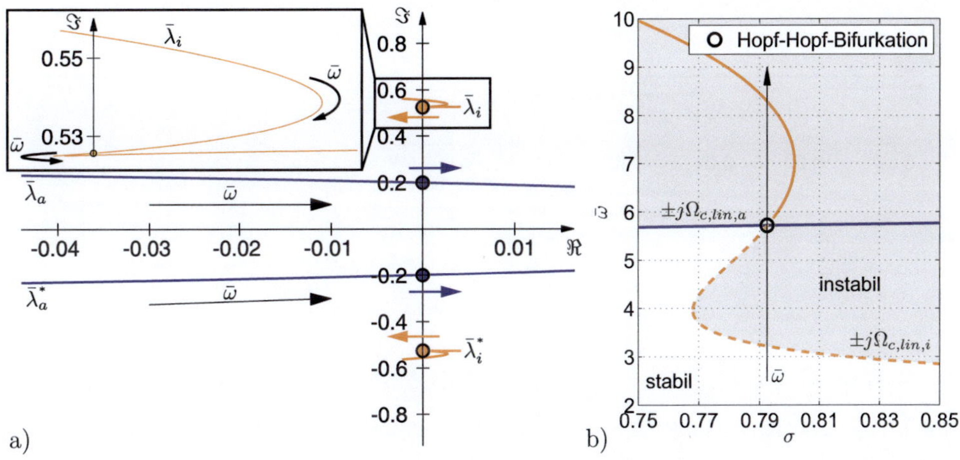

Abbildung 4.30: Hopf-Hopf-Bifurkation für den Laval-Rotor in Schwimmbuchsenlagern mit Standardparametern (vgl. Tabelle 4.3): a) Kritische, konjugiert komplexe Eigenwertpaare in Abhängigkeit des Drehzahlparameters $\bar{\omega}$. b) Stabilitätskarte (vergrößerter Ausschnitt von Abbildung 4.29).

zugehörige Verlauf der kritischen Eigenwertpaare in Abhängigkeit des Drehzahlparameters $\bar{\omega}$ zu erkennen. Der Rotor verliert bei einer niedrigeren Drehzahl $\bar{\omega} = 3.2$ zuerst durch eine gewöhnliche Hopf-Bifurkation des inneren Schmierfilms seine Stabilität. An der Hopf-Hopf-Bifurkation wandert das kritische Eigenwertpaar $\bar{\lambda}_i$, $\bar{\lambda}_i^*$ des inneren Schmierfilms zurück in die negative Halbebene, während simultan die Eigenwerte $\bar{\lambda}_a$, $\bar{\lambda}_a^*$ des äußeren Schmierfilms die imaginäre Achse in die positive Halbebene überqueren. Die kritischen Eigenwertpaare $\bar{\lambda}_i$, $\bar{\lambda}_i^*$ und $\bar{\lambda}_a$, $\bar{\lambda}_a^*$ bewegen sich an diesem kritischen Punkt entgegengesetzt zueinander. Nach Durchlaufen einer weiteren Schleife sowie einer Hopf-Bifurkation befinden sich bei einer Erhöhung der Drehzahl die Eigenwerte $\bar{\lambda}_i$, $\bar{\lambda}_i^*$ des inneren Schmierfilms wieder in der positiven Halbebene.

Der Grund für die mehrfachen Hopf-Bifurkationen liegt in der Hopf-Kurve $\pm j\Omega_{c,lin,i}$, die in der $\sigma$-$\bar{\omega}$-Parameterebene zwei Schleifen mit entsprechenden Wendepunkten durchläuft. Dadurch können in einem bestimmten Lastparameterbereich $0.768 < \sigma < 0.801$ mehrere Hopf-Bifurkationen in Abhängigkeit der Drehzahl $\bar{\omega}$ erscheinen, die ein Entstehen oder ein Verschwinden von Grenzzyklen bewirken können. Für den Parameterbereich $0.768 < \sigma < 0.793$ gibt es beispielsweise ein kurzes Erscheinen von selbsterregten Schwingungen infolge des inneren Schmierfilms und danach wieder einen kleinen Bereich stabiler Gleichgewichtslösungen, bevor die Hopf-Bifurkation des äußeren Schmierfilms zu selbsterregten Schwingungen führt.

Für einen steiferen Rotor ($\Gamma_0 = 0.001$) dagegen überschreiten mit zunehmender Drehzahl an der Hopf-Hopf-Bifurkation beide kritischen Eigenwertpaare $\bar{\lambda}_i$, $\bar{\lambda}_i^*$ und $\bar{\lambda}_a$, $\bar{\lambda}_a^*$ die imaginäre Achse in die positive Halbebene, wie in Abbildung 4.31 dargestellt ist. Demnach

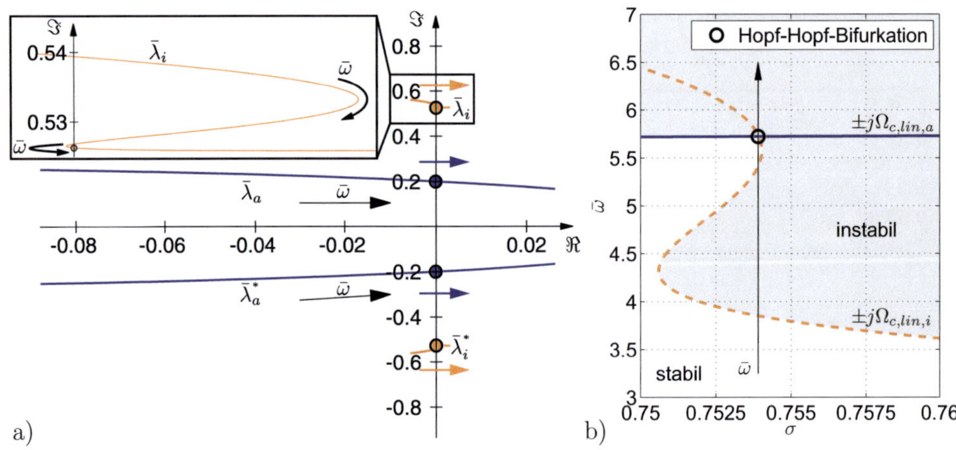



Abbildung 4.31: Hopf-Hopf-Bifurkation für einen steiferen Laval-Rotor in Schwimmbuchsenlagern ($\Gamma_0 = 0.001$, weitere Rotor- und Lagerparameter vgl. Tabelle 4.3): a) Kritische, konjugiert komplexe Eigenwertpaare in Abhängigkeit des Drehzahlparameters $\bar{\omega}$. b) Stabilitätskarte.

können bei einem Rotor in Schwimmbuchsenlagern die beiden in Abbildung 4.30 und 4.31 präsentierten Möglichkeiten bei der Hopf-Hopf-Bifurkation eintreten, je nachdem ob sich die beiden kritischen Eigenwertpaare abhängig von der Drehzahl gleichsinnig oder gegensinnig verhalten.

Für den Rotor in Schwimmbuchsenlagern ist eine Darstellung von linearen Stabilitätskarten in Abhängigkeit von Rotor- und Lagerparametern beispielsweise in [8, 54, 108] zu finden. Jedoch wird in diesen Veröffentlichungen nicht näher auf die Hopf-Hopf-Bifurkation und dem daraus folgenden Phänomen der Modeninteraktion eingegangen. Daher werden die Ergebnisse von Parametervariationen unter vollständiger Berücksichtigung der nichtlinearen Eigenschaften der Lagerkräfte in den späteren Abschnitten vorgestellt.

### 4.2.4 Modeninteraktion und kritischer Grenzzyklus beim ideal ausgewuchteten Rotor

Bei Rotoren in Schwimmbuchsenlagern stellen sich schon bei geringen Drehzahlen verschiedene Arten von subsynchronen Schwingungen ein, die in Abhängigkeit der Rotor- und Lagerparameter sowohl vom äußeren als auch vom inneren Schmierfilm hervorgerufen werden können. Wie schon eingehend in Hochlaufsimulationen [94] für den Laval-Rotor untersucht, können mit zunehmender Drehzahl die infolge des inneren Schmierfilms entstehenden subsynchronen Schwingungen zugunsten von subsynchronen Schwingungen des äußeren Schmierfilms instabil werden. Im Folgenden wird gezeigt, dass es sich dabei um das Phänomen einer Hopf-Hopf-Modeninteraktion handelt. Schließlich kann dann bei hohen Drehzahlen eine Bifurkation in den stabilen kritischen Grenzzyklus („totale Instabilität") mit sehr großen Amplituden zur Zerstörung des Rotors beitragen. Um die verschiedenen Bifurkationsszenarien des Rotor-Schwimmbuchsenlager-Systems in den kritischen Grenzzyklus weitestgehend mittels der Bifurkationstheorie zu beschreiben, wird ein ideal ausgewuchteter Rotor ($\rho = 0$) mit den Parameterwerten aus Tabelle 4.4 abhängig vom Lastparameter $\sigma$ untersucht.

**Kritischer Grenzzyklus beim hoch belasteten Rotor**

Nach den praktischen Erfahrungen aus Versuchen mit hochtourigen Rotoren in Turboladern wird mit zunehmender Baugröße eine Bifurkation in den kritischen Grenzzyklus wahrscheinlicher. Bei Rotoren kleinerer Bauart sind dagegen über den Betriebsdrehzahlbereich in der Regel keine gefährlichen Bifurkationen zu beobachten. Daher wird zunächst das nichtlineare Verhalten von höher belasteten Rotoren betrachtet, bei denen aufgrund der niedrig gewählten Lastparameter $\sigma$ kritische Rotorschwingungen mit nicht mehr tolerierbaren Amplituden zu erwarten sind.

In Abbildung 4.32 sind zwei Bifurkationsszenarien des Laval-Rotors in Schwimmbuchsenlagern für die Lastparameter $\sigma = 0.1$ und $\sigma = 0.15$ dargestellt, wobei die anderen Parameter durch die Standardwerte aus Tabelle 4.3 vorgegeben sind. Ausgehend von der stabilen Gleichgewichtslage verliert der Rotor in beiden Fällen infolge einer superkritischen Hopf-Bifurkation seine Stabilität, die durch das kritische Eigenwertpaar $\bar{\lambda}_a$, $\bar{\lambda}_a^*$ des äußeren Schmierfilms verursacht wird. Die zugehörigen Drehzahlparameter $\bar{\omega}_{c,lin}$ können ebenfalls aus der linearen Stabilitätskarte in Abbildung 4.29 entnommen werden. An der Hopf-Bifurkation werden jeweils subsynchrone Schwingungen bzw. Grenzzyklen geboren, die nachfolgend jenem Schmierfilm zugeordnet werden, dessen Eigenwertpaar dafür verantwortlich ist. Folglich entstehen an der linearen Stabilitätsgrenze jeweils für $\sigma = 0.1$ und $\sigma = 0.15$ stabile subsynchrone Schwingungen bzw. Grenzzyklen des äußeren Schmierfilms. Die bei höheren Drehzahlen von $\bar{\omega} \approx 16.0$ auftretenden Hopf-Bifurkationen führen hier zu stets instabilen Grenzzyklen des inneren Schmierfilms, die zwecks einer besseren Übersichtlichkeit nicht im Bifurkationsdiagramm eingezeichnet sind. Jedoch können sich die an einem instabilen Gleichgewichtspunkt geborenen Grenzzyklen beispielsweise durch eine von der Modeninteraktion herrührende Torus-Bifurkation stabilisieren und darum für

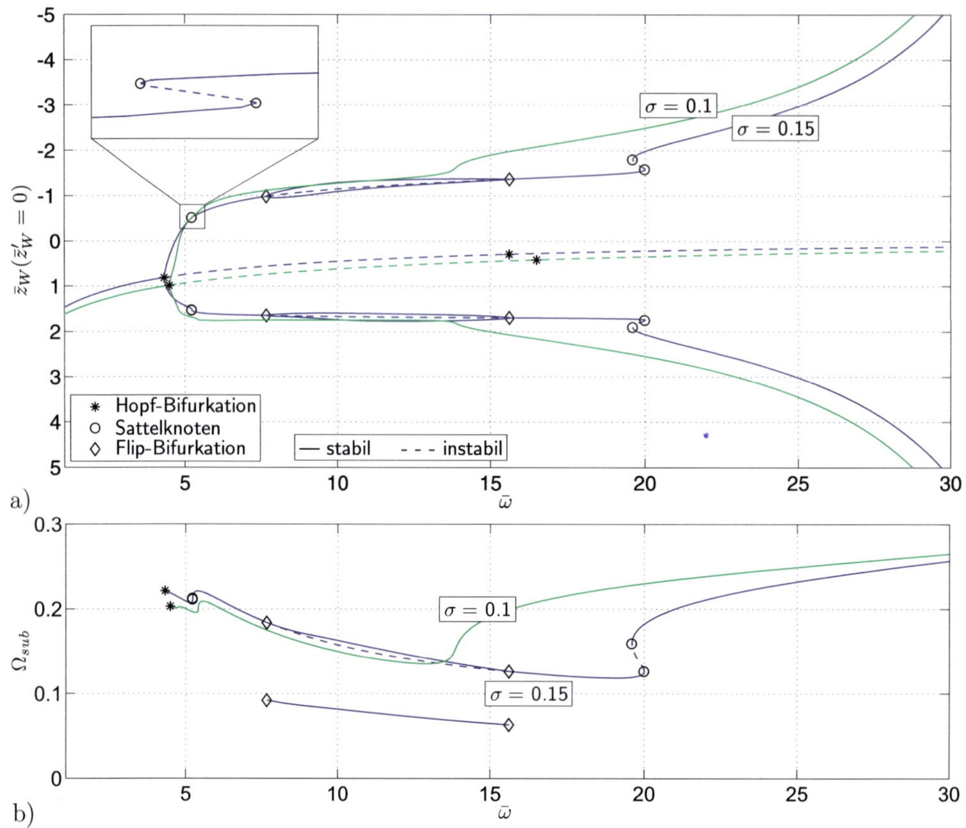



Abbildung 4.32: Bifurkationsanalysen des hoch belasteten Laval-Rotors in Schwimmbuchsenlagern (vgl. Tabelle 4.3) für die Lastparameter $\sigma = 0.1$ und $\sigma = 0.15$: a) Bifurkationsdiagramm. b) Frequenzverhältnis.

das nichtlineare dynamische Systemverhalten von Bedeutung sein, weshalb sie im Allgemeinen zu beachten sind.

Für $\sigma = 0.1$ bleiben die Amplituden der Grenzzyklen des äußeren Schmierfilms nach einem anfänglichen Anstieg nahezu konstant, bis sie bei einem Drehzahlparameter von $\bar{\omega} \approx 13.8$ erneut sichtbar zunehmen. Daneben ist nicht nur ein Zuwachs des Frequenzverhältnisses $\Omega_{sub}$ sondern auch der Exzentrizitäten des inneren Schmierfilms zu verzeichnen, der auf den kritischen Grenzzyklus hindeutet. Mit zunehmender Drehzahl steigen danach die Amplituden des kritischen Grenzzyklus weiter an. Bei Erhöhung des Lastparameters auf $\sigma = 0.15$ treten auch Bifurkationen der periodischen Lösungen auf. Im Drehzahlparameterbereich um $\bar{\omega} \approx 5.2$ ist ein wenig ausgeprägtes Hysterese-Phänomen mit den zwei zugehörigen Sattelknoten zu erkennen. Dann findet bei einem Drehzahlparameter von $\bar{\omega} = 7.7$ eine Flip-Bifurkation statt, die neben der Instabilität des Grenzzyklus einfacher Periode zu einem Bereich stabiler 2-periodischer Lösungen führt. Dadurch ergibt sich eine weitere Grundfrequenz $1/2\,\Omega_{sub,a}$ für die stationären, 2-periodischen Schwingungen, die genau die

Hälfte der ursprünglichen Grundfrequenz $\Omega_{sub,a}$ der Grenzzyklen einfacher Periode beträgt. Solange die 2-periodischen Schwingungen existieren, bleibt auch das Verhältnis der Grundfrequenzen zueinander bestehen. Infolge einer weiteren Flip-Bifurkation bei $\bar{\omega} = 15.6$ verschwinden die 2-periodischen Lösungen zugunsten von stabilen Grenzzykelschwingungen einfacher Periode.

Im Gegensatz zu $\sigma = 0.1$ erfolgt bei quasi-statischer Erhöhung der Drehzahl bei $\bar{\omega} = 20.0$ ein Amplitudensprung in den kritischen Grenzzyklus aufgrund eines Sattelknotens. Ein zweiter Sattelknoten bei einem geringeren Drehzahlparameter von $\bar{\omega} = 19.6$ sorgt abermals für einen Hysterese-Effekt, so dass für den Lastparameter von $\sigma = 0.15$ der Übergang in bzw. aus dem kritischen Bereich durch Amplitudensprünge bei verschiedenen Drehzahlen gekennzeichnet ist. Der Rotor weist vor dem Amplitudensprung beinahe einen reinen Starrkörpermode mit vernachlässigbarer Biegung auf, der sich im kritischen Grenzzyklus mit zunehmender Drehzahl bzw. Steifigkeit immer mehr in einen Biegemode (degenerierten „Starrkörpermode") umwandelt. Auf das genaue Verhalten der Rotorschwingungsformen

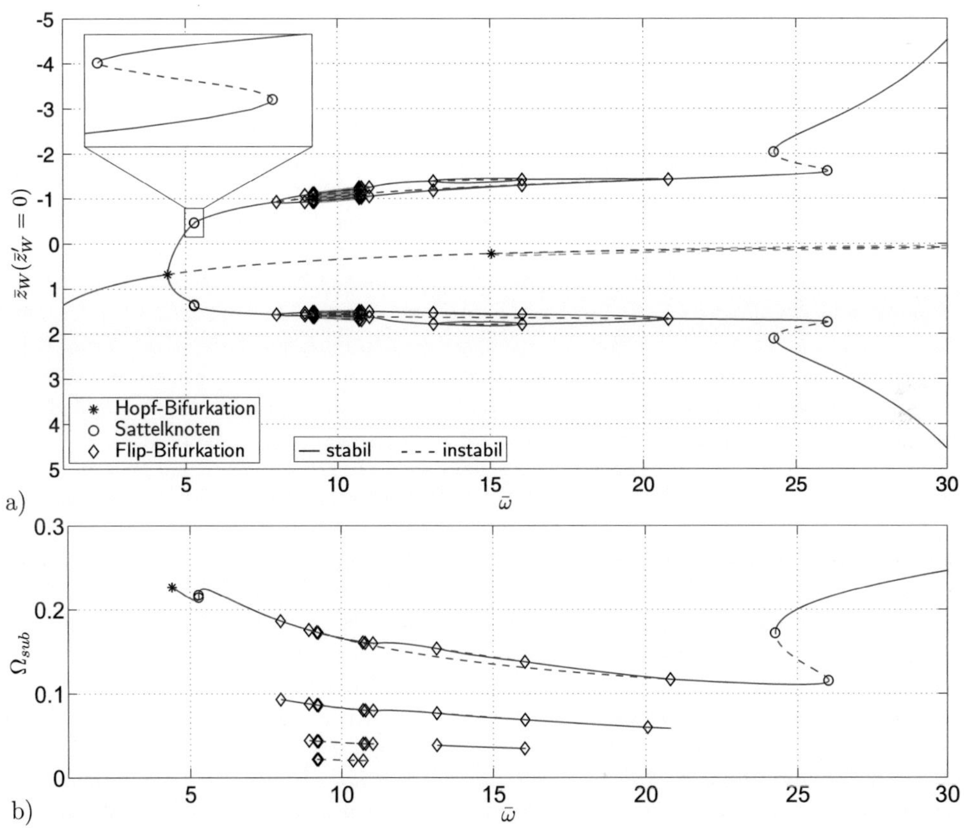


Abbildung 4.33: Bifurkationsanalyse des hoch belasteten Laval-Rotors in Schwimmbuchsenlagern (vgl. Tabelle 4.3) für den Lastparameter $\sigma = 0.2$: a) Bifurkationsdiagramm. b) Frequenzverhältnis.

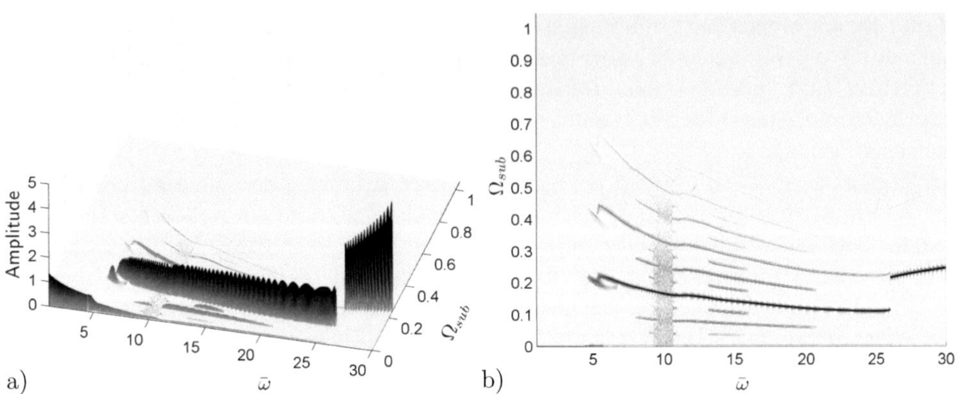

Abbildung 4.34: Amplitudenspektren für die aus der Bifurkationsanalyse erhaltenen stabilen Lösungen bei einer quasi-statischen Erhöhung von $\bar{\omega}$: a) 3D-Ordnungsdiagramm der Lösungen $\bar{z}_W$ (vgl. Abbildung 4.33). b) 2D-Ansicht von a).

wird dann in Kapitel 5 näher eingegangen. Für den Sonderfall des statisch hoch belasteten Rotors $\sigma = 0.1$ ist ein stetiger Übergang in den Bereich der kritischen Rotorschwingungen festzustellen, der wiederum durch einen Rotorbiegemode gekennzeichnet ist.

Nach der Charakterisierung des prinzipiellen Bifurkationsverhaltens von hoch belasteten Rotoren in Schwimmbuchsenlagern ist im Rahmen dieses Abschnitts noch auf einen weiteren Fall des Lastparameters $\sigma = 0.2$ einzugehen, dessen Ergebnisse aus der Bifurkationsanalyse in Abbildung 4.33 zu erkennen sind. Während sich die Bifurkationsdiagramme für die Lastparameter $\sigma = 0.15$ und $\sigma = 0.2$ bis zur ersten Periodenverdopplung bei $\bar{\omega} \approx 8.0$ ziemlich ähneln, so zeigt der weniger belastete Rotor eine Folge von Flip-Bifurkationen. Eine Kaskade von Periodenverdopplungen stellt dabei einen möglichen Weg in den Bereich chaotischer Schwingungen dar, die zur Bildung eines seltsamen Attraktors führt. Die Amplitudenspektren der stabilen Lösungen $\bar{z}_W$ beim Hochfahren der Drehzahl sind in einem Ordnungsdiagramm in Abbildung 4.34 verdeutlicht. Die nichtlinearen Schwingungen des schwimmbuchsengelagerten Rotors setzen sich dabei nicht nur aus den Grundfrequenzen $1/n\,\Omega_{sub,a}$, sondern auch aus ihren ganzzahligen Vielfachen $k/n\,\Omega_{sub,a}$ (Superharmonische) mit $k = 2, 3, \ldots$ und $n = 1, 2, \ldots$ ($k \neq n$) zusammen. Neben der ersten Grundfrequenz $\Omega_{sub,a}$ und ihrer Superharmonischen $k\,\Omega_{sub,a}$ deuten die vielen nicht mehr unterscheidbaren Frequenzanteile im Drehzahlbereich um $\bar{\omega} \approx 10$ auf ein kontinuierliches bzw. „breitbandiges Spektrum mit einzelnen Spitzen" bei vornehmlich tiefen Frequenzen [12, 90] hin, das ein Indikator für chaotisches Verhalten ist. Mit steigender Drehzahl resultiert letztendlich aus einer Reihe weiterer Flip-Bifurkationen eine stabile periodische Lösung einfacher Periode bei $\bar{\omega} = 20.8$. Zwei Sattelknoten sind wiederum bei quasi-statischer Betrachtung sowohl für den Amplitudensprung in den kritischen Grenzzyklus als auch für ein ausgeprägteres Hysterese-Phänomen ausschlaggebend, die im Vergleich zu $\sigma = 0.15$ bei höheren Drehzahlparameter erscheinen.

Um die Frage zu klären, ob beim ideal ausgewuchteten Laval-Rotor in Schwimmbuchsenlagern chaotisches Systemverhalten auftreten kann, werden die Lösungen nach Durchlaufen

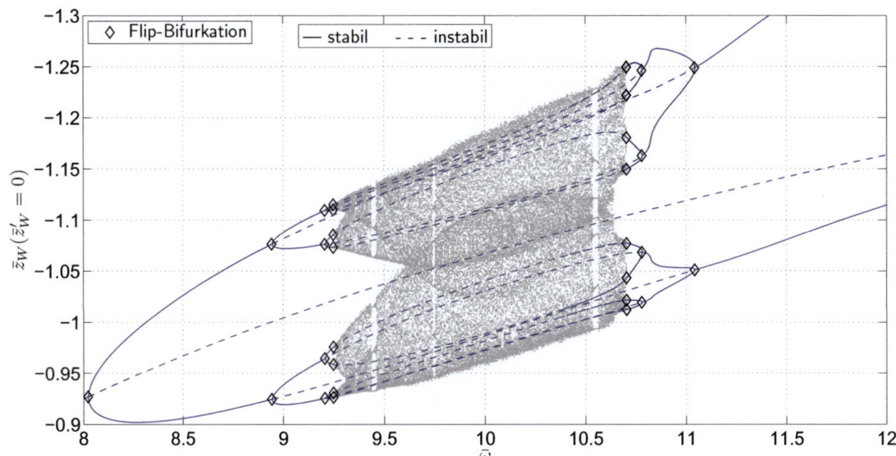

Abbildung 4.35: Vergrößerter Ausschnitt des Bifurkationsdiagramms aus Abbildung 4.33 im Bereich der Folge von Flip-Bifurkationen.

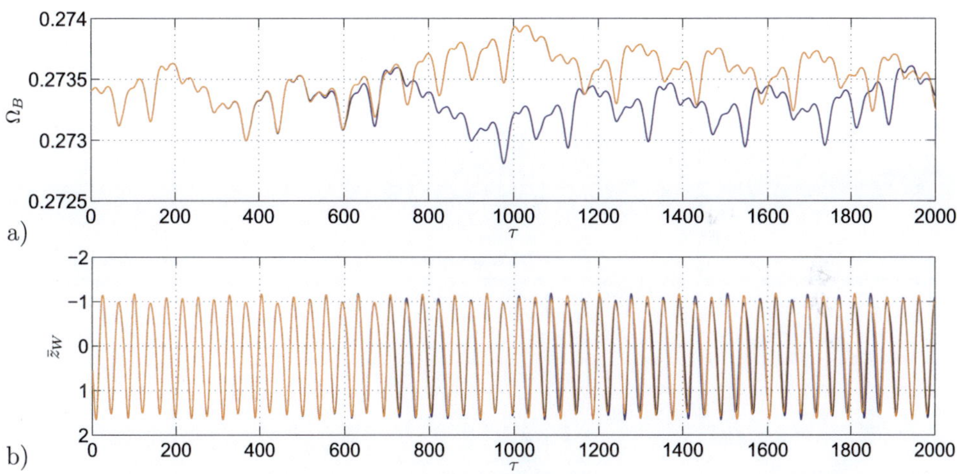

Abbildung 4.36: Zeitverläufe der chaotischen Rotorschwingungen für $\sigma = 0.2$ und $\bar{\omega} = 10.0$ (Anfangsbedingungen für $\bar{z}_W$ unterscheiden sich um 0.01%): a) Buchsendrehzahlverhältnis $\Omega_B$. b) Vertikale Auslenkung $\bar{z}_W$ der Scheibe.

der Kaskade von superkritischen Periodenverdopplungen (vgl. Abbildung 4.35) für den Lastparamter $\sigma = 0.2$ näher betrachtet. Ein Hinweis für chaotische Lösungen ist bei einer sensitiven Abhängigkeit gegenüber Änderungen der Anfangsbedingungen gegeben, da eine exponentielle Divergenz benachbarter Lösungstrajektorien bei Chaos vorliegt. Somit führt jede kleinste Änderung in den Anfangsbedingungen bzw. Störung der Zustandskoordinaten des Systems zu unterschiedlichen Lösungen. In Abbildung 4.36 sind jeweils zwei

Zeitverläufe für die Buchsendrehzahl $\Omega_B$ sowie für die vertikale Scheibenauslenkung $\bar{z}_W$ bei einem Drehzahlparameter von $\bar{\omega} = 10.0$ wiedergegeben, wobei nur die Anfangsbedingungen für die vertikale Scheibenauslenkung $\bar{z}_W$ um $0.01\%$ voneinander abweichen. Die Anfangsbedingungen werden aus dem Endzustand der vorherigen numerischen Integration der Bewegungsgleichungen für die Darstellung des Bifurkationsdiagramms in Abbildung 4.35 übernommen. Während die Lösungen für die Auslenkungen $\bar{z}_W$ der Scheibe über den betrachteten Zeitbereich kaum divergieren, so verlaufen die Kurven für die Buchsendrehzahl bis zu einer Simulationsdauer von $\tau \approx 600$ fast deckungsgleich, bewegen sich danach aber stark auseinander. Demzufolge zeigt insbesondere die Buchsendrehzahl $\Omega_B$ auffällig chaotisches Verhalten auf. Die anderen Zustandsgrößen wie beispielsweise die Scheibenauslenkung $\bar{z}_W$ werden infolge der verhältnismäßig geringen Schwankung der Buchsendrehzahl $\Omega_B$ kaum beeinflusst, so dass von einem schwach chaotischen Systemverhalten ausgegangen werden kann.

Eindeutiger wird der Sachverhalt beschrieben, indem die jeweiligen Orbits, Leistungsspektren und Poincaré-Schnitte sowohl für die 4-periodischen als auch für die chaotischen Lösungen in Abbildung 4.37 betrachtet werden. Neben einem geschlossenen Orbit erge-

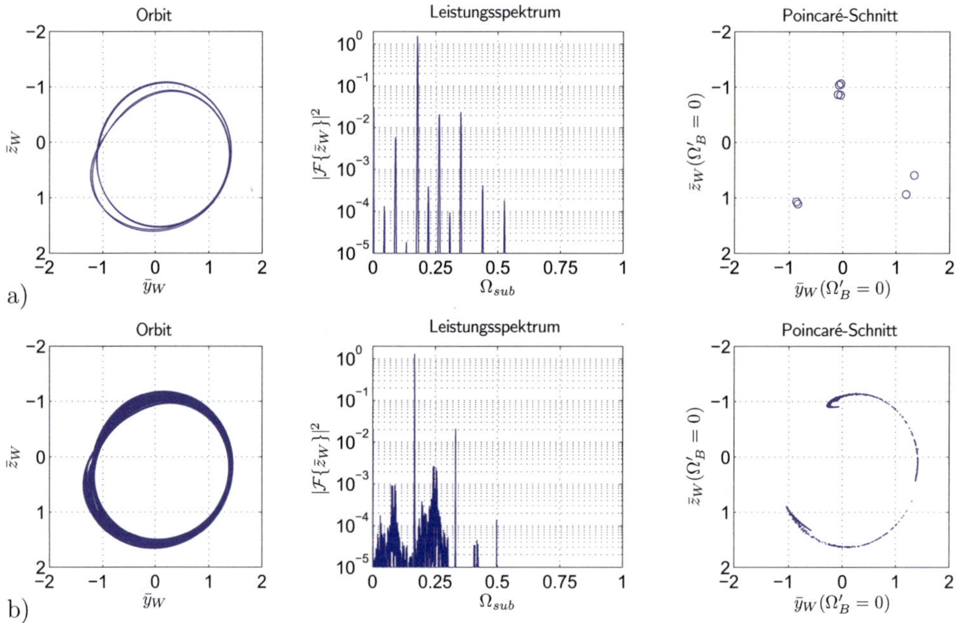

Abbildung 4.37: Orbits der Scheibe, Leistungsspektren von $\bar{z}_W$ und Scheibenlagen in den zweiseitigen Poincaré-Schnitten für den Lastparameter $\sigma = 0.2$ in Abhängigkeit vom Drehzahlparameter: a) $\bar{\omega} = 9.0$ (4-periodische Lösung). b) $\bar{\omega} = 10.0$ (chaotische Lösung).

ben sich für die Rotorschwingungen vierfacher Periode ($\bar{\omega} = 9.0$) zum einen die diskreten Grundfrequenzen $\Omega_{sub,a}$, $1/2\,\Omega_{sub,a}$, $1/4\,\Omega_{sub,a}$ sowie deren Superharmonische im Leistungsspektrum und zum anderen im zweiseitigen Poincaré-Schnitt $2 \times 4$ Fixpunkte. Als Hyperebene des Zustandsraumes wird $\Omega_B' = 0$ nach Gleichung (4.32g) festgelegt, da vor allem die

Buchsendrehzahl $\Omega_B$ sensitiv auf eine Änderung der Anfangsbedingungen reagiert. Außerdem wird nur die Projektion des Poincaré-Schnitts auf die Ebene der Scheibenauslenkungen $\bar{y}_W$, $\bar{z}_W$ dargestellt. Für einen Drehzahlparameter $\bar{\omega} = 10.0$ indessen dominieren im Leistungsspektrum die Grundfrequenz $\Omega_{sub,a}$ und deren ganzzahlige Vielfache. Breitbandige Anteile sind im unteren Frequenzverhältnisbereich bis $\Omega_{sub} \approx 0.5$ deutlich vorhanden und die Menge von Schnittpunkten im Poincaré-Schnitt bildet eine Figur komplizierter topologischer Struktur, womit vom Vorliegen eines (wohl schwach) chaotischen Attraktors ausgegangen werden kann.

Die bisher eingesetzten visuellen Methoden (Leistungsspektrum, Poincaré-Schnitt) erlauben zwar Chaos zu identifizieren, jedoch kann mit ihrer Hilfe in manchen Fällen nicht sicher zwischen einem (quasi-)periodischen und einem chaotischen Attraktor unterschieden werden. Die quantitative Beschreibung eines chaotischen Attraktors kann beispielsweise über die Ljapunow-Exponenten erfolgen. Chaos wird dann über das Vorliegen mindestens eines positiven Ljapunow-Exponenten definiert. Die Ermittlung des größten Ljapunow-Exponenten ist daher zur Identifikation von Chaos ausreichend, der auch als Top-Ljapunow-Exponent bezeichnet wird. Zur numerischen Berechnung des Top-Ljapunow-Exponenten wird hierbei auf die differentielle Form des Gram-Schmidtschen Orthogonalisierungverfahrens [17] zurückgegriffen. Wie aus Tabelle 4.5 ersichtlich, ergibt sich beim betrachteten Laval-Rotor in Schwimmbuchsenlagern für den Drehzahlparameter $\bar{\omega} = 10.0$ ein (leicht) positiver Top-Ljapunow-Exponent. Für die bei $\bar{\omega} = 9.0$ auftretenden periodischen Lösungen dagegen ist der Top-Ljapunow-Exponent erwartungsgemäß praktisch null.

| $\bar{\omega}$ \ $\tau$ | 5000 | 10000 | 15000 | 20000 | 25000 | 30000 |
|---|---|---|---|---|---|---|
| 9.0 | -1.366e-4 | -3.955e-5 | -2.687e-5 | -1.019e-5 | -2.215e-5 | -2.682e-5 |
| 10.0 | 7.247e-3 | 8.997e-3 | 7.371e-3 | 7.662e-3 | 7.164e-3 | 7.406e-3 |

Tabelle 4.5: Top-Ljapunow-Exponenten für den Laval-Rotor in Schwimmbuchsenlagern (vgl. Tabelle 4.3) mit dem Lastparameter $\sigma = 0.2$.

Als Fazit ist festzuhalten, dass chaotisches Schwingungsverhalten beim ideal ausgewuchteten Rotor in Schwimmbuchsenlagern nachgewiesen werden kann. Im Gegensatz zu herkömmlich gleitgelagerten Rotoren mit einem Schmierfilm ist für das Auftreten chaotischer Lösungen die Berücksichtigung einer Unwucht nicht unbedingt erforderlich.

### Mittel belasteter Rotor

**a) Globales Stabilitäts- und Bifurkationsverhalten**  Beim hoch belasteten Rotor liegen weitestgehend periodische Lösungen über den Betriebsdrehzahlbereich vor, und er kann an einem Sattelknoten schon bei verhältnismäßig geringen Drehzahlen in den kritischen Grenzzyklus verzweigen. Bei einer noch höheren statischen Belastung ist sogar ein stetiger Übergang ohne jegliche Bifurkation in den Bereich der kritischen Rotorschwingungen möglich.

Das Lösungsverhalten eines mittel belasteten Rotors mit dem Lagerparameter $\sigma = 0.5$ wird nicht mehr durch rein periodische Rotorschwingungen dominiert, wie der Abbildung 4.38 entnommen werden kann. Nach dem Stabilitätsverlust der Gleichgewichtslage durch

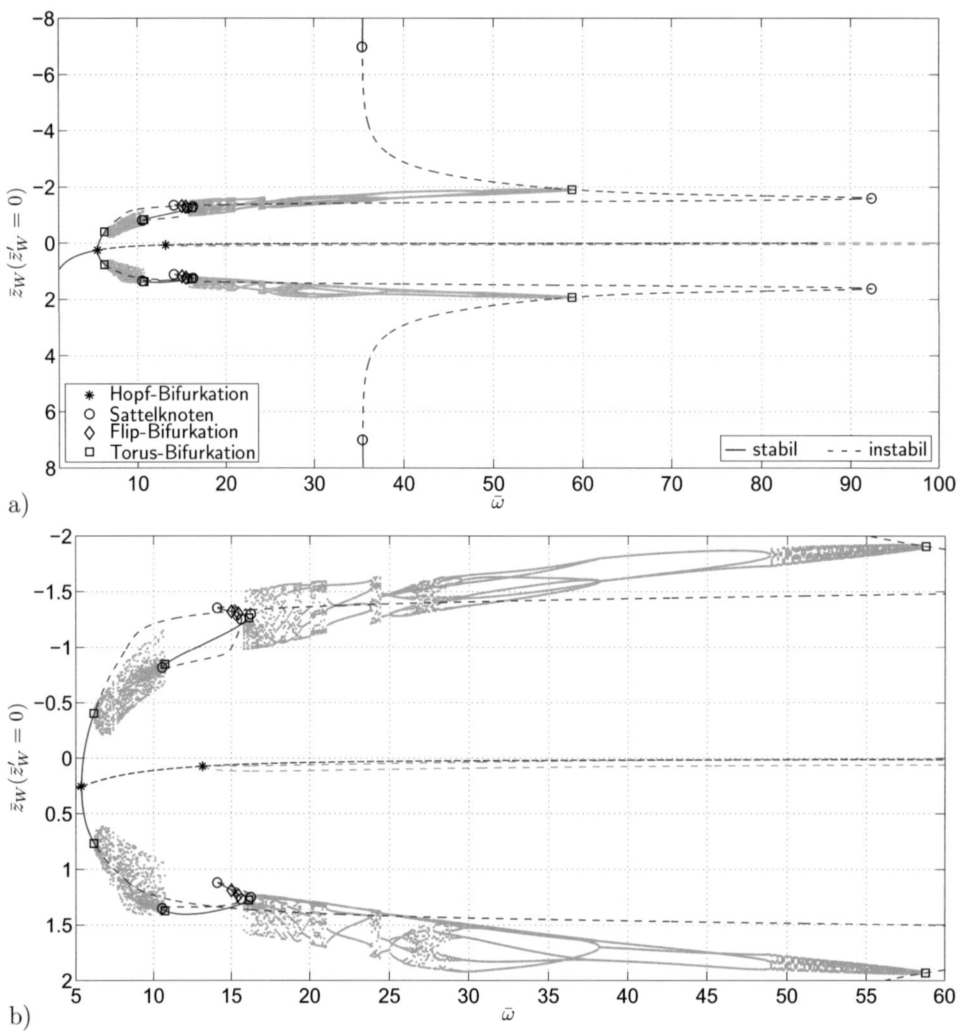

Abbildung 4.38: Bifurkationsanalyse des mittel belasteten Laval-Rotors in Schwimmbuchsenlagern (vgl. Tabelle 4.3) für den Lastparameter $\sigma = 0.5$: a) Vollständiges Bifurkationsdiagramm. b) Vergrößerter Ausschnitt von a).

eine superkritische Hopf-Bifurkation ($\bar{\omega} = 5.3$) existiert eine stabile periodische Lösung nur für einen kleinen Drehzahlbereich. An der superkritischen Torus-Bifurkation bei $\bar{\omega} = 6.1$ wird ein zwei-dimensionaler Torus aus der instabil gewordenen subsynchronen Lösung des äußeren Schmierfilms geboren. Die resultierenden Torus-Schwingungen ergeben sich demnach aus einer Überlagerung zweier Hauptkomponenten mit inkommensurablen Frequenzen (vgl. Abbildung 4.39). Während die dominante Grundfrequenz $\Omega_{sub,a}$ durch die Frequenz der an der Torus-Bifurkation instabil gewordenen subsynchronen Lösung des

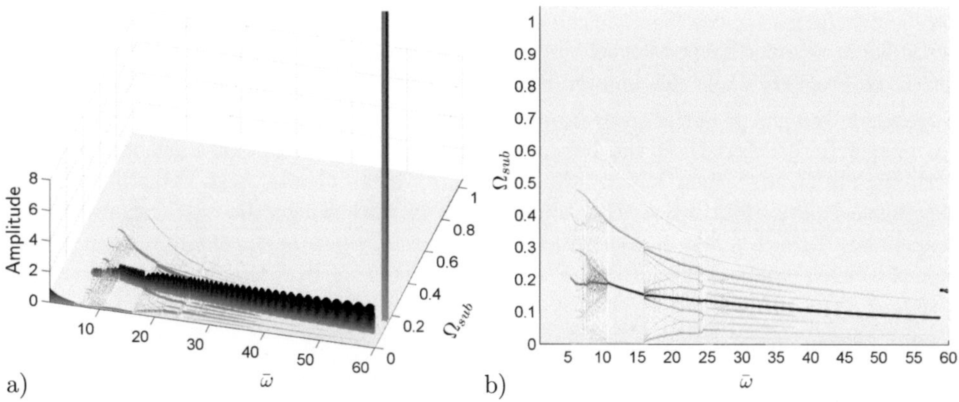

Abbildung 4.39: Amplitudenspektren für die aus der Bifurkationsanalyse erhaltenen stabilen Lösungen bei einer quasi-statischen Erhöhung von $\bar{\omega}$: a) 3D-Ordnungsdiagramm der Lösungen $\bar{z}_W$ (vgl. Abbildung 4.38). b) 2D-Ansicht von a).

äußeren Schmierfilms gegeben ist, kann die andere Grundfrequenz $\Omega_{sub,i}$ der subsynchronen Lösungen dem inneren Schmierfilm zugewiesen werden. Wie später gezeigt wird, besitzt die Torus-Bifurkation ihren Ursprung aus der Hopf-Hopf-Bifurkation der stationären Ruhelage und führt zu einer Modeninteraktion. Folglich ist der Bereich dieser stabilen Lösungen nach der Torus-Bifurkation weitestgehend eine Überlagerung der beiden Moden des äußeren und inneren Schmierfilms mit den entsprechenden Grundfrequenzen $\Omega_{sub,a}$ und $\Omega_{sub,i}$. Darüber hinaus ist zu erwähnen, dass in den Amplitudenspektren neben den Harmonischen $\Omega_{sub,a}$ und $\Omega_{sub,i}$ zusätzlich deren Linearkombinationen ersichtlich sind. Da an den quasi-periodischen Schwingungen von Rotoren in Schwimmbuchsenlagern meistens der Mode des äußeren gegenüber dem des inneren Schmierfilms mit weitaus höheren Amplituden beteiligt ist, wird oftmals nur von subsynchronen Lösungen des äußeren Schmierfilms ausgegangen. Diese Klassifizierung ist ebenfalls hier gerechtfertigt, weil einerseits der quasi-periodische Bereich ursprünglich aus der Hopf-Bifurkation des äußeren Schmierfilm entsteht und andererseits der Anteil des inneren Schmierfilms an den Gesamtschwingungen verhältnismäßig gering ist. In den meisten Experimenten und auch transienten Simulationen ist daher die zweite Frequenz $\Omega_{sub,i}$ kaum nachweisbar. Im Folgenden werden weiterhin alle aus der zweiten Hopf-Bifurkation folgenden Lösungen dem äußeren Schmierfilm zugeordnet.

Jedoch handelt es sich streng genommen insbesondere bei dem quasi-periodischen Bereich um eine auf einer Modeninteraktion beruhende sogenannte „mixed-mode"-Lösung. Die stabilen und instabilen periodischen Grenzzyklen des äußeren Schmierfilms können einen Sonderfall darstellen, bei dem die Frequenzen der beiden Schmierfilme im Verhältnis $\Omega_{sub,i} = 2\Omega_{sub,a}$ („mode-locking") synchronisieren. Bei hoch belasteten Rotoren können die periodischen Lösungen mit dem synchronisierten Frequenzverhältnis sogar über den gesamten Drehzahlbereich stabil vorkommen (vgl. Abbildung 4.32). Wie schon in [94] dargelegt, können sich nach dem Stabilitätsverlust der Gleichgewichtslage durch den äußeren Schmierfilm keine symmetrischen kreisförmigen Lösungen mit einer einzigen subsynchronen Schwingungsfrequenz einstellen. Insofern beinhalten die subsynchronen Schwingungen des äußeren Schmierfilms zusätzlich zur Frequenz $\Omega_{sub,a}$ noch eine radiale Komponente, die durch die Frequenz $\Omega_{sub,i}$ des inneren Schmierfilms charakterisiert wird.

Abgesehen von einer Periodenverdopplungskaskade stellt für einen zweifrequenten Torus eine weitere Bifurkation wie beispielsweise eine tertiäre Hopf-Bifurkation der quasi-periodischen Lösung einen sehr wahrscheinlichen Weg zu chaotischem Verhalten (Ruelle-Newhouse-Takens-Route) dar. Die Abbildung 4.40 verdeutlicht diesen Übergang in den chaotischen Bereich anhand von den jeweiligen Orbits, Leistungsspektren mit den inkommensurablen Frequenzanteilen und Poincaré-Schnitten zu bestimmten Drehzahlparametern $\bar{\omega}$.

Nach Überschreiten der Torus-Bifurkation (äquivalent zu einer sekundären Hopf-Bifurkation) bei $\bar{\omega} = 6.1$ erscheint infolge der Modeninteraktion beider Schmierfilme zusätzlich zur vorhandenen Frequenz $\Omega_{sub,a}$ und deren Vielfachen eine zweite inkommensurable Frequenz $\Omega_{sub,i}$ des inneren Schmierfilms, die hier eine weitere beachtliche Kombinationsfrequenz $\Omega_{sub,i} - \Omega_{sub,a}$ verursacht. Der zweifrequente Torus ist allerdings nur über einen sehr kurzen Drehzahlbereich stabil. Eine geringe Steigerung der Drehzahl führt infolge einer tertiären Hopf-Bifurkation zu einem dreifrequenten Torus, der mit dem Auftreten einer dritten inkommensurablen Frequenz $\Omega_{sub,B}$ sowie vielen weiteren Superharmonischen und Kombinationsfrequenzen einhergeht.

Die dritte betragsmäßig kleine Frequenz $\Omega_{sub,B}$ ist auf eine langsame Schwankung der Buchsendrehzahl $\Omega_B$ zurückzuführen. Dieser Sachverhalt wird später an einem anschaulicheren Beispiel genauer diskutiert. Der Ursprung der dritten inkommensurablen Frequenz liegt wiederum in der Hopf-Hopf-Bifurkation der stationären Ruhelage. Beim schwimmbuchsengelagerten Laval-Rotor ist nämlich beim Vorliegen der Hopf-Hopf-Bifurkation stets vom sogenannten schwierigen Fall [45, 48] auszugehen, da die beiden Hopf-Bifurkationen sowohl subkritischer Art für den inneren Schmierfilm als auch superkritischer Art für den äußeren Schmierfilm sind. Daher ist nach [45, 48] stets eine tertiäre Hopf-Bifurkation der quasi-periodischen Lösung („mixed-mode"-Lösung) in der Umgebung der Hopf-Hopf-Bifurkation der Gleichgewichtslage zu erwarten, die mit dem Auftreten einer dritten betragsmäßig kleinen Frequenz verbunden sein kann [37]. Kleine Störungen können dann nach den Voraussagen in [71, 82] schon zum Zerfall des geborenen dreifrequenten Torus und zur Bildung eines seltsamen Attraktors beitragen, wobei der dreifrequente Torus nicht zu beobachten ist. Die Existenz stabiler quasi-periodischer Bewegungen mit drei inkommensurablen Frequenzen ist trotzdem nicht unmöglich [52, 90, 111]. Bevor der Rotor jedenfalls für den Drehzahlparameter $\bar{\omega} = 7.3$ chaotisches Verhalten aufweist, ist für den dreifrequenten Torus bei $\bar{\omega} = 6.6$ noch ein Übergang zu einer Substruktur im Poincaré-Schnitt zu beobachten, die die Zerstörung des Torus ankündigt. Darüber hinaus ist anzumerken, dass chaotisches Verhalten nach [111] auf eine strenge Kopplung der Moden (innerer und äußerer Schmierfilm) hindeutet, während eine quasi-periodische Bewegung ein Hinweis auf eher schwach gekoppelte Moden ist. Damit ist die gegenseitige Dämpfungswirkung der beiden Schmierfilme im chaotischen Bereich besonders stark ausgeprägt.

Wenn das Verhältnis der beiden Frequenzen $\Omega_{sub,i}/\Omega_{sub,a}$ der quasi-periodischen Lösungen rational wird, ist die Lösung auf dem Torus geschlossen und wird periodisch („mode-locking" bzw. „frequency-locked"). Ein solches periodisches Fenster mit dem synchronisierten Frequenzverhältnis $\Omega_{sub,i} = 2\Omega_{sub,a}$ der quasi-periodischen Lösungen ist in Abbildung 4.38 vorzufinden, das durch zwei Sattelknoten bei $\bar{\omega} = 10.5$ und $\bar{\omega} = 16.2$ begrenzt

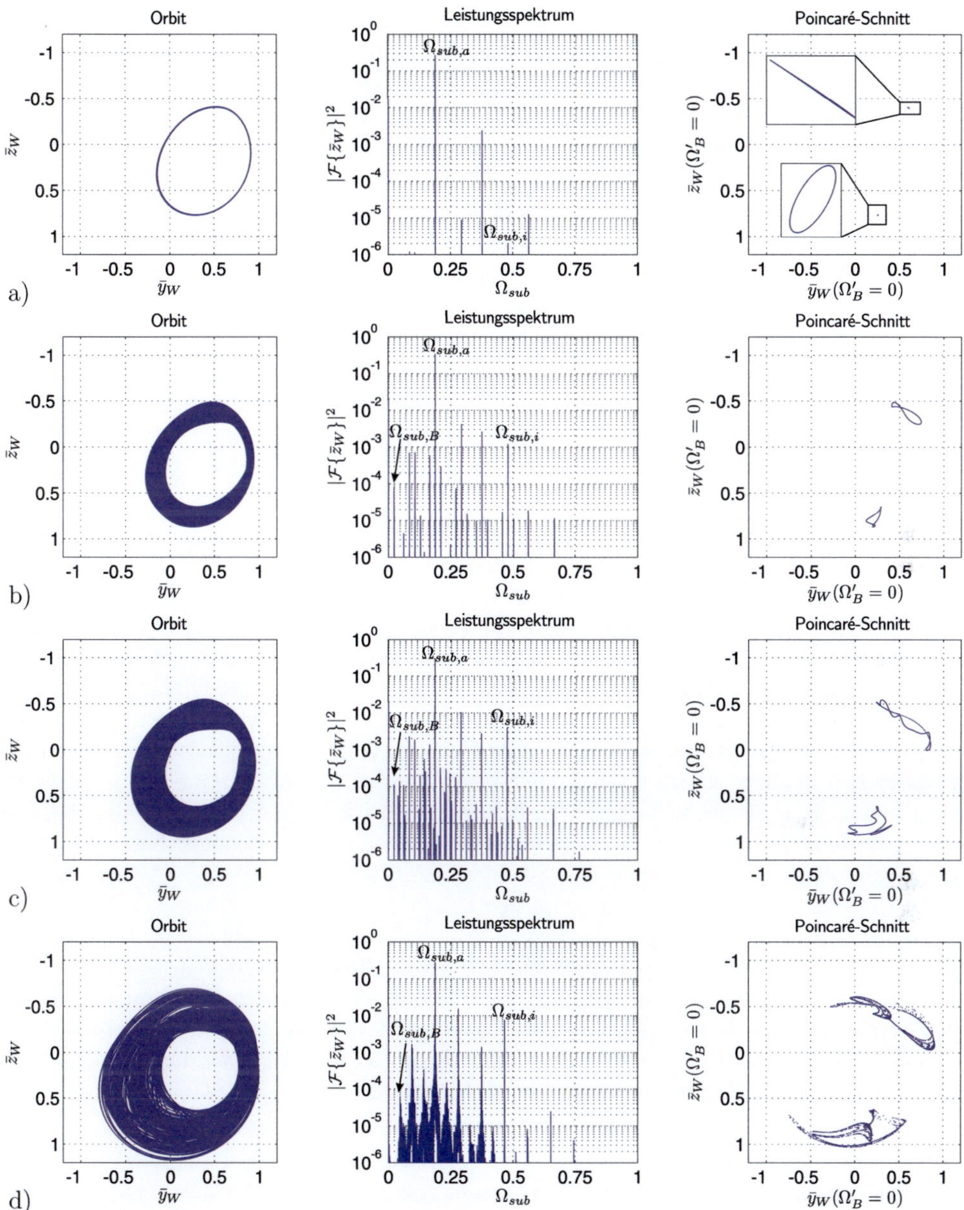

Abbildung 4.40: Orbits der Scheibe, Leistungsspektren von $\bar{z}_W$ und Scheibenlagen in den zweiseitigen Poincaré-Schnitten für den Lastparameter $\sigma = 0.5$ in Abhängigkeit vom Drehzahlparameter: a) $\bar{\omega} = 6.14$ (zweifrequenter Torus). b) $\bar{\omega} = 6.3$ (dreifrequenter Torus). c) $\bar{\omega} = 6.6$ (dreifrequenter Torus). d) $\bar{\omega} = 7.3$ (chaotische Lösung).

wird. Ein dritter Sattelknoten bei $\bar{\omega} = 14.1$ bedingt einen weiteren koexistierenden Ast stabiler periodischer Lösungen zwischen $\bar{\omega} = 14.1$ und $\bar{\omega} = 16.2$, der beim Herunterfahren der Drehzahl erreicht wird. Der Synchronisationsbereich wird durch eine sogenannte Arnold-Zunge gebildet. Vor und nach dem periodischen Fenster herrschen wieder chaotische Schwingungen, weshalb noch zwei superkritische Torus-Bifurkationen bei $\bar{\omega} = 10.7$ und $\bar{\omega} = 16.1$ auf dem synchronisierten Ast für das Verschwinden bzw. Erscheinen der dritten inkommensurablen Frequenz $\Omega_{sub,B}$ sorgen. Der Übergang zwischen periodischem und chaotischem Bereich erfolgt scheinbar direkt nur über den zweifrequenten Torus mit dem synchronisierten Frequenzverhältnis $\Omega_{sub,i} = 2\Omega_{sub,a}$, weshalb die dritte inkommensurable Frequenz aufgrund der vermutlich instabilen bzw. nur sehr kurzzeitig stabilen Lösung für den dreifrequenten Torus in diesem Fall nicht beobachtet werden kann.

Danach wechseln sich chaotische bzw. (quasi-)periodische Bereiche immer wieder ab, bis schließlich ab einer Drehzahl von $\bar{\omega} \approx 30$ die chaotischen Schwingungen ganz verschwinden. Bei weiterer Drehzahlerhöhung verlieren die quasi-periodischen Schwingungen kurz vor der subkritischen Torus-Bifurkation ($\bar{\omega} = 58.5$) auf dem instabilen Ast des äußeren Schmierfilms ihre Stabilität und der Rotor springt auf den kritischen Grenzzyklus, der indessen am Sattelknoten bei $\bar{\omega} = 35.4$ entsprungen ist.

Für den mittel bzw. niedrig belasteten Rotor kann dabei der Amplitudensprung als „blue-sky"-Katastrophe [48, 111] gedeutet werden, da die einzige verbliebene subsynchrone Frequenz in der Nähe der Rotoreigenfrequenz liegt und somit die Amplituden der kritischen Rotorschwingungen mit zunehmender Drehzahl wegen der geringen äußeren Dämpfung $\bar{d}_a$ zu beinahe unendlich großen Werten streben. Daher ist der kritische Grenzzyklus in den entsprechenden Bifurkationsdiagrammen auch nicht weiter eingezeichnet. Vor dem Amplitudensprung in den kritischen Grenzzyklus ist bei den „mixed-mode"-Lösungen des quasi-periodischen Bereichs eine stetige Abnahme des Anteils $\Omega_{sub,i}$ des inneren Schmierfilms zu verzeichnen, je mehr sie sich der Torus-Bifurkation bei $\bar{\omega} = 58.5$ annähern, die zugleich das Ende der Modeninteraktion und folglich der „mixed-mode"-Lösungen beschreibt. Dadurch wird die Kopplung der beiden Schmierfilme immer schwächer, die sich in diesem Bereich durch die abnehmende gegenseitige Dämpfungswirkung auszeichnet. Daraus resultiert eine Steifigkeitszunahme der beiden Schmierfilme. Die Synchronisation der beiden Frequenzen $\Omega_{sub,i}$ und $\Omega_{sub,a}$ zu einer einzigen Schwingungsfrequenz $\Omega_{sub,a} = \Omega_{sub,i}$ ohne weitere superharmonischen Anteile führt daraufhin zu einer starken Kopplung diesmal in den Steifigkeiten der beiden Schmierfilme, die sich jetzt aber in einem kritischen Grenzzyklus mit hohen Amplituden äußert. Der Ausgangspunkt des kritischen Grenzzyklus liegt damit in der Hopf-Bifurkation des äußeren Schmierfilms.


**b) Bifurkationsszenarien in den kritischen Grenzzyklus**  Für den hoch belasteten Rotor ist beim Hochfahren der Drehzahl ein Sattelknoten für den Amplitudensprung in den kritischen Grenzzyklus verantwortlich, während für $\sigma = 0.5$ die absolute Grenzdrehzahl des Rotors näherungsweise durch die Torus-Bifurkation auf dem Grenzzyklus des äußeren Schmierfilms gegeben ist, die gleichbedeutend mit dem Ende der Modeninteraktion ist. Jedoch können keine stabilen quasi-periodischen Lösungen aus dieser Torus-Bifurkation entspringen, bei dem kein Stabilitätswechsel auf dem periodischen Ast herbeigeführt wird [97]. Die periodischen Lösungen bleiben nach Überschreiten der Torus-Bifurkation weiterhin instabil.

Demnach muss ein komplizierterer Vorgang für den Stabilitätsverlust der quasi-periodischen Lösungen und den Amplitudensprung in den kritischen Grenzzyklus beim Rotorhochlauf verantwortlich sein, der sich aber in unmittelbarer Nähe der Torus-Bifurkation ereignet. Um sowohl diesen Sachverhalt als auch die verschiedenen Möglichkeiten des Amplitudensprungs in den kritischen Grenzzyklus beim Rotorhochlauf näher zu erläutern, werden in Abbildung 4.41 unterschiedliche Bifurkationsfolgen in Abhängigkeit des Lastparameters $\sigma$ für einen mittel belasteten Rotor dargestellt. Zwecks Übersichtlichkeit sind

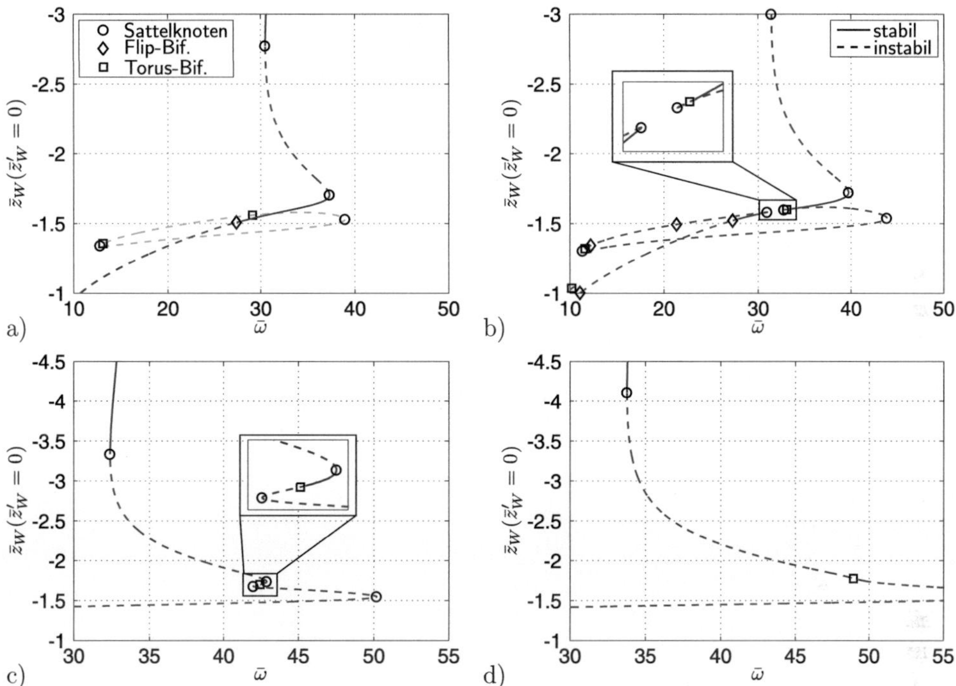


Abbildung 4.41: Verschiedene Bifurkationsfolgen in den kritischen Grenzzyklus für den Laval-Rotor in Schwimmbuchsenlagern (vgl. Tabelle 4.3) in Abhängigkeit des Lastparameters: a) $\sigma = 0.3$. b) $\sigma = 0.322$. c) $\sigma = 0.35$. d) $\sigma = 0.4$.

nur die periodischen Grenzzyklen einfacher Periode abgebildet. Für den Lastparameter von $\sigma = 0.3$ verursacht ähnlich wie für $\sigma = 0.2$ (vgl. Abbildung 4.33) ein Sattelknoten den Amplitudensprung. Außerdem existiert im Gegensatz zu $\sigma = 0.2$ ein instabiles periodisches Fenster (grau) der hier instabilen quasi-periodischen Lösung, das nicht mit den Grenzzyklen des äußeren Schmierfilms verbunden ist. Bei Erhöhung des Lagerparameters auf beispielsweise $\sigma = 0.322$ verschmelzen das periodische Fenster unter Entstehung zweier Sattelknoten mit den periodischen Lösungen des äußeren Schmierfilms ineinander. Dies kann wiederum als Hinweis auf die Beteiligung der beiden Schmierfilme aufgefasst werden. Der Bereich der quasi-periodischen Schwingungen für $\sigma = 0.322$ verschwindet bei der superkritischen Torus-Bifurkation kurz vor dem Sattelknoten, der letztendlich wieder den Amplitudensprung bewirkt. Das prinzipiell gleiche Bifurkationsszenario in den kritischen

Grenzzyklus ist ebenfalls für $\sigma = 0.35$ gegeben, wobei zum einen der Bereich der stabilen quasi-periodischen Lösungen mit eventuell chaotischen Unterbrechungen schon bei geringen Drehzahlen anfängt zu existieren und zum anderen der synchronisierte Ast kaum mehr zu erkennen ist. Ferner treten sowohl weitere Bifurkationen wie Periodenverdopplungen als auch andere koexistierende Äste periodischer Lösungen nicht mehr auf. Für $\sigma = 0.4$ wird schon das bereits ausführlich diskutierte Bifurkationsverhalten analog zu $\sigma = 0.5$ erhalten. In der nichtlinearen Stabilitätskarte von Abbildung 4.42 sind die im zweidimensionalen Parameterraum der Bifurkationsparameter $(\sigma, \bar{\omega})$ verfolgten Sattelknotenkurve sowie Torus-Kurven bzw. Neimark-Sacker-Kurven (NS-Kurve) der periodischen Lösungen aufgetragen, die eine Einteilung in drei Gebiete in Abhängigkeit von $\sigma$ und $\bar{\omega}$ ermöglicht. Wie später

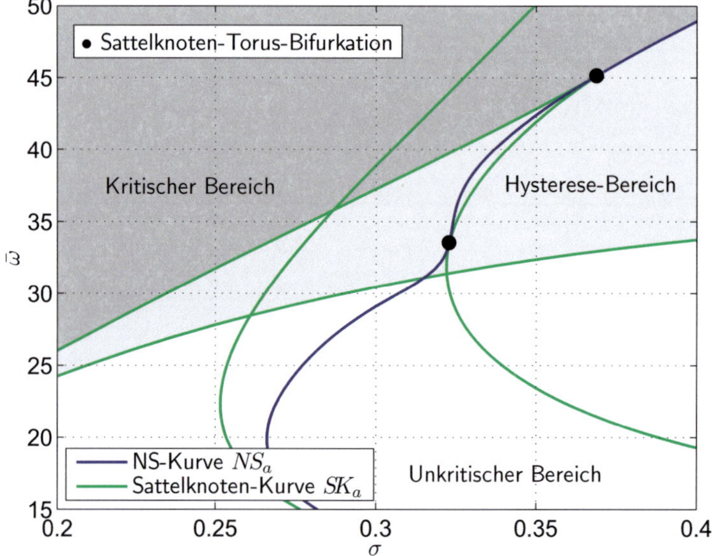


Abbildung 4.42: Nichtlineare Stabilitätskarte des Laval-Rotors in Schwimmbuchsenlagern (vgl. Tabelle 4.3) im Bereich der in Abbildung 4.41 dargestellten Bifurkationsfolgen.

ausführlich behandelt wird, können alle hier gezeigten Sattelknoten zu einer einzigen Kurve $SK_a$ zusammengefasst werden. Während im Hysterese-Bereich der kritische Grenzzyklus und die subsynchronen Schwingungen tolerierbarer Amplitude koexistieren, kommt im kritischen bzw. unkritischen Bereich die jeweilige Lösung einzeln vor. Der Sattelknoten, an dem der kritische Grenzzyklus geboren wird, kennzeichnet den Beginn des Hysterese-Bereichs. Die Grenzdrehzahl beim Rotorhochlauf für den Amplitudensprung in den kritischen Grenzzyklus wird einerseits durch die Sattelknoten-Kurve $SK_a$ und andererseits näherungsweise durch die NS-Kurve $NS_a$ für höhere Werte von $\sigma$ beschrieben, welche die Grenze zwischen dem kritischen und dem Hysterese-Bereich markieren.

Die Schnittpunkte der NS-Kurve $NS_a$ mit der Sattelknoten-Kurve $SK_a$ bilden eine Sattelknoten-Torus-Bifurkation von periodischen Lösungen. Diese Codimension-2-Bifurkation tritt beispielsweise dann auf, wenn mit zunehmenden Lastparameter $\sigma$ die Torus-

Bifurkation (Ende der Modeninteraktion) aus Abbildung 4.41 den bei höheren Drehzahlen auftretenden Sattelknoten auf dem Lösungspfad der Grenzzyklen überholt. Der die zwei Sattelknoten verbindende Ast periodischer Lösungen ist jetzt durchgängig instabil. Bei einer weiteren leichten Erhöhung des Lastparameters $\sigma$ löschen sich dann die beiden Sattelknoten in einer sogenannten Spitzen-Bifurkation („cusp"-Bifurkation) von Grenzzyklen aus und verschwinden. Demzufolge gibt es für Lastparameter unterhalb der Sattelknoten-Torus-Bifurkation eine Spitzen- bzw. „cusp"-Katastrophe [79, 111], die zu den beiden Amplitudensprüngen mit dem Hysterese-Bereich führt. Die Spitzen-Bifurkation sowie die Sattelknoten-Torus-Bifurkation befinden sich auch für andere Parameterkombinationen recht nahe beieinander.

Das dynamische Systemverhalten in der lokalen Umgebung der Sattelknoten-Torus-Bifurkation ist noch kaum bekannt [48, 100] und ist verwandt zu einer Sattelknoten-Hopf-Bifurkation von Fixpunkten. Die Sattelknoten-Hopf-Bifurkation kann in ihrer lokalen Umgebung neben einer sekundären Hopf-Bifurkation sowohl zu Sattelknoten periodischer Lösungen als auch zum Auflösen der entstehenden quasi-periodischen Lösungen und damit zu einer Geburt von chaotischen Lösungen führen [25]. Infolge der beim Rotor in Schwimmbuchsenlagern auftretenden Sattelknoten-Torus-Bifurkationen sind vermutlich eine tertiäre Hopf-Bifurkation mit einem anschließenden chaotischen Bereich und/oder ein Sattelknoten von quasi-periodischen Lösungen zu erwarten.

**c) Äußere Krise**  Um die Gründe für den Stabilitätsverlust der quasi-periodischen Lösungen in unmittelbarer Nähe der Torus-Bifurkation sowie den folgenden Amplitudensprung in den kritischen Grenzzyklus zu erklären, bietet es sich an, das Bifurkationsverhalten in diesem Bereich für den Rotor mit dem Lastparameter $\sigma = 0.75$ (vgl. Abbildung 4.43) genauer zu betrachten. Die Ergebnisse über den gesamten Drehzahlbereich sind in

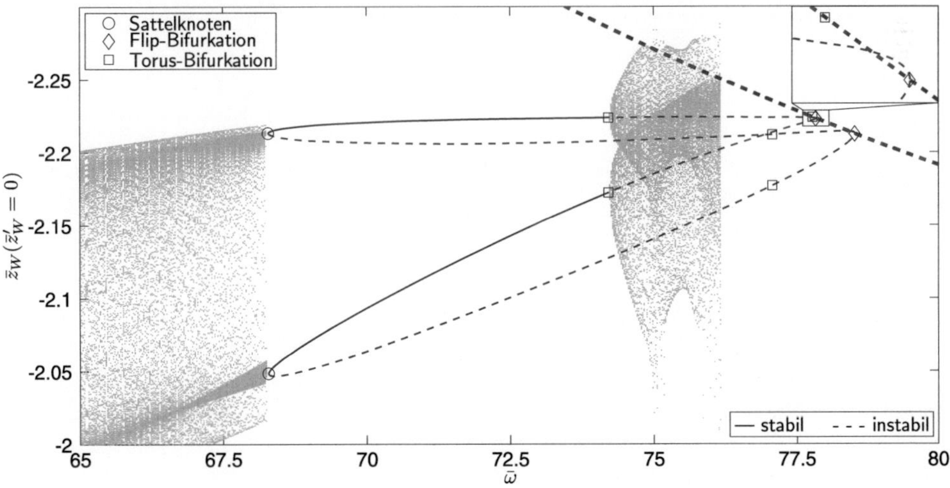


Abbildung 4.43: Vergrößerter Ausschnitt des Bifurkationsdiagramms aus Abbildung C.3 im Bereich des Amplitudensprungs in den kritischen Grenzzyklus.

Abbildung C.3 bzw. C.4 im Anhang dargestellt.

Die quasi-periodischen Schwingungen verlieren zugunsten einer geschlossenen Lösung auf dem Torus an einem Sattelknoten bei $\bar{\omega} = 68.3$ ihre Stabilität, die den Beginn des Synchronisationsbereichs mit doppelter Periode markiert. Die zwei Grenzzyklen doppelter Periode werden infolge von zwei Periodenverdopplungen auf dem instabilen Ast der periodischen Lösungen des äußeren Schmierfilms geboren, die sich in dem Sattelknoten dann gegenseitig aufheben. Der mit dem Frequenzverhältnis der beiden Schmierfilme $\Omega_{sub,i} = 3/2\,\Omega_{sub,a}$ synchronisierte Ast periodischer Grenzzyklen wird wiederum an einer superkritischen Torus-Bifurkation bei $\bar{\omega} = 74.2$ instabil. Damit schließt nicht ein weiterer Sattelknoten das zweiperiodische Fenster des quasi-periodischen Bereichs, sondern eine weitere Torus-Bifurkation ist für das Entstehen einer neuen quasi-periodischen Lösung mit einer dritten Frequenz zuständig.

Werden die Zustandsgrößen des Rotor-Lager-Systems auf die Frequenzen hin untersucht, so tritt nach dem Überschreiten der Torus-Bifurkation die dritte betragsmäßig kleine Frequenz $\Omega_{sub,B}$ nur in der Buchsendrehzahl als eigene Frequenz deutlich in Erscheinung, wie aus Abbildung 4.44 ersichtlich ist. Auf dem Grenzzyklus doppelter Periode ist die Buchsen-

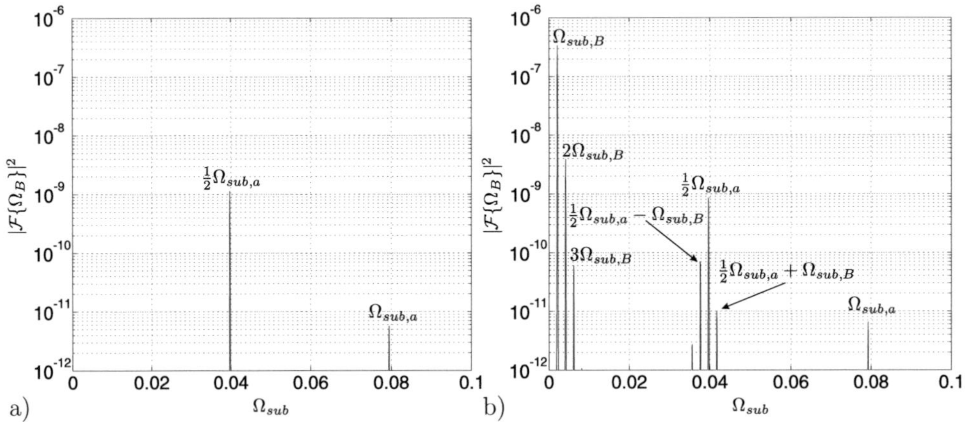

Abbildung 4.44: Leistungsspektren der Buchsendrehzahl $\Omega_B$ für den Lastparameter $\sigma = 0.75$ in Abhängigkeit vom Drehzahlparameter: a) $\bar{\omega} = 74.1$ (2-periodische Lösung). b) $\bar{\omega} = 74.3$ (doppelter Torus).

drehzahl $\Omega_B$ nahezu konstant. Nach der Torus-Bifurkation beginnt die Buchsendrehzahl dann mit einer verhältnismäßig sehr kleinen Amplitude zu schwingen, wobei der tieffrequente Anteil $\Omega_{sub,B}$ eindeutig überwiegt. Interessanterweise sind hier bei der Buchsendrehzahl $\Omega_B$ nur die Frequenzanteile $\Omega_{sub,a}$ bzw. $1/2\,\Omega_{sub,a}$ des äußeren Schmierfilms samt ihrer Kombinationsfrequenzen und nicht die Frequenz $\Omega_{sub,i} = 3/2\,\Omega_{sub,a}$ nachweisbar, die dem inneren Schmierfilm zugeordnet werden können. Zwecks einer besseren Unterscheidung der einzelnen Frequenzanteile ist daher nur der Bereich bis $\Omega_{sub} = 0.1$ abgebildet.

Abbildung 4.45 zeigt für den Lastparameter den Übergang vom Grenzzyklus doppelter Periode in den chaotischen Bereich anhand der zugehörigen Orbits, Leistungsspektren und Poincaré-Schnitte an vier ausgewählten Drehzahlparametern $\bar{\omega}$. Infolge der Torus-Bifurkation bildet sich aus dem Grenzzyklus doppelter Periode ein sogenannter doppelter

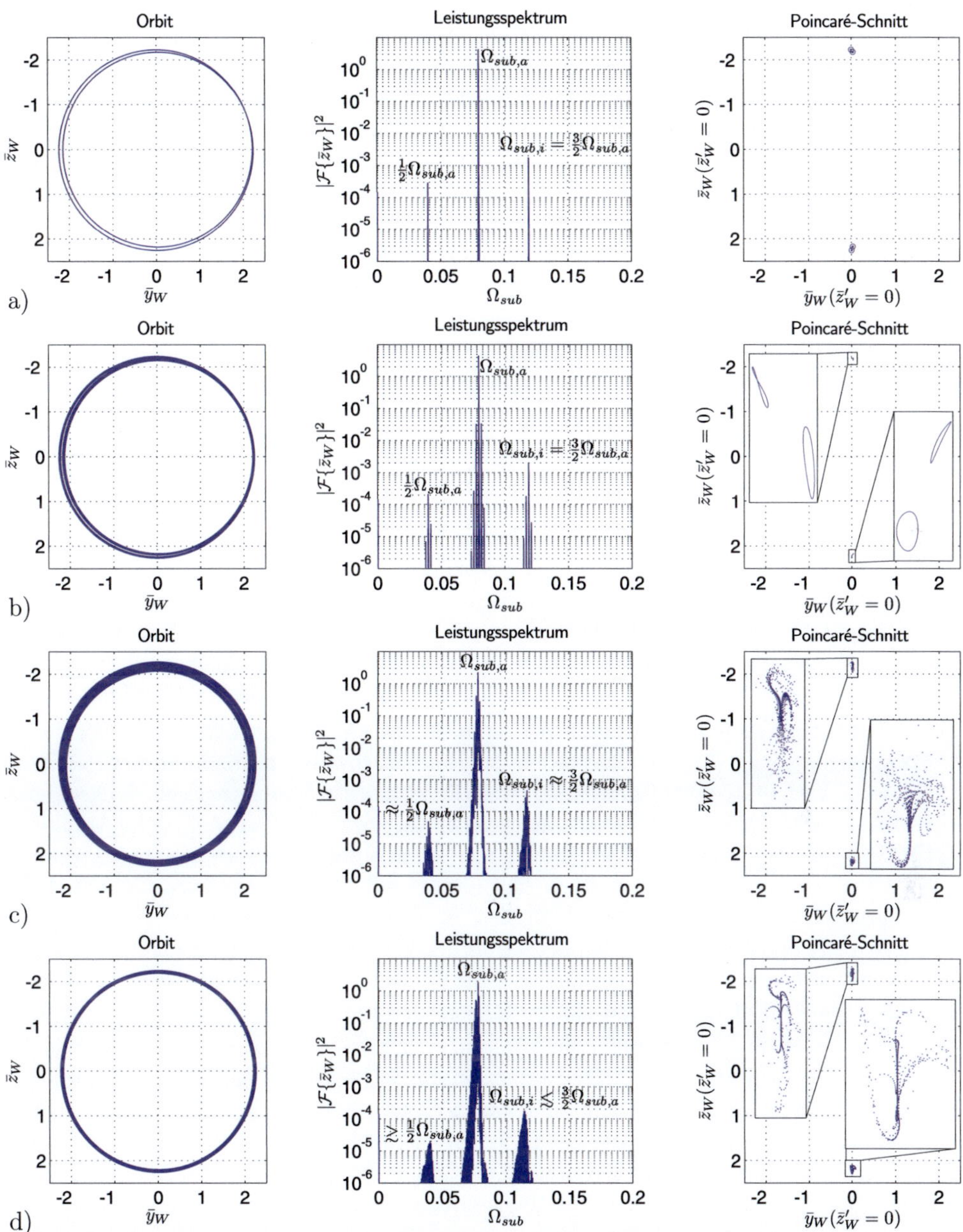

Abbildung 4.45: Orbits der Scheibe, Leistungsspektren von $\bar{z}_W$ und Scheibenlagen in den zweiseitigen Poincaré-Schnitten für den Lastparameter $\sigma = 0.75$ in Abhängigkeit vom Drehzahlparameter: a) $\bar{\omega} = 74.1$ (2-periodische Lösung). b) $\bar{\omega} = 74.3$ (doppelter Torus). c) $\bar{\omega} = 75.1$ (chaotische Lösung). d) $\bar{\omega} = 76.1$ (chaotische Lösung oder transientes Chaos).

Torus, welcher als Sonderfall eines geschlossenen dreifrequenten Torus zu betrachten ist. In dem zweiseitigen Poincaré-Schnitt ist zu erkennen, dass sich um jeden Fixpunkt der instabilen periodischen Lösung doppelter Periode jeweils geschlossene invariante Kurven bilden, die auf einen doppelten Torus schließen. Das Leistungsspektrum der vertikalen Scheibenschwingungen bestätigt das weiterhin rationale Verhältnis $\Omega_{sub,i} = 3/2\,\Omega_{sub,a}$ der Frequenzen für beide Schmierfilme. Jedoch tritt die dritte Frequenz $\Omega_{sub,B}$ in den Scheibenschwingungen nicht alleine auf, sondern macht sich nur als Kombinationsfrequenz der drei vorkommenden Frequenzanteile $\Omega_{sub,a} \pm n\Omega_{sub,B}$, $\Omega_{sub,i} \pm n\Omega_{sub,B}$ und $1/2\,\Omega_{sub,a} \pm n\Omega_{sub,B}$ mit ganzzahligen $n$ bemerkbar. Insbesondere die Kombinationsfrequenzen $\Omega_{sub,a} \pm n\Omega_{sub,B}$ können sowohl in Experimenten als auch in transienten Simulationen mit Turbolderrotoren (siehe z.B. [95]) nachgewiesen werden.

Bei weiterer Erhöhung der Drehzahl $\bar{\omega}$ gehen die quasi-periodischen Schwingungen in den chaotischen Bereich über, ohne dass für diesen Fall ein stabiler Torus mit den drei inkommensurablen Frequenzen $\Omega_{sub,a}$, $\Omega_{sub,i} \approx 2\,\Omega_{sub,a}$ und $\Omega_{sub,B}$ aufgezeigt werden kann. In Abbildung 4.45d) ist nochmals eine Lösung mit tolerierbaren Amplituden verdeutlicht, bevor der chaotische Attraktor plötzlich verschwindet und dadurch der Rotor auf den kritischen Grenzzyklus mit beinahe unendlich hohen Amplituden springt. Das Verschwinden des chaotischen Attraktors wird durch dessen Kollision mit der instabilen periodischen Lösung einfacher Periode des äußeren Schmierfilms verursacht, ein Vorgang, der auch als äußere Krise bezeichnet wird. Ein starker Hinweis hierfür ist im Bifurkationsdiagramm in Abbildung 4.43 gegeben, da die Dichte der im Poincaré-Schnitt ermittelten Punkte des chaotischen Attraktors sich in einem Band konzentrieren, das mit zunehmender Drehzahl dann den instabilen Ast periodischer Lösungen des äußeren Schmierfilms berührt.

Des Weiteren ist zu erwähnen, dass bei Annäherung an die Sprungstelle oft sogenanntes transientes Chaos [52, 90] anzutreffen ist. Ein Einschwingvorgang kann irrtümlich als chaotisches Verhalten eingestuft werden, weil die transiente Lösung nur sehr langsam den chaotischen Sattel verlässt. Obwohl für den Drehzahlparameter $\bar{\omega} = 76.1$ in Abbildung 4.45d) eine extrem hohe Einschwingdauer von einer Million Rotorumdrehungen gewählt wird, ist nicht auszuschließen, dass es sich hierbei um transientes Chaos handelt. Über eine Variation der Anfangsbedingungen lässt sich auch keine sichere Aussage herleiten. Folglich wird für diesen Lastbereich bei einem quasi-stationären Rotorhochlauf im Grenzbereich transientes Chaos stets vorhanden sein. Für diesen Lastparameter $\sigma = 0.75$ könnte der Amplitudensprung des Laval-Rotors in Schwimmbuchsenlagern als Beispiel für eine chaotische „blue-sky"-Katastrophe dienen.

Für $\sigma = 0.5$ ist ein ähnliches Bifurkationsszenario während des Amplitudensprungs anzunehmen, der allerdings in einem sehr engen Drehzahlbereich vor der entsprechenden Torus-Bifurkation stattfindet. Die äußere Krise der chaotischen Lösungen tritt für beide Fälle in der Nähe dieser Torus-Bifurkation auf. Im Folgenden kann deshalb für mittel bis schwach belastete Rotoren in Schwimmbuchsenlagern die absolute Grenzdrehzahl für den sicheren Betrieb durch die Torus-Bifurkation auf dem Grenzzyklus des äußeren Schmierfilms angenähert werden, welche das Ende der Modeninteraktion mit der einhergehenden Synchronisation beschreibt.

Da für die Betriebssicherheit des Rotors nicht die chaotischen Schwingungen sondern nur das Vorhandensein eines Amplitudensprungs in den kritischen Grenzzyklus von Bedeutung ist, werden nachfolgend chaotische Bereiche nicht mehr im Einzelnen nachgewiesen. Wenn bei der Fourieranalyse des Zeitverlaufs einer Zustandsgröße wieder ein „breitbandiges bzw.

kontinuierliches Spektrum mit einzelnen Spitzen" identifiziert wird, so wird vereinfacht in dem betroffenen Drehzahlbereich ein chaotisches Systemverhalten angenommen. Anzumerken bleibt, dass selbst bei einem experimentellen transienten Hochlauf aufgrund einer gewissen Einschwingzeit die chaotischen Bereiche nicht festgestellt werden können, wenn sie nur in engen Drehzahlbereichen vorliegen.

## Modeninteraktion beim niedrig belasteten Rotor

Wie schon aus der linearen Stabilitätsanalyse bekannt, führt beim niedrig belasteten Rotor im Gegensatz zu den vorherigen behandelten Beispielen eine subkritische Hopf-Bifurkation des inneren Schmierfilms zur Instabilität der stationären Ruhelage. In Abbildung 4.46 ist zudem für den Lastparameter $\sigma = 1.0$ die Entstehung eines stabilen Grenzzyklus des inneren Schmierfilms nach einem weiteren Sattelknoten sowie die folgende Torus-Bifurkation in den quasi-periodischen Bereich dargestellt.

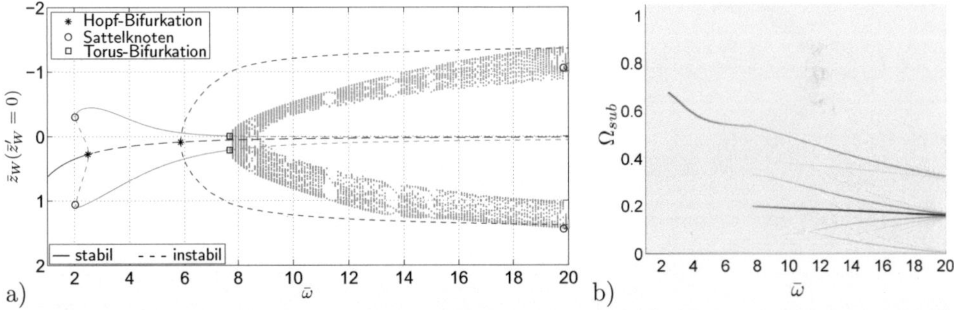


Abbildung 4.46: Bifurkationsanalyse des niedrig belasteten Laval-Rotors in Schwimmbuchsenlagern (vgl. Tabelle 4.3) für den Lastparameter $\sigma = 1.0$ im unteren Drehzahlbereich: a) Bifurkationsdiagramm. b) Frequenzverhältnisse $\Omega_{sub}$.

Die aus der Hopf-Bifurkation ($\bar{\omega} = 2.5$) des inneren Schmierfilms resultierenden selbsterregten Schwingungen kennzeichnen sich nur durch das Vorhandensein der Schwingungsfrequenz $\Omega_{sub,i}$ und erzeugen dann im unwuchtfreien Fall nahezu kreissymmetrische Grenzzyklen um die Gleichgewichtslage. Nachdem die Amplituden der hier harmonischen Lösungen des inneren Schmierfilms ein Maximum erreichen, werden sie wegen der Dämpfungswirkung des äußeren Schmierfilms mit zunehmender Drehzahl kleiner. Aufgrund der Beziehung $\Omega_{sub,i} > \Omega_{sub,a}$ muss eine weitere Bifurkation auf den Grenzzyklen des inneren Schmierfilms stattfinden, damit auch der Mode des äußeren Schmierfilms an den subsynchronen Schwingungen beteiligt wird. Die periodischen Lösungen des äußeren Schmierfilms dagegen können neben $\Omega_{sub,a}$ auch die Frequenzen $\Omega_{sub,i}$ des inneren Schmierfilms als Superharmonische beinhalten.

Demzufolge führt die Torus-Bifurkation auf dem Grenzzyklus des inneren Schmierfilms bei $\bar{\omega} = 7.7$ in einen Bereich von quasi-periodischen Schwingungen, die sich aus den Moden bzw. Frequenzen $\Omega_{sub,a}$, $\Omega_{sub,i}$ beider Schmierfilme (Modeninteraktion) zusammensetzen. Die Torus-Bifurkation des inneren Schmierfilms ist wiederum auf die Hopf-Hopf-

Bifurkation der Gleichgewichtslage zurückzuführen. Der bei $\bar{\omega} = 5.8$ geborene Grenzzyklus des äußeren Schmierfilms ist in diesem Drehzahlbereich durchgängig instabil, da keine weitere Torus-Bifurkation zu einem Ende der Modeninteraktion führt. Aus Abbildung 4.46b) ist darüber hinaus zu erkennen, dass nach Überschreiten der Torus-Bifurkation das Frequenzverhältnis $\Omega_{sub,i}$ deutlich abnimmt. Gleichzeitig steigen die der Frequenz $\Omega_{sub,a}$ des äußeren Schmierfilms zugehörigen Amplituden an. Wie zuvor erwähnt, wird aus diesen Gründen der Bereich der quasi-periodischen Schwingungen oftmals nur dem äußeren Schmierfilm zugeordnet, solange die Amplituden des inneren Schmierfilms kaum nachzu-

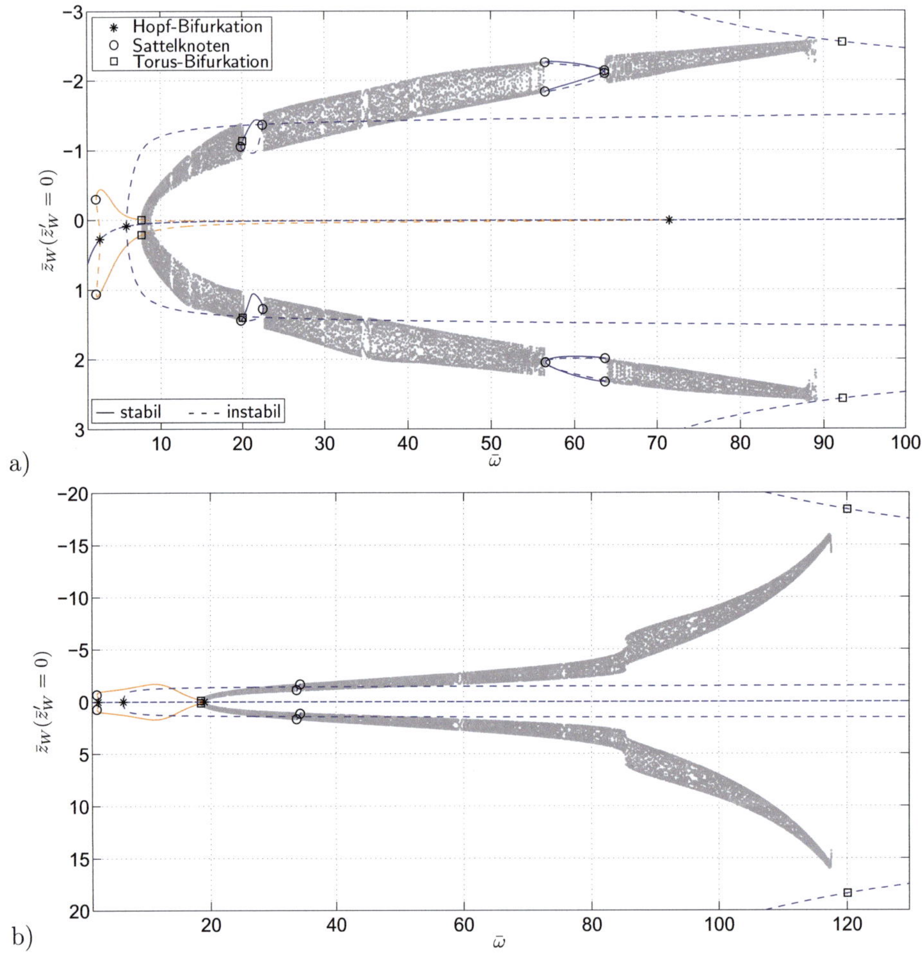


Abbildung 4.47: Bifurkationsanalyse des niedrig belasteten Laval-Rotors in Schwimmbuchsenlagern (vgl. Tabelle 4.3) für die Lastparameter: a) $\sigma = 1.0$ (Kritischer Grenzzyklus ab $\bar{\omega} = 37.2$, siehe Abbildung C.5). b) $\sigma = 10.0$ (Kritischer Grenzzyklus ab $\bar{\omega} = 43.3$, siehe Abbildung C.6).

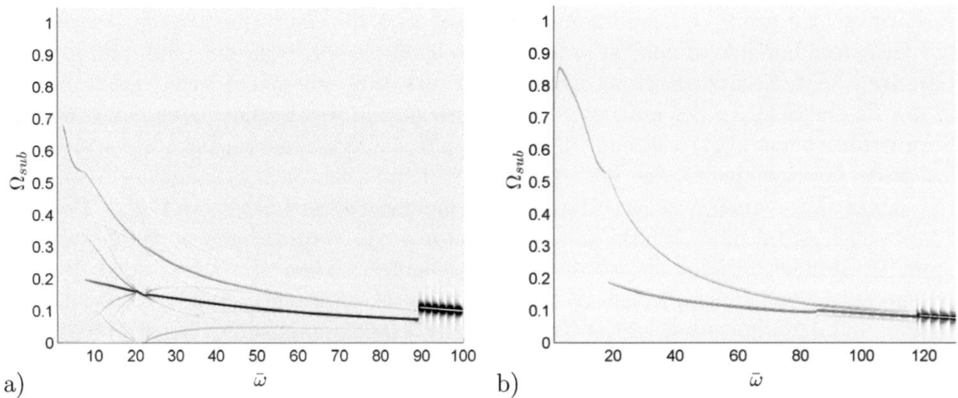

Abbildung 4.48: 2D-Amplitudenspektren für die aus der Bifurkationsanalyse erhaltenen stabilen Lösungen $\bar{z}_W$ bei einer quasi-statischen Erhöhung von $\bar{\omega}$: a) $\sigma = 1.0$. b) $\sigma = 10.0$.

weisen sind. Ferner sind die subsynchronen Frequenzen $\Omega_{sub,i}$ im quasi-periodischen Bereich sehr niedrig. Der Rotor befindet sich gewissermaßen in einem „oil-whip"-Bereich des inneren Schmierfilms mit geringen Amplituden, der sich durch ein abnehmendes Frequenzverhältnis $\Omega_{sub,i}$ bzw. eine konstante Frequenz $\bar{\omega}_{sub,i}$ auszeichnet.
Abbildung 4.47 und 4.48 zeigen die Ergebnisse der Bifurkationsanalyse für den gering belasteten Laval-Rotor in Schwimmbuchsenlagern mit den Lastparametern $\sigma = 1.0$ sowie $\sigma = 10.0$ über den gesamten Drehzahlbereich, wobei die Bifurkationsdiagramme mit dem eingezeichneten kritischen Grenzzyklus der Abbildung C.5 im Anhang entnommen werden können. In beiden Fällen ist nach dem Stabilitätsverlust der Gleichgewichtslage zunächst ein Bereich stabiler Grenzzyklen des inneren Schmierfilms zu beobachten, die infolge der Torus-Bifurkation in eine „mixed-mode"-Lösung (Modeninteraktion) übergehen. Obwohl dieser Bereich aus dem Grenzzyklus des inneren Schmierfilms geboren wird, kann er abermals dem äußeren Schmierfilm zugewiesen werden.
Die anfangs quasi-periodischen Schwingungen können in einen chaotischen Attraktor übergehen. Für $\sigma = 1.0$ deutet beispielsweise die Torus-Bifurkation ($\bar{\omega} = 20.0$) der mit $\Omega_{sub,i} = 2\,\Omega_{sub,a}$ synchronisierten Lösung auf das Erscheinen der dritten Frequenz $\Omega_{sub,B}$ und möglichem chaotischen Verhalten hin. Jedoch sind für den gering belasteten Rotor nach den hier durchgeführten Frequenzanalysen scheinbar solche Bereiche kaum mehr vorhanden. Bei sehr hohen Drehzahlen ist dann eine äußere Krise für den Amplitudensprung in den kritischen Grenzzyklus in der Nähe der Torus-Bifurkation bei $\bar{\omega} = 92.3$ ($\sigma = 1.0$) bzw. $\bar{\omega} = 120.1$ ($\sigma = 10.0$) verantwortlich, die das Ende der Modeninteraktion kennzeichnet (vgl. Abbildung C.5 bzw. C.6 im Anhang).
Im Unterschied zu den bisher untersuchten Fällen hat die „mixed-mode"-Lösung ihren Ursprung auf dem Grenzzyklus des inneren Schmierfilms. Für $\sigma = 10.0$ liegt zwar vor dem Amplitudensprung wiederum ein chaotischer Attraktor vor, jedoch führt in diesem Fall nicht die Kollision mit dem instabilen Grenzzyklus des äußeren Schmierfilms zur äußeren Krise, sondern wahrscheinlich die mit ihrer stabilen invarianten Mannigfaltigkeit.
Daneben ist ein weiteres interessantes Phänomen zu erkennen. Vor dem eigentlichen Amplitudensprung in den kritischen Grenzzyklus ist im quasi-periodischen Bereich ein

verhältnismäßig geringer Amplitudensprung bei $\bar{\omega} = 85.4$ mit einem wenig ausgedehnten Hysterese-Bereich zu konstatieren, der aus zwei Sattelknoten der quasi-periodischen Lösungen folgt. Zusätzlich macht sich diese Bifurkation mit einem leichten Anstieg nur in der Frequenz $\Omega_{sub,a}$ des äußeren Schmierfilms und in der Exzentrizität $\varepsilon_i$ des inneren Schmierfilms bemerkbar, während $\Omega_{sub,i}$ und $\varepsilon_a$ sich kaum verändern. Der Unterschied zum kritischen Grenzzyklus ist das Vorliegen von zwei subsynchronen Schwingungsfrequenzen $\Omega_{sub,i}$ und $\Omega_{sub,a}$ anstatt einer einzigen Schwingungsfrequenz $\Omega_{sub,i} = \Omega_{sub,a}$. Dennoch könnte auch schon diese Bifurkation einen Rotorausfall verursachen, da die Amplituden unter Umständen nicht mehr tolerierbar sind. Danach steigen die Amplituden der subsynchronen Schwingungen jedenfalls stärker an, bis sie infolge einer äußeren Krise instabil werden und dann nur der kritische Grenzzyklus mit beinahe unendlich hohen Amplituden als stabile Lösung verbleibt.

**Schlussfolgerungen**

Nachdem der ideal ausgewuchtete Laval-Rotor in Schwimmbuchsenlagern systematisch in Abhängigkeit des Lastparameters $\sigma$ untersucht worden ist, werden im Rahmen dieses Abschnittes die wichtigsten Ergebnisse kurz zusammengefasst:

- Zunächst ist es schwierig, eine bestimmte kritische Drehzahl für den Amplitudensprung festzulegen, da über einen gewissen Drehzahlbereich neben den eher harmlosen subsynchronen Schwingungen der kritische Grenzzyklus koexistieren kann. Störungen könnten vor Erreichen der im Hochlauf bestimmten kritischen Drehzahl einen Sprung der subsynchronen Schwingungen in den kritischen Grenzzyklus verursachen. Die nichtlineare kritische Drehzahl $\bar{\omega}_{c,nlin}$ wird daher über den Sattelknoten definiert, an dem der kritische Grenzzyklus anfängt zu existieren. Die andere kritische Drehzahl des Hochlaufs wird nachfolgend als absolute Grenzdrehzahl $\bar{\omega}_{abs}$ bezeichnet, die entweder durch einen Sattelknoten oder auch näherungsweise durch eine Torus-Bifurkation beschrieben werden kann.

- Während die subsynchronen Schwingungen des inneren Schmierfilms nur mit einer Frequenz $\Omega_{sub,i}$ harmonisch auftreten, setzen sich die des äußeren Schmierfilms im Allgemeinen aus zwei unabhängigen Frequenzen $\Omega_{sub,a}$ und $\Omega_{sub,i}$ zusammen. Jedoch kann die Frequenz $\Omega_{sub,i}$ in den meisten Fällen kaum nachgewiesen werden. Die subsynchronen Schwingungen des äußeren Schmierfilms sind dabei die Folge einer Modeninteraktion der beiden Schmierfilme. Einen Sonderfall stellen die Grenzzyklen des äußeren Schmierfilms dar, bei denen beide Frequenzen im Verhältnis $\Omega_{sub,i} = 2\,\Omega_{sub,a}$ synchronisieren.

- Die Synchronisation der beiden Schmierfilme zu einer einzigen Schwingungsfrequenz $\Omega_{sub,i} = \Omega_{sub,a}$ führt schließlich zum kritischen Grenzzyklus. Dabei gibt es verschiedene Bifurkationsszenarien (stetiger Übergang, Sattelknoten, äußere Krise angenähert durch Torus-Bifurkation) in den kritischen Grenzzyklus. Beim Hochfahren der Drehzahl wird dann ein Amplitudensprung beobachtet, wenn für die beiden subsynchronen Frequenzen $\Omega_{sub,i} \leq 2\,\Omega_{sub,a}$ gilt. Für den höher belasteten Rotor bedingt ein Sattelknoten der Grenzzyklen des äußeren Schmierfilms mit dem synchronisierten Frequenzverhältnis $\Omega_{sub,a} = 2\,\Omega_{sub,i}$ den Amplitudensprung. Bei geringer belasteten

Rotoren erscheinen dieser Synchronisationsbereich $\Omega_{sub,a} = 2\,\Omega_{sub,i}$ oder auch andere wie beispielsweise $\Omega_{sub,a} = 3/2\,\Omega_{sub,i}$ (periodische Lösungen doppelter Periode) vor dem Amplitudensprung, so dass am kritischen Bifurkationspunkt auf jeden Fall $\Omega_{sub,i} < 2\,\Omega_{sub,a}$ gegeben ist. Die beiden Frequenzen $\Omega_{sub,i}$ und $\Omega_{sub,a}$ nähern sich dabei mit zunehmender Drehzahl immer mehr an.

- Eine dritte betragsmäßig kleine Schwingungsfrequenz $\Omega_{sub,B}$, die aus einer langsamen Schwankung der Buchsendrehzahl $\Omega_B$ herrührt, kann kurzzeitig zu einem stabilen dreifrequenten Torus führen. Nach dem Auflösen des Torus (Ruelle-Newhouse-Takens-Route) herrscht dann (leicht) chaotisches Verhalten des Rotor-Lager-Systems vor. Ebenfalls kann der Rotor über eine Periodenverdopplungskaskade in den chaotischen Bereich übergehen. Insbesondere für den mittel belasteten Rotor ist im unteren bis mittleren Drehzahlbereich chaotisches Verhalten wahrscheinlich.

- Für den niedrig belasteten Rotor ist als Konsequenz einer Modeninteraktion ein Modenwechsel vom Grenzzyklus des inneren Schmierfilms in den Bereich der quasi-periodischen Schwingungen zu beobachten, die nach den auftretenden Amplituden zufolge eher dem äußeren Schmierfilm zuzuordnen ist. Außerdem kann der extrem schwach belastete Rotor vor der Bifurkation in den kritischen Grenzzyklus ein Hysterese-Phänomen infolge zweier Sattelknoten von quasi-periodischen Lösungen und somit einen weiteren Amplitudensprung aufweisen, die wegen den verhältnismäßig hohen Amplituden schon zum Rotorausfall führen könnten.

### 4.2.5 Einfluss der Rotor- und Lagerparameter

Um den Einfluss von Rotor- und Lagerparametern auf das nichtlineare Schwingungs- bzw. Stabilitätsverhalten des Laval-Rotors in Schwimmbuchsenlagern zu studieren, bietet es sich an, das Bifurkationsverhalten in nichtlinearen Stabilitätskarten vereinfacht darzustellen. Dafür werden die relevanten Bifurkationskurven in der Parameterebene der gewählten Bifurkationsparameter $\sigma$ und $\bar{\omega}$ verfolgt, anhand derer dann unterschiedliche Bereiche subsynchroner Schwingungen definiert werden können. Infolgedessen können Auswirkungen von Parameteränderungen ohne die explizite Berechnung von Bifurkationsdiagrammen wie im vorherigen Abschnitt beurteilt werden.

#### Nichtlineare Stabilitätskarte

Abbildung 4.49 zeigt das Ergebnis der Verfolgung der wichtigsten Bifurkationskurven des untersuchten Laval-Rotors in Schwimmbuchsenlagern in der $(\sigma, \bar{\omega})$-Parameterebene für die gewählten Standardparameter aus Tabelle 4.3. Neben den dargestellten Bifurkationskurven besitzt das Rotor-Lager-System eine erstaunliche Anzahl weiterer Bifurkationen von periodischen Lösungen. Dabei handelt es sich vorwiegend um Bifurkationen, die mit dem Auftreten von Synchronsiationsbereichen verbunden sind. Die infolge der subkritischen Hopf-Bifurkation des inneren Schmierfilms folgenden Sattelknoten werden ebenfalls nicht näher betrachtet. Ebenfalls sind im Fall des hoch belasteten Rotors die auftretenden Sattelknoten der Grenzzyklen des äußeren Schmierfilms in der Nähe des Stabilitätsverlustes nicht eingezeichnet.

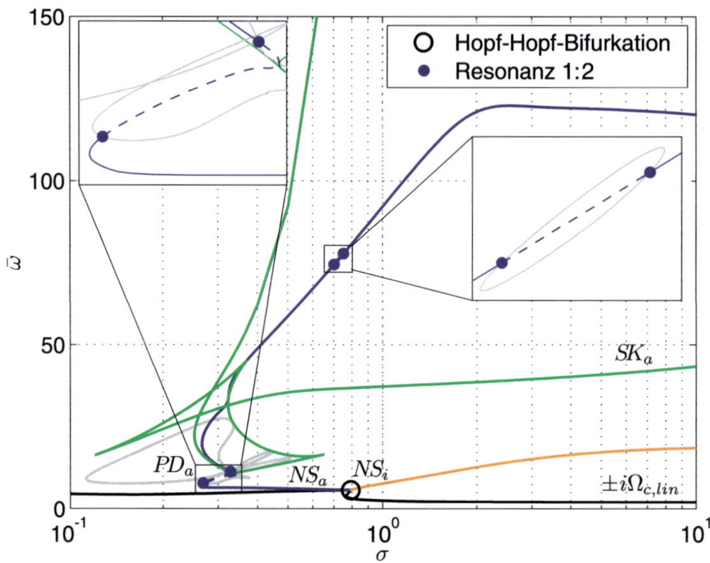


Abbildung 4.49: Relevante Bifurkationskurven des Laval-Rotors in Schwimmbuchsenlagern, vgl. Tabelle 4.3 (strichliert: neutrale Sattelkurve).

Zunächst wird wiederum von den Hopf-Kurven $\pm j\Omega_{c,lin,i}$ und $\pm j\Omega_{c,lin,a}$ der beiden Schmierfilme ausgegangen, die nachfolgend zu einer einzigen Hopf-Kurve $\pm j\Omega_{c,lin}$ zusammengefasst werden, welche die lineare Stabilitätsgrenze kennzeichnet. An dem Schnittpunkt der beiden Hopf-Kurven findet eine Hopf-Hopf-Bifurkation der Gleichgewichtslage statt, die die Geburt zweier Torus-Bifurkationen des jeweiligen Grenzzyklus zur Folge hat. Daraus resultieren in der Parameterebene zwei Neimark-Sacker-Kurven $NS_i$ und $NS_a$ von periodischen Lösungen des jeweiligen Schmierfilms. Für feste Parameterwerte von $\sigma$ markiert das erstmalige Überschreiten dieser Kurven mit zunehmender Drehzahl $\bar{\omega}$ den Beginn der quasi-periodischen bzw. „mixed-mode"-Lösungen und das Verschwinden der stabilen Grenzyklen des jeweiligen Schmierfilms. Da die Neimark-Sacker-Kurve $NS_a$ der Grenzzyklen des äußeren Schmierfilms weitere Schleifen durchlaufen kann, ist das Ende der Modeninteraktion bei höheren Drehzahlen $\bar{\omega}$ stets durch die Kurve $NS_a$ vorgegeben. Die Kurve $NS_i$ dagegen weist keine weiteren Besonderheiten auf, so dass sie nur den Beginn der Modeninteraktion definiert. Die daraus entstehenden quasi-periodischen Lösungen verschwinden praktisch in der Torus-Bifurkation, welche wiederum durch die Kurve $NS_a$ repräsentiert wird. Folglich haben dieses quasi-periodischen Lösungen ihren Ursprung in den Grenzzyklen des inneren Schmierfilms, enden jedoch im Grenzzyklus des äußeren Schmierfilms, bei dem die Frequenzen beider Schmierfilme nachweisbar sind.

Bei hoch belasteten Rotoren ist das Auftreten von Flip-Bifurkationen typisch. Wenn die Neimark-Sacker-Kurve $NS_a$ ausgehend von der Hopf-Hopf-Bifurkation verfolgt wird, können die Realteile der beiden kritischen Floquet-Multiplikatoren einen Wert von $-1$ annehmen, während die Imaginärteile verschwinden. An solch einem Punkt tritt eine 1:2 Resonanz auf. Demzufolge gibt es durch diese Bifurkation eine Flip-Kurve $PD_a$, die durch einen einzelnen Floquet-Multiplikator von $-1$ gegeben ist und sich in zwei Richtungen ausbreitet. An Punkten von 1:2 Resonanzen verliert die Kurve $NS_a$ ihre Bedeutung als Neimark-Sacker-Kurve und verwandelt sich in eine sogenannte neutrale Sattelkurve. Deren kritisches Floquet-Eigenwertpaar erfüllt zwar die für die Verfolgung angesetzte Bedingung $\mu_1\mu_2 = 1$ für eine Torus-Bifurkation, jedoch kommt sie nur rein reell vor. Eine weitere 1:2 Resonanz führt dann wieder zu einer wirklichen Neimark-Sacker-Kurve. Die auftretenden 1:2 Resonanzen sind somit durch entsprechende neutrale Sattelkurven (strichliert) miteinander verbunden. Im Folgenden wird zwischen wirklichen Neimark-Sacker-Kurven und den zugehörigen neutralen Sattelkurven nicht mehr unterschieden. Darüber hinaus entstehen an der Neimark-Sacker-Kurve $NS_a$ noch weitere 1:3 sowie 1:4 Resonanzen, die aber nicht näher betrachtet werden.

Die resultierende Flip-Kurve $PD_a$ bildet eine Art von Insel, innerhalb der sich noch weitere Flip-Kurven von periodischen Lösungen höherer Ordnung befinden. Die Kaskade von Periodenverdopplungen kann dann wie beispielsweise für $\sigma = 0.2$ chaotisches Verhalten zur Folge haben. Daher wird manchmal von chaotischen Inseln gesprochen. Auf die zweite Flip-Kurve der periodischen Lösungen einfacher Periode ist schon für den Sonderfall $\sigma = 0.75$ ausführlich eingegangen worden, die eine Synchronisationszone kurz vor dem Amplitudensprung in den kritischen Grenzzyklus bildet. Des Weiteren ist noch die Sattelknoten-Kurve $SK_a$ von großer Bedeutung, welche die nichtlineare kritische Drehzahl bestimmt, an der der kritische Grenzzyklus geboren wird. Bei weiterer Verfolgung der Sattelknoten-Kurve $SK_a$ stellt sich heraus, dass sie nach Durchlaufen weiterer Spitzen-Bifurkationen neben der absoluten Grenzdrehzahl einen weiteren Synchronisationbereich quasi-periodischer Schwingungen definiert, wie schon anhand Abbildung 4.42 diskutiert worden ist.

Mit Hilfe der Neimark-Sacker-Kurven $NS_i$, $NS_a$ beider Schmierfilme sowie der Sattelknoten-Kurve $SK_a$ wird die in Abbildung 4.50 dargestellte nichtlineare Stabilitätskarte erstellt, die in unterschiedliche Bereiche eingeteilt werden kann:

- Bereich I:
  In diesem Bereich existiert die stabile Gleichgewichtslage. Die subkritische Hopf-Bifurkation des inneren Schmierfilms für hohe Lastparameter $\sigma$ kann einen Stabilitätsverlust der Gleichgewichtslage schon vor Erreichen der linearen kritischen Drehzahl bewirken. Da die entsprechende Sattelknoten-Kurve für den sicheren Betrieb des Rotors nicht entscheidend ist, wird sie nicht berücksichtigt.

- Bereich II:
  Nach Überqueren der linearen Stabilitätsgrenze herrschen subsynchrone Schwingungen tolerierbarer Amplitude vor, die nach dem Schmierfilm unterschieden werden können:

  a) Innerer Schmierfilm:
     Die Grenzzyklen des inneren Schmierfilms sind die einzigen existierenden (stabilen) Lösungen, die sich durch die subsynchrone Frequenz $\Omega_{sub,i}$ auszeichnen. Die Torus-Bifurkationen auf der Kurve $NS_i$ bedeuten das Ende der subsynchronen Schwingungen des inneren Schmierfilms und führen schließlich in den Bereich $II_b$.

  b) Äußerer Schmierfilm:
     Hierbei handelt es sich hauptsächlich um einen Bereich (stabiler) quasi-

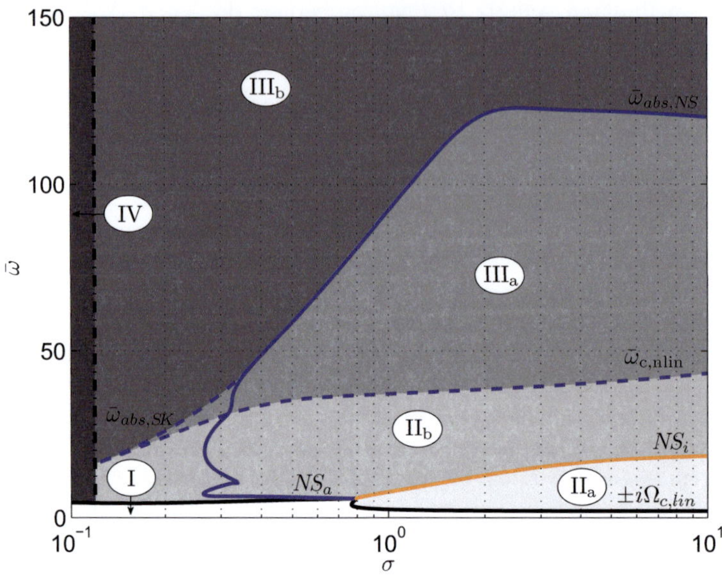


Abbildung 4.50: Nichtlineare Stabilitätskarte für den Laval-Rotor in Schwimmbuchsenlagern (vgl. Tabelle 4.3).

periodischer bzw. „mixed-mode"-Lösungen, bei dem die Amplituden der Frequenzen $\Omega_{sub,a}$ des äußeren gegenüber denen des inneren Schmierfilms $\Omega_{sub,i}$ deutlich überwiegen. Zusätzlich kann der Rotor neben stabilen Grenzzyklen des äußeren Schmierfilms auch chaotisches Verhalten (dritte inkommensurable Frequenz $\Omega_{sub,B}$) aufweisen.

- Bereich III:
  Der (stabile) kritische Grenzzyklus wird am Sattelknoten bei der nichtlinearen kritischen Drehzahl $\bar{\omega}_{c,nlin}$ geboren, wobei zunächst ein verhältnismäßig großer Hysterese-Bereich vorliegt:

  a) Neben dem kritischen Grenzzyklus koexistieren stabile subsynchrone Schwingungen des äußeren Schmierfilms (siehe Bereich II$_b$), deren Verschwinden entweder durch einen Sattelknoten oder näherungsweise durch eine Torus-Bifurkation bei der absoluten Grenzdrehzahl $\bar{\omega}_{abs,SK}$ bzw. $\bar{\omega}_{abs,NS}$ beschrieben wird. Beim Hochfahren der Drehzahl werden in diesem Bereich deshalb die subsynchronen Schwingungen des äußeren Schmierfilms erreicht. Jedenfalls können Störungen wie beispielsweise eine Unwucht schon einen Amplitudensprung in den kritischen Grenzzyklus vor Erreichen der absoluten Grenzdrehzahl bewirken, so dass der Rotor zerstört wird. Darüber hinaus können für den extrem niedrig belasteten Rotor die quasi-periodischen Schwingungen des äußeren Schmierfilms schon beachtliche und damit nicht mehr tolerierbare Amplituden annehmen.

b) Außer dem kritischen Grenzzyklus gibt es hier keine weitere stabile Lösung. Der Rotor kann auf jeden Fall nicht sicher betrieben werden.

- Bereich IV:
  Dieser Bereich ist dadurch charakterisiert, dass ein stetiger Übergang vom Bereich der (stabilen) Grenzzyklen des äußeren Schmierfilms in den kritischen Grenzzyklus stattfindet. Die Definition einer kritischen Drehzahl über eine Bifurkation ist in diesem Fall nicht möglich. Infolgedessen ist dieser Bereich schon ab dem Stabilitätsverlust der Gleichgewichtslage als kritisch zu bewerten.

Nach der Unterteilung des Stabilitäts- und Schwingungsverhalten für den Rotor in Schwimmbuchsenlagern in unterschiedliche Bereiche können anhand der nichtlinearen Stabilitätskarte aus Abbildung 4.50 einige allgemein gültige Aussagen abgeleitet werden. Für den ideal ausgewuchteten Rotor ist der schon gefährliche Hysterese-Bereich $III_a$ über einen sehr weiten Drehzahlbereich ausgedehnt. Das liegt vor allem daran, dass die absolute Grenzdrehzahl $\bar{\omega}_{abs}$ gegenüber der kritischen nichtlinearen Drehzahl $\bar{\omega}_{c,nlin}$ deutlich stärker mit zunehmendem Lastparameter $\sigma$ ansteigt. Für den niedrig belasteten Rotor beträgt die absolute Grenzdrehzahl $\bar{\omega}_{abs}$ schon mindestens die doppelte nichtlineare kritische Drehzahl $\bar{\omega}_{c,nlin}$. Des Weiteren sind insbesondere für den hoch bis mittel belasteten Rotor die beiden kritischen Drehzahlen $\bar{\omega}_{c,nlin}$ und $\bar{\omega}_{abs}$ sehr sensitiv gegenüber dem Lagerparameter $\sigma$. Schon kleinste Änderungen des Lagerparameters $\sigma$ können große Verschiebungen der beiden kritischen Drehzahlen hervorrufen. Im Gegensatz dazu ändern sich für den niedrig belasteten Rotor die kritischen Drehzahlen nur noch geringfügig. Trotz der hohen kritischen Drehzahlen muss in diesem Lastbereich beachtet werden, dass die Amplituden der subsynchronen Schwingungen des äußeren Schmierfilms nicht allzu groß werden und für den Rotor noch tolerierbar sind. Zusammenfassend lassen sich die praktischen Erfahrungen mit den hier gewonnenen Erkenntnissen bestätigen, dass ein totaler Rotorschaden desto wahrscheinlicher ist, je höher der Rotor belastet wird.

**Diskussion des Stabilitäts- und Bifurkationsverhaltens**

Für die praktische Auslegung von Rotoren in Schwimmbuchsenlagern ist der Einfluss der verschiedenen Parameter auf die kritischen Drehzahlen von immenser Bedeutung. Um den Effekt einzelner Parameteränderungen abschätzen zu können, wird ausgehend von dem in Tabelle 4.3 definierten Standardparametersatz ein ausgewählter Parameter variiert. Die in Abbildung 4.50 präsentierte nichtlineare Stabilitätskarte dient dabei als Referenzlösung. In Abbildung 4.51 und 4.52 wird der Einfluss der verschiedenen Rotor- und Lagerparameter $\gamma$, $\delta$, $\Lambda$, $\Gamma_0$ und $\bar{\eta}$ auf das nichtlineare Schwingungsverhalten des schwimmbuchsengelagerten Laval-Rotors in Stabilitätskarten verdeutlicht.

Für den Konstrukteur ist die mit Abstand am leichtesten zu ändernde Größe das Lagerspielverhältnis $\gamma$, weshalb meistens eine Erhöhung der kritischen Drehzahlen nur durch Änderung der Lagerspiele angestrebt wird. Wird das Lagerspielverhältnis auf $\gamma = 1.0$ verringert, sind infolge der Vergrößerung des Bereiches $II_a$ subsynchrone Schwingungen des inneren Schmierfilms auch für höher belastete Rotoren wahrscheinlicher. Daneben wird zwar die absolute Grenzdrehzahl $\bar{\omega}_{abs}$ erhöht, jedoch verringert sich die nichtlineare kritische Drehzahl $\bar{\omega}_{c,nlin}$. Dieser Sachverhalt kann sowohl beim Experiment als auch bei der Simulation zu irreführenden Rückschlüssen verleiten, solange nur ein Rotorhochlauf durch-

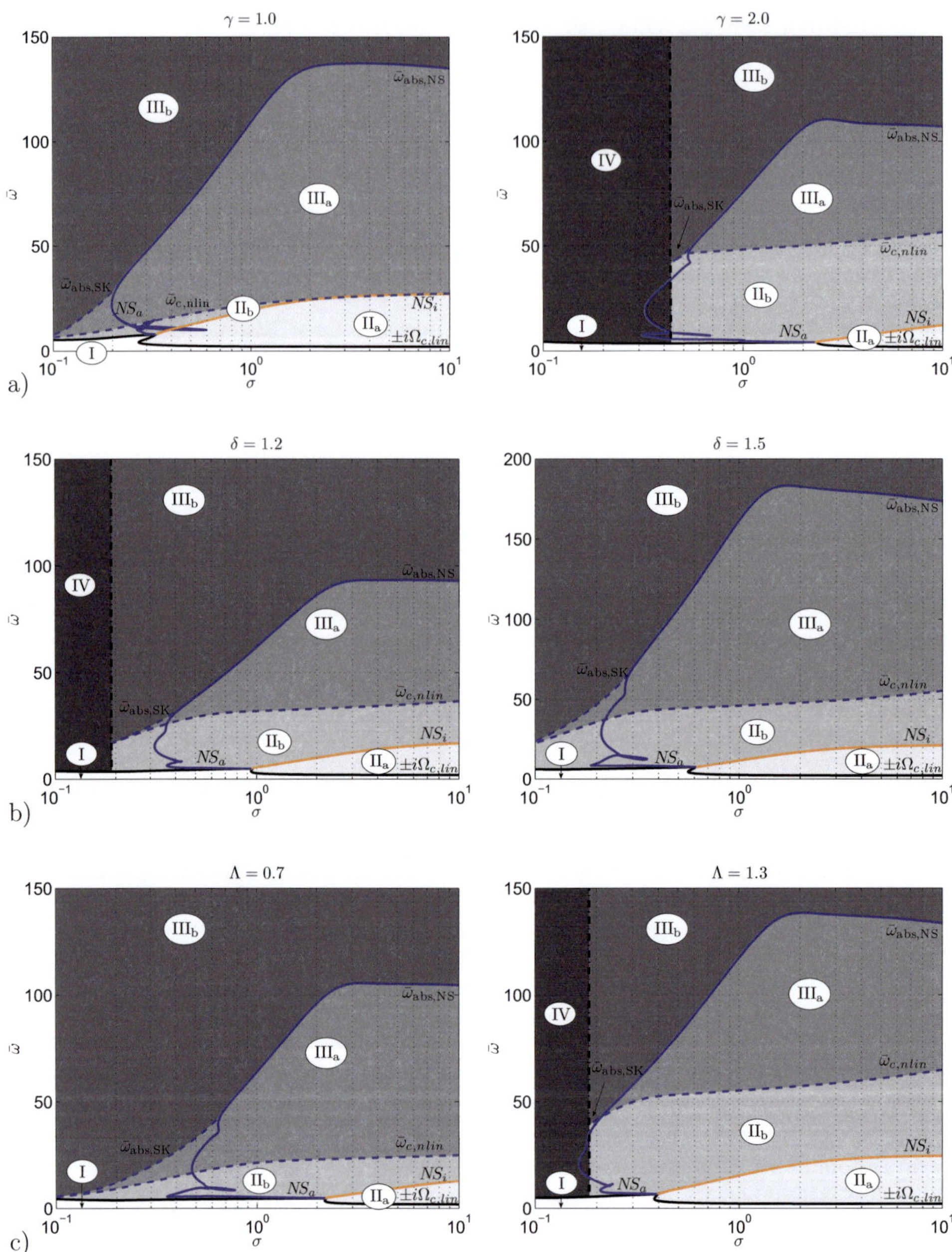

Abbildung 4.51: Nichtlineare Stabilitätskarten für den Laval-Rotor in Schwimmbuchsenlagern (vgl. Tabelle 4.3) unter Berücksichtigung des Einflusses von: a) Lagerspiel $\gamma$. b) Durchmesserverhältnis $\delta$. c) Breitenverhältnis $\Lambda$.

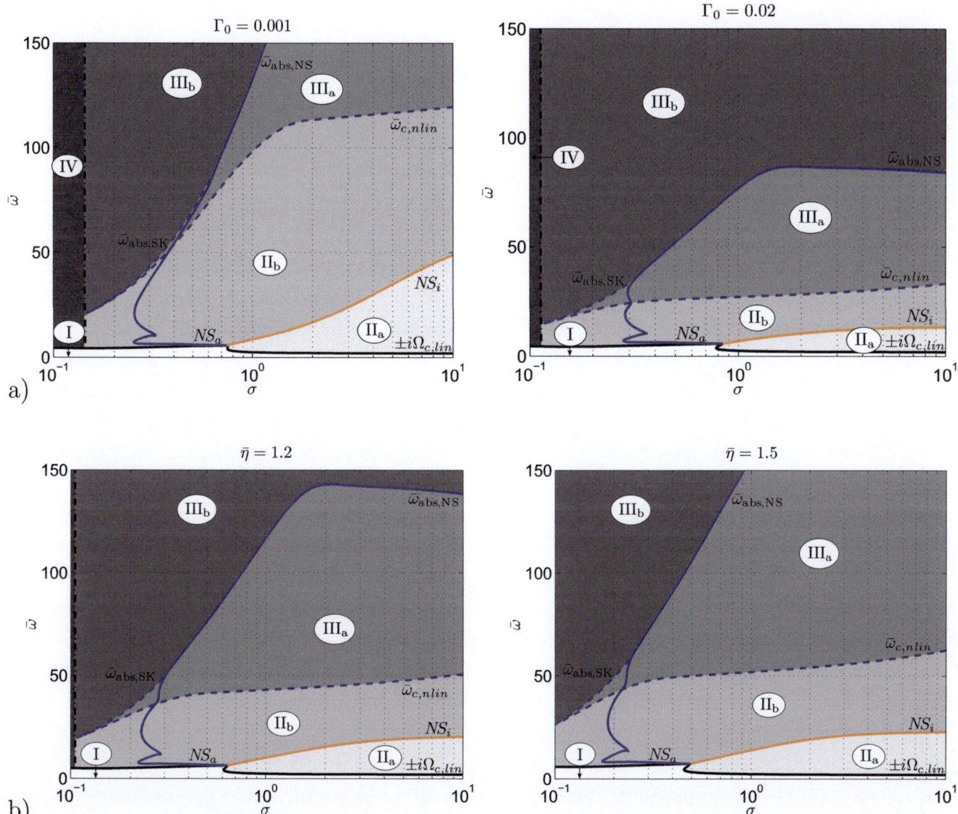

Abbildung 4.52: Nichtlineare Stabilitätskarten für den Laval-Rotor in Schwimmbuchsenlagern (vgl. Tabelle 4.3) unter Berücksichtigung des Einflusses von: a) Wellennachgiebigkeit $\Gamma_0$. b) Viskositätsverhältnis $\bar{\eta}$.

geführt wird. Wenn in der Praxis beim Rotor-Lager-System systematische Störungen (stoßartige Erregungen) auftreten oder auch die Unwucht hinreichend groß ist, könnte nämlich eine Verringerung des äußeren Lagerspiels sogar eine Herabsetzung der kritischen Drehzahl (Amplitudensprung in den kritischen Grenzzyklus) bedeuten. Bei Vergrößerung des Lagerspielverhältnisses auf $\gamma = 2.0$ ist der gegenteilige Effekt zu verzeichnen. Für mittel bis niedrig belastete Rotoren steigen die nichtlinearen kritischen Drehzahlen $\bar{\omega}_{c,nlin}$ bei gleichzeitiger Absenkung der absoluten Grenzdrehzahlen $\bar{\omega}_{abs}$ an. Neben einer Verkleinerung des Bereiches $\mathrm{II_a}$ ist zudem eine Ausdehnung des Bereiches IV bis hin zu mittleren Werten von $\sigma$ zu erkennen. Folglich lässt sich für die Wahl des Lagerspielverhältnisses $\gamma$ keine eindeutige Tendenz feststellen, da sich beide kritischen Drehzahlen $\bar{\omega}_{c,nlin}$ und $\bar{\omega}_{abs}$ entgegengesetzt verhalten. Bei diesem untersuchten Rotor sind trotzdem wohl die Erhöhung des äußeren Lagerspiels und somit der nichtlinearen kritischen Drehzahlen $\bar{\omega}_{c,nlin}$ vorzuziehen.

Eine Zunahme sowohl des Durchmesserverhältnisses $\delta$ als auch des Breitenverhältnisses $\Lambda$ hat einen positiven Effekt auf beide kritischen Drehzahlen $\bar{\omega}_{c,nlin}$ und $\bar{\omega}_{abs}$, wobei ein größerer äußerer Durchmesser bzw. eine Erhöhung von $\delta$ vergleichsweise deutlich höhere kritische Drehzahlen bewirkt. Zusätzlich liegen wiederum bis zu mittleren Werten von $\sigma$ in dem größeren Bereich $II_a$ subsynchrone Schwingungen des inneren Schmierfilms vor. Eine Verringerung von $\delta$ und $\Lambda$ verursacht eine Verschiebung beider nichtlinearer kritischer Drehzahlen zu kleineren Werten. In der Praxis gestaltet sich aufgrund der notwendigen konstruktiven Änderungen die Vergrößerung des äußeren Durchmessers und/oder der äußeren Lagerbreite zur Erhöhung der kritischen Drehzahlen als schwieriger. Als weiterer Nachteil ergibt sich daraus eine höhere Reibleistung des Lagers.

Mit zunehmender Wellennachgiebigkeit $\Gamma_0$ ergeben sich niedrigere kritische Drehzahlen $\bar{\omega}_{c,nlin}$ und $\bar{\omega}_{abs}$, während sich die Bereiche entlang der Achse des Lastparameters $\sigma$ kaum verschieben. Darüber hinaus ist für sehr steife Rotoren ($\Gamma_0 = 0.001$) der Bereich $II_a$ der subsynchronen Schwingungen des inneren Schmierfilms deutlich ausgeprägter. Bei dem untersuchten Rotormodell werden die gyroskopischen Effekte des Rotors vernachlässigt, so dass die kritischen Drehzahlen desto höher liegen, je steifer der Rotor ist. Da die gyroskopischen Effekte einen stabilisierenden Einfluss auf die kritischen Drehzahlen besitzen, ist das Zusammenspiel mit der Wellenverbiegung hoch komplex. Eine höhere Wellennachgiebigkeit kann zu größeren gyroskopischen Effekten führen, die wiederum den Rotor stabilisieren.

Das Viskositätsverhältnis $\bar{\eta}$ kann nur indirekt beeinflusst werden, indem die Einlasstemperatur des Öls verändert wird. Schließlich stellen sich während des Rotorbetriebs für die beiden Schmierfilme im Allgemeinen unterschiedliche Temperaturen ein, die dann für die Viskositäten in beiden Schmierfilmen verantwortlich sind. Da sich das Öl zwischen dem Zapfen und der Buchse erwärmt, herrscht im inneren gegenüber dem äußeren Schmierfilm stets eine höhere Temperatur vor, so dass von $\bar{\eta} \geq 1$ ausgegangen werden kann. Eine Erhöhung des Viskositätsverhältnisses $\bar{\eta}$ bewirkt ähnlich wie die Wellennachgiebigkeit $\Gamma_0$ nahezu nur eine Zunahme der beiden kritischen Drehzahlen. Eine Verschiebung der einzelnen Bereiche entlang der $\sigma$-Achse ist kaum ersichtlich. Demzufolge ist es hinsichtlich eines sicheren Betriebs des Rotors in Schwimmbuchsenlagern günstig, die Einlasstemperatur des Öls so niedrig wie möglich zu halten.

Erwähnenswert bleibt, dass die hier getroffenen Aussagen streng genommen nur zum Teil allgemein gültig sind, da von einem gewissen Standardparametersatz ausgegangen wird. Speziell für das Lagerspielverhältnis $\gamma$, bei dem keine eindeutige Tendenz festzustellen ist, können sich bei anderen Parameterkonstellationen unterschiedliche Szenarien einstellen. Um eine Verbesserung der Stabilitätseigenschaften zu gewährleisten, muss daher bei der Änderung einer solch sensitiven Größe wie $\gamma$ jedes Rotor-Lager-System separat betrachtet werden. In diesem Abschnitt wird insbesondere der Einfluss der Lagergrößen des äußeren Schmierfilms diskutiert. Die mit dem inneren Schmierfilm verbundenen Parameter werden weitestgehend in der gewählten dimensionslosen Notation im Last- bzw. Lagerparameter $\sigma$ erfasst. Dabei muss berücksichtigt werden, dass die nichtlinearen Stabilitätskarten nur für feste Verhältnisse von $\gamma$, $\delta$, $\Lambda$ und $\bar{\eta}$ gültig sind. Kleine Änderungen der Lagergrößen des inneren Schmierfilms können damit nur über den Lagerparameter $\sigma$ in einer nichtlinearen Stabilitätskarte für die vorgegebenen Verhältnisse abgeschätzt werden.


### 4.2.6  Einfluss der Unwucht

Die Systemparameter des Rotors in Schwimmbuchsenlagern beeinflussen maßgeblich das Stabilitäts- und Bifurkationsverhalten. Insbesondere die Bifurkation in den kritischen

Grenzzyklus bei einem quasi-stationären Hochlauf kann auf unterschiedlichste Arten erfolgen, wobei die zugehörige absolute Grenzdrehzahl vor allem im mittleren Lastbereich sehr sensitiv auf Parameteränderungen reagiert. Eine weitere wichtige Größe bei rotierenden Bauteilen ist die Größe der Unwucht, deren Einfluss sowohl auf die subsynchronen Schwingungen als auch auf den kritischen Grenzzyklus[11] beim Hochlauf im Rahmen dieses Abschnitts gesondert behandelt wird.

Zunächst wird von einem verhältnismäßig niedrig belasteten Rotor (vgl. Tabelle 4.3) in Schwimmbuchsenlagern mit dem Lagerparameter $\sigma = 1.0$ ausgegangen. In Abbildung 4.53 und 4.54 ist die Entwicklung des globalen Lösungsverhaltens für den betrachteten Rotor bei einer schrittweisen Erhöhung des Unwuchtparameters $\rho$ zu erkennen. Bei niedrigen Drehzahlen existieren stabile drehzahlsynchrone Schwingungen infolge der Unwucht, die mit zunehmender Drehzahl ihre Stabilität aufgrund einer Torus-Bifurkation oder einer Flip-Bifurkation im Falle höherer Unwuchten verlieren. Die daraus entstehenden (quasi-)periodischen Schwingungen können dem inneren Schmierfilm zugeordnet werden. Für Unwuchtparameter bis einschließlich $\rho = 0.2$ folgen bei einer weiteren Drehzahlsteigerung aufgrund einer Bifurkation der (quasi-)periodischen Schwingungen des inneren Schmierfilms „mixed-mode"-Lösungen, die gewöhnlich nur dem äußeren Schmierfilm zugeordnet werden. Ein starker Hinweis für das Auftreten einer Bifurkation der quasi-periodischen Lösungen ist durch den Sonderfall $\rho = 0.2$ gegeben. Die periodische Lösung doppelter Periode, die als geschlossene Lösung auf dem Torus angesehen werden kann, weist nämlich eine weitere Torus-Bifurkation bei $\bar{\omega} = 7.7$ auf, die für das Erscheinen der subsynchronen Frequenz $\Omega_{sub,a}$ des äußeren Schmierfilms neben $\Omega_{sub,i}$ (innerer Schmierfilm) bzw. $\Omega = 1$ (Unwucht) sorgt. Interessanterweise findet in diesem Fall ein Sprung der subsynchronen Frequenz $\Omega_{sub,i}$ des inneren Schmierfilms statt.

Bei größeren Unwuchten dagegen können sich die rein drehzahlsynchronen Schwingungen wieder stabilisieren, indem die periodischen Lösungen doppelter Periode (innerer Schmierfilm) infolge einer Flip-Bifurkation verschwinden. Schließlich werden die periodischen Lösungen einfacher Periode nach einer weiteren Drehzahlerhöhung zugunsten stabiler quasi-periodischer Schwingungen instabil. Dieser Bereich der quasi-periodischen eventuell chaotischen Lösungen wird überwiegend dem äußeren Schmierfilm zugewiesen und verzweigt dann bei der absoluten Grenzdrehzahl in den kritischen Bereich. Aus den Ergebnissen für die verschiedenen Unwuchtparameter ist zu erkennen, dass sich die absolute Grenzdrehzahl mit zunehmender Unwucht immer mehr der nichtlinearen kritischen Drehzahl nähert. Demnach kann eine zusätzliche Unwucht auch als Störung interpretiert werden, die einen vorzeitigen Sprung im Hysterese-Bereich $III_a$ (vgl. Abbildung 4.50) in den kritischen Bereich verursacht. Solange die Unwucht des Rotors geringe Größen annimmt und Resonanzphänomene ausgeschlossen werden können, kann folglich eine konservative Abschätzung der absoluten Grenzdrehzahl unter Berücksichtigung der Unwucht über die nichtlineare kritische Drehzahl des ideal ausgewuchteten Rotors erfolgen. Da der Hysterese-Bereich $III_a$ über einen weiten Drehzahlbereich ausgedehnt ist, verhält sich das hier betrachtete Rotor-Lager-System sehr sensitiv bezüglich einer Änderung der Unwucht. Erwähnenswert bleibt, dass außer der Abnahme der absoluten Grenzdrehzahl die Unwuchtbelastung einen weitgehend positiven Einfluss auf die Stabilitätsgrenze der rein drehzahl-

---

[11]Bei Berücksichtigung einer Unwucht stellen sich anstatt des kritischen Grenzzyklus (unwuchtfreier Fall) im Allgemeinen quasi-periodische Schwingungen extrem hoher Amplitude ein. Daher wird im Folgenden von einer kritischen Lösung, einem kritischen Bereich bzw. kritischen Schwingungen gesprochen.

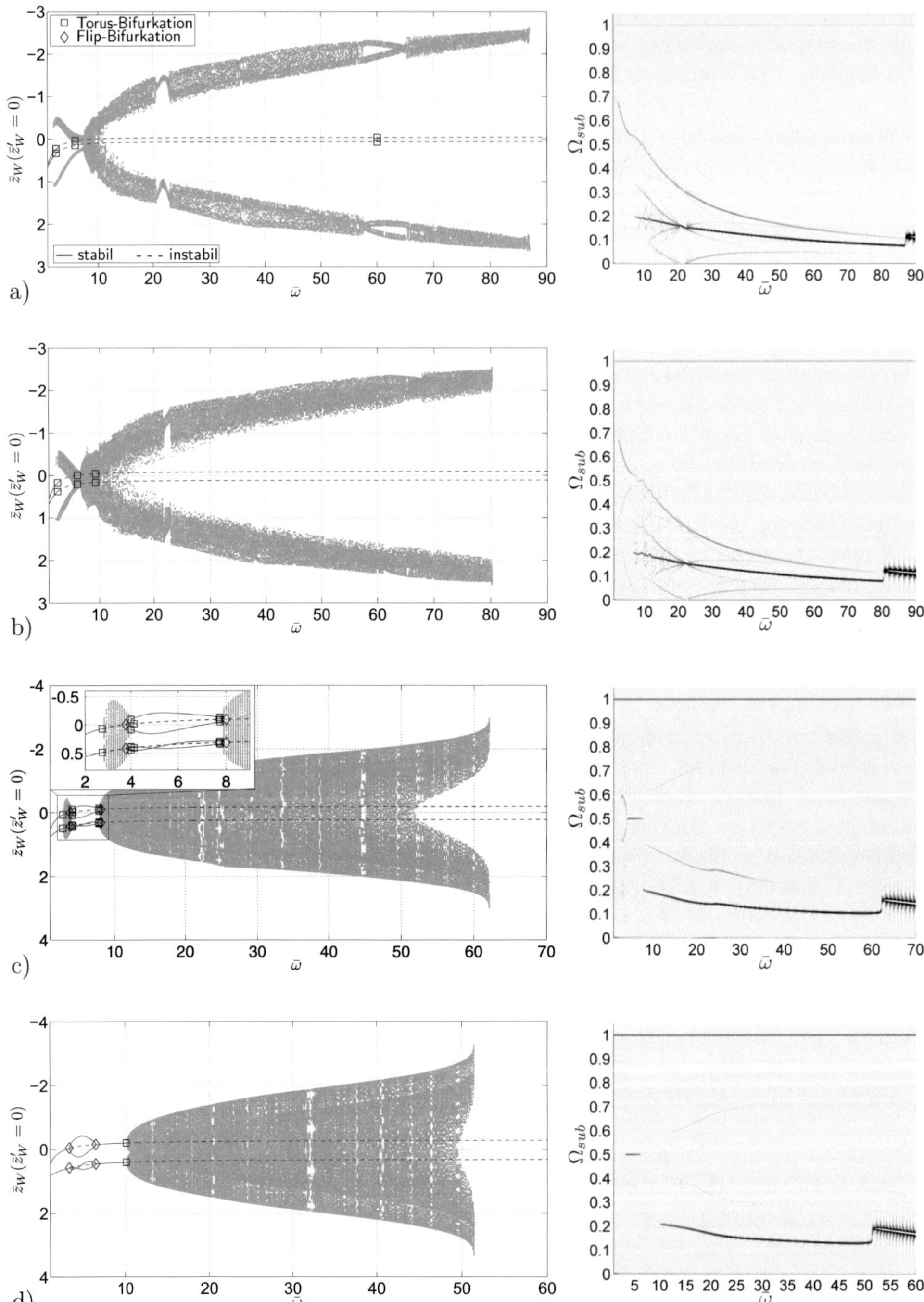

Abbildung 4.53: Bifurkationsdiagramme und zugehörige 2D-Ordnungsdiagramme des Laval- Rotors in Schwimmbuchsenlagern ($\sigma = 1.0$, vgl. Tabelle 4.3) unter Berücksichtigung des Einflusses der Unwucht: a) $\rho = 0.05$. b) $\rho = 0.1$. c) $\rho = 0.2$. d) $\rho = 0.3$.

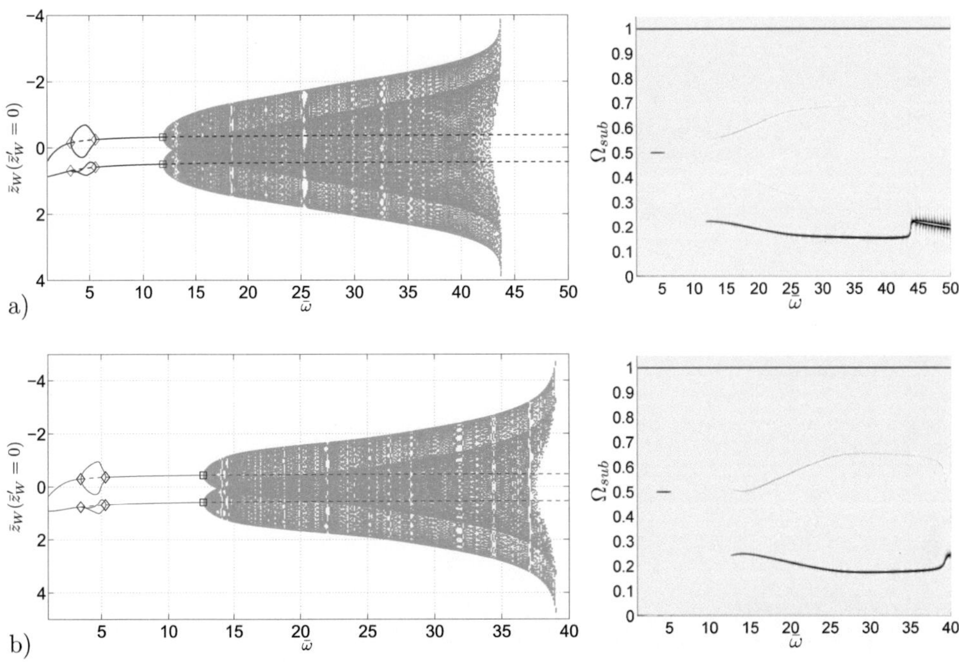

Abbildung 4.54: Bifurkationsdiagramme und zugehörige 2D-Ordnungsdiagramme des Laval- Rotors in Schwimmbuchsenlagern ($\sigma = 1.0$, vgl. Tabelle 4.3) unter Berücksichtigung des Einflusses der Unwucht: a) $\rho = 0.4$. b) $\rho = 0.5$.

synchronen Lösungen bewirkt. Darüber hinaus scheinen die insbesondere im niederen Drehzahlbereich anzutreffenden chaotischen Bereiche mit zunehmender Unwucht zu verschwinden. Zudem führt die Unwucht aufgrund höherer Lagerexzentrizitäten zu einer leichten Erhöhung der subsynchronen Frequenzen.

Abbildung 4.55 zeigt das Bifurkationsdiagramm sowie die zugehörigen Amplitudenspektren des extrem niedrig belasteten Rotors ($\sigma = 10.0$) für verhältnismäßig hohe Unwuchtparameter $\rho$ in Abhängigkeit der Drehzahl $\bar{\omega}$. Im Gegensatz zum vorher diskutierten Fall von $\sigma = 1.0$ sind im niederen Drehzahlbereich keine Bifurkationen zu beobachten, so dass die subsynchronen Schwingungen des inneren Schmierfilms nicht mehr alleine auftreten. Außerdem ist die Stabilitätsgrenze der rein periodischen Lösungen einfacher Periode zu höheren Drehzahlen verschoben. Eine weitere Besonderheit ist dadurch gegeben, dass sich die absolute Grenzdrehzahl bei $\bar{\omega} \approx 120$ gegenüber dem unwuchtfreien Fall nicht merklich ändert, vgl. Abbildung 4.47b). Wie aus dem unwuchtfreien Fall für $\sigma = 10.0$ bekannt ist, liegt der an der äußeren Krise beteiligte instabile Lösungsast weit oberhalb des quasiperiodischen bzw. chaotischen Attraktors. Wenn bei Berücksichtigung einer Unwucht quasi von einer Überlagerung der subsynchronen mit den drehzahlsynchronen Schwingungen ausgegangen wird, wird wegen der verhältnismäßig geringen Amplituden der drehzahlsynchronen Schwingungen folglich eine Kollision zwischen dem Attraktor und dem instabilen Ast bzw. seiner stabilen invarianten Mannigfaltigkeit nicht unbedingt wahrscheinlicher. Je-

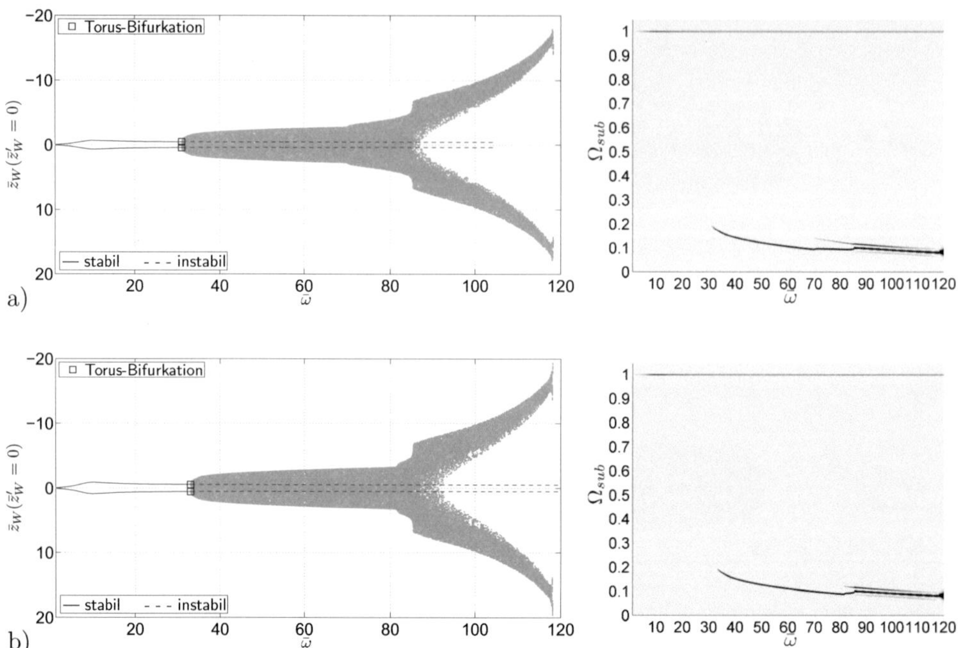

Abbildung 4.55: Bifurkationsdiagramme und zugehörige 2D-Ordnungsdiagramme des extrem niedrig belasteten Laval-Rotors in Schwimmbuchsenlagern ($\sigma = 10.0$, vgl. Tabelle 4.3) unter Berücksichtigung des Einflusses der Unwucht: a) $\rho = 0.4$. b) $\rho = 0.5$.

doch stellt sich vor der Bifurkation in den kritischen Bereich eine sogenannte Zwischenstufe ein, die wiederum einen Rotorausfall durch den bei niedrigeren Drehzahlen $\bar{\omega} \approx 85$ auftretenden Amplitudensprung der subsynchronen Schwingungen des äußeren Schmierfilms verursachen könnte. Dabei unterscheidet sich dessen kritische Drehzahl ebenfalls kaum vom ideal ausgewuchteten Rotor. Demzufolge wird sowohl das Lösungsverhalten im Bereich der subsynchronen Schwingungen des äußeren Schmierfilms als auch die Bifurkation in die kritische Lösung selbst von einer hier durchaus als groß angenommenen Unwucht beinahe nicht beeinflusst.

Die Stabilitätsgrenzen der periodischen Unwuchtschwingungen einfacher Periode können wiederum in nichtlinearen Stabilitätskarten dargestellt werden (vgl. Abbildung 4.56). Für eine geringe Unwucht von $\rho = 0.05$ ähnelt das Stabilitätsverhalten erneut sehr stark dem unwuchtfreien Fall. Aus den Fällen für $\rho = 0.1$ bzw. $\rho = 0.2$ wird ersichtlich, dass die Flip-Kurven $PD_{U,i}$ aus einer Codimension-2-Bifurkation (Resonanz 1:2) der Neimark-Sacker-Kurve $NS_{U,i}$ des inneren Schmierfilms resultieren. Wie schon zuvor angenommen, können infolgedessen auftretende Flip-Bifurkationen der rein drehzahlsynchronen Lösungen stets dem inneren Schmierfilm zugewiesen werden.

Eine zunehmende Unwucht bewirkt wie bei den untersuchten Gleitlagern mit einfachem Schmierfilm eine Stabilisierung der drehzahlsynchronen Schwingungen. So können beispielsweise für $\rho = 0.2$ bzw. $\rho = 0.3$ die quasi-periodischen Schwingungen des inneren und

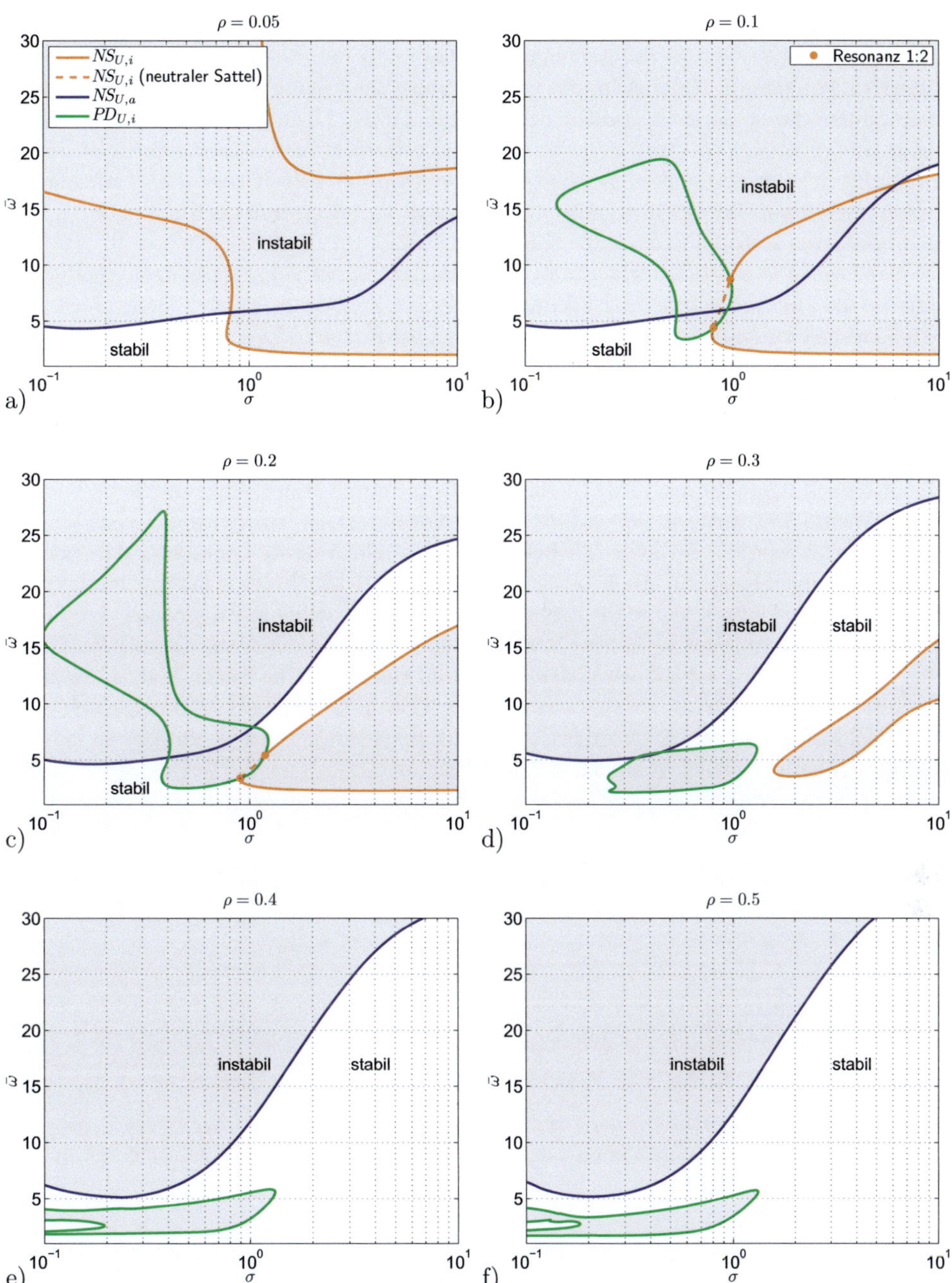

Abbildung 4.56: Nichtlineare Stabilitätskarten des Laval-Rotor in Schwimmbuchsenlagern ($\sigma = 10.0$, vgl. Tabelle 4.3) für die drehzahlsynchronen Schwingungen unter Berücksichtigung des Einflusses der Unwucht: a) $\rho = 0.05$. b) $\rho = 0.1$. c) $\rho = 0.2$. d) $\rho = 0.3$. e) $\rho = 0.4$. f) $\rho = 0.5$.

äußeren Schmierfilms isoliert vorkommen. Für das Auftreten von subsynchronen Schwingungen des inneren Schmierfilms bilden sich dann von der Neimark-Sacker-Kurve $NS_{U,i}$ begrenzte, sogenannte Halbinseln, die von den subsynchronen Schwingungen des äußeren Schmierfilms durch Bereiche stabiler drehzahlsynchroner Lösungen einfacher Periode getrennt sind. Das isolierte Auftreten der einzelnen subsynchronen Schwingungen ist hierbei typisch für in Schwimmbuchsen gelagerte Rotoren. Aus den Flip-Kurven $PD_{U,i}$ können sich ebenso Inseln bzw. Halbinseln ergeben, die bevorzugt bei geringeren Lastparametern $\sigma$ bzw. hoch belasteten Rotoren anzutreffen sind. Letztendlich verschwinden für hohe Unwuchten $\rho = 0.4$ bzw. $\rho = 0.5$ die durch die Neimark-Sacker-Kurve $NS_{U,i}$ gegebenen Halbinseln, während die Stabilitätsgrenze der Lösungen einfacher Periode zu höheren Drehzahlen wandert. Dagegen existieren weiterhin die von den Flip-Kurven $PD_{U,i}$ gebildeten Halbinseln im niederen Lastparameterbereich.

Zusammenfassend lässt sich festhalten, dass auch im Fall von Schwimmbuchsenlagern insbesondere im niederen Drehzahlbereich mit zunehmender Unwucht die subsynchronen Schwingungen von den rein drehzahlsynchronen Schwingungen verdrängt werden. Somit können insbesondere für den niedrig belasteten Rotor durch gezielt angebrachte Unwuchten sogar die zum Teil lästigen jedoch für den Betrieb harmlosen subsynchronen Schwingungen vermieden werden. Dabei ist zu beachten, dass infolge einer Unwucht zum einen die absolute Grenzdrehzahl für die Bifurkation in den kritischen Bereich massiv herabgesetzt werden kann und zum anderen die drehzahlsynchronen Schwingungen größerer Amplitude der Grund für beispielsweise höhere Verschleißerscheinungen oder Resonanzschwingungen sein können. Für den mittel bzw. hoch belasteten Rotor ist eine solche Maßnahme weniger sinnvoll, da er ohnehin eher zu einer Bifurkation in den kritischen Bereich neigt und die Verschiebung der Stabilitätsgrenze der drehzahlsynchronen Schwingungen zu höheren Drehzahlen bei weitem nicht so deutlich ausfällt.

# Kapitel 5

# Nichtlineare Effekte bei gleitgelagerten Kontinuumsrotoren

Die bisherigen Untersuchungen des Stabilitäts- sowie Bifurkationsverhaltens mittels numerischer Pfadverfolgung beschränken sich auf das Modell des symmetrischen Laval-Rotors, wobei sie sich auf die Behandlung der rein zylindrischen Bewegung der Rotormittelachse konzentrieren. Um sowohl konische Bewegungsformen als auch die gyroskopischen Effekte des Rotors in die Betrachtung miteinzubeziehen, bietet sich die Erweiterung des Modells zu einem Kontinuumsrotor an. In der Literatur (siehe beispielsweise [121]) existieren dafür verschiedene Balkentheorien. Das einfachste Modell zur Beschreibung von Biegeschwingungen eines flexiblen Balkens ist durch den sogenannten Bernoulli-Euler-Balken gegeben. Jedoch wird bei dieser Modellierung die Rotationsträgheit nicht berücksichtigt, die für eine rotierende Welle mit Kreisquerschnitt von immenser Bedeutung sein kann. Die dadurch entstehenden Effekte können durch einen sogenannten Rayleigh-Balken erfasst werden, der die Grundlage für die nachfolgenden Stabilitätsuntersuchungen bildet. Im Gegensatz zum Bernoulli-Euler-Balken wird für den Rayleigh-Balken zur Lösung im Folgenden auf die Verwendung von Näherungsverfahren zurückgegriffen. Beim Bernoulli-Euler- und auch beim Rayleigh-Balken wird angenommen, dass die Verformungen des Balkens ausschließlich durch das Biegemoment resultieren. Das Modell des sogenannten Timoshenko-Balkens stellt dabei die Erweiterung des Rayleigh-Balkens um schubbedingte Verformungen dar. Da es sich bei schnelldrehenden Rotoren meist um schlanke Wellen handelt, ist die Modellierung als Rayleigh-Balken ausreichend, um die grundlegenden Effekte sowohl qualitativ als auch quantitativ hinreichend genau abzubilden.

## 5.1 Modellbildung

Im Rahmen dieses Abschnitts wird die Modellierung der gleitgelagerten Rayleigh-Welle beschrieben. Bei der Herleitung der Bewegungsgleichungen wird von einer Lagerung des Rotors in Schwimmbuchsen ausgegangen. Kreiszylindrische Gleitlager mit einem einfachen Schmierfilm stellen dann einen Sonderfall dar. Für die auftretenden nichtlinearen Lagerkräfte wird wieder die analytische Näherungslösung nach der Kurzlagertheorie verwendet. Um eine systematische Untersuchung der Stabilität des Systems durchzuführen, wird erneut eine Reduktion der Modellparameter vorgenommen, indem die Bewegungsgleichungen in eine dimensionslose Form überführt werden. Weitestgehend können die im vorherigen

Kapitel aufgestellten dimensionslosen Rotor- und Lagerparameter übernommen werden. Die Modellierung wird zunächst auf eine rotierende Welle in isotrop linear-elastischer Lagerung spezialisiert, woraus wichtige Schlussfolgerungen über den Einfluss der Drehzahl auf die zu erwartenden kritischen Drehzahlen und die dort vorherrschenden Schwingungsmoden der Welle gezogen werden können.

## Bewegungsgleichungen

Die Modellierung des unwuchtigen Rotors erfolgt als ein Kontinuumsmodell einer rotierenden schlanken Welle unter Berücksichtigung der Rotationsträgheit (Rayleigh-Balken). Wie schon vorher erwähnt, werden die Verformungen durch Schub dabei vernachlässigt. Bei Deformation bleiben die Querschnitte senkrecht zur neutralen Faser eben. Außerdem wird von linear-elastischem Materialverhalten ausgegangen. Axiale Verschiebungen in $x$-Richtung werden ebenso nicht berücksichtigt. Ferner ist im Fall von schnelllaufenden Rotoren die Berücksichtigung gyroskopischer Effekte infolge der Schiefstellung des Rotors unbedingt notwendig.

Weiterhin wird angenommen, dass der Rotor einen ideal kreisrunden Querschnitt (Durchmesser $D_i$) über seine gesamte Länge $\ell$ besitzt, so dass sich eine Berechnung in einem raumfesten, kartesischen $(x, y, z)$-Bezugssystem anbietet. Zudem wird bei den folgenden Untersuchungen stets von einem in zwei gleichen Schwimmbuchsenlagern laufenden Rotor ausgegangen. Folglich werden bei beiden Schwimmbuchsenlagern identische Lagerparameter angenommen. In Abbildung 5.1 ist der sich um die raumfeste $x-$Achse mit der konstanten Winkelgeschwindigkeit $\omega$ drehende Rotor der Länge $\ell$ unter dem Einfluss des Schwerefelds der Erde $g$ dargestellt, wobei sich die beiden Lager an zwei diskreten Stellen

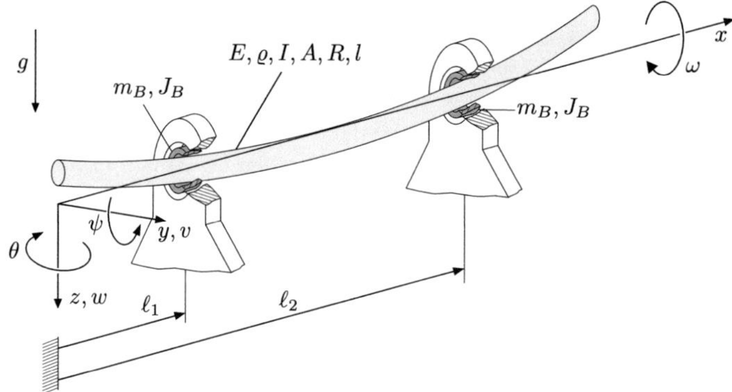


Abbildung 5.1: Kontinuumsrotor (Elastizitätsmodul $E$, Dichte $\varrho$, Flächenträgheitsmoment $I$, Querschnittsfläche $A$, Radius $R = \frac{D_i}{2}$, Länge $\ell$) in Schwimmbuchsenlagern.

$\ell_1$ bzw. $\ell_2$ des Balkens befinden. Im Folgenden kennzeichnet der Index $()_1$ die Lagerstelle $\ell_1$ bzw. $()_2$ die Lagerstelle $\ell_2$.

Die Biegeschwingungen des gleitgelagerten Rotors in der horizontalen $y$- bzw. vertikalen $z$-Richtung werden durch die Verschiebungen $v(x, t)$ bzw. $w(x, t)$ der Rotormittelachse[1] beschrieben. Außerdem werden sowohl konstante Biegesteifigkeiten $EI$ als auch konstante Massendichten $\varrho A$ über der Balkenlänge $\ell$ vorausgesetzt. Zur Herleitung der Bewegungsgleichungen wird das Prinzip von Hamilton angewandt, das in allgemeiner Form

$$\delta \int_{t_0}^{t_1} (T - V)\, \mathrm{d}t + \int_{t_0}^{t_1} \delta W\, \mathrm{d}t = 0 \tag{5.1}$$

lautet. Die kinetische Energie der rotierenden Welle $T_W$ kann in einen translatorischen Anteil $T_{W,trans}$ und in einen rotatorischen Anteil $T_{W,rot}$

$$T_W = T_{W,trans} + T_{W,rot} \tag{5.2}$$

zerlegt werden. Der translatorische Anteil ist dabei durch

$$T_{W,trans} = \frac{1}{2}\varrho A \int_0^\ell (\dot{v}^2 + \dot{w}^2)\, \mathrm{d}x \tag{5.3}$$

gegeben. Damit der rotatorische Anteil $T_{W,rot}$ der kinetischen Energie in einem Hauptachsensystem des Rotors mit einer konstanten Trägheitsmatrix ausgewertet werden kann, müssen die Winkelgeschwindigkeiten $\omega_\xi$, $\omega_\eta$ und $\omega_\zeta$ in einem körperfesten Koordinatensystem $(\xi, \eta, \zeta)$ vorliegen, die dann beispielsweise durch Kardan-Winkel ausgedrückt werden (vgl. Abbildung 5.2). Demnach wird für den rotatorischen Anteil der Ausdruck

$$T_{W,rot} = \frac{1}{2}\varrho \int_0^\ell (I_p\, \omega_\xi^2 + I\, \omega_\eta^2 + I\, \omega_\zeta^2)\, \mathrm{d}x \tag{5.4}$$

erhalten, worin $I = \frac{\pi}{4}R^4$ das radiale Flächenträgheitsmoment und $I_p = 2I$ das polare Flächenträgheitsmoment für einen kreisrunden Balkenquerschnitt bezeichnen. Daneben

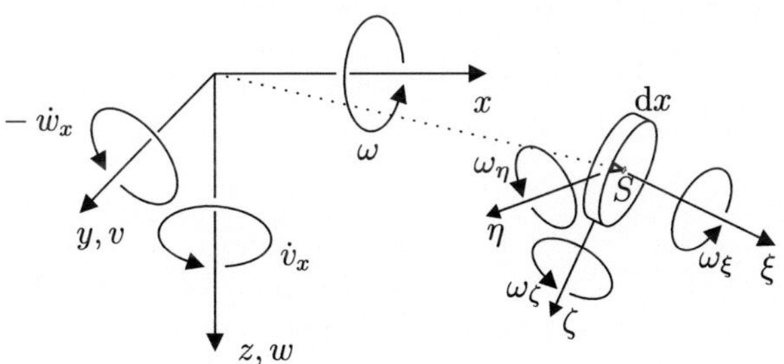


Abbildung 5.2: Rotorscheibe mit infinitesimaler Breite $\mathrm{d}x$.

werden die kleinen Neigungswinkel $\psi \ll 1$, $\theta \ll 1$ des deformierten Balkens gegenüber der horizontalen $y$- sowie der vertikalen $z$-Achse durch

$$\psi = -w_x \quad \text{und} \quad \theta = v_x \tag{5.5}$$

---

[1]Der Schwerpunkt des Rotors wird hier in seinem geometrischen Mittelpunkt angesetzt. Somit wird zunächst keine Massenexzentrizität $e_S(x)$ entlang der Rotormittelachse betrachtet.

angenähert. Der Index $()_x = \frac{\partial}{\partial x}$ bezeichnet partielle Ableitungen bezüglich der Ortskoordinate $x$. Werden weiterhin kleine Deformationen $v_x \ll 1$, $w_x \ll 1$ angenommen, kann nach Auswertung der rotatorischen Anteile $T_{W,rot}$ im körperfesten Koordinatensystem die gesamte kinetische Energie $T_W$ der rotierenden Welle als

$$T_W = \frac{1}{2}\varrho A \int_0^\ell (\dot{v}^2 + \dot{w}^2)\,\mathrm{d}x + \frac{1}{2}\varrho I \int_0^\ell (\dot{v}_x^2 + \dot{w}_x^2)\,\mathrm{d}x + \varrho I \omega \int_0^\ell (v_x \dot{w}_x - w_x \dot{v}_x)\,\mathrm{d}x + \varrho I \omega^2 \ell \quad (5.6)$$

formuliert werden. Die potentielle Energie $V_W$, bestehend aus den Anteilen für das elastische Potential sowie das Schwerepotential der Welle, ergibt sich zu

$$V_W = \frac{1}{2}EI \int_0^\ell (v_{xx}^2 + w_{xx}^2)\,\mathrm{d}x - \int_0^\ell \varrho A g w\,\mathrm{d}x\,. \quad (5.7)$$

Die Berücksichtigung der beiden Schwimmbuchsen (Masse $m_B$, Massenträgheitsmoment $J_B$) führt zu weiteren Anteilen

$$T_B = \frac{m_B}{2}(\dot{y}_{B1}^2 + \dot{y}_{B2}^2 + \dot{z}_{B1}^2 + \dot{z}_{B2}^2) + \frac{J_B}{2}(\omega_{B1}^2 + \omega_{B2}^2) \quad (5.8)$$

in der kinetischen Energie sowie

$$V_B = -m_B g(z_{B1} + z_{B2}) \quad (5.9)$$

in der potentiellen Energie, wobei die Koordinaten $y_{B1}$, $z_{B1}$, $y_{B2}$, $z_{B2}$ die horizontalen bzw. vertikalen Auslenkungen der Buchsen an den beiden Lagerstellen $\ell_1$ und $\ell_2$ bezeichnen. Die virtuelle Arbeit $\delta W$ der potentiallosen Kräfte setzt sich aus den Anteilen der nichtlinearen Lagerkräfte und der Unwucht zusammen:

$$\delta W = \delta W_L + \delta W_U\,, \quad (5.10)$$

wenn Dämpfungseinflüsse erst später eingearbeitet werden. Der Anteil der nichtlinearen Lagerkräfte ist gegeben durch

$$\begin{aligned}
\delta W_L = {}& F_{y1i}\,\delta v(\ell_1) + F_{z1i}\,\delta w(\ell_1) + F_{y2i}\,\delta v(\ell_2) + F_{z2i}\,\delta w(\ell_2) \\
& + (F_{y1a} - F_{y1i})\delta y_{B1} + (F_{z1a} - F_{z1i})\delta z_{B1} + (F_{y2a} - F_{y2i})\delta y_{B2} + (F_{z2a} - F_{z2i})\delta z_{B2} \\
& + 2\pi(M_{1a} - M_{1i})\delta\varphi_{B1} + 2\pi(M_{2i} - M_{2a})\delta\varphi_{B2}\,.
\end{aligned} \quad (5.11)$$

Die nichtlinearen Lagerkräfte $F_{y1i}$, $F_{z1i}$, $F_{y2i}$, $F_{z2i}$ infolge des inneren Schmierfilms sind jeweils von den Auslenkungen und Geschwindigkeiten sowohl des Balkens (an den Lagerstellen $\ell_1$ bzw. $\ell_2$) als auch der entsprechenden Buchse abhängig. Die Kräfte $F_{y1a}$, $F_{z1a}$, $F_{y2a}$, $F_{z2a}$ sind nur Funktionen der Zustandsgrößen der jeweiligen Buchse. Die Lagerkräfte werden wiederum nach der Kurzlagertheorie berechnet, während sich die inneren und äußeren Reibmomente $M_{1i}$, $M_{1a}$ bzw. $M_{2i}$, $M_{2a}$ der beiden Lagerstellen nach den in (4.26) angegebenen Formeln ergeben. Die Berücksichtigung einer Unwucht wird hier in der virtuellen Arbeit[2]

$$\delta W_U = \varrho A \omega^2 \int_0^\ell e_S(x)\Big(\sin(\omega t + \varphi(x))\delta v + \cos(\omega t + \varphi(x))\delta w\Big)\mathrm{d}x\,, \quad (5.12)$$

---

[2]Alternativ dazu kann die Unwuchtverteilung auch in der kinetischen Energie $T_W$ der rotierenden Welle berücksichtigt werden, wenn sich die darin auftretenden Geschwindigkeiten nicht auf den geometrischen Mittelpunkt sondern auf den Schwerpunkt der Welle beziehen.

vorgenommen, wobei $e_S(x)$ die Verteilung der Massenexzentrizität entlang der Rotationsachse darstellt. Der zugehörige Phasenwinkel $\varphi(x)$ gibt die Orientierung der Unwucht auf dem Rotor an und wird im Folgenden vernachlässigt ($\varphi(x) = 0$).

Nach Einsetzen der kinetischen Energien (5.6), (5.8), der potentiellen Energien (5.7), (5.9) sowie der virtuellen Arbeit (5.10) in das Prinzip von Hamilton (5.1) kann mittels eines gemischten Ritz-Ansatzes der Form

$$\tilde{v}(x,t) = \mathbf{\Phi}^T(x)\,\mathbf{q}_{\mathrm{I}}(t), \qquad \tilde{w}(x,t) = \mathbf{\Phi}^T(x)\,\mathbf{q}_{\mathrm{II}}(t) \qquad \text{mit} \qquad \mathbf{q}(t) = [\mathbf{q}_{\mathrm{I}}(t), \mathbf{q}_{\mathrm{II}}(t)]^T \quad (5.13)$$

das daraus folgende Variationsproblem zur Bestimmung der Näherungslösungen für die horizontalen Verschiebungen $\tilde{v}(x,\,t)$ sowie für die vertikalen Verschiebungen $\tilde{w}(x,\,t)$ formuliert werden (siehe beispielsweise [50, 81, 121]).

Demzufolge wird zur näherungsweisen Beschreibung des dynamischen Systemverhaltens das gekoppelte, nichtlineare System gewöhnlicher Differentialgleichungen erhalten, das sich aus den Gleichungen für die rotierende Welle in den modalen Koordinaten $\mathbf{q}$

$$\mathbf{M}\,\ddot{\mathbf{q}} + (\mathbf{D} + \mathbf{G})\,\dot{\mathbf{q}} + \mathbf{K}\,\mathbf{q} = \mathbf{F}_1 + \mathbf{F}_2 + \mathbf{F}_g + \mathbf{F}_U \tag{5.14a}$$

sowie für die beiden Buchsen an den Lagerstellen $\ell_1$ und $\ell_2$ (statische Buchsenlast $W_B = m_B\, g$)

$$m_B\,\ddot{y}_{B1} = F_{y1a}(y_{B1}, \dot{y}_{B1}, z_{B1}, \dot{z}_{B1}, \omega_{B1}) - F_{y1i}(\mathbf{q}, \dot{\mathbf{q}}, y_{B1}, \dot{y}_{B1}, z_{B1}, \dot{z}_{B1}, \omega_{B1}), \tag{5.14b}$$

$$m_B\,\ddot{z}_{B1} = W_B + F_{z1a}(y_{B1}, \dot{y}_{B1}, z_{B1}, \dot{z}_{B1}, \omega_{B1}) - F_{z1i}(\mathbf{q}, \dot{\mathbf{q}}, y_{B1}, \dot{y}_{B1}, z_{B1}, \dot{z}_{B1}, \omega_{B1}), \tag{5.14c}$$

$$J_B\,\dot{\omega}_{B1} = M_{1i}(\mathbf{q}, \dot{\mathbf{q}}, y_{B1}, z_{B1}, \omega_{B1}) - M_{1a}(y_{B1}, z_{B1}, \omega_{B1}), \tag{5.14d}$$

$$m_B\,\ddot{y}_{B2} = F_{y2a}(y_{B2}, \dot{y}_{B2}, z_{B2}, \dot{z}_{B2}, \omega_{B2}) - F_{y2i}(\mathbf{q}, \dot{\mathbf{q}}, y_{B2}, \dot{y}_{B2}, z_{B2}, \dot{z}_{B2}, \omega_{B2}), \tag{5.14e}$$

$$m_B\,\ddot{z}_{B2} = W_B + F_{z2a}(y_{B2}, \dot{y}_{B2}, z_{B2}, \dot{z}_{B2}, \omega_{B2}) - F_{z2i}(\mathbf{q}, \dot{\mathbf{q}}, y_{B2}, \dot{y}_{B2}, z_{B2}, \dot{z}_{B2}, \omega_{B2}), \tag{5.14f}$$

$$J_B\,\dot{\omega}_{B2} = M_{2i}(\mathbf{q}, \dot{\mathbf{q}}, y_{B2}, z_{B2}, \omega_{B2}) - M_{2a}(y_{B2}, z_{B2}, \omega_{B2}) \tag{5.14g}$$

zusammensetzt. Die Komponenten der symmetrischen Massenmatrix $\mathbf{M}$, der schiefsymmetrischen gyroskopischen Matrix $\mathbf{G}$ sowie der symmetrischen Steifigkeitsmatrix $\mathbf{K}$ sind zeitlich konstant und können durch die Beziehungen

$$\mathbf{M} = \varrho A \begin{pmatrix} \int_0^\ell \mathbf{\Phi}\mathbf{\Phi}^T\,\mathrm{d}x & \mathbf{0} \\ \mathbf{0} & \int_0^\ell \mathbf{\Phi}\mathbf{\Phi}^T\,\mathrm{d}x \end{pmatrix} + \varrho I \begin{pmatrix} \int_0^\ell \mathbf{\Phi}_x\mathbf{\Phi}_x{}^T\,\mathrm{d}x & \mathbf{0} \\ \mathbf{0} & \int_0^\ell \mathbf{\Phi}_x\mathbf{\Phi}_x{}^T\,\mathrm{d}x \end{pmatrix},$$

$$\mathbf{G} = 2\varrho I \omega \begin{pmatrix} \mathbf{0} & \int_0^\ell \mathbf{\Phi}_x\mathbf{\Phi}_x{}^T\,\mathrm{d}x \\ -\int_0^\ell \mathbf{\Phi}_x\mathbf{\Phi}_x{}^T\,\mathrm{d}x & \mathbf{0} \end{pmatrix}, \tag{5.15}$$

$$\mathbf{K} = EI \begin{pmatrix} \int_0^\ell \mathbf{\Phi}_{xx}\mathbf{\Phi}_{xx}{}^T\,\mathrm{d}x & \mathbf{0} \\ \mathbf{0} & \int_0^\ell \mathbf{\Phi}_{xx}\mathbf{\Phi}_{xx}{}^T\,\mathrm{d}x \end{pmatrix}$$

bestimmt werden. Die Dämpfungsmatrix $\mathbf{D}$ in der Bewegungsgleichung (5.14a) kann nachträglich über

$$\mathbf{D} = \alpha_a \mathbf{M} \tag{5.16}$$

angenähert werden, wenn die Bequemlichkeitshypothese bzw. eine Rayleigh-Dämpfung vorausgesetzt wird, vgl. [4]. Der Dämpfungskoeffizient $\alpha_a$ gibt den Anteil der massenproportionalen Dämpfung im System an und stellt die Einflüsse der äußeren dissipativen

Kräfte dar. Dagegen wird die Materialdämpfung in den nachfolgenden Untersuchungen vernachlässigt. Die gyroskopische Matrix $\mathbf{G}$ berücksichtigt im Gegensatz zu der ebenfalls geschwindigkeitsproportionalen Dämpfungsmatrix $\mathbf{D}$ nur energieneutrale Kräfte. Im vorliegenden Fall handelt es sich um die Kreiselwirkungen. Erwähnenswert bleibt, dass sich bei einer Linearisierung der Lagerkräfte $\mathbf{F}_1$ bzw. $\mathbf{F}_2$ sowohl zirkulatorische Anteile in der Steifigkeitsmatrix $\mathbf{K}$ als auch weitere symmetrische Anteile in der Dämpfungsmatrix $\mathbf{D}$ ergeben. Dagegen können die auf der rechten Seite von (5.14a) gegebenen Vektoren für die Gewichts-, Unwucht- und Lagerkräfte auf die rotierende Welle über

$$\mathbf{F}_g = \varrho A g \begin{pmatrix} \mathbf{0} \\ \int_0^\ell \mathbf{\Phi}(x)\,\mathrm{d}x \end{pmatrix}, \quad \mathbf{F}_U = \varrho A \omega^2 \begin{pmatrix} \sin\omega t \int_0^\ell e_S(x)\,\mathbf{\Phi}(x)\,\mathrm{d}x \\ \cos\omega t \int_0^\ell e_S(x)\,\mathbf{\Phi}(x)\,\mathrm{d}x \end{pmatrix},$$

$$\mathbf{F}_1 = \begin{pmatrix} F_{y1i}(\mathbf{q},\dot{\mathbf{q}},y_{B1},\dot{y}_{B1},z_{B1},\dot{z}_{B1},\omega_{B1})\,\mathbf{\Phi}(x=\ell_1) \\ F_{z1i}(\mathbf{q},\dot{\mathbf{q}},y_{B1},\dot{y}_{B1},z_{B1},\dot{z}_{B1},\omega_{B1})\,\mathbf{\Phi}(x=\ell_1) \end{pmatrix},$$

$$\mathbf{F}_2 = \begin{pmatrix} F_{y2i}(\mathbf{q},\dot{\mathbf{q}},y_{B2},\dot{y}_{B2},z_{B2},\dot{z}_{B2},\omega_{B2})\,\mathbf{\Phi}(x=\ell_2) \\ F_{z2i}(\mathbf{q},\dot{\mathbf{q}},y_{B2},\dot{y}_{B2},z_{B2},\dot{z}_{B2},\omega_{B2})\,\mathbf{\Phi}(x=\ell_2) \end{pmatrix} \tag{5.17}$$

ermittelt werden.

Zwecks einer systematischen Stabilitätsuntersuchung ist es wiederum sinnvoll, eine Reduktion der Modellparameter vorzunehmen. Durch erneute Einführung der dimensionslosen Zeit $\tau = \omega t$, der dimensionslosen Ortskoordinate $\bar{x} = \frac{x}{\ell}$, der auf das innere radiale Lagerspiel $C_i$ bezogenen Auslenkungen des Rotors $\bar{q} = \frac{1}{C_i}q$ sowie der beiden Buchsendrehzahlverhältnisse $\Omega_{Bj} = \frac{\omega_{Bj}}{\omega}$ können die Bewegungsgleichungen (5.14) in die dimensionslose Form

$$\bar{\omega}^2 \left( \bar{\mathbf{M}}_{\mathrm{I}} + \frac{1}{4}\vartheta^2 \bar{\mathbf{M}}_{\mathrm{II}} \right) \bar{\mathbf{q}}'' + \left( \bar{\mathbf{D}} + \frac{1}{2}\bar{\omega}^2\vartheta^2\,\bar{\mathbf{G}} \right) \bar{\mathbf{q}}' + \frac{1}{\Gamma}\bar{\mathbf{K}}\,\bar{\mathbf{q}} = S_{mi}\,(\mathbf{f}_1 + \mathbf{f}_2) + \mathbf{f}_g + \bar{\omega}^2\mathbf{f}_U, \tag{5.18a}$$

$$\mu\bar{\omega}^2\bar{y}_{Bj}'' = S_{mi}\left( \frac{\Lambda^3\delta\bar{\eta}}{\gamma^2}f_{yja}(\bar{y}_{Bj},\bar{y}_{Bj}',\bar{z}_{Bj},\bar{z}_{Bj}',\Omega_{Bj}) - f_{yji}(\bar{\mathbf{q}},\bar{\mathbf{q}}',\bar{y}_{Bj},\bar{y}_{Bj}',\bar{z}_{Bj},\bar{z}_{Bj}',\Omega_{Bj}) \right), \tag{5.18b}$$

$$\mu\bar{\omega}^2\bar{z}_{Bj}'' = \mu + S_{mi}\left( \frac{\Lambda^3\delta\bar{\eta}}{\gamma^2}f_{zja}(\bar{y}_{Bj},\bar{y}_{Bj}',\bar{z}_{Bj},\bar{z}_{Bj}',\Omega_{Bj}) - f_{zji}(\bar{\mathbf{q}},\bar{\mathbf{q}}',\bar{y}_{Bj},\bar{y}_{Bj}',\bar{z}_{Bj},\bar{z}_{Bj}',\Omega_{Bj}) \right), \tag{5.18c}$$

$$\bar{\omega}^2\Omega_{Bj}' = 8\pi\frac{\nu^2}{\mu(1+\delta^2)}S_{mi}\left( \frac{1-\Omega_{Bj}}{\sqrt{1-\varepsilon_{ji}^2}} - \frac{\bar{\eta}\delta^3\Lambda}{\gamma}\frac{\Omega_{Bj}}{\sqrt{1-\varepsilon_{ja}^2}} \right) \quad \text{mit} \quad j=1,2 \tag{5.18d}$$

überführt werden, wobei zur abkürzenden Schreibweise die Gleichungen der beiden Buchsen nur für eine allgemeine Lagerstelle $\ell_j$ ($j=1,2$) aufgeführt sind. Die Masse des Kontinuumsrotors ist hier durch $m = \varrho A\ell$ gegeben, so dass nachfolgend abermals von einer statischen Last $W = mg$ ausgegangen werden kann. Der reziproke Lastparameter $\sigma$ und die dimensionslose Rotordrehzahl $\bar{\omega}$ bleiben gegenüber der Modellierung als Laval-Rotor unverändert:

$$\sigma = \frac{S_{mi}}{\bar{\omega}} = \frac{1}{4}\frac{D_i L_i^3 \eta_i}{C_i^2\sqrt{mC_iW}}, \quad \bar{\omega} = \sqrt{\frac{C_i m}{W}}\,\omega. \tag{5.19}$$

Außerdem werden zur Beschreibung der rotierenden Welle noch zwei weitere dimensionslose Parameter

$$\Gamma = \frac{W\ell^3}{EI\,C_i}, \quad \vartheta = \frac{1}{2}\frac{D_i}{\ell} \tag{5.20}$$

verwendet. Die Nachgiebigkeit des Balkens wird im Parameter $\Gamma$ berücksichtigt, welcher im Gegensatz zu $\Gamma_0$ in (4.27) nur eine charakteristische Größe für die auf das innere Lagerspiel $C_i$ bezogene statische Durchbiegung infolge des Eigengewichts darstellt. Beim im vorherigen Kapitel untersuchten Laval-Rotor wird durch die Nachgiebigkeit $\Gamma_0$ die tatsächliche statische Durchbiegung des Rotors angegeben. Der Schlankheitsgrad $\vartheta$ des Balkens beeinflusst hier nur die gyroskopischen Effekte und hat keine Auswirkung auf die Rotorsteifigkeit. Da sich die Annahmen bei der Modellierung der Schwimmbuchse im Vergleich zum Laval-Rotor nicht geändert haben, können die vormals in (4.29) bzw. (4.33) definierten dimensionslosen Größen $\mu$, $\gamma$, $\delta$, $\Lambda$, $\bar{\eta}$ und $\nu$ beibehalten werden. Nach Einführung von $(\dots)_{\bar{x}} = \frac{\mathrm{d}}{\mathrm{d}\bar{x}}(\dots)$ für die Ableitungen nach der dimensionslosen Ortskoordinate $\bar{x}$ lauten die entsprechenden Systemmatrizen $\bar{\mathbf{M}}_\mathrm{I}$, $\bar{\mathbf{M}}_\mathrm{II}$, $\bar{\mathbf{G}}$, $\bar{\mathbf{D}}$ und $\bar{\mathbf{K}}$ mit konstanten Komponenten im dimensionslosen Fall

$$\bar{\mathbf{M}}_\mathrm{I} = \begin{pmatrix} \int_0^1 \boldsymbol{\Phi}\boldsymbol{\Phi}^T \,\mathrm{d}\bar{x} & \mathbf{0} \\ \mathbf{0} & \int_0^1 \boldsymbol{\Phi}\boldsymbol{\Phi}^T \,\mathrm{d}\bar{x} \end{pmatrix}, \quad \bar{\mathbf{M}}_\mathrm{II} = \begin{pmatrix} \int_0^1 \boldsymbol{\Phi}_{\bar{x}}\boldsymbol{\Phi}_{\bar{x}}^T \,\mathrm{d}\bar{x} & \mathbf{0} \\ \mathbf{0} & \int_0^1 \boldsymbol{\Phi}_{\bar{x}}\boldsymbol{\Phi}_{\bar{x}}^T \,\mathrm{d}\bar{x} \end{pmatrix},$$

$$\bar{\mathbf{G}} = \begin{pmatrix} \mathbf{0} & \int_0^1 \boldsymbol{\Phi}_{\bar{x}}\boldsymbol{\Phi}_{\bar{x}}^T \,\mathrm{d}\bar{x} \\ -\int_0^1 \boldsymbol{\Phi}_{\bar{x}}\boldsymbol{\Phi}_{\bar{x}}^T \,\mathrm{d}\bar{x} & \mathbf{0} \end{pmatrix}, \quad \bar{\mathbf{D}} = \bar{\alpha}_a\bar{\omega}\left(\bar{\mathbf{M}}_\mathrm{I} + \frac{1}{4}\vartheta^2\bar{\mathbf{M}}_\mathrm{II}\right), \tag{5.21}$$

$$\bar{\mathbf{K}} = \begin{pmatrix} \int_0^1 \boldsymbol{\Phi}_{\bar{x}\bar{x}}\boldsymbol{\Phi}_{\bar{x}\bar{x}}^T \,\mathrm{d}\bar{x} & \mathbf{0} \\ \mathbf{0} & \int_0^1 \boldsymbol{\Phi}_{\bar{x}\bar{x}}\boldsymbol{\Phi}_{\bar{x}\bar{x}}^T \,\mathrm{d}\bar{x} \end{pmatrix},$$

worin

$$\bar{\alpha}_a = \sqrt{\frac{C}{g}}\,\alpha_a \tag{5.22}$$

den dimensionslosen Koeffizienten in der Dämpfungsmatrix $\bar{\mathbf{D}}$ bezeichnet. Die dimensionslose Formulierung der Gewichts-, Unwucht- und Lagerkräfte ergibt die entsprechenden Kraftvektoren auf der rechten Seite von (5.18a) in der Form

$$\mathbf{f}_g = \begin{pmatrix} \mathbf{0} \\ \int_0^1 \boldsymbol{\Phi}(\bar{x}) \,\mathrm{d}\bar{x} \end{pmatrix}, \quad \mathbf{f}_U = \begin{pmatrix} \sin\tau \int_0^1 \rho(\bar{x})\,\boldsymbol{\Phi}(\bar{x}) \,\mathrm{d}\bar{x} \\ \cos\tau \int_0^1 \rho(\bar{x})\,\boldsymbol{\Phi}(\bar{x}) \,\mathrm{d}\bar{x} \end{pmatrix},$$

$$\mathbf{f}_j = \begin{pmatrix} f_{yji}(\bar{\mathbf{q}},\bar{\mathbf{q}}',\bar{y}_{Bj},\bar{y}'_{Bj},\bar{z}_{Bj},\bar{z}'_{Bj},\Omega_{Bj})\,\boldsymbol{\Phi}(\bar{x}=\tfrac{\ell_j}{\ell}) \\ f_{zji}(\bar{\mathbf{q}},\bar{\mathbf{q}}',\bar{y}_{Bj},\bar{y}'_{Bj},\bar{z}_{Bj},\bar{z}'_{Bj},\Omega_{Bj})\,\boldsymbol{\Phi}(\bar{x}=\tfrac{\ell_j}{\ell}) \end{pmatrix} \quad \text{mit} \quad j = 1,2, \tag{5.23}$$

worin die dimensionslose Unwuchtverteilung

$$\rho(\bar{x}) = \frac{e_S(\bar{x})}{C_i} \tag{5.24}$$

die auf das innere Lagerspiel $C_i$ normierte Verteilung der Massenexzentrizität $e_S(x)$ wiedergibt.

Bezüglich der Rotorunwucht stellen mögliche Szenarien entweder eine kontinuierliche Verteilung der Unwucht entlang der Rotorachse oder eine konzentrierte Positionierung an einer oder mehreren Stellen dar. Bei Betrachtung eines starren Rotors kann lediglich zwischen statischer und dynamischer Unwucht unterschieden werden. Dagegen ist für flexible Rotoren zusätzlich zu berücksichtigen, an welcher Stelle des Rotors eine Unwucht vorhanden ist. Da die Unwuchtverteilung durch eine kontinuierlich verteilte Größe entlang der Rotationsachse modelliert wird, ist eine Reduktion der möglichen Verteilungsfälle auf eine für die numerische Untersuchung geeignete Anzahl vorzunehmen. Die kontinuierlich verteilte Unwucht wird im Rahmen dieser Arbeit auf eine konzentrierte Verteilung reduziert. Hierbei werden zwei mögliche Szenarien (vgl. Abbildung 5.3) angenommen, die folgendermaßen interpretiert werden können:

- In der horizontalen Schwerpunktslage $x = \frac{\ell}{2}$ bzw. $\bar{x} = \frac{1}{2}$ des Rotors greift eine äußere drehzahlharmonische Kraft an, die einer Unwucht der Größe $U_{S0} = m e_{S0}$ bzw. $\rho_0$ entspricht.

- An den Enden des Rotors $x = 0$ bzw. $\bar{x} = 0$ und $x = \ell$ bzw. $\bar{x} = 1$ greifen zwei gegenläufige äußere drehzahlharmonische Kräfte an, die jeweils einer Unwucht der Größe $\frac{1}{2}U_{S0} = \frac{1}{2}m e_{S0}$ bzw. $\frac{\rho_0}{2}$ entsprechen.

Bei dieser Vorgehensweise handelt es sich um ein übliches Verfahren, um die Laufstabilität gleitgelagerter Rotoren zu gewährleisteten. In der Praxis werden dann zusätzliche Unwuchtmassen am Rotor angebracht.

Folglich ergibt sich für den gleichläufigen (GL) bzw. gegenläufigen (GG) Fall der Unwucht der dimensionslose Vektor $\mathbf{f}_U$ zu

$$\mathbf{f}_{U,GL} = \rho_0 \begin{pmatrix} \sin\tau \, \mathbf{\Phi}(\bar{x} = \frac{1}{2}) \\ \cos\tau \, \mathbf{\Phi}(\bar{x} = \frac{1}{2}) \end{pmatrix} \tag{5.25}$$

bzw.

$$\mathbf{f}_{U,GG} = \frac{1}{2}\rho_0 \begin{pmatrix} \sin\tau \, (\mathbf{\Phi}(\bar{x} = 0) - \mathbf{\Phi}(\bar{x} = 1)) \\ \cos\tau \, (\mathbf{\Phi}(\bar{x} = 0) - \mathbf{\Phi}(\bar{x} = 1)) \end{pmatrix} . \tag{5.26}$$

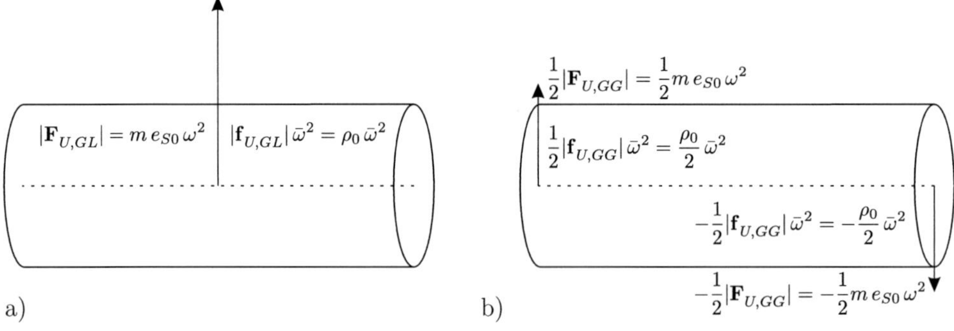


Abbildung 5.3: Untersuchte Fälle der Unwuchtverteilung mit Kennzeichnung der umlaufenden dimensionsbehafteten bzw. dimensionslosen Fliehkräfte: a) (Gleichläufige) Unwucht in der Mitte des Rotors. b) Gegenläufige Unwuchten an den Enden des Rotors.

Die skalare Größe $\rho_0$ für die Unwucht kann anschaulich auch als der normierte Abstand $e_{S0}/C_i$ eines Massenpunktes $m$ bzw. zweier Massenpunkte $m/2$ von der Rotationsachse gedeutet werden, wobei hier die (tatsächlich vernachlässigbar kleine) Masse der Unwucht in der kinetischen Energie der rotierenden Welle nicht berücksichtigt wird.

Für die nachfolgenden Stabilitätsuntersuchungen werden als Ansatzfunktionen $\boldsymbol{\Phi}$ stets zwei kegelförmige Starrkörpermoden[3] und die ersten $N$ Biegemoden eines frei-frei gelagerten Bernoulli-Euler-Balkens gewählt:

$$\boldsymbol{\Phi}(\bar{x}) = \begin{pmatrix} \bar{x} \\ 1 - \bar{x} \\ \cos(\lambda_1\bar{x}) + \cosh(\lambda_1\bar{x}) - \frac{\cosh\lambda_1 - \cos\lambda_1}{\sinh\lambda_1 - \sin\lambda_1}\left(\sin(\lambda_1\bar{x}) + \sinh(\lambda_1\bar{x})\right) \\ \vdots \\ \cos(\lambda_N\bar{x}) + \cosh(\lambda_N\bar{x}) - \frac{\cosh\lambda_N - \cos\lambda_N}{\sinh\lambda_N - \sin\lambda_N}\left(\sin(\lambda_N\bar{x}) + \sinh(\lambda_N\bar{x})\right) \end{pmatrix} . \tag{5.27}$$

Dabei gelten für den zum $n$-ten Biegemode gehörenden Eigenwert $\lambda_n$ die Zahlenwerte:

$$\lambda_1 \approx 4.73004\,, \quad \lambda_2 \approx 7.85321\,, \quad \lambda_3 \approx 10.99561\,, \quad \lambda_n \approx \frac{\pi}{2}(2n+1) \quad \text{mit} \quad n = 4,\ldots,N. \tag{5.28}$$

Hinsichtlich der Konvergenz der Näherungslösung wird gefordert, dass die in einem Ritz-Ansatz oder einem Galerkin-Verfahren verwendeten Ansatzfunktionen aus der Klasse der zulässigen Funktionen gewählt werden. Für den Ritz-Ansatz müssen daher die Ansatzfunktionen die sogenannten wesentlichen oder geometrischen Randbedingungen erfüllen. Außerdem wird vorausgesetzt, dass sie $m$-mal stetig differenzierbar sind (das System sei von der Ordnung $2m$). Durch den systematischen Rechengang folgen aus dem Prinzip von Hamilton die dynamischen Randbedingungen, die im Hinblick auf die Ansatzfunktionen nicht berücksichtigt werden müssen. Da hier aufgrund der frei-frei Lagerung keine exakten geometrischen Randbedingungen im engeren Sinn (wie beispielsweise zweiwertiges Lager, feste Einspannung, etc.) vorliegen, werden für die folgenden Untersuchungen als Ansatzfunktionen zwei konische Starrkörpermoden sowie die ersten zwei Biegemoden des ebenfalls frei-frei gelagerten Bernoulli-Euler-Balkens angenommen. Eine größere Anzahl von elastischen Moden beeinflusst das Ergebnis nur noch geringfügig. Für den dimensionsbehafteten Fall (5.14) können die gleichen Ansatzfunktionen $\boldsymbol{\Phi}$ aus (5.27) verwendet werden, wenn lediglich die Ortsvariable $\bar{x}$ durch $x/\ell$ ersetzt wird.

Die Näherungen für die dimensionslosen Auslenkungen des Balkens können letztendlich gemäß

$$\bar{v}(\bar{x},\tau) = \boldsymbol{\Phi}^T(\bar{x})\,\bar{\mathbf{q}}_{\mathrm{I}}(\tau)\,, \quad \bar{w}(\bar{x},\tau) = \boldsymbol{\Phi}^T(\bar{x})\,\bar{\mathbf{q}}_{\mathrm{II}}(\tau) \quad \text{mit} \quad \bar{\mathbf{q}}(\tau) = [\bar{\mathbf{q}}_{\mathrm{I}}(\tau), \bar{\mathbf{q}}_{\mathrm{II}}(\tau)]^T \tag{5.29}$$

berechnet werden.

Schließlich können die Bewegungsgleichungen (5.18) in die dimensionslose autonome Zustandsform

$$\mathbf{y}' = \mathbf{F}(\mathbf{y}, \boldsymbol{\alpha}, \Gamma, \vartheta, \bar{\alpha}_a, \mu, \gamma, \delta, \Lambda, \bar{\eta}, \nu, \rho_0) \tag{5.30}$$

---

[3]Eigentlich wird der tiefste Starrkörpermode des frei-frei gelagerten Bernoulli-Euler-Balkens durch eine Konstante und der zweite durch eine lineare Funktion von $\bar{x}$ beschrieben. Jedoch ist die äquivalente Formulierung der Ansatzfunktionen mit zwei kegelförmigen Starrkörpermoden numerisch von Vorteil.

umgeschrieben werden, die das nichtlineare Systemverhalten im Zustandsvektor

$$\mathbf{y} = [\bar{\mathbf{q}}, \bar{\mathbf{q}}', \bar{y}_{B1}, \bar{y}'_{B1}, \bar{z}_{B1}, \bar{z}'_{B1}, \Omega_{B1}, \bar{y}_{B2}, \bar{y}'_{B2}, \bar{z}_{B2}, \bar{z}'_{B2}, \Omega_{B2}]^T$$

beschreibt. Im zweidimensionalen Parametervektor $\boldsymbol{\alpha}$ sind wiederum die beiden gewählten Bifurkationsparameter $\boldsymbol{\alpha} = [\bar{\omega}, \sigma]^T$ enthalten. Die anderen Systemparameter werden bei den durchgeführten Bifurkationsanalysen festgehalten.

Zusätzlich wird im Folgenden stets von einer symmetrischen Lagerung ausgegangen. Um die Ergebnisfülle zu beschränken, werden weitere Einschränkungen durch die Wahl der Lagerstellen vorgenommen. Daher wird im Rahmen der folgenden Stabilitätsuntersuchungen speziell nur eine mögliche Lageranordnung betrachtet. Bei einem Rotor setzen sich die Schwingungsformen für eine gegenüber der Struktur weiche Lagerung entweder aus einer nahezu reinen zylindrischen (translatorische) Starrkörperbewegung oder aus einer konischen (kegelförmigen) Starrkörperbewegung zusammen. Je weiter nach innen die Lager an der rotierenden Welle versetzt sind, desto wahrscheinlicher ist das Auftreten konischer Rotormoden wie beispielsweise bei einem Turboladerrotor. Darum wird eine Lageranordnung ähnlich der eines Turboladerrotors gewählt, so dass die Lager auf beiden Seiten jeweils um $\Delta\bar{x} = 0.3$ nach innen versetzt sind, wie in Abbildung 5.4 veranschaulicht ist. Sind die Lagerstellen außen am Rotor bei $\bar{x}_1 = 0$ und $\bar{x}_2 = 1$ angebracht, so treten ge-

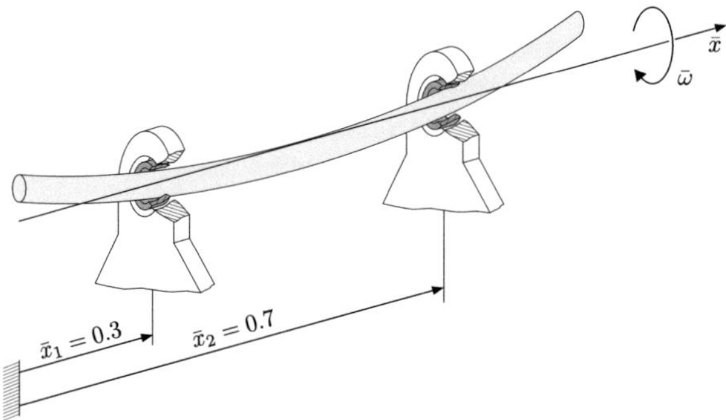


Abbildung 5.4: Untersuchte Lageranordnung beim symmetrisch gelagerten Kontinuumsrotor.

wissermaßen nur nichtlineare Rotorschwingungen im zylindrischen Mode auf [9]. Demnach entspricht das dynamische Schwingungsverhalten des Kontinuumrotors weitestgehend dem des Laval-Läufers, wenn die beiden Wellennachgiebigkeiten $\Gamma_0$ und $\Gamma$ zu einer vergleichbaren statischen Durchbiegung führen. Der Einfluss der beim Kontinuumsrotor zusätzlich berücksichtigten gyroskopischen Effekte auf die nichtlinearen Schwingungen im zylindrischen Rotormode ist dabei vernachlässigbar klein. Dieser Fall mit außen angebrachten Lagern wird deshalb nicht weiter betrachtet.

## Eigenschwingungen der rotierenden Welle

Für den Kontinuumsrotor in konventionellen Gleitlagern können die kritischen Drehzahlen für das Auftreten sowohl von drehzahlsynchronen Resonanzen (Zwangserregung durch Unwucht) als auch von „oil-whip"-Bereichen (Selbsterregung durch Lagerkräfte) mit Hilfe von

Campbell-Diagrammen [39] über die gyroskopischen Eigenfrequenzen[4] abgeschätzt werden. Im Fall von Schwimmbuchsenlagern können sie Aufschluss darüber geben, welche Rotorschwingungsformen beim Auftreten nichtlinearer Schwingungen zu erwarten sind. Dafür werden beide Gleitlagerkräfte $S_{mi}\mathbf{f}_1$, $S_{mi}\mathbf{f}_2$ in (5.18a) durch isotrop linear-elastische Federn in $y$- und $z$-Richtung berücksichtigt, die durch dimensionslose Federsteifigkeiten der Form $\bar{k} = \bar{k}_y = \bar{k}_z = \sigma_0\bar{\omega}$ angenähert werden. Dämpfungseinflüsse werden dabei vernachlässigt. Die Bewegungsgleichungen (5.18b-d) der beiden Buchsen werden der Einfachheit halber nicht weiter betrachtet, da ihr Einfluss auf die Eigenschwingungen vernachlässigbar klein ist. Im Gegensatz zu üblicherweise betrachteten Campbell-Diagrammen haben die hier angenommenen Federsteifigkeiten die Besonderheit, dass sie mit steigender Rotordrehzahl zunehmend steifer werden. Die Drehzahlabhängigkeit der Federsteifigkeiten von hydrodynamischen Lagern wird somit vereinfacht berücksichtigt. Folglich wirken sich die drehzahlabhängigen Federsteifigkeiten sowohl auf die kritischen Drehzahlen als auch auf die gyroskopischen Rotoreigenformen aus [123]. Unter Berücksichtigung der gyroskopischen Effekte führt die Modalanalyse des homogenen ungedämpften Rotor-Lager-Systems

$$\bar{\omega}^2 \left( \bar{\mathbf{M}}_\mathrm{I} + \frac{1}{4}\vartheta^2\bar{\mathbf{M}}_\mathrm{II} \right) \bar{\mathbf{q}}'' + \frac{1}{2}\bar{\omega}^2\vartheta^2\,\bar{\mathbf{G}}\,\bar{\mathbf{q}}' + \left( \frac{1}{\Gamma}\,\bar{\mathbf{K}} + \sigma_0\bar{\omega}\,(\bar{\mathbf{K}}_{F1} + \bar{\mathbf{K}}_{F2}) \right) \bar{\mathbf{q}} = 0 \qquad (5.31)$$

mit den dimensionslosen Steifigkeitsmatrizen der beiden durch isotrop linear-elastischen Federn angenäherten Lager

$$\bar{\mathbf{K}}_{Fj} = \begin{pmatrix} \mathbf{\Phi}(\bar{x} = \frac{\ell_j}{\ell})\,\mathbf{\Phi}^T(\bar{x} = \frac{\ell_j}{\ell}) & \mathbf{0} \\ \mathbf{0} & \mathbf{\Phi}(\bar{x} = \frac{\ell_j}{\ell})\,\mathbf{\Phi}^T(\bar{x} = \frac{\ell_j}{\ell}) \end{pmatrix} \quad \text{für} \quad j = 1, 2 \qquad (5.32)$$

zu folgenden Ergebnissen (vgl. Abbildung 5.5): Die im Stillstand doppelt vorkommenden Eigenfrequenzen[5] des Rotors spalten sich unter dem Einfluss der Kreiselwirkung bei steigender Drehzahl in einen gleichläufigen und gegenläufigen Ast auf. Infolge der Kopplung durch die gyroskopischen Kräfte werden aus den im Stillstand unabhängigen Eigenschwingungsformen in den beiden zueinander orthogonalen Ebenen zwei Drehbewegungen, die im Sinne (Gleichlauf) oder im Gegensinne (Gegenlauf) zur Rotordrehung mit $\bar{\omega}$ bzw. $\omega$ verlaufen. Aufgrund der reellen Darstellung[6] des Schwingungsproblems (5.31) werden stets konjugiert komplexe Eigenwertpaare erhalten, die anhand der zugehörigen Eigenvektoren in Gleichlauf- und Gegenlaufschwingungen unterschieden werden. Bei geringen Rotordrehzahlen $\bar{\omega}$ sind für die gewählten Parameter die Lager weich und die Eigenfrequenzen der konischen Schwingungsform im Gleichlauf (durchgezogene Linien) sowie im Gegenlauf (strichlierte Linien) sind niedriger als die der zylindrischen Schwingungsform des Rotors. Die folgenden linearen Stabilitätsanalysen zeigen, dass aus dem Stabilitätsverlust der Gleichgewichtslage überwiegend selbsterregte Schwingungen in der konischen Rotorschwingungsform resultieren. Wie in Abbildung 5.5 veranschaulicht, handelt es sich bei

---

[4]Die gyroskopischen Eigenfrequenzen bzw. gyroskopischen Eigenformen (Moden) bezeichnen im Folgenden das drehzahlabhängige Eigenschwingungsverhalten unter Berücksichtigung gyroskopischer Effekte.

[5]In der hier gewählten dimensionslosen Notation der Bewegungsgleichungen des Kontinuumsrotors sind die Eigenschwingungen für den Stillstand $\bar{\omega} = 0$ nicht definiert. Bei einer äquivalenten dimensionsbehafteten Formulierung ergeben sich für $\omega = 0$ jeweils zwei gleichfrequente zueinander orthogonale unabhängige Eigenschwingungen. Im Folgenden wird sich bei Stillstand stets auf den dimensionsbehafteten Fall bezogen.

[6]In einer komplexen Schreibweise der raumfesten Koordinaten $\bar{\mathbf{r}} = \bar{\mathbf{q}}_\mathrm{I} + j\,\bar{\mathbf{q}}_\mathrm{II}$ erfolgt die Unterscheidung der Eigenschwingungen in Gleichlauf und Gegenlauf mittels des Vorzeichens der imaginären Eigenwerte des zugehörigen komplexen Differentialgleichungssystems.

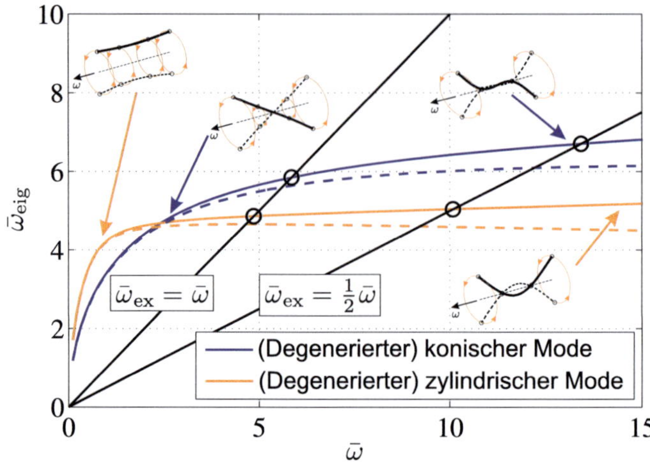


Abbildung 5.5: Campbell-Diagramm für die ersten zwei gyroskopischen Rotoreigenformen (Moden) des Kontinuumrotors ($\sigma_0 = 15.0$, $\Gamma = 16.0$, $\vartheta = 0.05$, $\bar{\alpha}_a = 0.0$) in isotrop linear-elastischer Lagerung mit drehzahlabhängigen Federsteifigkeiten $\bar{k} = \sigma_0\bar{\omega}$.

den Schwingungsformen um nahezu konische bzw. zylindrische „Starrkörpermoden" mit vernachlässigbaren Biegeanteilen, die sich mit steigender Drehzahl und damit zunehmender Lagersteifigkeit immer mehr in die entsprechenden Rotorbiegeeigenformen umwandeln. In der Folge wird daher von sogenannten degenerierten „Starrkörpermoden" gesprochen, da sich die Biegemoden gewissermaßen aus den entsprechenden „Starrkörpermoden" entwickeln. Des Weiteren steigen die gyroskopischen Eigenfrequenzen der degenerierten konischen Rotoreigenform derart an, dass sie bei höheren Drehzahlen über denen der zylindrischen Rotoreigenform liegen.

Die Schnittpunkte der Winkelhalbierenden $\bar{\omega}_{\mathrm{ex}} = \bar{\omega}$, welche die drehzahlsynchrone Anregung der Unwucht darstellt, mit den Eigenfrequenzkurven der gyroskopischen Rotoreigenformen im Gleichlauf ergeben näherungsweise die kritischen Drehzahlen, bei denen eine drehzahlsynchrone (nichtlineare) Resonanz auftritt. Im Fall von linearen rotationssymmetrischen Rotorsystemen bewirken nur die Rotoreigenformen im Gleichlauf eine Resonanz mit der Unwuchterregung (siehe beispielsweise [59, 63, 64, 91]). Die Resonanz mit den Gegenlaufschwingungen tritt dabei nicht auf und wird daher auch als Scheinresonanz bezeichnet. Demzufolge können bei Annahme kreissymmetrischer periodischer Lösungen infolge Unwucht die rotationssymmetrischen Bewegungsgleichungen des Kontinuumsrotors stets linearisiert werden, so dass bei konventionellen Gleitlagern im Allgemeinen von einer Unwuchtanregung der gleichläufigen Rotoreigenformen ausgegangen werden kann. Die Frequenz der selbsterregten bzw. subsynchronen Schwingungen im „oil-whirl"-Bereichen kann wieder näherungsweise als die Hälfte der Rotordrehzahl $\bar{\omega}_{\mathrm{ex}} = \frac{1}{2}\bar{\omega}$ angenommen werden. Damit folgen aus den Schnittpunkten dieser Anregung mit den Eigenfrequenzen im Gleichlauf ungefähr die Rotordrehzahlen, bei denen ein Übergang vom „oil-whirl"- in den „oil-whip"-Bereich stattfindet.

Abermals bleibt anzumerken, dass die aus dem Campbell-Diagramm erhaltenen kritischen Drehzahlen nur Näherungen darstellen. Für eine genaue Bestimmung dieser Drehzahlen müssen eigentlich die nichtlinearen Eigenschaften der Lagerkräfte vollständig berücksichtigt werden. Außerdem kann nur über eine lineare Stabilitätsanalyse die lineare kritische Drehzahl $\bar{\omega}_{c,lin}$ des ideal ausgewuchteten Rotors bestimmt werden, die den Beginn des „oil-whirl"-Bereichs definiert. Zusätzlich zu den beiden degenerierten Starrkörpermoden existieren höhere Biegemoden mit zugehörigen Eigenfrequenzen $\bar{\omega}_{eig}$ des linearisierten Rotor-Lager-Systems (5.31), die jedoch bei den folgenden nichtlinearen Bifurkationsanalysen nicht beobachtet werden, da sie erst bei sehr hohen und somit für den Rotorbetrieb nicht mehr relevanten Drehzahlen auftreten. Aus diesem Grund werden sie hier nicht näher diskutiert.

## 5.2 Kontinuumsrotor in konventionellen Gleitlagern

Bevor das Stabilitäts- und Bifurkationsverhalten des Kontinuumsrotors in Schwimmbuchsenlagern ausführlich untersucht wird, wird zunächst auf den Sonderfall ($C_a \to 0$ bzw. $\gamma \to 0$) von konventionellen Gleitlagern mit einem einzigen Schmierfilm („oil-whirl" bzw. „oil-whip") näher eingegangen. Im Folgenden ist die Bewegungsgleichung des symmetrisch gelagerten Kontinuumsrotors dann durch (5.18a) gegeben, während die Gleichungen (5.18b-d) der beiden Buchsen aufgrund des Vorhandenseins eines Schmierfilms sowie einer starren, unverschieblichen Lagerschale nicht berücksichtigt werden müssen. Folglich beziehen sich die für den allgemeinen Fall von Schwimmbuchsenlagern hergeleiteten Größen des inneren Schmierfilms auf den hier einzigen Schmierfilm zwischen Welle und Lagerschale. Dabei wird auf eine Indizierung wie beim Schwimmbuchsenlager mit $()_i$ verzichtet. Die numerischen Untersuchungen können nun in Abhängigkeit der fünf dimensionslosen Größen $\sigma$, $\bar{\omega}$, $\Gamma$, $\vartheta$, $\bar{\alpha}_a$ und einer vorgegebenen Unwuchtverteilung mit der Größe $\rho_0$ durchgeführt werden. Wie zuvor beim Laval-Rotor werden zuerst die dynamischen Eigenschaften des ideal ausgewuchteten Rotors analysiert. Danach wird der Einfluss der Unwucht auf das nichtlineare globale Lösungsverhalten diskutiert.

### 5.2.1 Lineare Stabilitätsanalyse

Die in einer linearen Stabilitätsanalyse ermittelten Grenzdrehzahlen $\bar{\omega}_{c,lin}$ kennzeichnen den Beginn der „oil-whirl"-Schwingungen (selbsterregten Schwingungen) des ideal ausgewuchteten Rotors ($\rho_0 = 0$). Die Vorgehensweise ist hierbei identisch zu der für den im vorherigen Kapitel untersuchten Laval-Rotor, so dass nachfolgend nicht mehr auf alle Einzelheiten detailliert eingegangen wird. Zur Durchführung einer linearen Stabilitätsanalyse wird die Bewegungsgleichung (5.18a) linearisiert, indem wiederum kleine Störungen $\Delta\bar{q}$ um die stationäre Ruhelage $\bar{q}_0$ angenommen werden:

$$\bar{q} = \bar{q}_0 + \Delta\bar{q}. \tag{5.33}$$

Die Gleichgewichtslage $\bar{q}_0$ kann für identische modifizierte Sommerfeldzahlen $S_m$ beider Lager aus dem folgenden nichtlinearen Gleichungssystem

$$\frac{1}{\Gamma}\bar{K}\,\bar{q}_0 = S_m\left(f_1(\bar{q}_0, \bar{q}' = 0) + f_2(\bar{q}_0, \bar{q}' = 0)\right) + f_g \tag{5.34}$$

bestimmt werden, das aus der Bewegungsgleichung (5.18a) für verschwindende Geschwindigkeiten $\bar{\mathbf{q}}' = \mathbf{0}$ sowie Beschleunigungen $\bar{\mathbf{q}}'' = \mathbf{0}$ folgt. Die stationäre Ruhelage der rotierenden Welle an den beiden Lagerstellen $\ell_j$ ist nur abhängig von der modifizierten Sommerfeldzahl $S_m$ und kann wiederum durch (4.11) sowie (4.12) beschrieben werden (vgl. Abbildung 4.8). Dabei stellt sich im vorliegenden Fall eines symmetrisch gelagerten Rotors für beide Lagerstellen die gleiche stationäre Ruhelage ein. Demzufolge ergibt sich als Gleichgewichtslage eine um die horizontale Lage $\bar{x} = \frac{1}{2}$ achsensymmetrische (rein translatorische) Absenkung des Rotors, die mit einer Verbiegung durch das Rotoreigengewicht überlagert wird. Schließlich besitzen die linearisierten Bewegungsgleichungen um die Ruhelage $\bar{\mathbf{q}}_0$ die Form

$$
\bar{\omega}^2 \left( \bar{\mathbf{M}}_{\mathrm{I}} + \frac{1}{4}\vartheta^2 \bar{\mathbf{M}}_{\mathrm{II}} \right) \Delta\bar{\mathbf{q}}'' + \left( \bar{\mathbf{D}} + \frac{1}{2}\bar{\omega}^2\vartheta^2\,\bar{\mathbf{G}} + S_m(\bar{\mathbf{D}}_1 + \bar{\mathbf{D}}_2) \right) \Delta\bar{\mathbf{q}}'
$$
$$
+ \left( \frac{1}{\Gamma}\bar{\mathbf{K}} + S_m\left(\bar{\mathbf{K}}_1 + \bar{\mathbf{K}}_2 + \bar{\mathbf{N}}_1 + \bar{\mathbf{N}}_2\right) \right) \Delta\bar{\mathbf{q}} = \mathbf{0}\,, \tag{5.35}
$$

wobei mit Hilfe der Abkürzung

$$
\hat{\boldsymbol{\Phi}}_j = \boldsymbol{\Phi}(\bar{x} = \frac{\ell_j}{\ell})\,\boldsymbol{\Phi}^T(\bar{x} = \frac{\ell_j}{\ell})
$$

die symmetrische (dimensionslose) Dämpfungsmatrix der beiden um die Gleichgewichtslage $\mathbf{q}_0$ linearisierten Lagerkräfte durch

$$
\bar{\mathbf{D}}_j = \begin{pmatrix} \bar{d}_{yyj}\,\hat{\boldsymbol{\Phi}}_j & \bar{d}_{yzj}\,\hat{\boldsymbol{\Phi}}_j \\ \bar{d}_{yzj}\,\hat{\boldsymbol{\Phi}}_j & \bar{d}_{zzj}\,\hat{\boldsymbol{\Phi}}_j \end{pmatrix} \quad \text{für} \quad j = 1, 2 \tag{5.36}
$$

gegeben ist. Die Gesamtsteifigkeitsmatrix der linearisierten Kräfte beider Gleitlager setzt sich aus symmetrischen Anteilen $\bar{\mathbf{K}}_j$ und zirkulatorischen (schiefsymmetrischen) Anteilen $\bar{\mathbf{N}}_j$ zusammen:

$$
\bar{\mathbf{K}}_j = \begin{pmatrix} \bar{k}_{yyj}\,\hat{\boldsymbol{\Phi}}_j & \frac{1}{2}(\bar{k}_{yzj} + \bar{k}_{zyj})\,\hat{\boldsymbol{\Phi}}_j \\ \frac{1}{2}(\bar{k}_{yzj} + \bar{k}_{zyj})\,\hat{\boldsymbol{\Phi}}_j & \bar{k}_{zzj}\,\hat{\boldsymbol{\Phi}}_j \end{pmatrix} \quad \text{und} \tag{5.37}
$$
$$
\bar{\mathbf{N}}_j = \begin{pmatrix} \mathbf{0} & \frac{1}{2}(\bar{k}_{yzj} - \bar{k}_{zyj})\,\hat{\boldsymbol{\Phi}}_j \\ -\frac{1}{2}(\bar{k}_{yzj} - \bar{k}_{zyj})\,\hat{\boldsymbol{\Phi}}_j & \mathbf{0} \end{pmatrix} \quad \text{für} \quad j = 1, 2\,. \tag{5.38}
$$

Dabei sind die dimensionslosen Steifigkeitskoeffizienten $\bar{k}_{yyj}$, $\bar{k}_{yzj}$, $\bar{k}_{zyj}$, $\bar{k}_{zzj}$ und Dämpfungskoeffizienten $\bar{d}_{yy}$, $\bar{d}_{yzj}$, $\bar{d}_{zz}$ in Abhängigkeit der relativen Lagerexentrizitäten $\varepsilon_{0j}$ im Anhang (B.1) bzw. (B.2) aufgeführt. Im Fall eines symmetrisch gelagerten Rotors ergeben sich für den Gleichgewichtsfall ($\varepsilon_{01} = \varepsilon_{02}$) somit die identischen Steifigkeits- und Dämpfungskoeffizienten an beiden Lagerstellen $\ell_j$.

Wie schon für den Laval-Läufer ausführlich gezeigt, kann die Stabilität der Gleichgewichtslage $\mathbf{q}_0$ über die Realteile der Eigenwerte $\bar{\boldsymbol{\lambda}}$ des linearisierten Differentialgleichungssystems (5.35) beurteilt werden. Außerdem wird die stationäre Ruhelage wiederum infolge einer Hopf-Bifurkation („Flatterinstabilität" durch die zirkulatorischen Anteile $\bar{\mathbf{N}}_j$ der Gleitlagerkräfte) instabil. Abbildung 5.6 zeigt die beiden kritischen Eigenwertpaare in Abhängigkeit des reziproken Lastparameters $\sigma$ sowie der dimensionslosen Winkelgeschwindigkeit $\bar{\omega}$, welche die lineare Stabilitätsgrenze bilden können und damit die lineare kritische Drehzahl $\bar{\omega}_{c,lin}$ bestimmen. Zusätzlich sind die zugehörigen Frequenzverhältnisse (Imaginärteile $\Omega_{c,lin,kon}$ bzw. $\Omega_{c,lin,zyl}$ der kritischen Eigenwertpaare an der Stabilitätsgrenze) abgebildet. An der linearen Stabilitätsgrenze ist die Rotorschwingungsform entweder hauptsächlich durch eine konische oder zylindrische „Starrkörperbewegung" (Index $()_{kon}$ bzw.

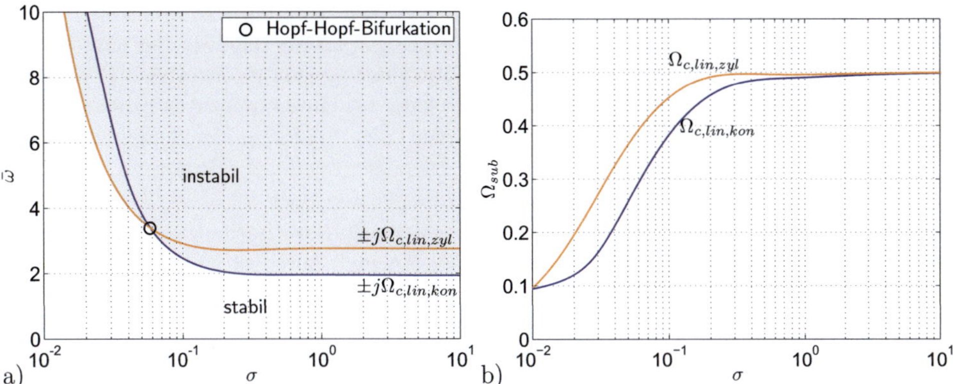

Abbildung 5.6: Stabilitätskarte für die stationäre Ruhelage des Kontinuumsrotors in konventionellen Gleitlagern ($\Gamma = 16.0$, $\vartheta = 0.05$, $\bar{\alpha}_a = 0.1$): a) Kritische Eigenwertpaare (Hopf-Kurven). b) Zugehörige Frequenzverhältnisse.

$()_{zyl}$) im Gleichlauf gegeben. Demzufolge entsprechen die entstehenden Rotorschwingungsformen dem Fall von weichen Lagern im vorab diskutierten Campbell-Diagramm aus Abbildung 5.5. Hopf-Bifurkationen, bei denen sich Rotormoden im reinen Gegenlauf einstellen, sind nicht zu beobachten. Für geringe Werte von $\sigma$ wird die lineare Stabilitätsgrenze durch die Hopf-Kurve $\pm j\Omega_{c,lin,zyl}$ des zylindrischen Rotormodes definiert, während bei höheren Werten von $\sigma$ das kritische Eigenwertpaar $\pm j\Omega_{c,lin,kon}$ des konischen Rotormodes für den Stabilitätsverlust der Gleichgewichtslage verantwortlich ist. Damit ergibt sich für eine höhere statische Last des Rotors bzw. für geringe Werte von $\sigma$ eine größere Biegebelastung, bei der der Rotor eher zu einer Instabilität der zylindrischen Schwingungsform

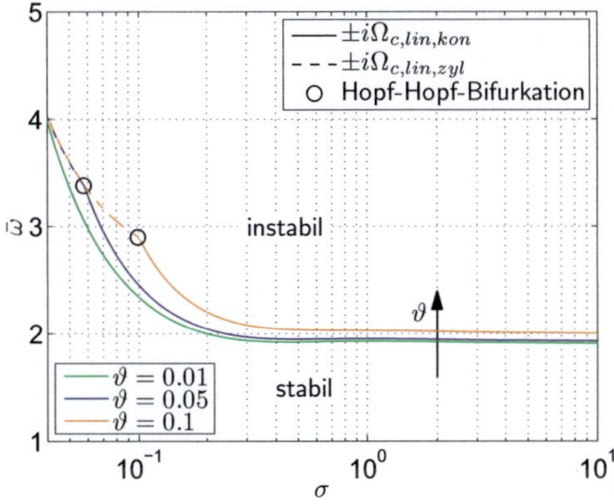

Abbildung 5.7: Stabilitätskarte für die stationäre Ruhelage des Kontinuumsrotors in konventionellen Gleitlagern ($\Gamma = 16.0$, $\bar{\alpha}_a = 0.1$): Einfluss des Schlankheitsgrads $\vartheta$.

neigt. Darüber hinaus ist erwähnenswert, dass aus dem Schnittpunkt der beiden Hopf-Kurven $\pm j\Omega_{c,lin,kon}$ und $\pm j\Omega_{c,lin,zyl}$ eine Hopf-Hopf-Bifurkation folgt, aus der eine Modeninteraktion der konischen und zylindrischen Rotorschwingungen im instabilen Bereich der stationären Ruhelage resultieren kann. Demnach kann bei einer erweiterten Rotormodellierung (zylindrische bzw. konische Bewegungsformen) das Phänomen der Modeninteraktion nicht nur bei Schwimmbuchsenlager auftreten, sondern auch bei Gleitlagern mit einem Schmierfilm.

Im Gegensatz zum Laval-Rotor werden beim hier modellierten Kontinuumsrotor zusätzlich die gyroskopischen Effekte berücksichtigt, deren Ausmaß durch den Schlankheitsgrad $\vartheta$ vorgegeben werden kann. Wie aus Abbildung 5.7 ersichtlich ist, führen größere Werte des Parameters $\vartheta$ zu einer leichten Zunahme der linearen kritischen Drehzahlen sowohl für die konische als auch für die zylindrische Rotorschwingungsform. Deshalb haben die gyroskopischen Effekte einen stabilisierenden Einfluss hinsichtlich der linearen Stabilitätsgrenze.

## 5.2.2   Stabilitäts- und Bifurkationsverhalten

### Ideal ausgewuchteter Rotor

Um die selbsterregten Schwingungen samt des Übergangs vom „oil-whirl"- in den „oil-whip"-Bereich darzustellen, ist zunächst die Betrachtung des ideal ausgewuchteten Kontinuumsrotors ($\rho_0 = 0$) ausreichend. In den nachfolgenden Bifurkationsdiagrammen dieses Kapitels werden stets die lokalen Maxima und Minima $\bar{w}(\bar{x} = 0/\bar{x} = 1,\ \bar{w}' = 0)$ der vertikalen Verschiebungen an den Enden der rotierenden Welle gegenüber der dimensionslosen Rotordrehzahl $\bar{\omega}$ für ansonsten feste Parameterwerte aufgetragen.

Abbildung 5.8 zeigt die Ergebnisse einer Bifurkationsanalyse des gleitgelagerten Kontinuumsrotors im niederen Drehzahlbereich. Für sehr geringe Rotordrehzahlen $\bar{\omega}$ ist die Gleichgewichtslage des Rotor-Lager-Systems stabil, bis sie mittels einer subkritischen Hopf-Bifurkation in den „oil-whirl"-Bereich der konischen Rotorschwingungen im Gleich-

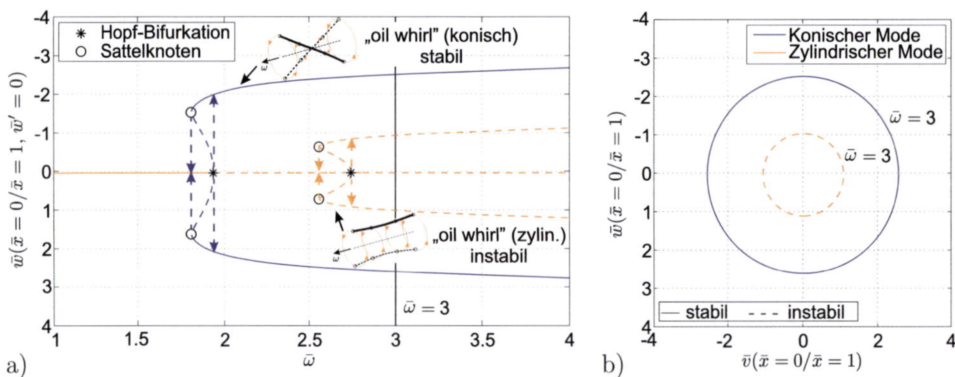


Abbildung 5.8: Bifurkationsanalyse des Kontinuumsrotors in konventionellen Gleitlagern im Bereich der beiden Hopf-Bifurkationen ($\sigma = 5.0$, $\Gamma = 16.0$, $\vartheta = 0.05$, $\bar{\alpha}_a = 0.1$): a) Bifurkationsdiagramm. b) Wellenorbits bei $\bar{\omega} = 3.0$.

lauf verzweigt. Die Pfeile in Abbildung 5.8 deuten auf die Amplitudensprünge beim quasi-stationären Hoch- und Herunterfahren der Rotordrehzahl. Dagegen findet hier bei einer weiteren Drehzahlerhöhung eine zweite subkritische Hopf-Bifurkation statt, bei der die Gleichgewichtslage weiterhin instabil bleibt. Infolge dieser Hopf-Bifurkation entstehen trotz eines weiteren Sattelknotens über den betrachteten Drehzahlbereich durchgängig instabile Grenzzyklen, die einer zylindrischen Rotorschwingungsform im Gleichlauf zuzuordnen sind. Daneben sind in Abbildung 5.8b) die zugehörigen Wellenorbits bei $\bar{\omega} = 3.0$ der beiden Rotorschwingungsformen veranschaulicht.

Für höhere Rotordrehzahlen ist das Bifurkationsdiagramm der gleitgelagerten Welle in Abbildung 5.9 gegeben, die den Übergang vom „oil-whirl"- in den „oil-whip"-Bereich für beide Rotorschwingungsformen verdeutlicht. Im „oil-whirl"-Bereich stellen sich nahezu konische

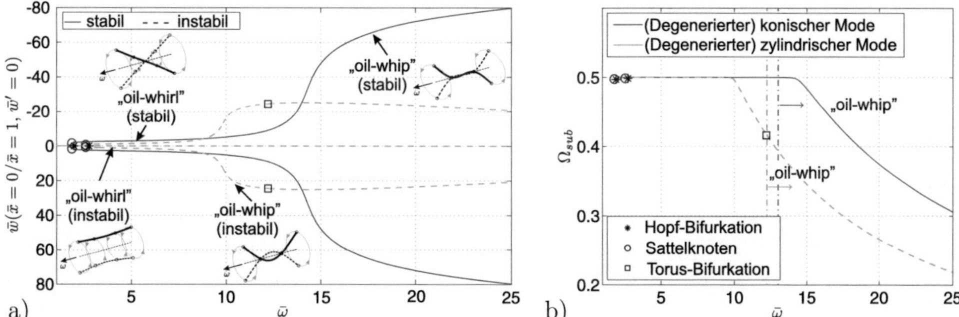


Abbildung 5.9: Bifurkationsanalyse des Kontinuumsrotors in konventionellen Gleitlagern ($\sigma = 5.0$, $\Gamma = 16.0$, $\vartheta = 0.05$, $\bar{\alpha}_a = 0.1$) während des Übergangs vom „oil-whirl"- in den „oil-whip"-Bereich: a) Bifurkationsdiagramm. b) Frequenzverhältnisse.

bzw. zylindrische Starrkörpermoden ein, wobei mit zunehmender Drehzahl nur eine geringfügige Erhöhung der Schwingungsamplituden zu beobachten ist. Damit setzen sich die Rotorschwingungen im gesamten „oil-whirl"-Bereich überwiegend aus dem entsprechenden Starrkörpermode zusammen. Darüber hinaus beträgt deren subsynchrone Frequenz ungefähr die Hälfte der Rotordrehzahl ($\Omega_{sub} \approx 0.5$). Wenn dann bei einer weiteren Drehzahlsteigerung die subsynchrone Frequenz der selbsterregten Schwingungen eine Eigenfrequenz des gelagerten Rotors erreicht, resultiert aus der „Selbstanregung" des zugehörigen Rotormodes eine rasante Erhöhung der Schwingungsamplituden. Dabei findet ein stetiger Übergang von den „Starrkörpermoden" zu den entsprechenden Biegemoden bzw. degenerierten „Starrkörpermoden" statt, wie anhand des Campbell-Diagramms in Abbildung 5.5 erläutert wird. Ferner deutet der Abfall der Frequenzverhältnisse $\Omega_{sub}$ in Abbildung 5.9b) auf das Erreichen des „oil-whip"-Bereichs. Außerdem ist zu erwähnen, dass die Grenzzyklen in der (degenerierten) zylindrischen Rotorschwingungsform (Gleichlauf) über den gesamten Drehzahlbereich nur instabil auftreten. Wie im folgenden Abschnitt gezeigt wird, kann beispielsweise bei einer passenden Unwuchtverteilung zur Rotorschwingungsform diese instabile Grundlösung ebenfalls stabil und damit wichtig werden. Anzumerken bleibt, dass das Campbell-Diagramm mit den vereinfachten Lagereigenschaften eine ziemlich gute Vorhersage für das Auftreten von „oil-whip"-Schwingungen liefert.

Der Einfluss des Schlankheitsparameters $\vartheta$ auf das nichtlineare Schwingungsverhalten wird hierbei nicht näher betrachtet, da sie den „oil-whirl"-Bereich nahezu nicht beeinflussen (vgl. [9]). Jedoch führen stärkere gyroskopische Effekte zur Erhöhung der Eigenfrequenzen (Gleichlauf) des Rotor-Lager-Systems, weshalb mit zunehmendem Schlankheitsparameter $\vartheta$ der „oil-whip"-Bereich bei höheren Drehzahlen auftritt.

## Einfluss der Unwucht

Um den Einfluss der Unwucht auf die „oil-whirl"- und „oil-whip"-Schwingungen des gleitgelagerten Kontinuumsrotors sinnvoll erfassen zu können, werden die in Kapitel 5.1 eingeführten Fälle einer gleich- bzw. gegenläufigen Unwucht betrachtet (vgl. Abbildung 5.3). Für den starren Rotor entspricht dieses Verhalten einer rein statischen bzw. rein dynamischen Unwucht.

Für die beiden Unwuchtfälle mit dem identischen Parameter $\rho_0 = 0.3$ sind die Bifurkationsdiagramme des zuvor untersuchten Kontinuumsrotors in Abbildung 5.10 dargestellt. Im niederen Drehzahlbereich ergeben sich für beide betrachtete Fälle drehzahl-

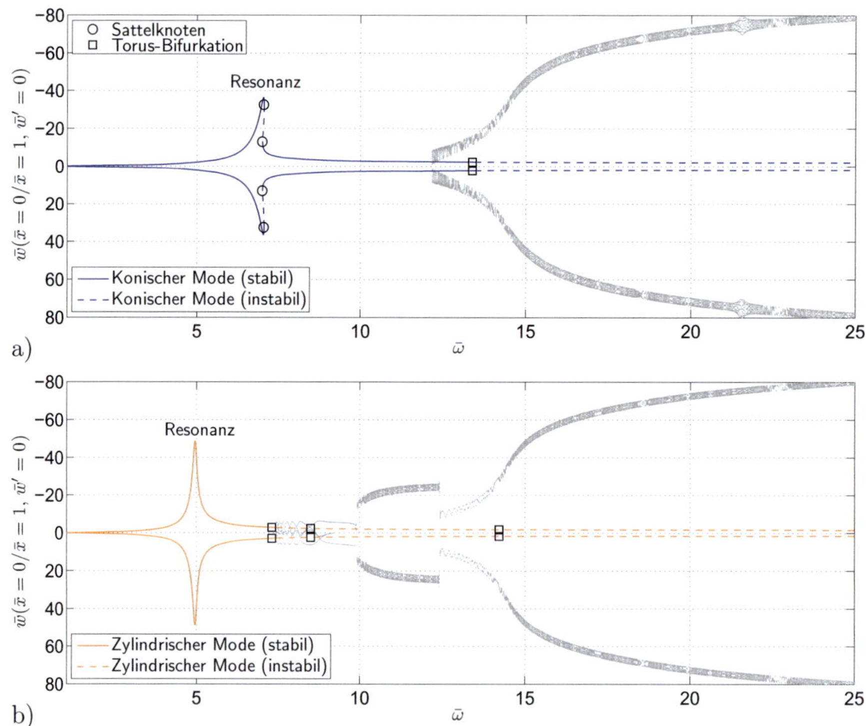


Abbildung 5.10: Bifurkationsdiagramme des Kontinuumsrotors in konventionellen Gleitlagern ($\sigma = 5.0$, $\Gamma = 16.0$, $\vartheta = 0.05$, $\bar{\alpha}_a = 0.1$) bei Berücksichtigung einer Unwuchtverteilung: a) Gegenläufige Unwucht ($\rho_0 = 0.3$). b) Gleichläufige Unwucht ($\rho_0 = 0.3$).

synchrone Schwingungen infolge der Unwucht um die Gleichgewichtslage des ideal ausgewuchteten Rotors, wobei sich die Rotorschwingungsform entsprechend der Unwuchtverteilung einstellt. Eine gegenläufige (gleichläufige) Unwuchtverteilung führt zu einem konischen (zylindrischen) Rotormode im Gleichlauf. Wie schon mittels der Modalanalyse unter Berücksichtigung der gyroskopischen Effekte vorhergesagt, zeigt das Rotor-Lager-System (nichtlineare) Resonanzschwingungen entsprechend der Unwuchtverteilung in der konischen bzw. zylindrischen Rotorschwingungsform. Im Fall einer gegenläufigen Unwucht stimmt die Resonanzkurve des gleitgelagerten Rotors mit der eines Schwingers überein, dessen Federkennlinie progressiv ist (Duffing-Schwinger). Folglich sind beim Hoch- und Herunterfahren der Drehzahl wiederum Sprungphänomene an den zwei zugehörigen Sattelknoten zu beobachten, die außerdem einen instabilen Bereich drehzahlsynchroner Schwingungen infolge der Unwucht begrenzen. Im Vergleich zum ideal ausgewuchteten Rotor werden die „oil-whirl"-Schwingungen aufgrund der höheren Unwuchtbelastung unterdrückt, bis schließlich eine Torus-Bifurkation in den Bereich der quasi-periodischen Lösungen führt.

Bei einer gegenläufigen Unwucht ist die subkritische Torus-Bifurkation für einen verhältnismäßig weit ausgedehnten Hysterese-Bereich verantwortlich. Mit zunehmender Drehzahl tritt schließlich der Übergang von den über einen geringen Drehzahlbereich stabil vorkommenden „oil-whirl"- zu den „oil-whip"-Schwingungen im degenerierten konischen Rotormode auf, die sich quasi mit den drehzahlsynchronen unwuchterregten Schwingungen überlagern[7].

Dagegen werden bei einer gleichläufigen Unwucht an der superkritischen Torus-Bifurkation die „oil-whirl"-Schwingungen geboren, die weitestgehend dem konischen „Starrkörpermode" zugeordnet werden können. Bemerkenswert ist, dass im Gegensatz zu einer gegenläufigen Unwucht die „oil-whirl"-Schwingungen schon bei erheblich geringeren Drehzahlen erscheinen. Damit wirkt eine gegenläufige Unwuchtverteilung eher stabilisierend hinsichtlich des Auftretens subsynchroner Schwingungen im konischen Rotormode. Nach einer weiteren Drehzahlerhöhung werden diese subsynchronen Schwingungen instabil und der Rotor springt in den „oil-whip"-Bereich des (degenerierten) zylindrischen Rotormodes, der hier von der gleichläufigen Unwuchtverteilung angesprochen wird. Jedoch werden die „oil-whip"-Schwingungen im (degenerierten) zylindrischen Rotormode wieder instabil und der Rotor verzweigt in den „oil-whirl"-Bereich des konischen Rotormodes. Daraufhin folgen nun „oil-whip"-Schwingungen im (degenerierten) konischen Rotormode. In Experimenten wird das nacheinander folgende Auftreten von „oil-whirl" bzw. „oil-whip"-Schwingungen unterschiedlicher Rotormoden ebenfalls beobachtet [66]. Daher können die beim ideal ausgewuchteten Rotor berechneten instabilen Lösungen genauso von Wichtigkeit sein, wenn der Einfluss der Unwucht berücksichtigt wird. Demnach geben die Ergebnisse des unwuchtfreien Rotors einen sehr guten Aufschluss darüber, welche Schwingungen bzw. Rotorschwingungsformen prinzipiell erscheinen können. Je nach Unwuchtverteilung und -größe können dann einerseits gewisse Bereiche subsynchroner Schwingungen zugunsten der unwuchterregten Schwingungen verschwinden und andererseits sich ausdehnen oder sogar stabil werden. Die kritischen Drehzahlen für die Resonanzstellen können näherungsweise über einen starr bzw. in sehr steifen Federn gelagerten Rotor vorausberechnet werden (siehe Abbildung 5.5).

---

[7]Das Superpositionsprinzip gilt nicht für nichtlineare Systeme. Trotzdem wird weiterhin im Rahmen dieses Kapitels von einer „Überlagerung" der drehzahl- mit den subsynchronen Anteilen gesprochen.

# 5.3 Kontinuumsrotor in Schwimmbuchsenlagern

Aufgrund der Wahl der Lagerstellen ergeben sich für den gleitgelagerten Kontinuumsrotor selbsterregte Schwingungen im zylindrischen und konischen Rotormode (Gleichlauf). Im Gegensatz zum Laval-Rotor muss daher bei Schwimmbuchsenlagern nicht nur zwischen innerem und äußerem Schmierfilm unterschieden werden, sondern auch welche Rotorschwingungsform sich bei einer Instabilität einstellen kann. Infolgedessen können mit diesem recht einfachen Balkenmodell die Grundphänomene bei hochtourigen Rotoren wie beispielsweise Turboladerrotoren abgebildet werden.

Für die folgenden Untersuchungen sind die Bewegungsgleichungen des symmetrisch gelagerten Kontinuumsrotors in Schwimmbuchsenlagern durch (5.18) gegeben, während die angenommenen Rotor- und Lagerparameter in Tabelle 5.1 dargelegt sind. Im Vergleich

| | | |
|---|---|---|
| Wellennachgiebigkeit | $\Gamma$ = | 1.0 |
| Schlankheitsgrad | $\vartheta$ = | 0.05 |
| Äußere Dämpfung | $\bar{\alpha}_a$ = | 0.0 |
| Lagerspielverhältnis | $\gamma$ = | 1.4 |
| Durchmesserverhältnis | $\delta$ = | 1.32 |
| Breitenverhältnis | $\Lambda$ = | 1.0 |
| Viskositätsverhältnis | $\bar{\eta}$ = | 1.0 |
| Massen- bzw. Belastungsverhältnis | $\mu$ = | 0.03 |
| Spiel-Breiten-Verhältnis | $\nu$ = | 0.005 |

Tabelle 5.1: Dimensionsloser Standardparametersatz für den Kontinuumsrotor in Schwimmbuchsenlagern.

zum vorherigen Fall von Gleitlagern mit einfachem Schmierfilm wird hier ein niedrigerer Parameter für die Wellennachgiebigkeit ($\Gamma$ = 1.0) gewählt, da gewöhnlicherweise hochtourige Rotoren ziemlich steif ausgelegt werden. Außerdem werden sonstige Dämpfungseffekte ($\bar{\alpha}_a$ = 0.0) vernachlässigt. Die Parameter zur Charakterisierung des Schwimmbuchsenlagers bleiben gegenüber den beim Laval-Rotor durchgeführten Untersuchungen allesamt unverändert. Nachfolgend werden zunächst in einer linearen Stabilitätsanalyse alle möglichen kritischen Eigenwertpaare analysiert und klassifiziert. Nach der Untersuchung des nichtlinearen Stabilitäts- und Bifurkationsverhaltens des ideal ausgewuchteten Kontinuumsrotors wird auf den Einfluss der gyroskopischen Effekte auf die nichtlineare kritische Drehzahl näher eingegangen. Schließlich wird das nichtlineare Lösungsverhalten des unwuchtbehafteten Rotors betrachtet.

## 5.3.1 Lineare Stabilitätsanalyse

Die Vorgehensweise zur Bestimmung der linearen Stabilitätsgrenze erfolgt analog den vorherigen Untersuchungen, so dass hier darauf nicht mehr im Einzelnen eingegangen wird.

Abbildung 5.11 zeigt die kritischen Eigenwertpaare bzw. Hopf-Kurven des Kontinuumsrotors in Schwimmbuchsenlagern in Abhängigkeit der beiden Bifurkationsparameter $\sigma$ and $\bar{\omega}$ für die in Tabelle 5.1 gegebenen Parameterwerte. Während die Rotorschwingungsform

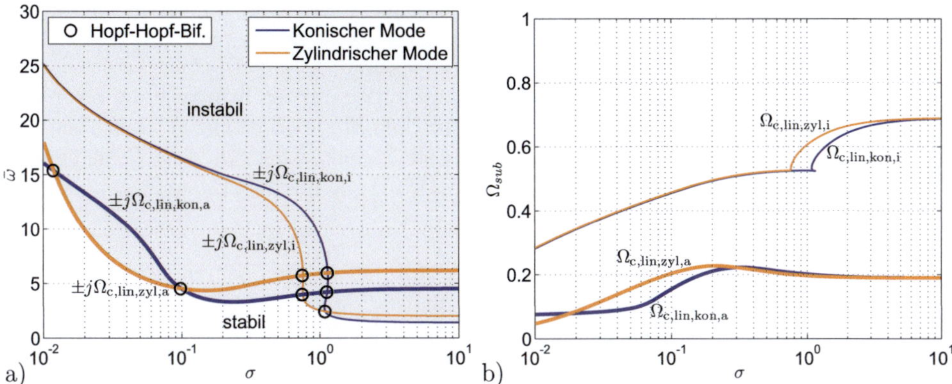

Abbildung 5.11: Stabilitätskarte für die stationäre Ruhelage des Kontinuumsrotors in Schwimmbuchsenlagern (vgl. Tabelle 5.1): a) Kritische Eigenwertpaare (Hopf-Kurven). b) Zugehörige Frequenzverhältnisse.

durch den Eigenvektor gegeben ist, kann wiederum über die zugehörigen Imaginärteile der kritischen Eigenwertpaare ($\Omega_a < \Omega_i$) der Schmierfilm an der Stabilitätsgrenze zugeordnet werden, der für die Instabilität verantwortlich ist. Für geringe Werte von $\sigma$ wird wie schon beim Laval-Läufer die Stabilitätsgrenze der stationären Ruhelage des Kontinuumsrotors durch die beiden Hopf-Kurven $\pm j\Omega_{c,lin,kon,a}$, $\pm j\Omega_{c,lin,zyl,a}$ des äußeren Schmierfilms bestimmt. Die Rotorschwingungsform setzt sich dabei erneut überwiegend aus der konischen oder zylindrischen Starrkörperbewegung im Gleichlauf zusammen. Dagegen bilden die Hopf-Kurven $\pm j\Omega_{c,lin,kon,i}$, $\pm j\Omega_{c,lin,zyl,i}$ des inneren Schmierfilms (konische/zylindrische Starrkörperbewegung im Gleichlauf) die Stabilitätsgrenze für hohe Lastparameter $\sigma$. Sowohl für den äußeren als auch inneren Schmierfilm führt jeweils der konische Rotormode bei geringeren Lasten bzw. hohen $\sigma$-Werten zum Stabilitätsverlust der Gleichgewichtslage, wie schon im Fall des Gleitlagers mit einfachem Schmierfilm festgestellt wird. Die Hopf-Kurven der Biegeschwingungsformen des Rotors sind bei sehr viel höheren Drehzahlen anzutreffen. Die daraus geborenen periodischen Lösungen bleiben dabei stets instabil. Aus diesem Grund werden sie im Folgenden nicht mehr berücksichtigt.

Darüber hinaus ist zu erwähnen, dass an jedem Schnittpunkt von zwei Hopf-Kurven eine Hopf-Hopf-Bifurkation stattfindet. Für den betrachteten Parameterbereich ergeben sich demzufolge sieben Hopf-Hopf-Bifurkationen, aus denen jeweils zwei Torus-Bifurkationen der entsprechenden periodischen Lösungen geboren werden. Nach dem Stabilitätsverlust der Gleichgewichtslage ist damit ein hochkomplexes nichtlineares Verhalten des Rotor-Lager-Systems zu erwarten. Infolge der großen Anzahl an Modeninteraktionen können zum einen viele unterschiedliche quasi-periodische Lösungen („mixed-mode"-Lösungen) entstehen, bei denen jeweils eine andere Kombination von zwei Moden beteiligt ist. Zum anderen können auch subkritische Torus-Bifurkationen zu Sprüngen zwischen den beteiligten Moden führen.

Für den ideal ausgewuchteten Kontinuumsrotor in Schwimmbuchsenlagern können die entstehenden (selbsterregten) Schwingungen nicht nur nach der Rotorschwingungsform, sondern auch nach dem die Instabilität verursachenden Schmierfilm unterschieden werden (vgl. Abbildung 5.12):

- 1. Subsynchrone (Sub 1): Die Hopf-Bifurkation des inneren Schmierfilms verursacht Rotorschwingungen im gyroskopischen konischen Mode (Gleichlauf). Nach dem Stabilitätsverlust entstehen weitestgehend stabile Grenzzyklen mit einer Schwingungsfrequenz, die sich in nahezu kreisförmigen Orbits um die instabil gewordene Gleichgewichtslage äußern.

- 2. Subsynchrone (Sub 2): Die Hopf-Bifurkation des inneren Schmierfilms verursacht Rotorschwingungen im gyroskopischen zylindrischen Mode (Gleichlauf). Nach dem Stabilitätsverlust entstehen wiederum weitestgehend stabile Grenzzyklen mit einer Schwingungsfrequenz, die sich in nahezu kreisförmigen Orbits um die instabil gewordene Gleichgewichtslage äußern.

- 3. Subsynchrone (Sub 3): Die Hopf-Bifurkation des äußeren Schmierfilms verursacht Rotorschwingungen im gyroskopischen konischen Mode (Gleichlauf). Nach dem Stabilitätsverlust und einer weiteren geringen Drehzahlerhöhung entstehen im Allgemeinen quasi-periodische Schwingungen mit einer weiteren Schwingungsfrequenz gewöhnlich der 1. oder 2. Subsynchronen (vgl. Kapitel 4.2), deren Amplituden jedoch vergleichsweise gering sind. Strenggenommen tritt die 3. Subsynchrone nicht alleine auf. Im Folgenden wird jedoch der Bereich der quasi-periodischen (chaotischen) Schwingungen der 3. Subsynchronen zugeordnet, solange die Schwingungsamplituden der anderen beteiligten Subsynchronen klein sind.

- 4. Subsynchrone (Sub 4): Die Hopf-Bifurkation des äußeren Schmierfilms verursacht Rotorschwingungen im gyroskopischen zylindrischen Mode (Gleichlauf). Für sehr geringe Lastparameter $\sigma$ ist hier das Auftreten stabiler Schwingungen (elliptische Orbits) in der 4. Subsynchronen über einen nahezu vernachlässigbar kleinen Drehzahlbereich möglich. Bei Turboladerrotoren konnte bisher die 4. Subsynchrone nicht nachgewiesen werden [95].

Die durchgeführte Klassifizierung der subsynchronen Schwingungen erfolgt hier nach Schweizer (z.B. [93, 95]), der ausführlich das Auftreten der 1., 2. und 3. Subsynchronen sowohl im Experiment als auch in der Simulation für Hochläufe mit schwimmbuchsengelagerten Turboladerrotoren beschreibt.

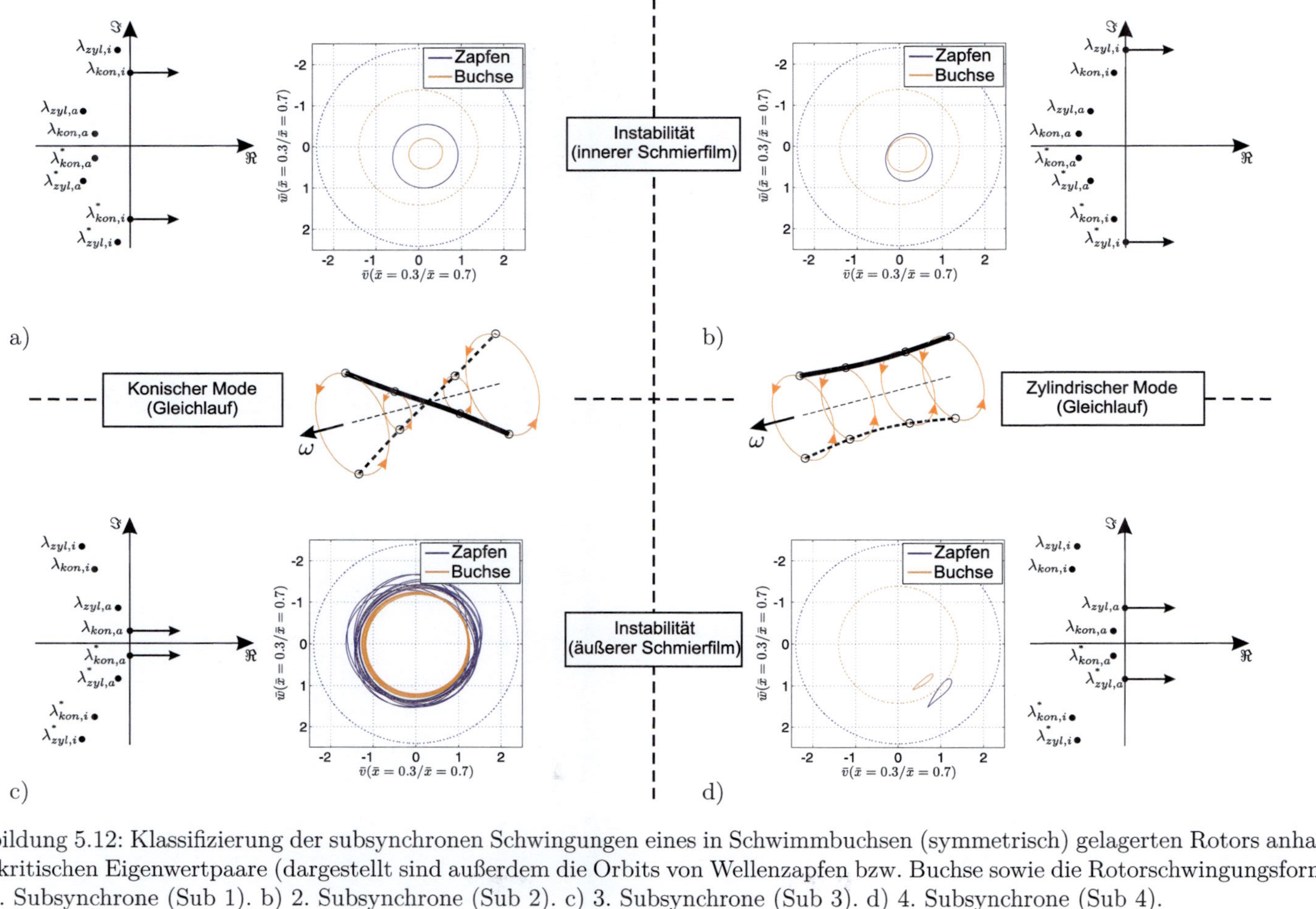


Abbildung 5.12: Klassifizierung der subsynchronen Schwingungen eines in Schwimmbuchsen (symmetrisch) gelagerten Rotors anhand der kritischen Eigenwertpaare (dargestellt sind außerdem die Orbits von Wellenzapfen bzw. Buchse sowie die Rotorschwingungsform): a) 1. Subsynchrone (Sub 1). b) 2. Subsynchrone (Sub 2). c) 3. Subsynchrone (Sub 3). d) 4. Subsynchrone (Sub 4).

## 5.3.2 Stabilitäts- und Bifurkationsverhalten

### Ideal ausgewuchteter Rotor

Zunächst wird der ideal ausgewuchtete Kontinuumsrotor im Rahmen einer numerischen Bifurkationsanalyse näher betrachtet, um sowohl die verschiedenen Typen von subsynchronen Schwingungen nach Durchschreiten der linearen kritischen Drehzahl $\bar{\omega}_{c,lin}$ als auch die daraus resultierenden Bifurkationsszenarien darzustellen.

Für einen mittel belasteten Rotor $\sigma = 0.5$ (weitere Rotor- und Lagerparameter aus Tabelle 5.1) wird in Abbildung 5.13 das Bifurkationsdiagramm sowie zugehörige Orbits im niederen Drehzahlbereich gezeigt. Die für sehr niedrige Rotordrehzahlen stabile Gleich-

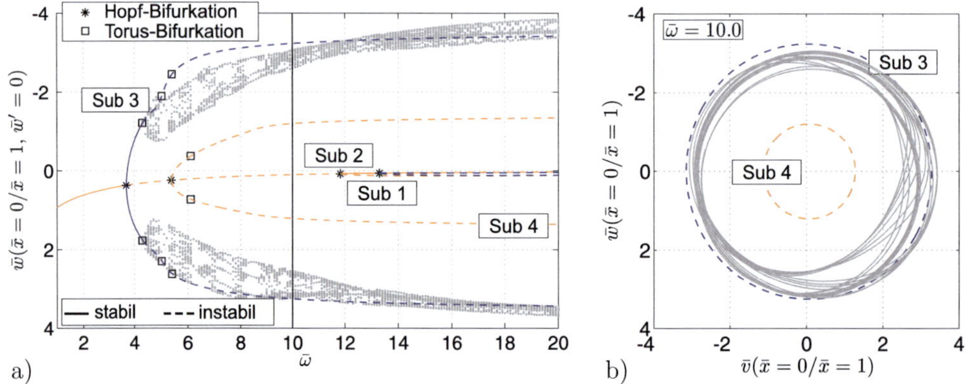


Abbildung 5.13: Bifurkationsanalyse des mittel belasteten Kontinuumsrotors in Schwimmbuchsenlagern (vgl. Tabelle 5.1) für den Lastparameter $\sigma = 0.5$ im unteren Drehzahlbereich, in dem die vier Subsynchronen aus den Hopf-Bifurkationen geboren werden: a) Bifurkationsdiagramm. b) Wellenorbits bei $\bar{\omega} = 10.0$.

gewichtslage verzweigt mittels einer subkritischen Hopf-Bifurkation des äußeren Schmierfilms bei $\bar{\omega} = 3.7$ in einen stabilen Grenzzyklus der 3. Subsynchronen. Bei einer Rotordrehzahl von $\bar{\omega} = 4.3$ findet dann eine superkritische Torus-Bifurkation der periodischen Lösungen statt, an der eine zweite inkommensurable Frequenz generiert wird. Wie später ausführlicher gezeigt, ist diese Torus-Bifurkation eine Folge der Modeninteraktion von der 2. und 3. Subsynchronen. Dadurch kann die an der Bifurkation entstehende zweite Frequenz der 2. Subsynchronen zugewiesen werden und es entstehen quasi-periodische Schwingungen, die wohl mit zunehmender Drehzahl noch weitere Modeninteraktionen mit anderen Subsynchronen eingehen können. Anschließend ist chaotisches Schwingungsverhalten sehr wahrscheinlich. Jedoch sind üblicherweise die Amplituden der anderen beteiligten Subsynchronen verhältnismäßig so klein, dass dieser Bereich der quasi-periodischen (chaotischen) Schwingungen im Folgenden der 3. Subsynchronen zugeordnet wird. Dabei kann die Rotorschwingungsform sogar für höhere Rotordrehzahlen hauptsächlich durch eine konische Starrkörperbewegung wiedergegeben werden. Außerdem ist zu erwähnen, dass die aus den weiteren Hopf-Bifurkationen geborenen Grenzzyklen der 1., 2. und 4. Subsynchronen hier stets instabil bleiben. Aufgrund der hohen Dämpfungswirkung des äußeren Schmierfilms haben hierbei die Grenzzyklen der 1. und 2. Subsynchronen (innerer Schmierfilm) fast vernachlässigbar kleine Schwingungsamplituden und können bei höheren Drehzahlen infolge von Hopf-Bifurkationen vollständig verschwinden. Im Folgenden werden diese durchgängig instabilen Grenzzyklen zwar der Vollständigkeit halber in den Bifurkationsdiagrammen abgebildet, jedoch wird nicht näher auf sie eingegangen.

Das Bifurkationsdiagramm bei höheren Rotordrehzahlen ist in Abbildung 5.14 gegeben, welche die Bifurkation der 3. und 4. Subsynchronen in die entsprechenden kritischen Grenzzyklen verdeutlicht. Aus dem Amplitudenspektrum in Abbildung 5.15 ist zu erkennen,

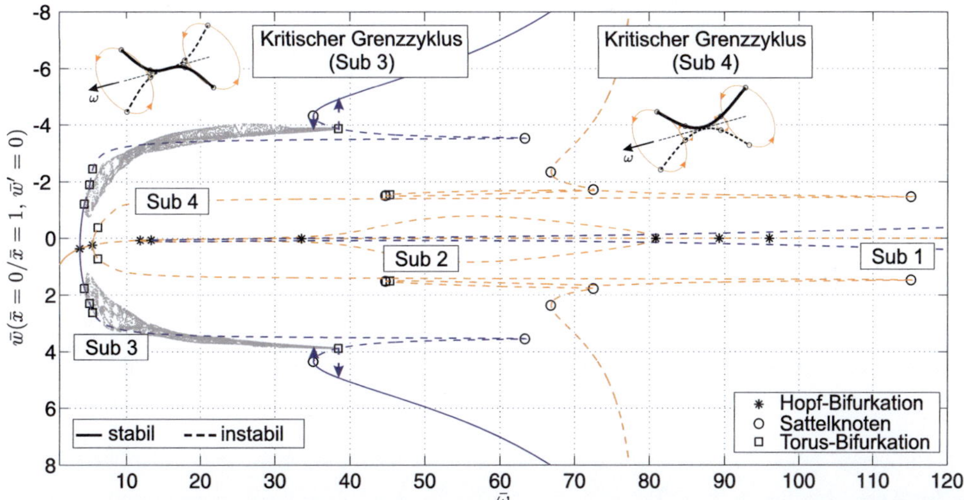


Abbildung 5.14: Bifurkationsdiagramm des mittel belasteten Kontinuumsrotors in Schwimmbuchsenlagern (vgl. Tabelle 5.1) für den Lastparameter $\sigma = 0.5$: Bifurkation in den kritischen Grenzzyklus.

dass im Vergleich zum Laval-Läufer zusätzliche subsynchrone Frequenzanteile sowie deren Kombinationen im Bereich der 3. Subsynchronen vorhanden sind. Ebenfalls kann der Kontinuumsrotor sporadisch in Chaos übergehen, worauf das Amplitudenspektrum hindeutet. Darüber hinaus gibt es während des Auftretens der quasi-periodischen (chaotischen) Schwingungen keine größeren Bereiche von stabilen Grenzzyklen, die mit Ausnahme des kritischen Grenzyklus auf eine alleinige Synchronisation zwischen der 2. und 3. subsynchronen Frequenz schließen. Kurz bevor der Rotor bei $\bar{\omega} = 38.4$ die subkritische Torus-Bifurkation (absolute Grenzdrehzahl) erreicht, springt er in den (stabilen) kritischen Grenzzyklus der 3. Subsynchronen. Die Torus-Bifurkation des instabilen Grenzyklus der 3. Subsynchronen stellt indessen das Ende der Modeninteraktion zwischen der 2. und 3. Subsynchronen dar. Der Amplitudensprung in den kritischen Grenzzyklus wird wie beim Laval-Läufer eigentlich von einer äußeren Krise ausgelöst. Der kritische Grenzzyklus zeichnet sich einerseits durch die Synchronisation der Frequenzen von 2. und 3. Subsynchronen zu einer einzigen Frequenz aus, andererseits findet ähnlich dem Übergang von „oil-whirl"-zum „oil-whip"-Bereich bei Gleitlagern mit einem Schmierfilm eine Umwandlung der konischen bzw. zylindrischen „Starrkörpermoden" in die entsprechende Biegemoden (degene-

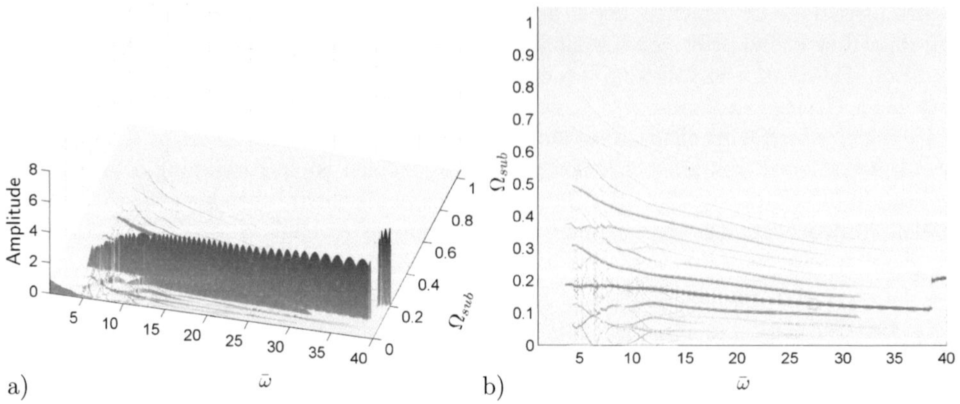

a)          b)

Abbildung 5.15: Amplitudenspektren für die aus der Bifurkationsanalyse erhaltenen stabilen Lösungen bei einer quasi-statischen Erhöhung von $\bar{\omega}$: a) 3D-Ordnungsdiagramm der
Lösungen $\bar{w}(\bar{x} = 0/\bar{x} = 1)$ (vgl. Abbildung 5.14). b) 2D-Ansicht von a).

rierte „Starrkörpermoden") des Rotors statt. Die nichtlineare kritische Drehzahl ist erneut
durch einen Sattelknoten bei $\bar{\omega} = 38.4$ (Hysterese) gegeben, an dem der Rotor vom kritischen Grenzzyklus in den Bereich der quasi-periodischen (chaotischen) Schwingungen der
3. Subsynchronen verzweigt. Weiterhin ist anzumerken, dass der kritische Grenzzykus der
4. Subsynchronen durchgängig instabil ist. Dennoch können bei Berücksichtigung einer
Unwuchtverteilung diese kritischen Rotorschwingungen eventuell wichtig werden.
Dagegen führt beim niedrig belasteten Rotor $\sigma = 2.0$ eine andere Bifurkationsfolge zu den
quasi-periodischen Schwingungen der 3. Subsynchronen, wie aus Abbildung 5.16 ersichtlich ist. Aus der superkritischen Hopf-Bifurkation des inneren Schmierfilms bei $\bar{\omega} = 1.6$
resultiert nach Durchschreiten eines Sattelknotens ein stabiler Grenzzyklus der 1. Subsyn-

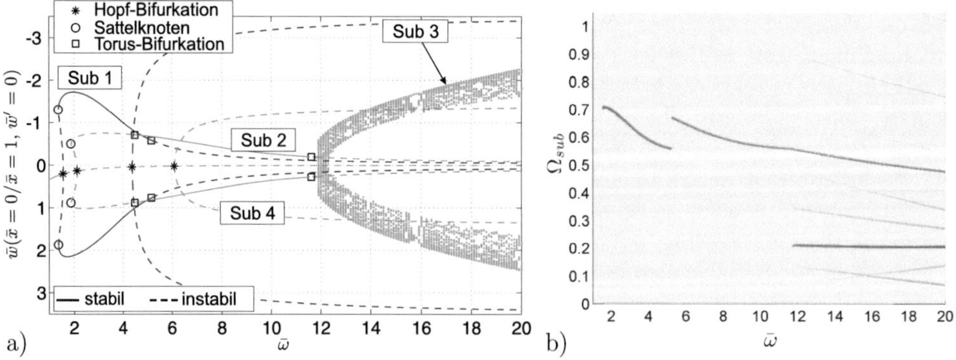

a)          b)

Abbildung 5.16: Bifurkationsanalyse des niedrig belasteten Kontinuumsrotors in Schwimmbuchsenlagern (vgl. Tabelle 5.1) für den Lastparameter $\sigma = 2.0$ im unteren Drehzahlbereich: a) Bifurkationsdiagramm. b) 2D-Ansicht der Amplitudenspektren.

chronen, der bei Erhöhung der Rotordrehzahl infolge einer subkritischen Torus-Bifurkation ($\bar{\omega} = 5.2$) auf den stabilen Grenzzyklus der 2. Subsynchronen gelangt. Ursprünglich wird die 2. Subsynchrone aus der zweiten subkritischen Hopf-Bifurkation des inneren Schmier-films geboren, die trotz Durchquerens eines Sattelknotens zunächst instabil bleibt. Für den Stabilitätswechsel der 2. Subsynchronen sorgt die subkritische Torus-Bifurkation bei $\bar{\omega} = 4.6$, die für den Sprung von der 2. auf die 1. Subsynchrone beim Herunterfahren der Drehzahl verantwortlich ist. Die beiden erwähnten Torus-Bifurkationen ergeben sich aus der Modeninteraktion zwischen der 1. und 2. Subsynchronen und haben ihren Ursprung in der Hopf-Hopf-Bifurkation der entsprechenden kritischen Eigenwertpaare $\pm j\Omega_{c,lin,kon,i}$, $\pm j\Omega_{c,lin,zyl,i}$. In diesem Fall sind die beiden Grenzzyklen der 1. und 2. Subsynchronen durch einen instabilen Bereich quasi-periodischer Lösungen miteinander verbunden, wo-mit keine stabilen „mixed-mode"-Lösungen existieren. Im Drehzahlbereich zwischen den beiden Torus-Bifurkationen koexistieren 1. und 2. Subsynchrone. Folglich tritt wiederum ein Hysterese-Effekt beim Hoch- und Herunterfahren der Rotordrehzahl auf.

Mit zunehmender Rotordrehzahl wird die 2. Subsynchrone mittels einer superkritischen Torus-Bifurkation bei $\bar{\omega} = 11.6$ erneut instabil, an der nun stabile quasi-periodische bzw. „mixed-mode"-Lösungen entstehen. Diese Torus-Bifurkation ist auf eine Modeninteraktion zwischen der 2. und 3. Subsynchronen zurückzuführen, weshalb sich die quasi-periodischen Schwingungen als Überlagerung dieser beiden Moden ergeben. In Abbildung 5.17 und 5.18 wird das Bifurkationsdiagramm mit dem zugehörigen Amplitudenspektrum über den gesamten Drehzahlbereich gezeigt. Daraus ist zu erkennen, dass im Bereich der

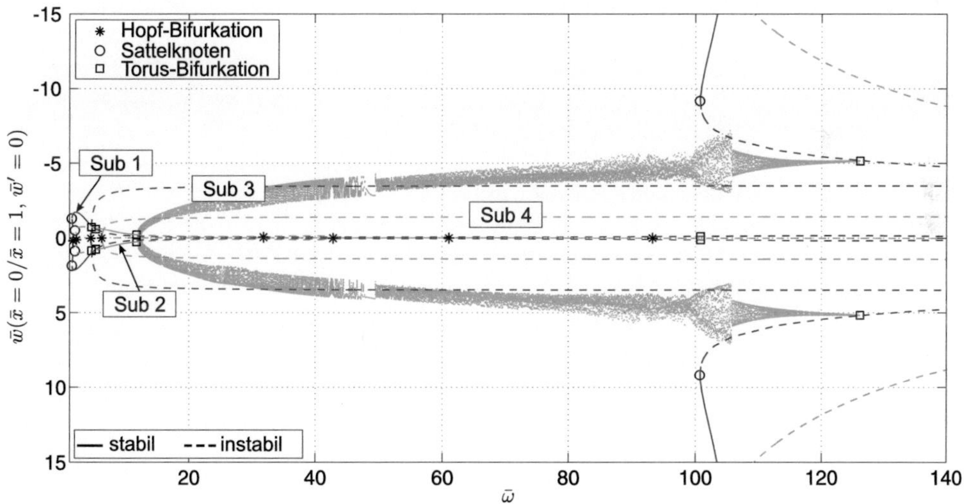


Abbildung 5.17: Bifurkationsdiagramm des niedrig belasteten Kontinuumsrotors in Schwimmbuchsenlagern (vgl. Tabelle 5.1) für den Lastparameter $\sigma = 2.0$: Bifurkation in den kritischen Grenzzyklus.

quasi-periodischen Schwingungen die Amplituden der 2. Subsynchronen abermals deutlich kleiner als die der 3. Subsynchronen sind. Näherungsweise bei $\bar{\omega} \approx 49.5$ findet dann eine Bifurkation statt, die wohl zu einer Synchronisation der 2. und 3. Subsynchronen führt.

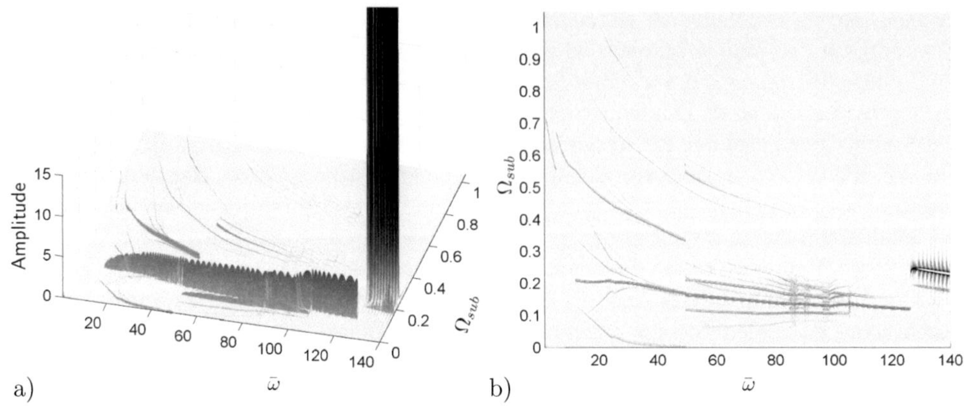

Abbildung 5.18: Amplitudenspektren für die aus der Bifurkationsanalyse erhaltenen stabilen Lösungen bei einer quasi-statischen Erhöhung von $\bar{\omega}$: a) 3D-Ordnungsdiagramm der Lösungen $\bar{w}(\bar{x} = 0/\bar{x} = 1)$ (vgl. Abbildung 5.17). b) 2D-Ansicht von a).

Nach Verlassen dieses Synchronisationsbereichs aufgrund einer weiteren Bifurkation ist die Frequenz der 2. Subsynchronen nicht mehr nachweisbar. Dafür haben sich unterhalb und oberhalb der 3. subsynchronen Frequenz zwei weitere deutliche Kombinationsfrequenzen gebildet, die auf die Beteiligung der 1. Subsynchronen schließen lassen. Bei einer weiteren Drehzahlsteigerung deuten die Amplitudenspektren auf Bereiche von chaotischem Schwingungsverhalten insbesondere bei $\bar{\omega} \approx 100$ hin. Danach stellen sich quasi-periodische Schwingungen ein, die durch eine Kollision mit dem instabilen Ast der 3. Subsynchronen zu einem Sprung in den kritischen Grenzzyklus vor Erreichen der Torus-Bifurkation führen. In diesem Fall erfolgt aufgrund eines weiteren Sattelknotens des kritischen Grenzzyklus bei sehr hohen Amplituden eine „blue-sky"-Katastrophe, so dass die kritischen Schwingungen infolge der fehlenden äußeren Dämpfung gegen unendlich streben.

Überdies sind im Anhang die Bifurkationsdiagramme für die Lastparameter $\sigma = 0.04$ und $\sigma = 0.9$ (vgl. Abbildung C.8) dargestellt, die ebenfalls in [10] diskutiert werden. Der hoch belastete Rotor ($\sigma = 0.04$) zeigt ein nichtlineares Schwingungsverhalten ähnlich dem eines Lavalläufers für diesen Lastparameterbereich. Daher sind vorwiegend stabile Grenzzyklen zu beobachten, die mit zunehmender Drehzahl einen stetigen Übergang ohne jegliche Bifurkation in den kritischen Grenzzyklus aufweisen. Daneben existiert nach dem Stabilitätsverlust der Gleichgewichtslage für einen sehr geringen Drehzahlbereich die 4. Subsynchrone kleiner Amplitude. Für den eher niedrig belasteten Rotor ($\sigma = 0.9$) ergibt sich ein ähnliches nichtlineares Bifurkationsverhalten wie für $\sigma = 2.0$, wobei die 1. Subsynchrone nicht auftritt. Stattdessen führt der Stabilitätsverlust der stationären Ruhelage gleich zur 2. Subsynchronen. Danach folgt das schon von $\sigma = 2.0$ bekannte Bifurkationsszenario.

**Einfluss der gyroskopischen Effekte**

Der kritische Grenzzyklus tritt ebenfalls beim Kontinuumsrotor bei umso höheren Drehzahlen auf, je höher der Lastparameter $\sigma$ gewählt wird. Der Einfluss anderer Lagerparameter wird schon ausführlich beim Laval-Läufer in Kapitel 4.2 untersucht. Beim Kontinuumsrotor ergeben sich prinzipiell die gleichen Ergebnisse. Deshalb wird im Rahmen dieses Abschnitts nur auf den Einfluss des Schlankheitsgrads $\vartheta$ eingegangen. Wie schon zuvor erwähnt, bewirkt der hier definierte Parameter $\vartheta$ in erster Linie eine Änderung der gyroskopischen Anteile in den dimensionslosen Bewegungsgleichungen (5.18). Vor der Massenmatrix erscheint der Parameter $\vartheta$ quadratisch. Da von einem schlanken Balken ($\vartheta \ll 1$) ausgegangen wird, überwiegt der Effekt auf die gyroskopische Matrix deutlich. Bei der vorgenommenen Wahl der dimensionslosen Größen beeinflusst der Schlankheitsgrad $\vartheta$ nicht die Steifigkeit des rotierenden Balkens. Daher kann im Folgenden der Parameter $\vartheta$ allein als ein Maß für die gyroskopischen Anteile im Rotor-Lager-System angesehen werden.

Wie für ein Gleitlager mit einfachem Schmierfilm gezeigt wird, wirken die gyroskopischen Effekte geringfügig stabilisierend auf die lineare Stabilitätsgrenze insbesondere für die konische Rotorschwingungsform. Außerdem wird aus den Untersuchungen für den unwuchtbehafteten Laval-Rotor offensichtlich, dass die nichtlineare kritische Drehzahl des ideal ausgewuchteten Rotors eine gute konservative Abschätzung liefert, um kritische Schwingungen und damit einen Rotorschaden zu verhindern. Die nichtlineare kritische Drehzahl wird durch den Sattelknoten definiert, an dem der stabile kritische Grenzzyklus mit rasant anwachsenden Amplituden entsteht. Nachfolgend wird nur der Sattelknoten diskutiert, der auf dem Pfad der 3. Subsynchronen hervorgeht. In Abbildung 5.19 ist der Einfluss des Schlankheitsgrads $\vartheta$ auf die nichtlineare kritische Drehzahl für den Kontinuumsrotor in Schwimmbuchsenlagern verdeutlicht. Mit zunehmendem Schlankheitsparameter $\vartheta$ ver-

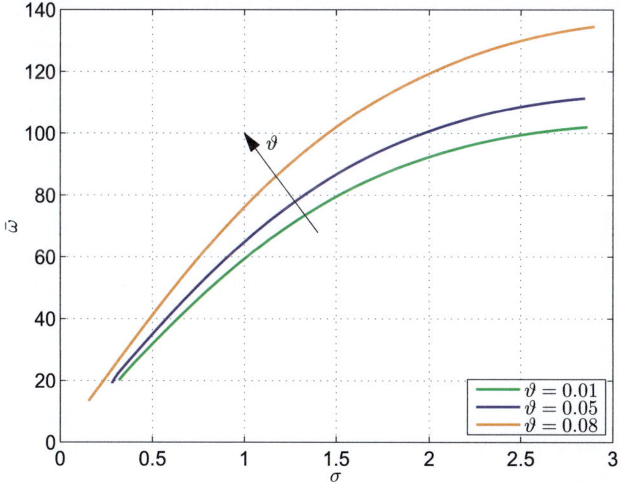


Abbildung 5.19: Nichtlineare kritische Drehzahl (Sub 3) des Kontinuumsrotors in Schwimmbuchsenlagern (vgl. Tabelle 5.1): Einfluss des Schlankheitsgrads $\vartheta$.

schieben sich dabei die nichtlinearen kritischen Drehzahlen zu deutlich höheren Werten. Folglich haben die gyroskopischen Anteile im Rotor-Lager-System einen positiven Einfluss bezüglich eines sicheren Betriebs des Rotors. Im Gegensatz dazu ist im Bereich des Auftretens der Subsynchronen der Effekt der gyroskopischen Anteile beim betrachteten Kontinuumsrotor (ohne Scheiben) nahezu vernachlässigbar gering. Befindet sich jedoch der Rotor in der Nähe des kritischen Grenzzyklus, so ist zunehmend eine Verbiegung festzustellen, die sich letztendlich in einer Erhöhung der gyroskopischen Effekte auswirkt.

Erwähnenswert bleibt, dass für die gewählten Rotor- und Lagerparameter (vgl. Tabelle 5.1) nur über einen gewissen Lastparameterbereich $\sigma$ eine über einen Sattelknoten definierbare nichtlineare kritische Drehzahl vorliegt. Für kleine Werte von $\sigma$ kann wegen des stetigen Übergangs der 3. Subsynchronen in den kritischen Grenzzyklus keine Bifurkation festgestellt werden. Dagegen existiert für hohe Lastparameter $\sigma$ bei einer vernachlässigten äußeren Dämpfung im Bereich der kritischen Rotorschwingungen keine stabile Lösung und somit auch kein Sattelknoten (nichtlineare kritische Drehzahl) mehr, so dass eine „blue-sky"-Katastrophe stattfindet.

### Einfluss der Unwucht

Die absolute Grenzdrehzahl des schwimmbuchsengelagerten Rotors beim Hochlauf wird immens von der Größe der vorhandenen Unwucht beeinflusst, wobei sie sich mit zunehmender Unwucht immer mehr der nichtlinearen kritischen Drehzahl des ideal ausgewuchteten Systems nähert. Beim vorliegenden Kontinuumsrotor kann außerdem die Unwuchtverteilung berücksichtigt werden.

In Abbildung 5.20 sind für den mittel belasteten Rotor $\sigma = 0.5$ die hier betrachteten Unwuchtfälle (vgl. Abbildung 5.3) mit dem identischen Parameter $\rho_0 = 0.1$ in Bifurkationsdiagrammen wiedergegeben. Daneben sind die entsprechenden Amplitudenspektren in Abbildung 5.21 dargestellt. Im niederen Drehzahlbereich sind erneut drehzahlsynchrone Schwingungen infolge der Unwucht um die Gleichgewichtslage des ideal ausgewuchteten Rotors zu beobachten. Dabei folgen abermals aus einer gegenläufigen (gleichläufigen) Unwuchtverteilung drehzahlsynchrone Schwingungen im konischen (zylindrischen) Rotormode im Gleichlauf. Bei einer Erhöhung der Rotordrehzahl tritt dann für beide Fälle anstatt einer Hopf-Bifurkation eine superkritische Torus-Bifurkation auf.

Für eine gegenläufige Unwucht ergibt sich das schon vom Laval-Läufer her bekannte Ergebnis. Im Bereich des Auftretens der 3. Subsynchronen erfolgt quasi eine Überlagerung der subsynchronen Anteile (Sub 3) des ideal ausgewuchteten Rotors mit den drehzahlsynchronen Anteilen (konischer Mode) infolge Unwucht, woraufhin der Amplitudensprung in den kritischen Bereich bei einer niedrigeren Drehzahl erscheint. Hierbei dehnt sich dieser Bereich gegenüber dem unwuchtfreien System unterhalb des kritischen Sattelknotens aus. Des Weiteren sind die Bereiche chaotischen Schwingungsverhaltens während des Vorliegens der 3. Subsynchronen nicht nur stärker hervorgehoben, sondern scheinen sich nach den Amplitudenspektren aufgrund der zusätzlichen drehzahlharmonischen Frequenz erweitert zu haben, vgl. Abbildung 5.21a) mit 5.15a).

Dagegen kann in diesem Beispiel eine gleichläufige Unwucht zu einer drastischen Abnahme der nichtlinearen kritischen Drehzahlen führen. Nach Überschreiten der Torus-Bifurkation entstehen zunächst quasi-periodische Schwingungen, die sich überwiegend zum einen aus der konischen Rotorschwingungsform (Gleichlauf) der 3. Subsynchronen und zum anderen aus der zylindrischen Rotorschwingungsform (Gleichlauf) infolge der Unwuchtverteilung

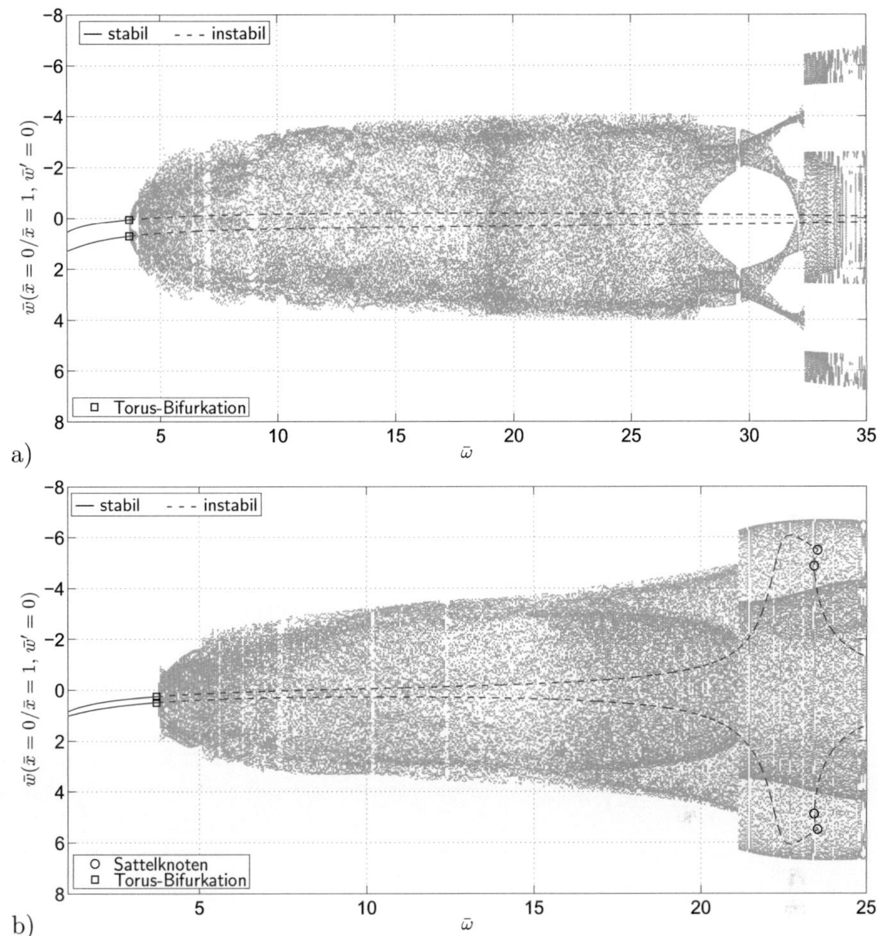

Abbildung 5.20: Bifurkationsdiagramme des Kontinuumsrotors in Schwimmbuchsenlagern (vgl. Tabelle 5.1) für den Lastparameter $\sigma = 0.5$ bei Berücksichtigung einer Unwuchtverteilung: a) Gegenläufige Unwucht ($\rho_0 = 0.1$). b) Gleichläufige Unwucht ($\rho_0 = 0.1$).

zusammensetzen. In diesem Bereich wird wiederum chaotisches Verhalten sichtbarer als im ideal ausgewuchteten Zustand, ist aber geringer als im Fall einer gegenläufigen Unwucht ausgeprägt. Der Amplitudensprung in den Bereich kritischer Rotorschwingungen hoher Amplitude ereignet sich bei beträchtlich niedrigeren Drehzahlen. Der Grund hierfür liegt darin, dass der Rotor gleichzeitig zu einer nichtlinearen Resonanz aufgrund der Unwucht angeregt wird, wie aus den instabilen drehzahlsynchronen Grenzzyklen in Abbildung 5.20b) ersichtlich wird. Diese Resonanz sorgt dafür, dass der Bereich der kritischen subsynchronen Rotorschwingungen bis zu niedrigen Drehzahlen anwächst. Obwohl ein Resonanzphänomen den Ausschlag für die hohen Rotoramplituden gibt, dominieren dennoch die Amplituden der subsynchronen gegenüber denen der drehzahlsynchronen Schwingungen, vgl. Abbil-

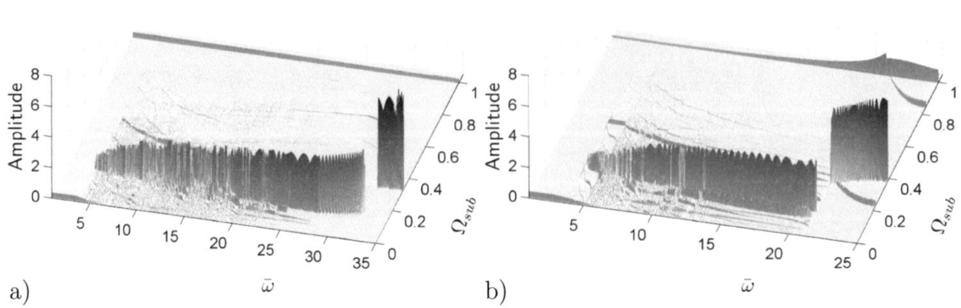

Abbildung 5.21: Amplitudenspektren für die aus der Bifurkationsanalyse (vgl. Abbildung 5.20) erhaltenen stabilen Lösungen bei einer quasi-statischen Erhöhung von $\bar{\omega}$: a) Gegenläufige Unwucht ($\rho_0 = 0.1$). b) Gleichläufige Unwucht ($\rho_0 = 0.1$).

dung 5.21b). Bei der Auswertung von Versuchs- bzw. transienten Simulationsergebnissen könnte dieser Sachverhalt zu irreführenden Rückschlüssen verleiten. Für den anderen gegenläufigen Fall der Unwuchtverteilung taucht hier die entsprechende Resonanz nach dem Amplitudensprung in den kritischen Bereich auf.

In praktischen Anwendungen könnte demzufolge eine ungünstige Unwuchtverteilung unter Umständen zum Rotorausfall führen, obgleich eine Resonanz bzw. Instabilität bei vielen Versuchs- bzw. Simulationsdurchläufen nicht festgestellt wird. Daher ist bei schwimmbuchsengelagerten Rotoren stets darauf zu achten, dass die Resonanzdrehzahlen für den Betrieb entweder weit unterhalb oder oberhalb des Bereichs der kritischen subsynchronen Schwingungen vorkommen. Wenn die Resonanzschwingungen im niederen Drehzahlbereich auftreten, so könnten sie immer noch ausreichend gedämpft werden. Liegen jedoch eine Resonanzdrehzahl und die nichtlineare kritische Drehzahl nahe genug beieinander, so kann eine Erweiterung des kritischen subsynchronen Bereichs einen vorzeitigen Sprung verursachen.

# Kapitel 6

# Stabilität hochtouriger Turboladerrotoren

Nach Betrachtung des Stabilitäts- und Bifurkationsverhaltens von gleitgelagerten Rotoren anhand theoretischer Modelle werden innerhalb dieses Kapitels zwei Beispiele von hochtourigen Rotoren in Schwimmbuchsenlagern näher diskutiert. Dabei handelt es sich um zwei Turboladerrotoren unterschiedlicher Baugröße, für die sich zwei typische aber grundlegend verschiedene Bifurkationsszenarien einstellen. Im Vergleich zum bisher untersuchten Kontinuumsrotor unterscheiden sich Turboladerrotoren insbesondere in zwei Merkmalen. Einerseits sorgen das Turbinen- sowie Verdichterrad zu einem deutlichen Anstieg der gyroskopischen Effekte und andererseits liegt aufgrund der unterschiedlichen Massen der Räder bzw. der Anordnung der beiden Lager keine symmetrische Lagerung des Rotors mehr vor. Eigentlich ist daher die beim symmetrisch gelagerten Kontinuumsrotor durchgeführte Klassifizierung in die vier verschiedenen Subsynchronen (vgl. Abbildung 5.12) nicht mehr gültig. Bei einer unsymmetrischen Lagerung können durchaus gewisse Drehzahlbereiche existieren, in denen die beiden Lager ein unterschiedliches Verhalten aufweisen. Wie jedoch gezeigt wird, neigen die beiden Lager über einen weiten Drehzahlbereich zu identischem Verhalten, so dass weiterhin bedenkenlos von den einzelnen Subsynchronen gesprochen werden kann. Deshalb werden auch sehr ähnliche Bifurkationsszenarien wie für den symmetrisch gelagerten Kontinuumsrotor erhalten.

Des Weiteren konzentrieren sich die hier durchgeführten Untersuchungen auf ideal ausgewuchtete Rotoren. Die numerischen Bifurkationsanalysen des ideal ausgewuchteten Rotors geben einen tieferen Einblick über die Bifurkationen und die nichtlinearen Phänomene, da beim Erscheinen der einzelnen Subsynchronen nicht schon a priori quasiperiodische Lösungen betrachtet werden müssen. Demzufolge werden drehzahlsynchrone Resonanzphänomene nicht weiter berücksichtigt. Bei der Auslegung von Turboladerrotoren wird bereits auf die Vermeidung von Resonanzen geachtet. Zudem kann davon ausgegangen werden, dass in der Praxis nach Auswuchten der Rotoren nur noch eine geringe Restunwucht vorliegt.

## 6.1 Modellbildung

Das Modell des Turboladerrotors ist eine Erweiterung des im Kapitel 5.1 hergeleiteten Rayleigh-Balkens um zwei starr angenommene Scheiben, die mit der rotierenden Welle der

Länge $\ell$ jeweils in ihren Schwerpunkten starr verbunden sind. Ausgangspunkt der Modellierung ist der in Abbildung 6.1 dargestellte Turboladerrotor in Schwimmbuchsenlagern gleicher Masse $m_B$ und Massenträgheitsmoment $J_B$. Die als zwei Starrkörper modellierten

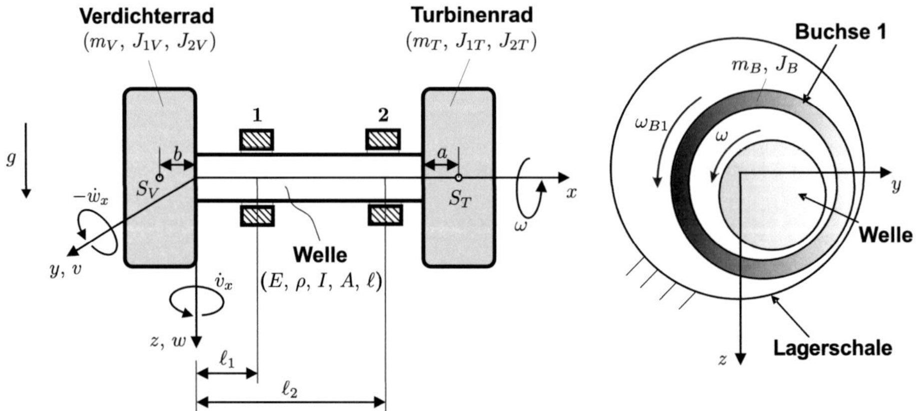

Abbildung 6.1: Turboladerrotor in Schwimmbuchsenlagern.

Scheiben geben das Verdichterrad $V$ und das Turbinenrad $T$ des Turboladerrotors wieder. Die Schwerpunkte von Verdichter- und Turbinenrad $S_V$, $S_T$ befinden sich dabei im Abstand $b$ bzw. $a$ jeweils zum entsprechenden Wellenende. Die Lagerstellen befinden sich wiederum an den beiden Stellen $\ell_1$ (verdichterseitig) bzw. $\ell_2$ (turbinenseitig) des Balkens. Die in der Realität komplexe Geometrie der Welle mit Absätzen wird im vorliegenden Modell nicht erfasst. Demnach besitzt die Welle einen über ihre Gesamtlänge $\ell$ konstanten Durchmesser. Zur Modellierung des Rotors werden somit folgende wichtige Annahmen getroffen:

- Die mit der konstanten Winkelgeschwindigkeit $\omega$ rotierende Welle wird als Rayleigh-Balken modelliert, an deren Enden jeweils eine starre Scheibe mit der Masse ($m_T$ bzw. $m_V$) und den Massenträgheitsmomenten ($J_{1T}$, $J_{2T}$ bzw. $J_{1V}$, $J_{2V}$) von Turbine bzw. Verdichter befestigt ist.

- Die Schwerpunkte der starren Scheiben befinden sich nicht unmittelbar auf den Enden des Balkens. Zwischen den Balkenenden und den Scheibenschwerpunkten wird ein Abstand $a$ bzw. $b$ angenommen.

- Die gyroskopischen Effekte der beiden starren Körper und der flexiblen Welle werden berücksichtigt.

- Die Welle sowie die beiden Räder sind allesamt ideal ausgewuchtet.

- Dämpfungseffekte für Welle und Räder werden vernachlässigt.

- Das gesamte Rotor-Lager-System steht unter dem Einfluss des Schwerefeldes $g$ der Erde (horizontaler Rotor).

Die Herleitung der Bewegungsgleichungen des Rotors erfolgt abermals mittels des Prinzips von Hamilton (5.1). Die kinetische Energie des gesamten Rotor-Lager-Systems setzt sich aus den einzelnen Anteilen

$$T_{TL} = T_W + T_B + T_T + T_V \tag{6.1}$$

der rotierenden Welle, der beiden Buchsen und dem Verdichter- bzw. Turbinenrad zusammen, worin die Ausdrücke für die kinetischen Energien $T_W$, $T_B$ in (5.6) bzw. (5.8) gegenüber der Modellierung in Kapitel 5.1 unverändert bleiben. Analog ergibt sich für die potentielle Energie des Gesamtsystems

$$V_{TL} = V_W + V_B + V_T + V_V \, . \tag{6.2}$$

Die potentiellen Energien $V_W$, $V_B$ liegen wiederum bereits in (5.7) bzw. (5.8) formuliert vor. Die virtuelle Arbeit $\delta W_{TL}$ aller potentiallosen Kräfte ist hier allein durch den schon in (5.11) aufgestellten Anteil der nichtlinearen Lagerkräfte

$$\delta W_{TL} = \delta W_L \tag{6.3}$$

gegeben.

Demzufolge sind zur Anwendung des Prinzips von Hamiltion nur noch die kinetischen und potentiellen Energien der beiden Scheiben zu bestimmen. Zunächst wird das rotationssymmetrische Turbinenrad näher betrachtet. Falls der Schwerpunkt als Bezugspunkt gewählt wird, kann die kinetische Energie eines Starrkörpers in einen translatorischen und einen rotatorischen Anteil ohne Koppelterme aufgespaltet werden:

$$T_T = T_{T,trans} + T_{T,rot} \, . \tag{6.4}$$

Für den translatorischen Anteil der kinetischen Energie des Turbinenrades kann

$$T_{T,trans} = \frac{m_T}{2} \Big( \dot{v}(\ell) + a\, \dot{v}_x(\ell) \Big)^2 + \frac{m_T}{2} \Big( \dot{w}(\ell) + a\, \dot{w}_x(\ell) \Big)^2 \tag{6.5}$$

geschrieben werden, wobei von kleinen Neigungswinkeln $v_x(\ell) \ll 1$, $w_x(\ell) \ll 1$ des Balkens ausgegangen wird. Da das Turbinenrad mit dem rechten Wellenende $x = \ell$ starr verbunden ist, sind die Winkelverdrehungen und folglich auch die Winkelgeschwindigkeit des Turbinenrades gleich denen des entsprechenden Wellenendes. Nach Einführung der polaren und radialen Massenträgheitsmomente $J_{1T}$, $J_{2V}$ bezüglich des Turbinenradschwerpunkts $S_T$ folgt damit der rotatorische Anteil der kinetischen Energie

$$T_{T,rot} = \frac{1}{2} J_{1T}\, \omega^2 + \frac{1}{2} J_{1T}\, \omega \Big( v_x(\ell)\dot{w}_x(\ell) - w_x(\ell)\dot{v}_x(\ell) \Big) + \frac{1}{2} J_{2T} \Big( \dot{v}_x^2(\ell) + \dot{w}_x^2(\ell) \Big) \tag{6.6}$$

des Turbinenrades. Die Bestimmung der kinetischen Energie $T_V$ der anderen Scheibe (Verdichterrad) ergibt sich gleichermaßen:

$$\begin{aligned}
T_V =& \frac{m_V}{2} \Big( \dot{v}(0) - b\, \dot{v}_x(0) \Big)^2 + \frac{m_V}{2} \Big( \dot{w}(0) - b\, \dot{w}_x(0) \Big)^2 \\
&+ \frac{1}{2} J_{1V}\, \omega^2 + \frac{1}{2} J_{1V}\, \omega \Big( v_x(0)\dot{w}_x(0) - w_x(0)\dot{v}_x(0) \Big) + \frac{1}{2} J_{2V} \Big( \dot{v}_x^2(0) + \dot{w}_x^2(0) \Big) .
\end{aligned} \tag{6.7}$$

Die potentiellen Energien $V_T$, $V_V$ der beiden Räder bestehen jeweils nur aus ihrem Schwerepotential

$$V_T = -m_T g \left( w(\ell) + a\, w_x(\ell) \right) \quad \text{bzw.} \quad V_V = -m_V g \left( w(0) - b\, w_x(0) \right). \tag{6.8}$$

Unter Berücksichtigung der Gleichungen (6.1), (6.2) sowie (6.3) kann das Prinzip von Hamilton auf das gesamte Rotor-Schwimmbuchsenlager-System angewandt werden und das Variationsproblem formuliert werden, das als Ausgangspunkt für eine Näherungslösung dient. Für die Verschiebungen $v(x,t)$ bzw. $w(x,t)$ wird wiederum ein gemischter Ritz-Ansatz nach (5.13) gewählt. Nach Durchführung der erforderlichen Variationen lassen sich die Bewegungsgleichungen des schwimmbuchsengelagerten Turboladerrotors als ein gekoppeltes, nichtlineares System gewöhnlicher Differentialgleichungen

$$\mathbf{M}_{TL}\, \ddot{\mathbf{q}} + \mathbf{G}_{TL}\, \dot{\mathbf{q}} + \mathbf{K}_{TL}\, \mathbf{q} = \mathbf{F}_1 + \mathbf{F}_2 + \mathbf{F}_{g,TL}\,, \tag{6.9a}$$

$$m_B\, \ddot{y}_{Bj} = F_{yja}(y_{Bj},\dot{y}_{Bj},z_{Bj},\dot{z}_{Bj},\omega_{Bj}) - F_{yji}(\mathbf{q},\dot{\mathbf{q}},y_{Bj},\dot{y}_{Bj},z_{Bj},\dot{z}_{Bj},\omega_{Bj})\,, \tag{6.9b}$$

$$m_B\, \ddot{z}_{Bj} = m_B\, g + F_{zja}(y_{Bj},\dot{y}_{Bj},z_{Bj},\dot{z}_{Bj},\omega_{Bj}) - F_{zji}(\mathbf{q},\dot{\mathbf{q}},y_{Bj},\dot{y}_{Bj},z_{Bj},\dot{z}_{Bj},\omega_{Bj})\,, \tag{6.9c}$$

$$J_B\, \dot{\omega}_{Bj} = M_{ji}(\mathbf{q},\dot{\mathbf{q}},y_{Bj},z_{Bj},\omega_{Bj}) - M_{ja}(y_{Bj},z_{Bj},\omega_{Bj}) \quad \text{für } j = 1,2 \tag{6.9d}$$

darstellen. Die symmetrische Massenmatrix $\mathbf{M}_{TL}$ des Turboladerrotors resultiert aus der Überlagerung der Anteile für die rotierende Welle $\mathbf{M}$ aus (5.15) sowie der beiden Räder:

$$
\begin{aligned}
\mathbf{M}_{TL} = \mathbf{M} &+ m_T \begin{pmatrix} \boldsymbol{\Phi}(\ell)\,\boldsymbol{\Phi}^T(\ell) & \mathbf{0} \\ \mathbf{0} & \boldsymbol{\Phi}(\ell)\,\boldsymbol{\Phi}^T(\ell) \end{pmatrix} + m_V \begin{pmatrix} \boldsymbol{\Phi}(0)\,\boldsymbol{\Phi}^T(0) & \mathbf{0} \\ \mathbf{0} & \boldsymbol{\Phi}(0)\,\boldsymbol{\Phi}^T(0) \end{pmatrix} \\[2mm]
&+ m_T\, a \begin{pmatrix} \boldsymbol{\Phi}(\ell)\,\boldsymbol{\Phi}_x^T(\ell) & \mathbf{0} \\ \mathbf{0} & \boldsymbol{\Phi}(\ell)\,\boldsymbol{\Phi}_x^T(\ell) \end{pmatrix} + m_T\, a \begin{pmatrix} \boldsymbol{\Phi}_x(\ell)\,\boldsymbol{\Phi}^T(\ell) & \mathbf{0} \\ \mathbf{0} & \boldsymbol{\Phi}_x(\ell)\,\boldsymbol{\Phi}^T(\ell) \end{pmatrix} \\[2mm]
&- m_V\, b \begin{pmatrix} \boldsymbol{\Phi}(0)\,\boldsymbol{\Phi}_x^T(0) & \mathbf{0} \\ \mathbf{0} & \boldsymbol{\Phi}(0)\,\boldsymbol{\Phi}_x^T(0) \end{pmatrix} - m_V\, b \begin{pmatrix} \boldsymbol{\Phi}_x(0)\,\boldsymbol{\Phi}^T(0) & \mathbf{0} \\ \mathbf{0} & \boldsymbol{\Phi}_x(0)\,\boldsymbol{\Phi}^T(0) \end{pmatrix} \\[2mm]
&+ (J_{2T} + m_T\, a^2) \begin{pmatrix} \boldsymbol{\Phi}_x(\ell)\,\boldsymbol{\Phi}_x^T(\ell) & \mathbf{0} \\ \mathbf{0} & \boldsymbol{\Phi}_x(\ell)\,\boldsymbol{\Phi}_x^T(\ell) \end{pmatrix} \\[2mm]
&+ (J_{2V} + m_V\, b^2) \begin{pmatrix} \boldsymbol{\Phi}_x(0)\,\boldsymbol{\Phi}_x^T(0) & \mathbf{0} \\ \mathbf{0} & \boldsymbol{\Phi}_x(0)\,\boldsymbol{\Phi}_x^T(0) \end{pmatrix}.
\end{aligned} \tag{6.10}
$$

Ebenso ergeben sich aus einer Überlagerung mit dem Anteil der Welle $\mathbf{G}$ aus (5.15) die schiefsymmetrische gyroskopische Matrix

$$
\begin{aligned}
\mathbf{G}_{TL} = \mathbf{G} &+ J_{1T}\,\omega \begin{pmatrix} \mathbf{0} & \boldsymbol{\Phi}_x(\ell)\,\boldsymbol{\Phi}_x^T(\ell) \\ -\boldsymbol{\Phi}_x(\ell)\,\boldsymbol{\Phi}_x^T(\ell) & \mathbf{0} \end{pmatrix} \\[2mm]
&+ J_{1V}\,\omega \begin{pmatrix} \mathbf{0} & \boldsymbol{\Phi}_x(0)\,\boldsymbol{\Phi}_x^T(0) \\ -\boldsymbol{\Phi}_x(0)\,\boldsymbol{\Phi}_x^T(0) & \mathbf{0} \end{pmatrix}
\end{aligned} \tag{6.11}
$$

und mit Hilfe von $\mathbf{F}_g$ aus (5.17) der Vektor $\mathbf{F}_{g,TL}$ der auf den Turboladerrotor angreifenden Gewichtskraft

$$\mathbf{F}_{g,TL} = \mathbf{F}_g + m_T\, g \begin{pmatrix} \mathbf{0} \\ \boldsymbol{\Phi}(\ell) + a\,\boldsymbol{\Phi}_x(\ell) \end{pmatrix} + m_V\, g \begin{pmatrix} \mathbf{0} \\ \boldsymbol{\Phi}(0) - b\,\boldsymbol{\Phi}_x(0) \end{pmatrix}. \tag{6.12}$$

Die Struktursteifigkeit des Gesamtsystems wird allein durch die elastischen Eigenschaften der Welle bestimmt, so dass sich die (symmetrische) Steifigkeitsmatrix des Gesamtsystems $\mathbf{K}_{TL} = \mathbf{K}$ im Vergleich zur Modellierung ohne Scheiben (5.17) nicht ändert. Die Vektoren $\mathbf{F}_1$, $\mathbf{F}_2$ für die auf die Welle wirkenden nichtlinearen Lagerkräfte (Kurzlagertheorie) in (5.17) aus dem vorangegangenen Kapitel bleiben genauso wie die Gleichungen (6.9b-d) für die beiden Buchsen erhalten. Zur Bestimmung der Näherungslösungen $v(x,t)$, $w(x,t)$ werden wiederum nach Einführung der dimensionsbehafteten Ortsvariable $x = \ell\bar{x}$ in (5.27) die gleichen Ansatzfunktionen $\boldsymbol{\Phi}$ verwendet, die zwei kegelförmige Starrkörpermoden sowie die ersten $N$ Biegeeigenformen eines frei-frei gelagerten Bernoulli-Euler-Balkens umfassen.

## 6.2 Bifurkationsszenarien

Sowohl in Experimenten als auch in transienten Hochlaufsimulationen von Turboladerrotoren in Schwimmbuchsenlagern können in Abhängigkeit der Rotor- und Lagerparameter (z.B. Masse, Unwucht, Öleingangstemperatur bzw. -druck etc.) eine vielfältige Anzahl von Bifurkationsfolgen beobachtet werden (vgl. [11, 46, 47, 92, 93, 95, 96, 112]). In Abbildung 6.2 sind exemplarisch einige dieser Bifurkationsszenarien für einen Hochlauf[1] dargestellt, wobei wie bei den durchgeführten Untersuchungen zuvor eine Unterscheidung hinsichtlich der Rotorbelastung eingeführt wird. Der mittel belastete Rotor zeichnet sich dadurch aus, dass über einen weiten Drehzahlbereich die 3. Subsynchrone existiert, die entweder direkt aus den drehzahlsynchronen Unwuchtschwingungen (Gleichgewichtslage beim ideal ausgewuchteten Rotor) oder aus der 1. Subsynchronen entsteht. Dieser Sachverhalt ist ein Hinweis dafür, dass in den vorliegenden Fällen im Bereich des Auftretens der 3. Subsynchronen eigentlich noch die kaum nachweisbaren Amplituden der 1. Subsynchronen infolge einer Modeninteraktion vorhanden sind. Prinzipiell könnte in diesem Bereich auch anstatt der vernachlässigbar kleinen Amplituden der 1. Subsynchronen die 2. Subsynchrone auftauchen, deren höhere Amplituden im Spektrum deutlich besser zu erkennen sind.

Dagegen treten beim niedrig belasteten Rotor vor Erscheinen der 3. Subsynchronen die ersten zwei Subsynchronen des inneren Schmierfilms auf. Für den Bereich des Auftretens der 3. Subsynchronen gilt wiederum das vorhin erwähnte. Wie schon für den Laval-Rotor gezeigt, haben höhere Unwuchten auf die Subsynchronen des inneren Schmierfilms einen sehr großen Einfluss. Zunächst kann sich insbesondere für niedrig belastete Rotoren die Stabilitätsgrenze der drehzahlsynchronen Schwingungen zu höheren Drehzahlen verschieben. Außerdem können zwischen dem Erscheinen einzelner Subsychronen Bereiche stabiler rein drehzahlsynchroner Schwingungen möglich sein. Die durchgezogenen drehzahlsynchronen Linien in Abbildung 6.2 deuten daraufhin, dass für diese Fälle die Modellierung der Unwucht in der Simulation zur Abbildung des entsprechenden Bifurkationsszenarios unbedingt notwendig ist. Jedoch werden in der Praxis hochtourige Rotoren heutzutage so gut ausgewuchtet, dass meistens von einer geringen Unwucht ausgegangen werden kann. Die Bifurkationsfolgen in Abbildung 6.2 mit einer strichlierten drehzahlsynchronen Linie weisen deshalb auf eine geringe Unwucht des Rotor-Lager-Systems hin, weil sie selbst bei Annahme eines ideal ausgewuchteten Rotors in der Simulation abgebildet werden können.

---

[1]Beim Herunterfahren stellen sich im Allgemeinen die prinzipiell gleichen Bifurkationsfolgen ein, jedoch infolge von Hysterese-Effekten bei unterschiedlichen Drehzahlen.

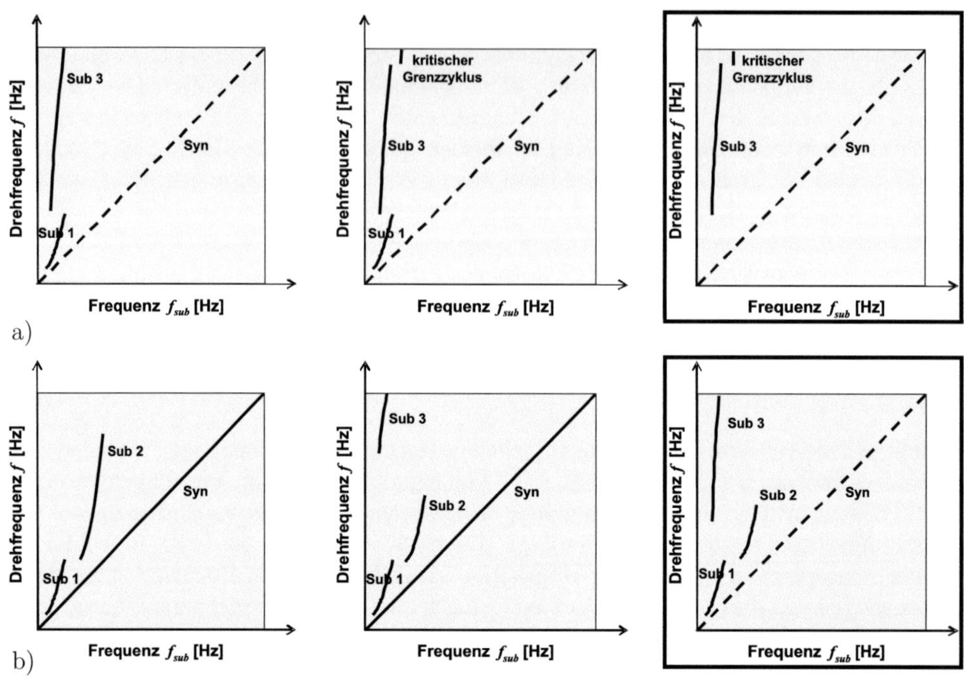


Abbildung 6.2: Typische beim Hochlauf beobachtete Bifurkationsszenarien (vgl. [95]) für:
a) Mittel bis hoch belastete Turboladerrotoren. b) Niedrig belastete Turboladerrotoren.

Erwähnenswert bleibt, dass jeder Rotor eigentlich zu einer Bifurkation in den kritischen
Grenzzyklus neigt. Da insbesondere für leicht belastete Rotoren der Betriebsdrehzahlbereich weit unterhalb der nichtlinearen kritischen Drehzahl des Turboladerrotors liegen
kann, ist in den meisten abgebildeten Bifurkationsszenarien aus Abbildung 6.2 die bei
höheren Drehzahlen auftretende 3. Subsynchrone sowie die anschließende Bifurkation in
den kritischen Grenzzyklus nicht enthalten.

Im Folgenden werden zwei ideal ausgewuchtete Turboladerrotoren verschiedener Baugröße
betrachtet, welche die in Abbildung 6.2 eingerahmten Bifurkationsfolgen aufzeigen.

## 6.2.1  Turboladerrotor mittlerer Baugröße

Turboladerrotoren mittlerer Baugröße, deren Anwendungsbereich beispielsweise in Nutz-
fahrzeugen liegt, können neben der für die Laufstabilität des Rotors harmlosen 3.
Subsynchronen ebenfalls eine Bifurkation in den kritischen Grenzzyklus aufweisen.
Prüfstandsmessungen eines ähnlichen in [46] untersuchten Turboladerrotors belegen,
dass ein Amplitudensprung in einen Bereich kritischer Schwingungen nicht mehr tolerierbarer Amplituden stattfindet. Während des Betriebs des Turboladers ist diese kritische
Bifurkation unbedingt zu vermeiden, da sie oft mit einer Zerstörung des Rotors verbunden
ist.

Der im Rahmen der Arbeit untersuchte Turboladerrotor mittlerer Baugröße wird durch die in Tabelle 6.1 angegebenen Rotor- und Lagerparameter vollständig charakterisiert. Bevor

| | |
|---|---|
| Massen | $m_T = 1.26\,\text{kg}$, $m_V = 0.62\,\text{kg}$, $m_B = 0.026\,\text{kg}$ |
| Massenträgheitsmomente | $J_{1T} = 914.7\,\text{kg}\,\text{mm}^2$, $J_{2T} = 660.0\,\text{kg}\,\text{mm}^2$, |
| | $J_{1V} = 441.7\,\text{kg}\,\text{mm}^2$, $J_{2V} = 526.5\,\text{kg}\,\text{mm}^2$, $J_B = 2.7\,\text{kg}\,\text{mm}^2$ |
| Lage von $S_T$ bzw. $S_V$ | $a = 24.4\,\text{mm}$, $b = 40.5\,\text{mm}$ |
| Wellenparameter | $\ell = 116.0\,\text{mm}$, $A = 251.6\,\text{mm}^2$, $I = 5039.4\,\text{mm}^4$, |
| | $\varrho = 7.8 \cdot 10^{-6}\,\text{kg}/\text{mm}^3$, $E = 210000\,\text{N}/\text{mm}^2$ |
| Lagerstellen | $\ell_1 = 7.7\,\text{mm}$, $\ell_2 = 84.2\,\text{mm}$ |
| Lagerparameter | $D_i = 17.0\,\text{mm}$, $L_i = 5.8\,\text{mm}$, $D_a = 24.0\,\text{mm}$, $L_a = 5.5\,\text{mm}$, |
| | $C_i = 0.029\,\text{mm}$, $C_a = 0.043\,\text{mm}$, |
| | $\eta_i = 9.2\,\text{mPa}\,\text{s}$, $\eta_a = 10.0\,\text{mPa}\,\text{s}$ |

Tabelle 6.1: Parameterwerte für den Turboladerrotor mittlerer Baugröße.

auf das nichtlineare Stabilitäts- und Bifurkationsverhalten in Abhängigkeit der Drehfrequenz $f = \omega/2\pi$ eingegangen wird, wird zunächst das in Kapitel 6.1 hergeleitete Turboladerrotormodell mit einem identisch aufgebauten Finite-Elemente Modell anhand seiner gyroskopischen Eigenfrequenzen verifiziert. Daneben werden die Eigenformen des Rotors analysiert, die den entsprechenden Subsynchronen zugeordnet werden können.

## Eigenschwingungen des rotierenden Turboladerrotors

Um sowohl die Eigenfrequenzen als auch die Eigenformen des Turboladerrotors unter Berücksichtigung der gyroskopischen Effekte zu bestimmen, wird in den durchgeführten Modalanalysen wiederum die Gleitlagerung des Turboladerrotors vereinfacht in Form einer isotrop linear-elastischen Lagerung mitberücksichtigt. Für die Gleitlagerkräfte werden somit lineare Federn angenommen, die gleiche Federsteifigkeiten $c_0 = c_y = c_z$ in horizontale und in vertikale Richtung an beiden Lagerstellen besitzen. Die resultierende Federsteifigkeit bei Rotoren in Schwimmbuchsenlagern setzt sich näherungsweise aus einer Reihenschaltung der Steifigkeiten infolge des inneren und äußeren Schmierfilms zusammen. Dabei werden für die Lagersteifigkeiten konstante mittlere Werte $c_0 = 3000\,\text{N}/\text{mm}$ über den gesamten Rotordrehzahlbereich angesetzt. Die Dämpfung aufgrund der Ölfilme der Schwimmbuchsenlager sowie des Materials wird der Einfachheit halber für die sogenannte gyroskopische Modalanalyse nicht beachtet.

Demzufolge führt die Modalanalyse des homogenen linearen Turboladerrotor-Lager-Systems

$$\mathbf{M}_{TL}\,\ddot{\mathbf{q}} + \mathbf{G}_{TL}\,\dot{\mathbf{q}} + (\mathbf{K}_{TL} + \mathbf{K}_{F1} + \mathbf{K}_{F2})\,\mathbf{q} = \mathbf{0} \tag{6.13}$$

mit den Steifigkeitsmatrizen der beiden durch isotrop linear-elastischen Federn (Federsteifigkeit $c_0$) angenäherten Lager

$$\mathbf{K}_{Fj} = c_0 \begin{pmatrix} \boldsymbol{\Phi}(\ell_j)\,\boldsymbol{\Phi}^T(\ell_j) & \mathbf{0} \\ \mathbf{0} & \boldsymbol{\Phi}(\ell_j)\,\boldsymbol{\Phi}^T(\ell_j) \end{pmatrix} \quad \text{für} \quad j = 1,2 \tag{6.14}$$

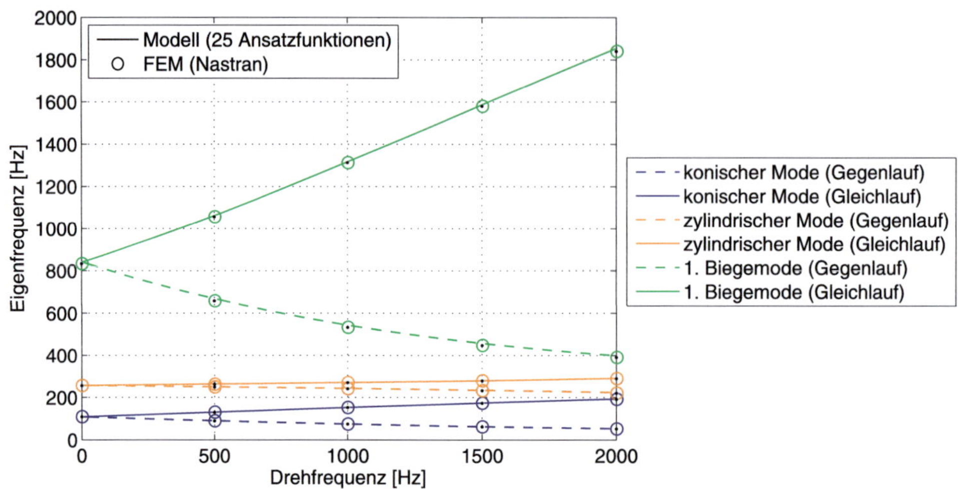


Abbildung 6.3: Gyroskopische Eigenfrequenzen des Turboladerrotors mittlerer Baugröße bei isotrop linear-elastischer Lagerung ($c_0 = 3000\,\text{N/mm}$).

zu folgenden Ergebnissen (vgl. Abbildung 6.3): Ausgehend von der Stillstandseigenfrequenz spalten sich die im ruhenden System doppelt vorkommenden Eigenfrequenzen in einen gleichläufigen sowie einen gegenläufigen Ast auf. Während sich die Eigenfrequenzen für die Moden im Gleichlauf mit der Rotordrehzahl erhöhen, nehmen sie für den Fall des Gegenlaufs ab. Angesichts der getroffenen Vereinfachungen haben die Ergebnisse der linearen Eigenwertanalyse nur qualitativen Charakter und sollen zudem zur Verifizierung des mittels des Prinzips von Hamilton hergeleiteten Modells dienen. Dazu werden die gyroskopischen Eigenfrequenzen eines identisch aufgebauten Finite-Elemente Modells mit Hilfe der kommerziellen Software MD Nastran bei diskreten Drehfrequenzen ausgewertet, wobei für die Welle Balkenelemente verwendet werden, die im Gegensatz zum analytisch vorliegenden Turboladerrotormodell schubbedingte Verformungen berücksichtigen. Der Vergleich der Ergebnisse für die konische und die zylindrische Rotoreigenform liefert, dass die Eigenfrequenzen des analytischen Modells mit denen des Finite-Elemente Modells praktisch übereinstimmen. Die „Starrkörpermoden" werden demnach durch das analytische Modell sehr gut wiedergegeben, aus denen sich hauptsächlich die selbsterregten Schwingungen während dem Betrieb ergeben. Daher ist ihre korrekte Abbildung weitaus am wichtigsten. Aber selbst für die erste Biegeeigenform des Rotors liegen die Frequenzen des analytischen Modells nur geringfügig höher. Damit wird die Verwendung eines Rayleigh-Balkens anstatt eines Timoshenko-Balkens zur Modellierung der rotierenden Welle hier nochmals gerechtfertigt. Insbesondere die gyroskopischen Effekte, die für die Aufspaltung der Eigenfrequenzen verantwortlich sind, werden durch das analytische Modell sehr gut abgebildet.

In Abbildung 6.4 sind die aus der Modalanalyse erhaltenen gyroskopischen Moden prinzipiell für einen Abgasturbolader veranschaulicht:

- Die ersten zwei Eigenschwingungsformen des Turboladerrotors ergeben sich hauptsächlich aus den sogenannten konischen Starrkörpermoden, die zusätzlich mit einer geringen Wellenverbiegung überlagert sind. Bei dem ersten Mode handelt es sich um den gyroskopischen konischen Mode im Gegenlauf, während der zweite Mode der zugehörige konische Mode im Gleichlauf ist.

- Die dritte und vierte Eigenschwingungsform des Turboladerrotors setzt sich überwiegend aus dem zylindrischen Starrkörpermode zusammen. Obwohl im Gegensatz zu den konischen Moden eine höhere Wellenverbiegung zu beobachten ist, kann auch in diesen Fällen weitestgehend von Starrkörpermoden ausgegangen werden. Demzufolge stellt die dritte Rotoreigenschwingungsform einen zylindrischen Mode im Gegenlauf dar und die vierte Eigenschwingungsform den zugehörigen zylindrischen Mode im Gleichlauf.

- Die fünfte und sechste Eigenschwingungsform des Turboladerrotors basieren auf dem ersten elastischen Biegemode. Der Mode mit der niedrigeren Eigenfrequenz ist wiederum der erste Biegemode im Gegenlauf und der bei höheren Eigenfrequenzen der zugehörige Biegemode im Gleichlauf.

Da für Gleitlager streng genommen die Annahme einer isotrop linear-elastischen Lagerung nicht zutrifft, kann die gyroskopische Modalanalyse nur Aufschluss darüber geben [95], welche Rotorschwingungsformen sich beim Auftreten selbsterregter Schwingungen einstellen können. Die später durchgeführten Stabilitäts-und Bifurkationsanalysen bestätigen, dass

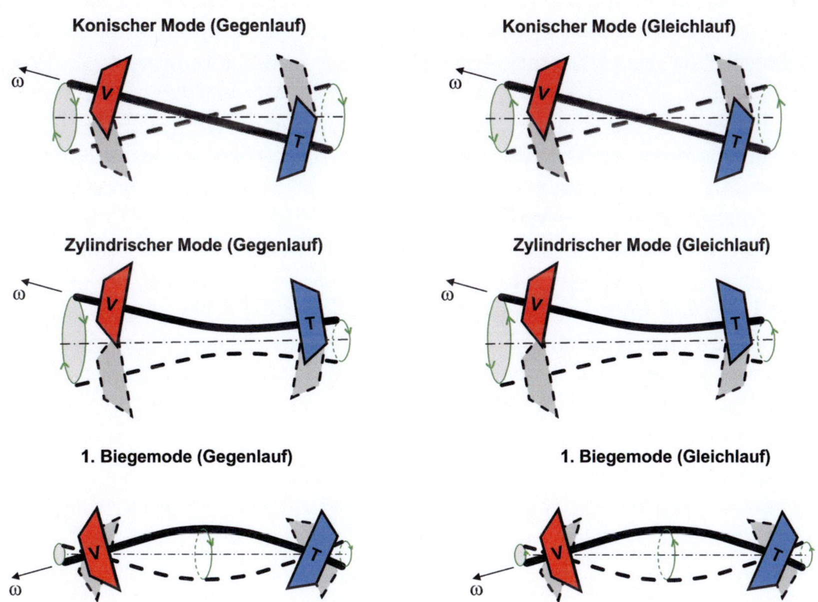



Abbildung 6.4: Prinzipielle gyroskopische Eigenschwingungsformen (Gegenlauf/Gleichlauf) des Turboladerrotors bei isotrop linear-elastischer Lagerung (siehe z.B. [95]).

es sich bei den Subsynchronen vorwiegend entweder um einen konischen oder einen zylindrischen Rotormode im Gleichlauf handelt. Trotz der unsymmetrischen Lagerung und den beiden Scheiben kann damit die in Kapitel 5.3.1 durchgeführte Klassifizierung der selbsterregten Schwingungen weitestgehend auch für den Turboladerrotor in Schwimmbuchsenlagern beibehalten werden (vgl. Abbildung 5.12), wenn die zylindrischen und konischen Rotorschwingungsformen (Gleichlauf) aus Abbildung 6.4 berücksichtigt werden. Die Hopf-Bifurkationen der Biegeeigenformen des Rotors treten wiederum bei extrem hohen Drehzahlen auf. Dagegen handelt es sich beim kritischen Grenzzyklus abermals um einen degenerierten konischen Starrkörpermode, der sich mit zunehmender Drehzahl infolge der immer steifer werdenden Lager in den entsprechenden Biegemode verwandelt.

**Nichtlineares Stabilitäts- und Bifurkationsverhalten**

Obwohl der Turboladerrotor in Schwimmbuchsenlagern schon bei sehr geringen Drehzahlen die Stabilität der Gleichgewichtslage verlieren kann und auch diverse Sprungphänomene (z.B. subkritische Hopf-Bifurkation) erscheinen können, kann der Turboladerrotor im Bereich des Auftretens der Subsynchronen sicher betrieben werden. In der Realität existiert für einen Rotor keine Gleichgewichtslage, da er stets eine (kleine) Restunwucht besitzt. Wenn im Folgenden von einer Gleichgewichtslage gesprochen wird, so entstehen in der Praxis im Fall einer geringen Unwucht drehzahlsynchrone Schwingungen kleiner Amplitude in der Nähe der Gleichgewichtslage. Wie für den Laval-Rotor gezeigt wird, entwickelt sich bei Annahme kleiner Unwuchten auch das globale Lösungsverhalten bei höheren Drehzahlen quasi um die Lösung des ideal ausgewuchteten Systems, wobei sich die Drehzahlen für die Bifurkationen nur geringfügig verschieben. Daneben können jedoch Bereiche chaotischen Schwingungsverhaltens stärker in Erscheinung treten.

In Abbildung 6.5 ist das Bifurkationsdiagramm des Turboladerrotors (vgl. Tabelle 6.1) mittlerer Baugröße veranschaulicht, wobei die lokalen Maxima bzw. Minima $w_T(\dot{w}_T = 0)$ der Schwerpunktverschiebungen des Turbinenrades in Abhängigkeit des hier einzigen Bifurkationsparameters, der Drehfrequenz $f$, dargestellt werden. Zudem sind in Abbildung 6.6 die zugehörigen subsynchronen Frequenzen sowohl in einem Wasserfall- als auch in einem Ordnungsdiagramm[2] verdeutlicht.

Zunächst ist erwähnenswert, dass an den Hopf-Bifurkationen wiederum subsynchrone Schwingungen unterschiedlicher Moden geboren werden. Jedoch ist infolge der unsymmetrischen Lagerung und den beiden Scheiben unterschiedlicher Massen bzw. Massenträgheitsmomente eine eindeutige Zuordnung von Subsynchronen schwieriger als im Fall der symmetrisch gelagerten rotierenden Welle. Unter Berücksichtigung dieses Sachverhalts werden aus der numerischen Bifurkationsanalyse des Turboladerrotors mittlerer Baugröße folgende Ergebnisse erhalten:

- Bis zu einer Drehfrequenz von $f = 238\,\text{Hz}$ befindet sich der rotierende Turboladerrotor in einer stabilen stationären Ruhelage. Folglich existiert für hochtourige Rotoren in Schwimmbuchsenlagern nur im niederen Drehzahlbereich eine stabile Gleichgewichtslage.

- Bei einer Drehfrequenz von $f = 238\,\text{Hz}$ verliert das Rotor-Lager-System die Stabilität seiner Gleichgewichtslage und springt infolge einer subkritischen Hopf-Bifurkation

---

[2]Die zusätzliche dimensionslose Darstellung der subsynchronen Frequenzverhältnisse $\Omega_{sub}$ soll zum besseren Vergleich mit den Ergebnissen der vorangegangenen Kapitel dienen.

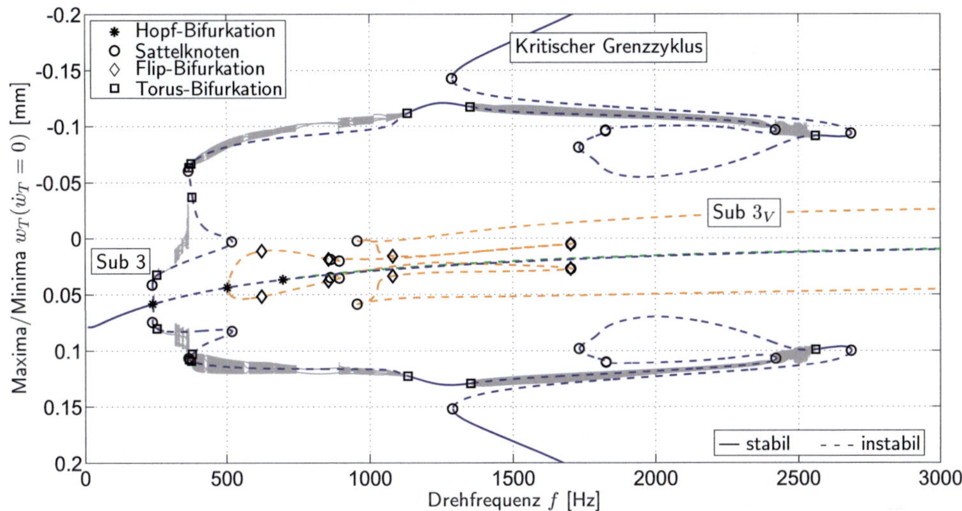


Abbildung 6.5: Bifurkationsdiagramm des Turboladerrotors mittlerer Baugröße in Schwimmbuchsenlagern (vgl. Tabelle 6.1).

auf einen stabilen Grenzzyklus der mit Sub 3 bezeichneten Subsynchronen. Beim Herunterfahren der Drehzahl sorgt der Sattelknoten bei $f = 236\,\mathrm{Hz}$ für einen sehr gering ausgeprägten und damit unbedeutenden Hysterese-Effekt.

- Der stabile Grenzzyklus zeichnet sich durch einen konischen Rotormode aus. Jedoch zeigt nur das turbinenseitige Lager die typischen Exzentrizitäten der 3. Subsynchronen, während sich das verdichterseitige Lager ziemlich ruhig verhält. Eigentlich handelt es sich in diesem Bereich streng genommen um eine nur ausschließlich vom turbinenseitigen Lager verursachte 3. Subsychrone, die auch mit Sub $3_T{}^3$ bezeichnet werden kann.

- Eine Torus-Bifurkation bei $f = 236\,\mathrm{Hz}$ der periodischen Lösungen führt zu einer inkommensurablen Frequenz vernachlässigbarer Amplitude, die wohl der 1. Subsynchronen zugewiesen werden kann. Folglich herrscht in dem folgenden gesamten Bereich bis zur Bifurkation in den kritischen Grenzzyklus eine Modeninteraktion der 1. und 3. Subsynchronen. Dem Amplitudenspektrum zufolge werden dabei die quasiperiodischen Lösungen immer wieder durch verhältnismäßig kleine Bereiche chaotischen Schwingungsverhaltens (z. B. bei $f \approx 2500\,\mathrm{Hz}$) unterbrochen.

- Bei $f = 364\,\mathrm{Hz}$ findet ein Sprung der quasi-periodischen (chaotischen) geringer Amplitude auf einen zwischen zwei Torus-Bifurkationen kurzzeitig stabilen Grenzzyklus höherer Amplitude statt. Der folgende Bereich kann tatsächlich der 3. Subsynchronen zugeordnet werden, da beide Lager ein für die 3. Subsynchrone typisches Verhalten

---

[3]Auf diese Bezeichnung wird hier bewusst verzichtet, weil bei einer weiteren Drehzahlerhöhung daraus tatsächlich die 3. Subsynchrone entsteht.

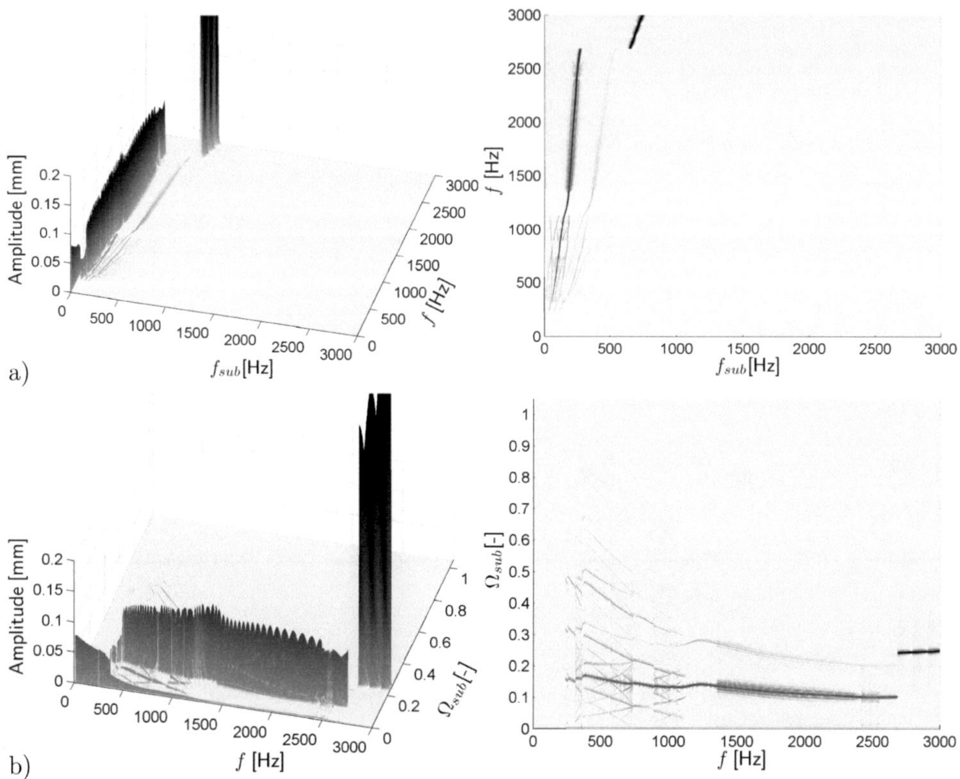

Abbildung 6.6: Amplitudenspektren für die aus der Bifurkationsanalyse (vgl. Abbildung 6.5) erhaltenen stabilen Lösungen bei einer quasi-statischen Erhöhung von $f$: a) Wasserfalldiagramm. b) Ordnungsdiagramm.

aufzeigen. Darüber hinaus ist zu erwähnen, dass dieser Amplitudensprung im Gegensatz zur Bifurkation in den kritischen Grenzzyklus eher als ungefährlich einzuschätzen ist, weil der Rotor weiterhin nahezu in einem Starrkörpermode verbleibt und damit die Amplituden endlich bleiben. Liegen jedenfalls die Toleranzen bei Auslegung des Turboladers nicht innerhalb der Grenzen, die durch die Starrkörperbewegungen des Rotors vorgegeben werden, kann schon dieser Amplitudensprung zu einem Rotorschaden führen.

- Neben chaotischen Bereichen folgt aus einer superkritischen Torus-Bifurkation bei $f = 1133\,\text{Hz}$ ein Bereich stabiler Grenzzyklen, bei denen die Frequenzen der inneren und äußeren Schmierfilme im Verhältnis 2:1 synchronisieren. Dieser Synchronisationsbereich endet aufgrund einer superkritischen Torus-Bifurkation bei $f = 1350\,\text{Hz}$. Bei $f = 2560\,\text{Hz}$ werden die quasi-periodischen (chaotischen) Schwingungen mittels einer superkritischen Torus-Bifurkation erneut instabil und der Rotor erreicht einen Bereich stabiler Grenzzyklen (Synchronisation der Schmierfilme im Verhältnis 2:1).

- Eine Bifurkation über einen Sattelknoten (absolute Grenzdrehzahl: $f = 2685\,\text{Hz}$) ist schließlich für den Amplitudensprung in den kritischen Grenzzyklus (Synchronisation der Schmierfilme zu einer einzigen subsynchronen Frequenz) verantwortlich, wobei die nichtlineare kritische Drehzahl für eine Drehfrequenz von $f = 1287\,\text{Hz}$ erscheint. Daher gibt es für den Turboladerrotor einen verhältnismäßig sehr großen Drehzahlbereich, in dem der kritische Grenzzyklus und die 3. Subsynchrone koexistieren. Wie schon mehrmals erwähnt, muss während des Betriebs sichergestellt werden, dass Störungen keinen vorzeitigen Stabilitätsverlust der 3. Subsynchronen verursachen. Ansonsten sollte der Betriebsdrehzahlbereich des Turboladers unterhalb der nichtlinearen kritischen Drehzahl liegen.

- Bei Variation beispielsweise der Lagerparameter kann sich ebenfalls beim vorliegenden Rotormodell eine äußere Krise einstellen, die den Amplitudensprung in den kritischen Grenzzyklus bewirkt.

Nachdem das Stabilitäts- und Bifurkationsverhalten des Turboladerrotors mittlerer Baugröße ausführlich erklärt worden ist, werden nachfolgend ein paar allgemeine Anmerkungen gemacht. Die beim symmetrischen Rotor durchgeführte Einteilung in die einzelnen Subsynchronen ist zwar auch beim unsymmetrischen Turboladerrotor über einen weiten Drehzahlbereich zulässig, jedoch kann sie erweitert werden, indem noch zwischen dem turbinen- und verdichterseitigen Lager unterschieden wird. Beispielsweise handelt es sich bei der aus der zweiten Hopf-Bifurkation ($f = 503\,\text{Hz}$) geborenen instabilen Lösung um einen konischen Mode im Gleichlauf, der vorwiegend durch den äußeren Schmierfilm des verdichterseitigen Lagers verursacht wird. Darum wird sie in der Abbildung 6.5 als Sub 3 (v) gekennzeichnet. Theoretisch können sich folglich für einen allgemeinen (unsymmetrischen) Rotor in Schwimmbuchsenlagern damit insgesamt acht verschiedene Subsynchrone ergeben. Die weiteren vier Sonderfälle, wenn beide Lager an den subsynchronen Schwingungen involviert sind, werden sich wie beim vorliegenden Rotor aus den entsprechenden Subsynchronen entwickeln.

Da sich die subsynchronen Schwingungen vorwiegend aus den Starrkörpermoden zusammensetzen, kann in einem ersten Modellierungsschritt auch eine starre Welle angenommen werden. Die Ergebnisse dafür können dem Anhang (siehe Abbildung C.9) entnommen werden. Diese Vereinfachung bringt für Drehzahlbereiche unterhalb der nichtlinearen kritischen Drehzahl vergleichbare Ergebnisse. Die nichtlineare kritische Drehzahl kann ebenfalls sehr gut abgebildet werden, da die Synchronisation der Schmierfilme zu einer einzigen subsynchronen Frequenz weitestgehend unabhängig von der Wellensteifigkeit verläuft. Darum sind die Abweichungen in der nichtlinearen kritischen Drehzahl beider Modelle vernachlässigbar gering. Am Anfang des kritischen Grenzzyklus liegt nämlich noch ein nahezu konischer Starrkörpermode vor. Die absolute Grenzdrehzahl beim Hochlauf reagiert dagegen sehr sensitiv auf die Wellensteifigkeit. Eine zunehmende Wellenverbiegung kann zu einer Erhöhung der gyroskopischen Effekte führen, die wiederum die absolute Grenzdrehzahl positiv beeinflussen können.

## 6.2.2 Turboladerrotor kleinerer Baugröße

Turboladerrotoren kleinerer Baugröße werden bevorzugt im Automobilbereich eingesetzt. Im Gegensatz zu größeren Turboladerrotoren neigen sie weniger zu einer Bifurkation in den kritischen Grenzzyklus im Betriebsdrehzahlbereich. Daher sind eher die im Fahrzeug als lästig empfundenen akustischen Geräusche („Turboladerheulen") von Bedeutung, die durch die Rotorschwingungen verursacht werden können. Die Tabelle 6.2 stellt die in der folgenden Bifurkationsanalyse verwendeten Daten des Turboladerrotors kleinerer Bauart dar. Messergebnisse eines vergleichbaren Turboladerrotors am Prüfstand sind in [112]

| | |
|---|---|
| Massen | $m_T = 0.060\,\text{kg},\ m_V = 0.023\,\text{kg},\ m_B = 0.0022\,\text{kg}$ |
| Massenträgheitsmomente | $J_{1T} = 5.38\,\text{kg mm}^2,\ J_{2T} = 5.48\,\text{kg mm}^2,$ |
| | $J_{1V} = 1.83\,\text{kg mm}^2,\ J_{2V} = 2.77\,\text{kg mm}^2,\ J_B = 0.035\,\text{kg mm}^2$ |
| Lage von $S_T$ bzw. $S_V$ | $a = 10.8\,\text{mm},\ b = 10.9\,\text{mm}$ |
| Wellenparameter | $\ell = 48.5\,\text{mm},\ A = 40.3\,\text{mm}^2,\ I = 129.0\,\text{mm}^4,$ |
| | $\varrho = 7.8 \cdot 10^{-6}\,\text{kg/mm}^3,\ E = 210000\,\text{N/mm}^2$ |
| Lagerstellen | $\ell_1 = 14.7\,\text{mm},\ \ell_2 = 36.8\,\text{mm}$ |
| Lagerparameter | $D_i = 6.0\,\text{mm},\ L_i = 3.6\,\text{mm},\ D_a = 9.5\,\text{mm},\ L_a = 6.2\,\text{mm},$ |
| | $C_i = 0.016\,\text{mm},\ C_a = 0.034\,\text{mm},$ |
| | $\eta_i = 7.0\,\text{mPa s},\ \eta_a = 7.7\,\text{mPa s}$ |

Tabelle 6.2: Parameterwerte für den Turboladerrotor kleinerer Baugröße.

ausführlich beschrieben. Darüber hinaus wird in [112] ebenfalls eine transiente Hochlaufsimulation mit einem flexiblen Mehrkörpermodell durchgeführt.

Das Stabillitäts- und Bifurkationsverhalten des kleineren Turboladerrotors (vgl. Tabelle 6.2) über der Drehfrequenz $f$ ist anhand der lokalen Maxima und Minima $w_V(\dot{w}_V = 0)$ der Verschiebungen des Verdichterrades in Abbildung 6.7 dargestellt, während die entsprechenden subsynchronen Frequenzen in Abbildung 6.8 verdeutlicht sind:

- Die Gleichgewichtslage verliert ihre Stabilität infolge einer subkritischen Hopf-Bifurkation bei einer sehr geringen Drehfrequenz von $f = 41\,\text{Hz}$, und ein Sprung führt in den Bereich stabiler Grenzzyklen der 1. Subsynchronen, der zunächst nur vom turbinenseitigen Lager ausgelöst wird. Der mit der Hopf-Bifurkation verbundene Hysterese-Effekt ist wiederum nur marginal ausgeprägt.

- Nach Erreichen des ersten Maximums bei etwa $f \approx 43\,\text{Hz}$ nehmen die Amplituden der (verdichterseitigen) 1. Subsynchronen infolge der Dämpfungswirkung der äußeren Schmierfilme mit zunehmender Drehzahl ab. Dann erscheint bei einer Drehzahl von näherungsweise $f \approx 164\,\text{Hz}$ ein zweites Maximum, das dadurch bedingt ist, dass nunmehr beide Lager ein für die 1. Subsynchrone typisches Verhalten aufweisen.

- Bei Erhöhung der Drehzahl verbleibt der Rotor in der 1. Subsynchronen bis zur subkritischen Torus-Bifurkation bei $f = 520\,\text{Hz}$, wodurch als Folge einer Modeninteraktion ein Sprung in die 2. Subsynchrone verursacht wird.

- Die 2. Subsynchrone wird aus der dritten Hopf-Bifurkation (superkritisch) bei $f = 299\,\text{Hz}$ geboren, wobei die Ursache dafür im verdichterseitigen Lager liegt. Ein direkt in unmittelbarer Nähe auftretender Sattelknoten sorgt schließlich für die Beteiligung beider Lager an der 2. Subsynchronen. Ein weiterer Sattelknoten ist dann für die typischen (hier zunächst instabilen) Grenzzyklen der 2. Subsynchronen verantwortlich. Für eine symmetrische Lagerung ist bei der Entstehung der 2. Subsynchronen stets eine subkritische Hopf-Bifurkation mit nur einem nachfolgenden Sattelknoten typisch.

- Die subkritische Torus-Bifurkation (Modeninteraktion zwischen Sub 1 und Sub 2) bei $f = 324\,\text{Hz}$ bewirkt den Stabilitätswechsel der Grenzzyklen der 2. Subsynchronen und verursacht beim Herunterfahren der Drehzahl den Sprung von der 2. in die 1. Subsynchrone. Folglich koexistieren die ersten zwei Subsynchronen im Bereich von $f = 324\text{-}520\,\text{Hz}$ zwischen den beiden zusammengehörenden Torus-Bifurkationen (Hysterese), die ihren Ursprung in der entsprechenden Hopf-Hopf-Bifurkation besitzen.

- Die 2. Subsynchrone wird kurzzeitig im Drehzahlbereich von $f = 824\text{-}951\,\text{Hz}$ durch eine quasi-periodische Lösung der 2. und 3. Subsynchronen („mixed-mode") unterbrochen, die durch Torus-Bifurkationen superkritischer Art bei $f = 824\,\text{Hz}$ und subkritischer Art bei $f = 940\,\text{Hz}$ eingeschlossen werden.

- Bei Erhöhung der Drehzahl wird letztendlich die 2. Subsynchrone infolge einer superkritischen Torus-Bifurkation durchgängig instabil, aus der wiederum quasi-periodische Lösungen der 2. und 3. Subsynchronen („mixed-mode") geboren werden.

- Diese quasi-periodischen Lösungen werden bei einer Drehfrequenz von etwa $f \approx 2180\,\text{Hz}$ dann ebenfalls instabil und gehen den Amplitudenspektren zufolge in einen chaotischen Bereich über. In diesem Bereich scheint sich noch die 2. Subsynchrone an den Schwingungen zu beteiligen, wobei die Amplituden der 3. Subsynchronen deutlich überwiegen. Wie schon zuvor mehrmals erwähnt, wird daher dieser Bereich oftmals nur der 3. Subsynchronen zugewiesen.

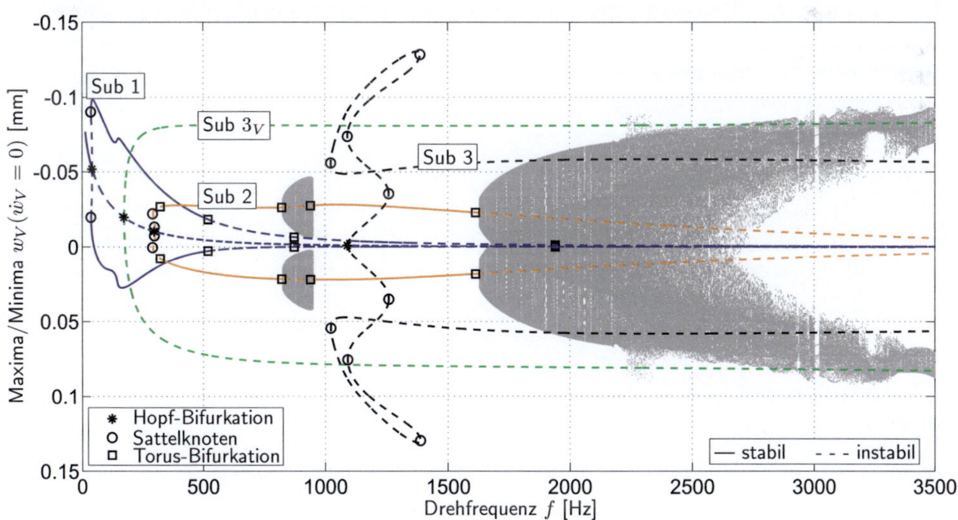


Abbildung 6.7: Bifurkationsdiagramm des Turboladerrotors kleinerer Baugröße in Schwimmbuchsenlagern (vgl. Tabelle 6.2).

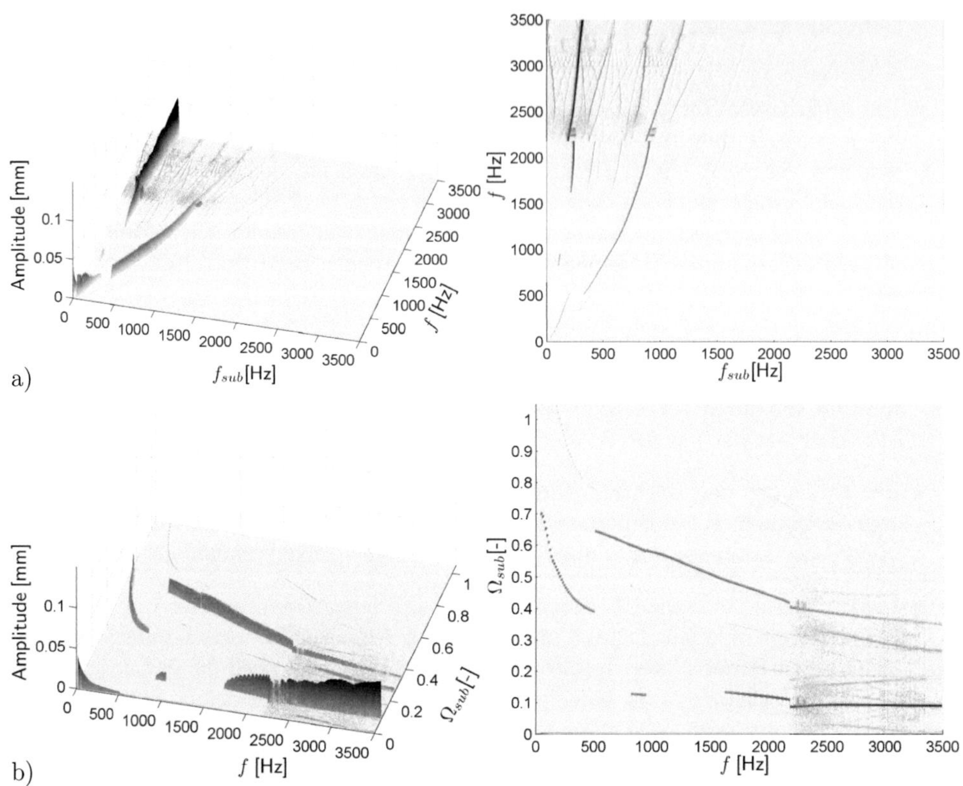

Abbildung 6.8: Amplitudenspektren für die aus der Bifurkationsanalyse (vgl. Abbildung 6.7) erhaltenen stabilen Lösungen bei einer quasi-statischen Erhöhung von $f$: a) Wasserfalldiagramm. b) Ordnungsdiagramm.

Aus den beiden bisher nicht angesprochenen Hopf-Bifurkationen entstehen abermals zwei verschiedene Arten der 3. Subsynchronen, wobei die mit Sub 3 bezeichnete Subsynchrone zunächst nur am turbinenseitigen Lager nachzuweisen ist. Ebenfalls im Anhang sind die Ergebnisse dieses Turboladerrotors bei einer starren Modellierung der Welle aufgeführt (vgl. Abbildung C.11). Der Unterschied zwischen den beiden Modellierungen ist im Vergleich zum größeren Turboladerrotor noch geringer, so dass bei Rotoren dieser Baugröße eine Berechnung des nichtlinearen Schwingungungsverhaltens bei Annahme einer starren Welle nicht nur qualitativ richtige sondern auch schon quantitativ recht gute Ergebnisse liefert.

# Kapitel 7

# Zusammenfassung

Die vorliegende Arbeit beschreibt das detaillierte Stabilitäts- und Bifurkationsverhalten hochtouriger Rotoren sowohl in konventionellen Gleitlagern als auch in Schwimmbuchsenlagern, die sich vom einfachen Laval-Rotor beginnend über Kontinuumsrotoren (schlanke Wellen) zu Turboladerrotoren erstrecken. Die durchgeführten Untersuchungen dienen vorrangig zur Identifikation und zum Verständnis der grundlegenden nichtlinearen Effekte, die bei hochtourigen Rotoren in der Praxis zu beobachten sind. Darüber hinaus wird der Einfluss der Rotor- und Lagerparameter auf das nichtlineare Schwingungsverhalten studiert.

**Laval-Rotor**

Nach Vorstellung der für die numerische Bifurkationsanalyse der Modelle benötigten Grundlagen wird anhand von transienten Hochlaufsimulationen des Laval-Rotors gezeigt, dass bei Annahme gleicher Randbedingungen die innerhalb der Arbeit überwiegend verwendete Kurzlagertheorie qualitativ und quantitativ eine sehr gute Alternative zur numerischen Bestimmung der Lagerkräfte gemäß der allgemeinen (nicht vereinfachten) Reynoldsgleichung ist. Folglich kann sie ebenfalls bei praxisrelevanten Simulationen angewandt werden, wenn von vollumschlossenen, kreiszylindrischen Gleitlagern mit einem Breiten-Durchmesser-Verhältnis von $L/D < 1/2$ ausgegangen werden kann. Zur Einführung in die Stabilitäts- und Bifurkationsanalyse mittels der Methoden der Pfadverfolgung werden beim klassischen Laval-Rotor in konventionellen Gleitlagern zunächst die unterschiedlichen Bifurkationsszenarien in den „oil-whirl"-Bereich sowie der sich anschließende „oil-whip"-Bereich in Abhängigkeit der Systemparameter betrachtet.

Dagegen bildet die Untersuchung des klassischen Laval-Rotors in Schwimmbuchsenlagern den Schwerpunkt der Arbeit. Als Ergebnis einer linearen Stabilitätsanalyse wird festgestellt, dass im Allgemeinen bei mittel bis hoch belasteten Rotoren der Stabilitätsverlust der Gleichgewichtslage durch eine superkritische Hopf-Bifurkation infolge des äußeren Schmierfilms verursacht wird, wohingegen bei niedrig belasteten Rotoren an der linearen Stabilitätsgrenze eine subkritische Hopf-Bifurkation des inneren Schmierfilms vorliegt. Am Schnittpunkt der beiden entsprechenden Hopf-Kurven ergibt sich eine sogenannte Hopf-Hopf-Bifurkation, an der zwei Torus-Bifurkationen der Grenzzyklen des inneren und äußeren Schmierfilms geboren werden. Die Torus-Bifurkationen sind für die Entstehung quasi-periodischer Bereiche verantwortlich, die dann als Modeninteraktion des inneren und äußeren Schmierfilms gedeutet werden können.

Aus dieser Erkenntnis heraus ergeben sich nach Überschreiten der linearen Stabilitätsgrenze zwei typische Bifurkationsszenarien: Für mittlere Belastungen stellen sich nach einer geringen Drehzahlerhöhung quasi-periodische Schwingungen („mixed-mode"-Lösungen) aufgrund einer Torus-Bifurkation ein, an denen sich als Folge einer Modeninteraktion eigentlich der innere und äußere Schmierfilm mit den zwei inkommensurablen Frequenzen $\Omega_{sub,i}$ bzw. $\Omega_{sub,a}$ beteiligen. Dennoch wird dieser quasi-periodische Bereich häufig ausschließlich dem äußeren Schmierfilm zugewiesen, da die Amplituden aus dem Anteil des inneren Schmierfilms deutlich kleiner sind. Außerdem wird der Nachweis erbracht, dass die quasi-periodischen Lösungen in gewissen Drehzahlbereichen in einen chaotischen Attraktor übergehen können. Auf der Route in den chaotischen Bereich können entweder eine Kaskade von Periodenverdopplungen oder mindestens drei Hopf-Bifurkationen (Ruelle-Newhouse-Takens-Route) durchlaufen werden. Die Ruelle-Newhouse-Takens-Route zeichnet sich neben den Frequenzen $\Omega_{sub,i}$ bzw. $\Omega_{sub,a}$ durch das Erscheinen einer dritten betragsmäßig kleinen Frequenz $\Omega_{sub,B}$ aus, die auf eine langsame Schwankung der Buchsendrehzahl zurückgeführt werden kann. Beim hoch belasteten Rotor existieren nach dem Stabilitätsverlust der Gleichgewichtslage weitgehend nur rein periodische Lösungen, die einen Synchronisationsbereich mit $\Omega_{sub,i} = 2\Omega_{sub,a}$ und damit einen Sonderfall darstellen. Im Gegensatz dazu resultieren für niedrig belastete Rotoren aus der Hopf-Bifurkation des inneren Schmierfilms stabile Grenzzyklen mit einer subsynchronen Frequenz $\Omega_{sub,i}$, die bei höheren Drehzahlen wiederum infolge einer Torus-Bifurkation (Modeninteraktion) in einen Bereich quasi-periodischer Schwingungen der beiden Grundfrequenzen $\Omega_{sub,i}$ bzw. $\Omega_{sub,a}$ gelangen. Folglich entsteht in diesem Drehzahlbereich ein ähnliches Schwingungsverhalten wie für den mittel belasteten Rotor. Jedoch scheint der niedrig belastete Rotor allgemein weniger zu chaotischem Verhalten zu neigen.

Die Synchronisation der beiden Schmierfilme zu einer einzigen Schwingungsfrequenz $\Omega_{sub,i} = \Omega_{sub,a}$ führt schließlich für jeden Rotor bei höheren Drehzahlen zum kritischen Grenzzyklus (Rotorschaden). Abhängig von der Rotorbelastung können sich dabei unterschiedliche Bifurkationsszenarien (stetiger Übergang, Sattelknoten, äußere Krise) in den kritischen Grenzzyklus ergeben. Des Weiteren ist zu erwähnen, dass eine Störung vor Erreichen der absoluten Grenzdrehzahl beim Hochlauf einen Sprung der subsynchronen Schwingungen in den kritischen Grenzzyklus verursachen kann, da für einen verhältnismäßig weit ausgedehnten Drehzahlbereich neben den subsynchronen Schwingungen der kritische Grenzzyklus koexistieren kann. Zur sicheren Auslegung von Rotoren kann daher die nichtlineare kritische Drehzahl verwendet werden, die über den Sattelknoten definiert wird, an dem der kritische Grenzzyklus geboren wird.

Mit Hilfe von sogenannten nichtlinearen Stabilitätskarten wird der Einfluss von Rotor- und Lagerparametern auf die subsynchronen Schwingungen sowie den kritischen Grenzzyklus beurteilt. Die Erhöhung der äußeren Lagerbreiten bzw. -durchmesser, eine niedrigere Temperatur im äußeren Schmierfilm sowie ein steiferer Rotor verbessern deutlich das Stabilitätsverhalten bezüglich des Auftretens des kritischen Grenzzyklus. Für die Wahl des Lagerspielverhältnisses, das für den Konstrukteur die am leichtesten zu ändernde Größe ist, lässt sich keine eindeutige Aussage ableiten. Eine größere Unwucht dagegen kann im Allgemeinen entweder teilweise oder vollständig die subsynchronen Schwingungen des inneren Schmierfilms unterdrücken. Außerdem kann sie das Auftreten der subsynchronen Schwingungen des äußeren Schmierfilms zu höheren Drehzahlen verschieben. Jedoch sorgt sie für eine deutliche Herabsetzung der absoluten Grenzdrehzahl (Bifurkation in den kritischen Bereich hoher Amplituden). Aus den diversen Untersuchungen stellt sich heraus, dass die nichtlineare kritische Drehzahl des ideal ausgewuchteten Rotors eine gute konservative Abschätzung der absoluten Grenzdrehzahlen bei zusätzlicher Berücksichtigung der Unwucht liefert.

**Kontinuumsrotor**

Die Erweiterung der Modellierung zu einem symmetrisch gelagerten Kontinuumsrotor (schlanke Welle) erlaubt neben der Betrachtung der zylindrischen Bewegung der Rotormittelachse auch die Abbildung der konischen Bewegungsformen unter Berücksichtigung gyroskopischer Effekte. Damit können die verschiedenen Rotorschwingungsformen in die Betrachtung einbezogen werden.

Zunächst werden wiederum die „oil-whirl"- bzw. „oil-whip"-Phänomene des Kontinuumsrotors in konventionellen Gleitlagern diskutiert. Während sich im „oil-whirl"-Bereich selbsterregte Schwingungen im konischen bzw. zylindrischen Starrkörpermode mit einem nahezu vernachlässigbaren Biegeanteil einstellen, findet beim Übergang in den „oil-whip"-Bereich ein stetiger Wandel von den „Starrkörpermoden" zu den entsprechenden Biegemoden (degenerierte „Starrkörpermoden") statt. Zudem treten die „oil-whirl"- bzw. „oil-whip"-Schwingungen sowohl für die konischen als auch die zylindrischen Bewegungsformen auf, wovon die zylindrische im untersuchten Fall des ideal ausgewuchteten Rotors über den gesamten Drehzahlbereich instabil ist. Dennoch können auch die instabilen Lösungen des unwuchtfreien Falls von Bedeutung sein, wenn beispielsweise durch die Unwuchtverteilung entlang des Rotors die betreffende Rotorschwingungsform angeregt wird. Dadurch ergeben sich nacheinander folgende „oil-whirl"- bzw. „oil-whip"-Phänomene unterschiedlicher Rotormoden. Die kritischen Drehzahlen für die Resonanzstellen sowie für das Auftreten des „oil-whip"-Bereichs können näherungsweise über einen starr bzw. in sehr steifen Federn gelagerten Rotor abgeschätzt werden (Campbell-Diagramm).

Mittels einer linearen Stabilitätsanalyse des Kontinuumsrotors in Schwimmbuchsenlagern wird gezeigt, dass je nach Rotorbelastung vier unterschiedliche Hopf-Bifurkationen für den Stabilitätsverlust der Gleichgewichtslage verantwortlich sein können. Damit können die entstehenden (selbsterregten) Schwingungen nicht nur nach dem die Instabilität verursachenden Schmierfilm, sondern auch nach der Rotorschwingungsform unterschieden werden. Daraus folgt gemäß Schweizer (siehe beispielsweise [92, 93]) die Einteilung der selbsterregten Schwingungen in die sogenannten vier Subsynchronen. Im Gegensatz zum Laval-Rotor können nun beim niedrig belasteten Kontinuumsrotor ebenfalls Modeninteraktionen zwischen der 1. und 2. Subsynchronen des inneren Schmierfilms im niederen Drehzahlbereich auftreten. Die subkritischen Torus-Bifurkationen der jeweiligen Grenzzyklen des inneren Schmierfilms führen in diesem Fall zu instabilen quasi-periodischen Lösungen („mixedmode"-Lösungen), so dass beim Hoch- bzw. Herunterfahren der Drehzahl Amplitudensprünge zwischen den beiden Subsynchronen (konisch/zylindrisch) des inneren Schmierfilms stattfinden. Die quasi-periodischen Schwingungen, die üblicherweise nur der 3. Subsynchronen (konischer Mode, äußerer Schmierfilm) zugeordnet werden, können als Folge einer Modeninteraktion entweder Anteile der 1. oder der 2. Subsynchronen beinhalten. Während gyroskopische Effekte einen positiven Einfluss auf die nichtlineare kritische Drehzahl besitzen, kann die Unwucht zu einer erheblichen Reduzierung der absoluten Grenzdrehzahl beitragen, wenn sich beispielsweise in der Nähe des kritischen Bereichs hoher Amplituden eine Resonanzstelle befindet.

**Turboladerrotor**

Die rotierende schlanke Welle wird um zwei Scheiben (Verdichter- bzw. Turbinenrad) erweitert, so dass sich das vereinfachte Modell eines Turboladerrotors ergibt. Um einen tieferen Einblick über die Bifurkationen und die nichtlinearen Phänomene zu ermöglichen, wird von einem ideal ausgewuchteten Turboladerrotor in Schwimmbuchsenlagern ausgegangen. Theoretisch können aufgrund der unterschiedlichen Masseneigenschaften der beiden Räder sowie der unsymmetrischen Lagerung acht unterschiedliche Subsynchrone in den „Starrkörpermoden" aus den Hopf-Bifurkationen der Gleichgewichtslage geboren werden, da jedes Lager allein eine Instabilität verursachen kann. Jedoch neigen die beiden Lager üblicherweise nach einer weiteren Drehzahlerhöhung weitgehend zu identischem Verhalten. Folglich kann die Klassifizierung in die vier Subsynchronen weiterhin beibehalten werden. Innerhalb der Arbeit werden zwei typische Bifurkationsszenarien diskutiert, wie sie bei Experimenten von Turboladerrotoren in Schwimmbuchsenlagern beobachtet werden.

Der untersuchte Turboladerrotor mittlerer Baugröße zeigt über weite Drehzahlbereiche quasi-periodische Schwingungen in der 3. Subsynchronen und verzweigt schließlich in den kritischen Grenzzyklus. Interessant dabei ist das Auftreten eines weiteren Amplitudensprungs bei geringeren Drehzahlen. Für die Hopf-Bifurkation der Gleichgewichtslage ist nur das turbinenseitige Lager verantwortlich. Daraus folgen zunächst selbsterregte Schwingungen geringer Amplitude. Nach einer weiteren Erhöhung der Drehzahl führt ein Amplitudensprung in einen Bereich, in dem beide Lager ein für die 3. Subsynchrone typisches Verhalten aufweisen.

Dagegen treten beim kleineren Turboladerrotor im niederen Drehzahlbereich die Subsynchronen des inneren Schmierfilms auf. Die Amplitudensprünge zwischen der 1. und 2. Subsynchronen erfolgen wiederum beim Hoch- bzw. Herunterfahren durch subkritische Torus-Bifurkationen, welche die Folge einer Modeninteraktion sind. Nach einer Drehzahlsteigerung entstehen dann aus der 2. Subsynchronen infolge einer weiteren Torus-Bifurkation „mixed-mode"-Lösungen der 2. und 3. Subsynchronen, die mit zunehmender Drehzahl in einen chaotischen Bereich übergehen.

Insgesamt darf festgestellt werden, dass mit der vorliegenden Arbeit eine sehr weitgehende Analyse der nichtlinearen Dynamik unterschiedlicher Rotoren in konventionellen Gleitlagern und Schwimmbuchsenlagern vorliegt. Offene Fragen betreffen insbesondere den Einfluss einer verbesserten Modellbildung seitens der Hydrodynamik. Beispielsweise könnte neben Nuten und Bohrungen der Lager auch die Energiegleichung berücksichtigt werden, um die im Allgemeinen temperaturabhängigen Viskositäten bzw. Lagerspiele bestimmen zu können. Auf Seiten der Rotordynamik ist eine Erweiterung der rotierenden Welle auf einen Timoshenko-Balken denkbar. Außerdem könnte der Einfluss der inneren Dämpfung auf das nichtlineare Stabilitäts- und Schwingungsverhalten näher analysiert werden. Darüber hinaus sind systematische experimentelle Untersuchungen auch einfacher Rotormodelle (Laval-Rotor in konventionellen Gleitlagern bzw. in Schwimmbuchsenlagern) von großem Interesse, um die Aussagekraft der vorgestellten theoretischen Stabilitäts- und Bifurkationsanalysen zu unterstützen. Insbesondere ist die Frage ungeklärt, inwieweit bei praktischen Anwendungen die in Schwimmbuchsenlagern gelagerten Rotoren in einem Drehzahlbereich betrieben werden, in dem die eher harmlos einzuschätzenden subsynchronen Schwingungen und die kritischen Schwingungen hoher Amplitude koexistieren.

# Anhang

# Anhang A

# Approximationsmethoden für die Gleitlagerkräfte

## A.1  Laval-Rotor in konventionellen Gleitlagern

**Analytische Kurzlagerlösung**

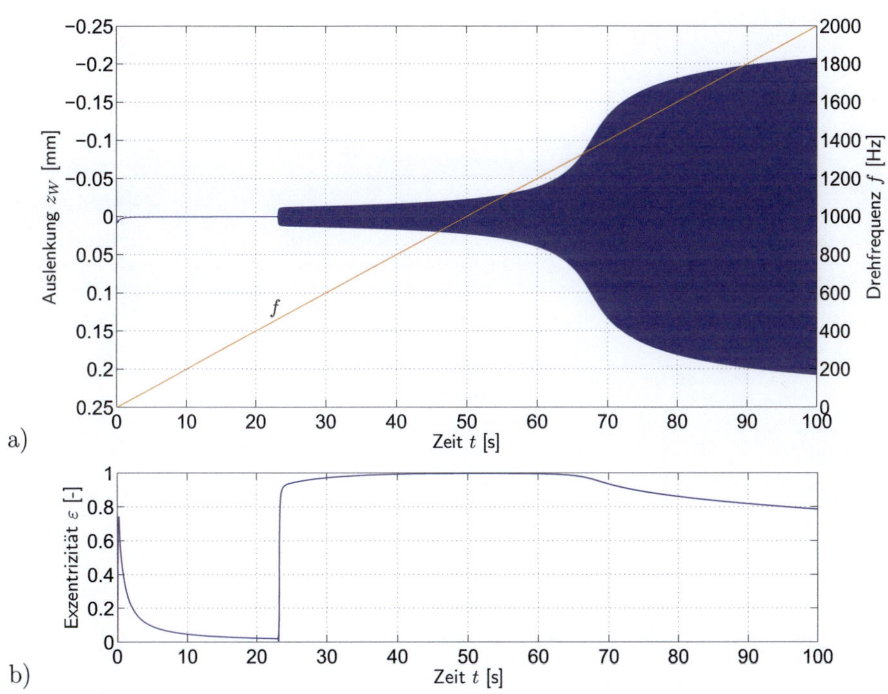

Abbildung A.1: Hochlaufsimulation des Laval-Rotors in konventionellen Gleitlagern (Kurz-lagerlösung): a) Auslenkungen $z_W$ der Scheibe in vertikaler Richtung. b) Relative Lager-exzentrizitäten $\varepsilon$.

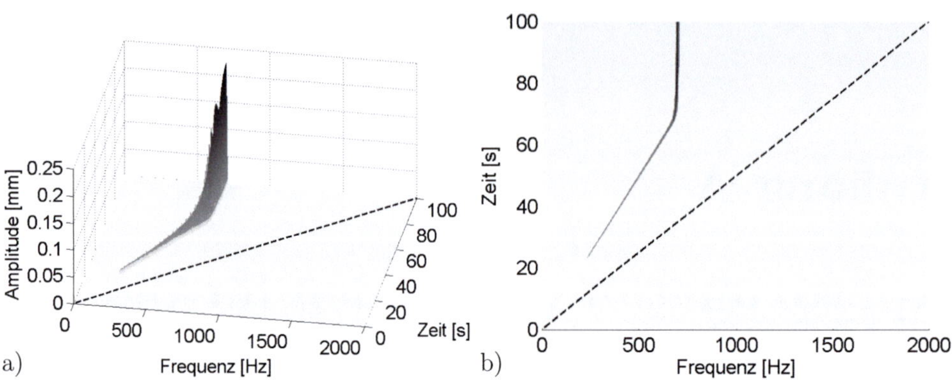

Abbildung A.2: Hochlaufsimulation des Laval-Rotors in konventionellen Gleitlagern (Kurz-lagerlösung): a) 3D-Wasserfalldiagramm der Auslenkungen $z_W$ (vgl. Abbildung A.1). b) 2D-Ansicht von a).

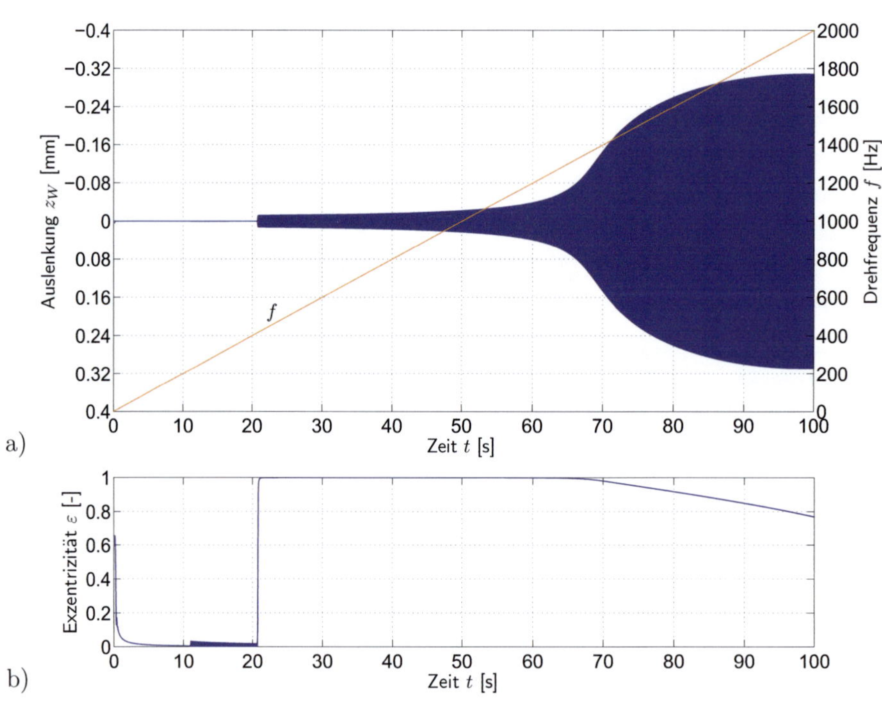

Abbildung A.3: Hochlaufsimulation des Laval-Rotors in konventionellen Gleitlagern (Lang-lagerlösung): a) Auslenkungen $z_W$ der Scheibe in vertikaler Richtung. b) Relative Lager-exzentrizitäten $\varepsilon$.

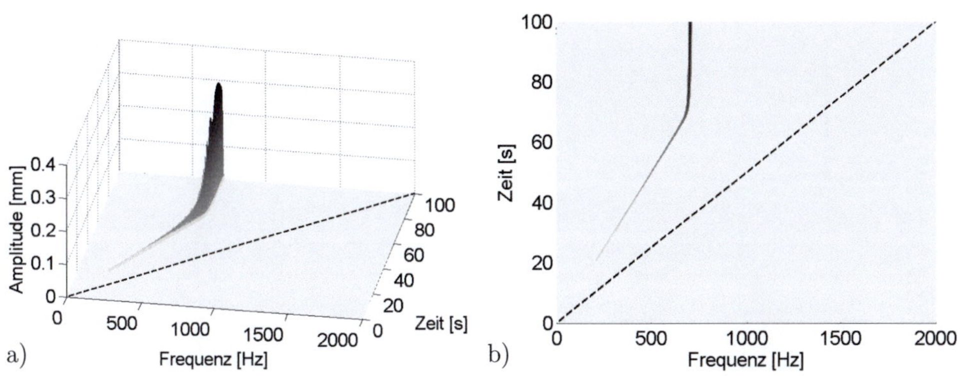

Abbildung A.4: Hochlaufsimulation des Laval-Rotors in konventionellen Gleitlagern (Lang-
lagerlösung): a) 3D-Wasserfalldiagramm der Auslenkungen $z_W$ (vgl. Abbildung A.3).
b) 2D-Ansicht von a).

# A.2 Laval-Rotor in Schwimmbuchsenlagern

**Numerische Lösung der Reynoldsgleichung mittels Impedanz-Methode**

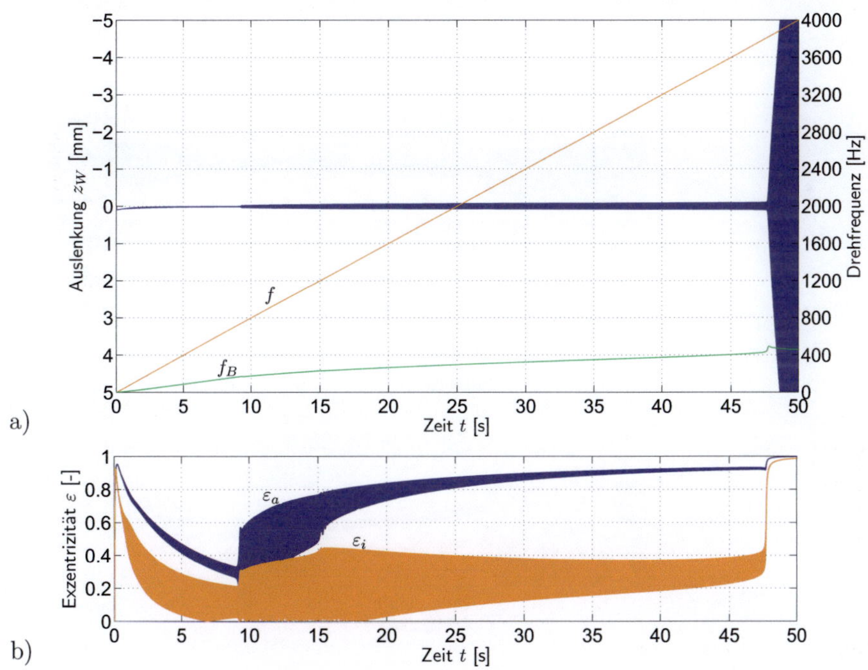

Abbildung A.5: Hochlaufsimulation des Laval-Rotors in Schwimmbuchsenlagern
(Impedanz-Methode): a) Auslenkungen $z_W$ der Scheibe in vertikaler Richtung. b) Relative Lagerexzentrizitäten $\varepsilon$.

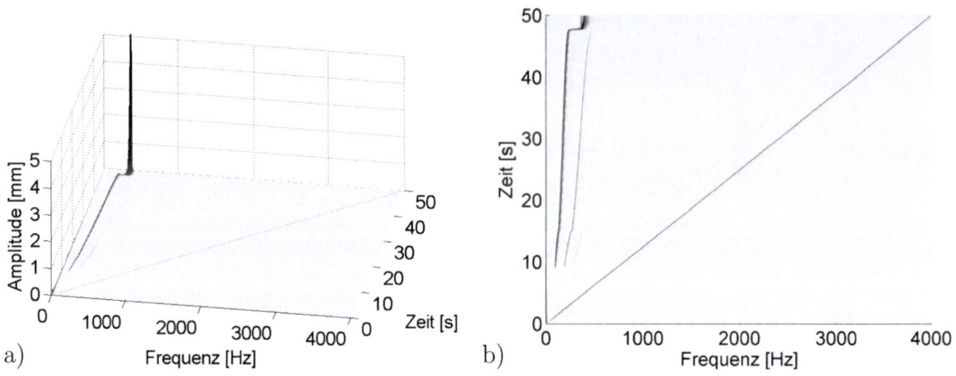

Abbildung A.6: Hochlaufsimulation des Laval-Rotors in Schwimmbuchsenlagern (Impedanz-Methode): a) 3D-Wasserfalldiagramm der Auslenkungen $z_W$ (vgl. Abbildung A.5). b) 2D-Ansicht von a).

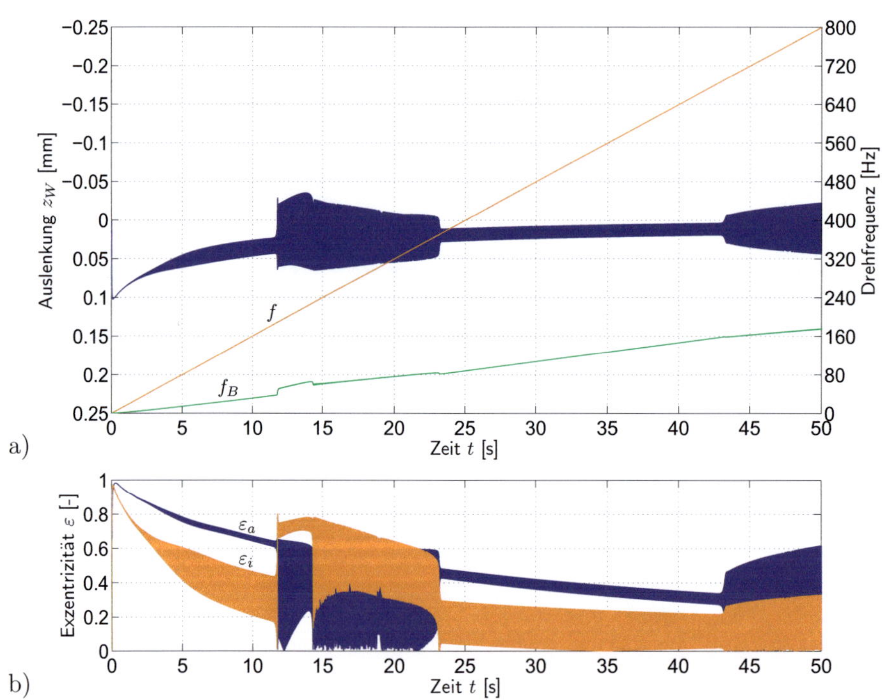

Abbildung A.7: Langsame Hochlaufsimulation des Laval-Rotors in Schwimmbuchsenlagern auf eine Drehfrequenz von 800 Hz (Impedanz-Methode): a) Auslenkungen $z_W$ der Scheibe in vertikaler Richtung. b) Relative Lagerexzentrizitäten $\varepsilon$.

## Analytische Kurzlagerlösung

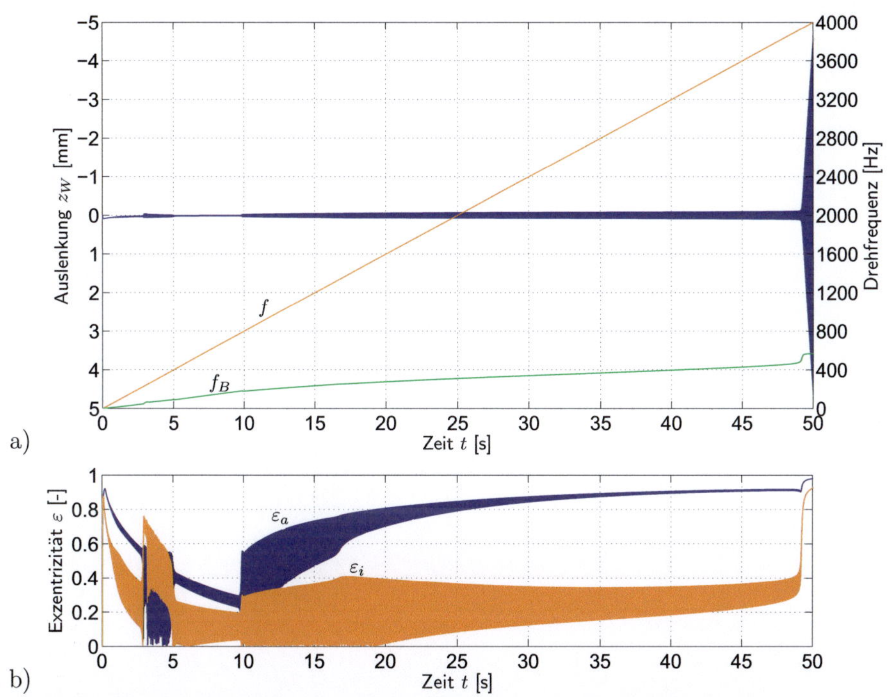

Abbildung A.8: Hochlaufsimulation des Laval-Rotors in Schwimmbuchsenlagern (Kurzla-gertheorie): a) Auslenkungen $z_W$ der Scheibe in vertikaler Richtung. b) Relative Lagerex-zentrizitäten $\varepsilon$.

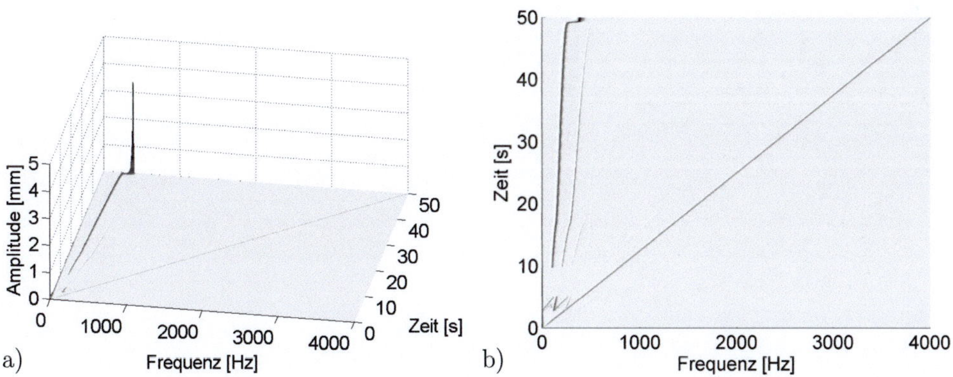

Abbildung A.9: Hochlaufsimulation des Laval-Rotors in Schwimmbuchsenlagern (Kurzla-gertheorie): a) 3D-Wasserfalldiagramm der Auslenkungen $z_W$ (vgl. Abbildung A.8). b) 2D-Ansicht von a).

# Anhang B

# Steifigkeits- und Dämpfungskoeffizienten des kreiszylindrischen Gleitlagers

Nach Linearisierung der Gleitlagerkräfte (Kurzlagertheorie) um die stationäre Ruhelage, die durch die Lagerexzentrizität $\varepsilon_0$ gegeben ist, ergeben sich die dimensionslosen Steifigkeitskoeffizienten zu

$$\bar{k}_{yy} = -2\frac{\varepsilon_0\left(32\,\varepsilon_0{}^2\left(1+\varepsilon_0{}^2\right)+\pi^2\left(1-\varepsilon_0{}^2\right)\left(1+2\,\varepsilon_0{}^2\right)\right)}{\left(1-\varepsilon_0{}^2\right)^3\left(16\,\varepsilon_0{}^2+\pi^2\left(1-\varepsilon_0{}^2\right)\right)}\,,\tag{B.1a}$$

$$\bar{k}_{yz} = \frac{\pi\left(32\,\varepsilon_0{}^2\left(1+\varepsilon_0{}^2\right)+\pi^2\left(1-\varepsilon_0{}^2\right)\left(1+2\,\varepsilon_0{}^2\right)\right)}{2\left(1-\varepsilon_0{}^2\right)^{5/2}\left(16\,\varepsilon_0{}^2+\pi^2\left(1-\varepsilon_0{}^2\right)\right)}\,,\tag{B.1b}$$

$$\bar{k}_{zy} = \frac{\pi\left(16\,\varepsilon_0{}^4-\pi^2\left(1-\varepsilon_0{}^2\right)^2\right)}{2\left(1-\varepsilon_0{}^2\right)^{5/2}\left(16\,\varepsilon_0{}^2+\pi^2\left(1-\varepsilon_0{}^2\right)\right)}\,,\tag{B.1c}$$

$$\bar{k}_{zz} = -2\frac{\varepsilon_0\left(16\,\varepsilon_0{}^2+\pi^2\left(2-\varepsilon_0{}^2\right)\right)}{\left(1-\varepsilon_0{}^2\right)^2\left(16\,\varepsilon_0{}^2+\pi^2\left(1-\varepsilon_0{}^2\right)\right)}\,.\tag{B.1d}$$

Die entsprechenden dimensionslosen Dämpfungskoeffizienten lauten

$$\bar{d}_{yy} = -\frac{\pi\left(48\,\varepsilon_0{}^2+\pi^2\left(1-\varepsilon_0{}^2\right)^2\right)}{\left(1-\varepsilon_0{}^2\right)^{5/2}\left(16\,\varepsilon_0{}^2+\pi^2\left(1-\varepsilon_0{}^2\right)\right)}\,,\tag{B.2a}$$

$$\bar{d}_{yz} = 4\frac{\varepsilon_0\left(\pi^2\left(1+2\,\varepsilon_0{}^2\right)-16\,\varepsilon_0{}^2\right)}{\left(1-\varepsilon_0{}^2\right)^2\left(16\,\varepsilon_0{}^2+\pi^2\left(1-\varepsilon_0{}^2\right)\right)}\,,\tag{B.2b}$$

$$\bar{d}_{zy} = \bar{d}_{yz}\,,\tag{B.2c}$$

$$\bar{d}_{zz} = -\frac{\pi\left(\pi^2\left(1+2\,\varepsilon_0{}^2\right)-16\,\varepsilon_0{}^2\right)}{\left(1-\varepsilon_0{}^2\right)^{3/2}\left(16\,\varepsilon_0{}^2+\pi^2\left(1-\varepsilon_0{}^2\right)\right)}\,.\tag{B.2d}$$

# Anhang C

# Stabilitäts- und Bifurkationsanalysen

## C.1 Laval-Rotor in konventionellen Gleitlagern

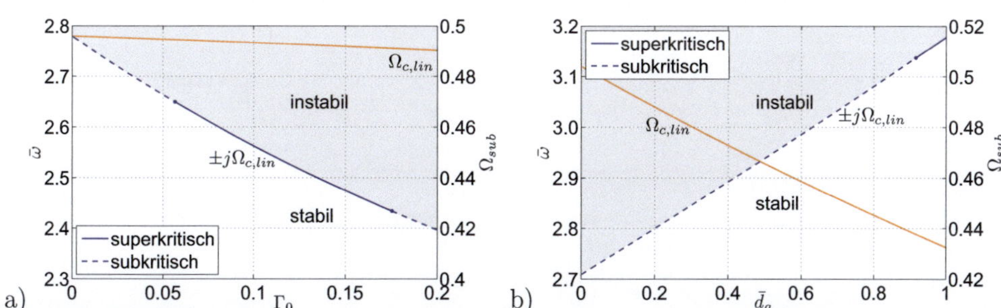

Abbildung C.1: Stabilitätskarten für den Laval-Rotor in konventionellen Gleitlagern: a) Einfluss der Wellennachgiebigkeit $\Gamma_0$ ($\sigma = 1.0$, $\bar{d}_a = 0.1$). b) Einfluss der äußeren Dämpfung $\bar{d}_a$ ($\sigma = 1.0$, $\Gamma_0 = 0.01$).

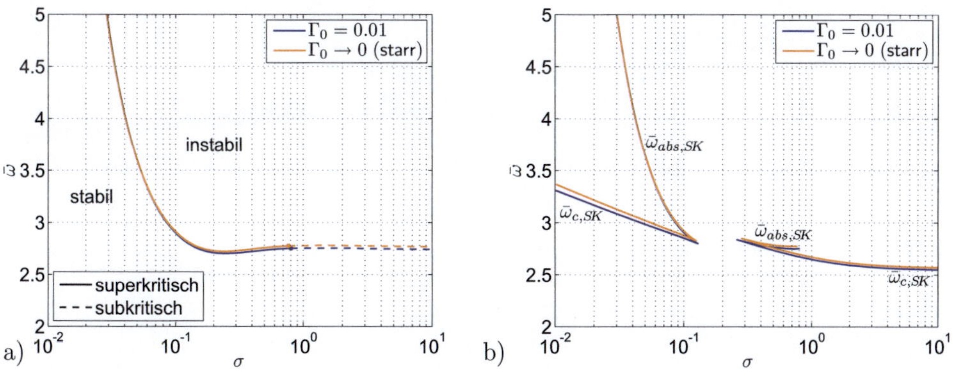

Abbildung C.2: Vergleich des Laval-Rotors ($\Gamma_0 = 0.01$, $\bar{d}_a = 0.1$) in konventionellen Gleitlagern mit dem zugehörigen starren Laval-Rotor ($\Gamma_0 \to 0$, $\bar{d}_a = 0.1$): a) Stabilitätskarte. b) Sattelknoten-Bifurkationen in der $\sigma$-$\bar{\omega}$-Ebene.

## C.2 Laval-Rotor in Schwimmbuchsenlagern

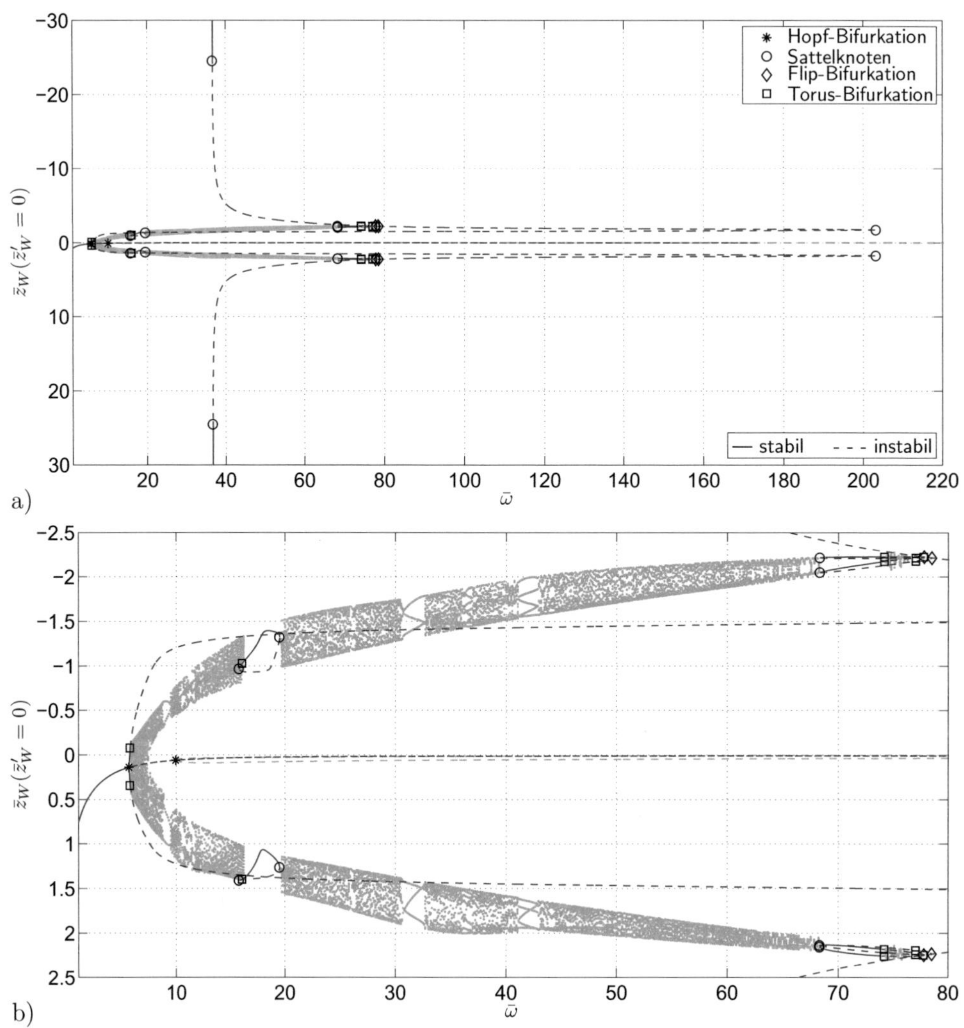


Abbildung C.3: Bifurkationsanalyse des mittel belasteten Laval-Rotors in Schwimmbuchsenlagern (vgl. Tabelle 4.3) für den Lastparameter $\sigma = 0.75$: a) Vollständiges Bifurkationsdiagramm. b) Vergrößerter Ausschnitt von a).

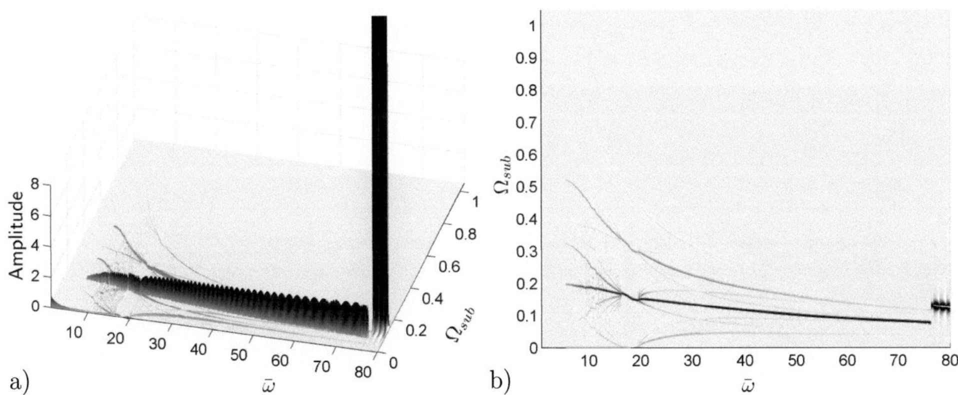

Abbildung C.4: Amplitudenspektren für die aus der Bifurkationsanalyse erhaltenen stabilen Lösungen bei einer quasi-statischen Erhöhung von $\bar{\omega}$: a) 3D-Ordnungsdiagramm der Lösungen $\bar{z}_W$ (vgl. Abbildung C.3). b) 2D-Ansicht von a).

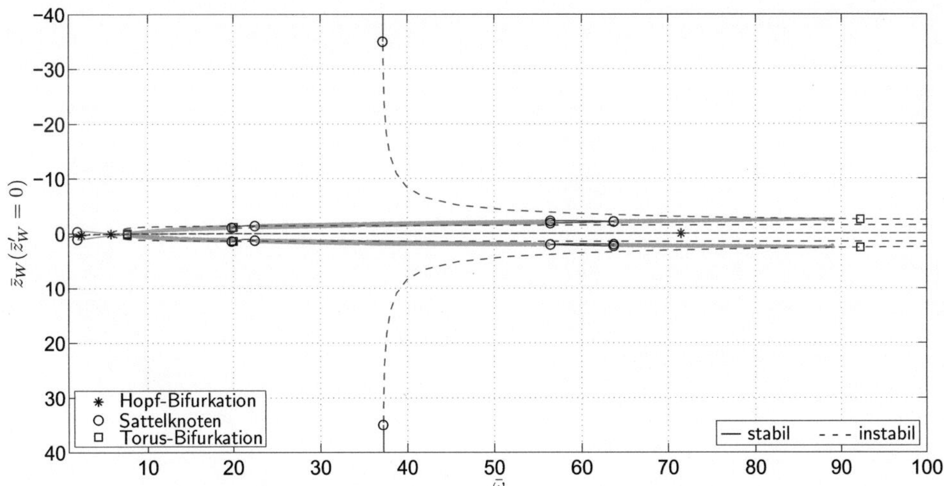

Abbildung C.5: Vollständiges Bifurkationsdiagramm des niedrig belasteten Laval-Rotors in Schwimmbuchsenlagern (vgl. Tabelle 4.3) für den Lastparameter $\sigma = 1.0$.

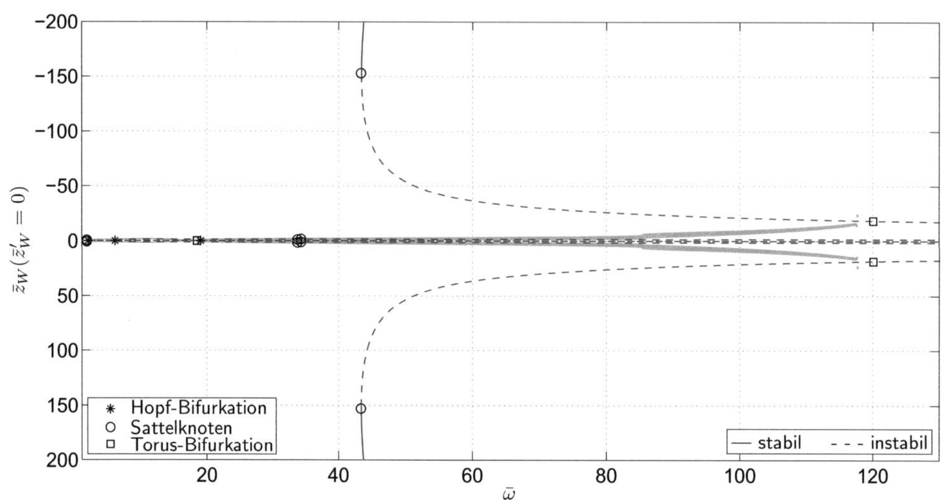



Abbildung C.6: Vollständiges Bifurkationsdiagramm des niedrig belasteten Laval-Rotors in Schwimmbuchsenlagern (vgl. Tabelle 4.3) für den Lastparameter $\sigma = 10.0$.

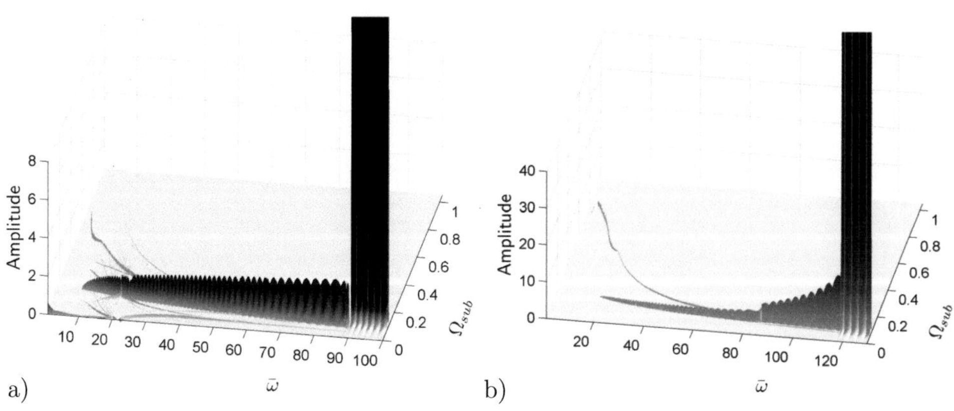



Abbildung C.7: Frequenzverhältnisse $\Omega_{sub}$ als 3D-Ordnungsdiagramm für die aus der Bifurkationsanalyse erhaltenen stabilen Lösungen $\bar{z}_W$ bei einer quasi-statischen Erhöhung von $\bar{\omega}$: a) $\sigma = 1.0$. b) $\sigma = 10.0$.

# C.3 Kontinuumsrotor in Schwimmbuchsenlagern

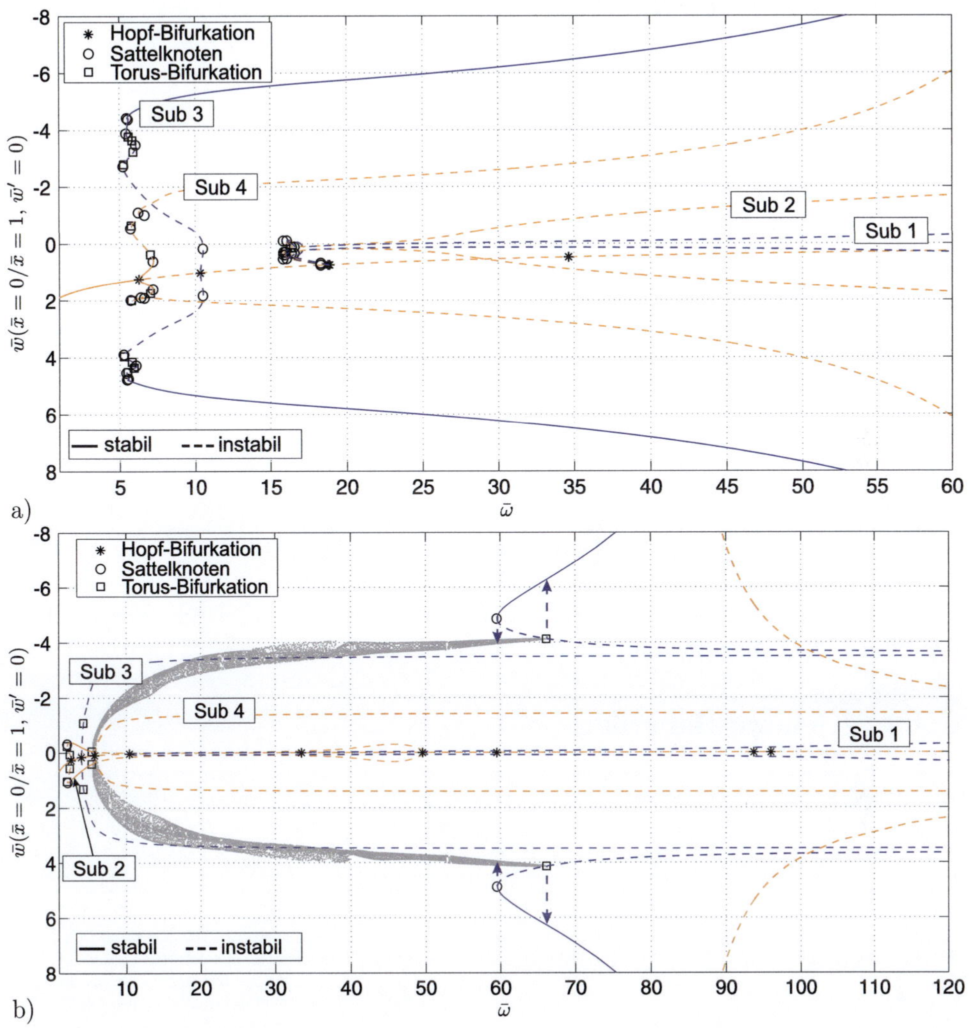

Abbildung C.8: Bifurkationsdiagramme des Kontinuumsrotors in Schwimmbuchsenlagern (vgl. Tabelle 5.1) für den Lastparameter: a) $\sigma = 0.04$. b) $\sigma = 0.9$.

# C.4  Turboladerrotor

## C.4.1  Mittlere Baugröße

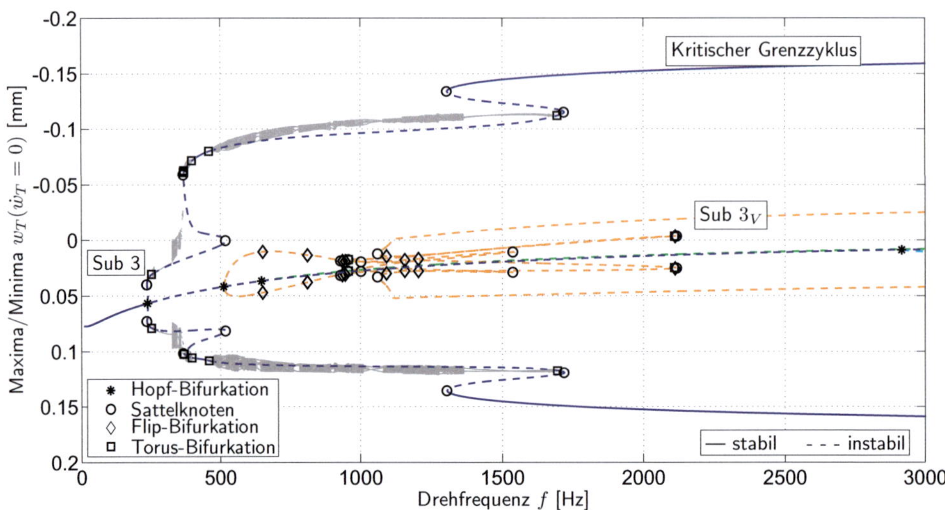


Abbildung C.9: Bifurkationsdiagramm des starr modellierten Turboladerrotors mittlerer Baugröße in Schwimmbuchsenlagern (vgl. Tabelle 6.1).

## C.4.2  Kleinere Baugröße

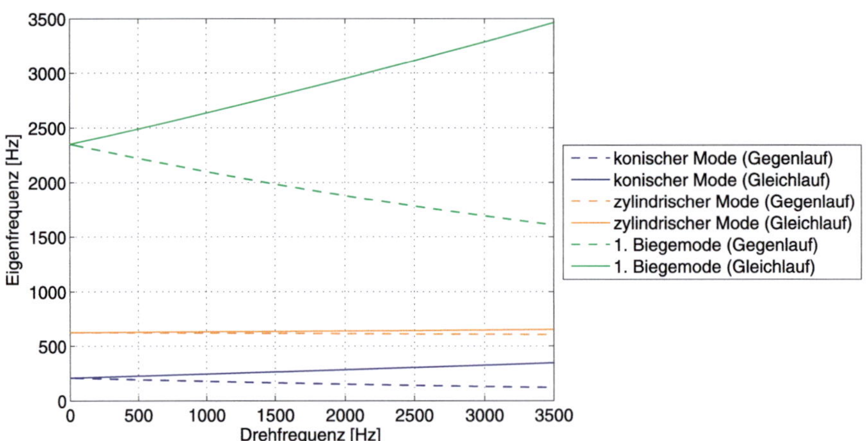


Abbildung C.10: Gyroskopische Eigenfrequenzen des Turboladerrotors kleinerer Baugröße bei einer isotrop linear-elastischen Lagerung ($c_0 = 800\,\text{N/mm}$).

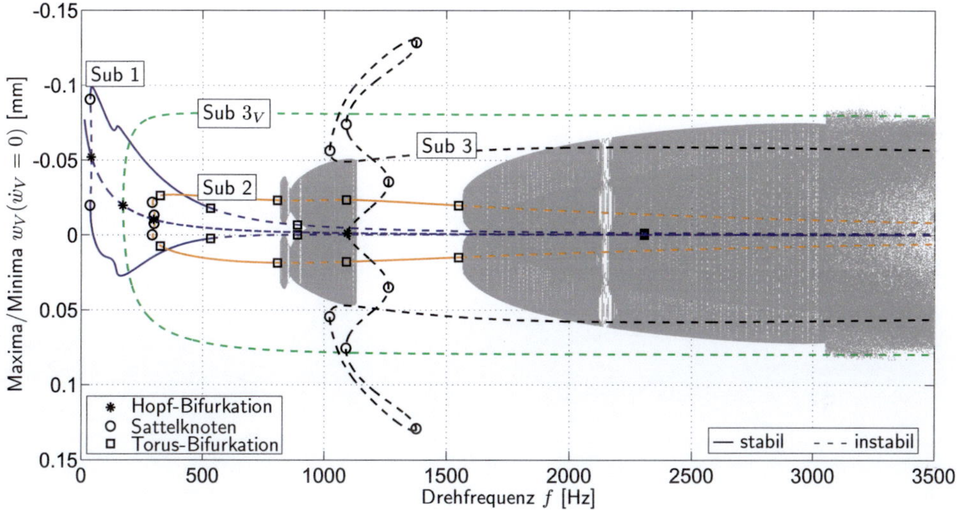



Abbildung C.11: Bifurkationsdiagramm des starr modellierten Turboladerrotors kleinerer Baugröße in Schwimmbuchsenlagern (vgl. Tabelle 6.2).

# Symbolverzeichnis

**Indizes**

| | |
|---|---|
| $*$ | zugehörige konjugiert komplexe Zahl |
| $0$ | Kennzeichnung stationärer Zustand |
| $1$ | Lagerstelle 1 |
| $2$ | Lagerstelle 2 |
| $a$ | äußerer Schmierfilm |
| $B$ | Buchse |
| $c$ | kritisch |
| $GG$ | Gegenlauf |
| $GL$ | Gleichlauf |
| $G$ | Gleichgewichtslösung |
| $i$ | innerer Schmierfilm |
| $kon$ | konischer Mode |
| $L$ | Lagerzapfen |
| $P$ | periodische Lösung |
| $rot$ | rotatorischer Anteil |
| $TL$ | Turboladerrotor |
| $trans$ | translatorischer Anteil |
| $T$ | Turbinenrad |
| $V$ | Verdichterrad |
| $W$ | Welle bzw. Wellendurchstoßpunkt |
| $zyl$ | zylindrischer Mode |

## Mechanische Größen

| | |
|---|---|
| $\alpha$ | Winkel zwischen Verdrängungsgeschwindigkeitsvektor und radialer Richtung |
| $\alpha_a$ | Dämpfungskoeffizient der massenproportionalen Dämpfung |
| $\bar{\eta}$ | Viskositätsverhältnis |
| $\bar{\omega}_{c,lin}$ | dimensionslose Rotorwinkelgeschwindigkeit an der Stabilitätsgrenze der Gleichgewichtslage |
| $\bar{d}_{yy}$, $\bar{d}_{yz}$, $\bar{d}_{zy}$, $\bar{d}_{zz}$ | dimensionslose Dämpfungskoeffizienten des konventionellen Gleitlagers |
| $\bar{k}_{yy}$, $\bar{k}_{yz}$, $\bar{k}_{zy}$, $\bar{k}_{zz}$ | dimensionslose Steifigkeitskoeffizienten des konventionellen Gleitlagers |
| $\beta$ | Breiten-Durchmesser-Verhältnis |
| $\mathbf{D}$ | Dämpfungsmatrix |
| $\mathbf{f}$, $\mathbf{g}$ | Vektorfelder |
| $\mathbf{G}$ | gyroskopische Matrix |
| $\mathbf{K}$ | symmetrischer Anteil der Steifigkeitsmatrix |
| $\mathbf{M}$ | Massenmatrix |
| $\mathbf{N}$ | zirkulatorischer Anteil der Steifigkeitsmatrix |
| $\boldsymbol{\Phi}$ | Vektor der Ansatzfunktionen |
| $\delta W$ | virtuelle Arbeit der potentiallosen Kräfte |
| $\delta$ | Durchmesserverhältnis |
| $\ell$ | Länge der Welle |
| $\eta$ | Ölviskosität |
| $\Gamma$ | Maß für die Wellennachgiebigkeit (Kontinuumsrotor) |
| $\gamma$ | Lagerspielverhältnis |
| $\Gamma_0$ | bezogene statische Rotordurchbiegung (Laval-Rotor) |
| $\Lambda$ | Breitenverhältnis |
| $\mu$ | Massen- bzw. Belastungsverhältnis |
| $\nu$ | Spiel-Breiten-Verhältnis |
| $\Omega$ | Frequenz- bzw. Drehzahlverhältnis |
| $\omega$ | Winkelgeschwindigkeit des Rotors bzw. Lagerzapfens |

| | |
|---|---|
| $\omega_S$ | Winkelgeschwindigkeit der Lagerschale |
| $\omega_\xi,\ \omega_\eta,\ \omega_\zeta$ | Winkelgeschwindigkeiten im körperfesten Koordinatensystem $(\xi, \eta, \zeta)$ |
| $\omega_{eig}$ | Eigenkreisfrequenz |
| $\Omega_{sub}$ | subsynchrones Frequenzverhältnis |
| $\phi$ | Verlagerungswinkel des Lagerzapfens |
| $\Pi$ | Druckkennzahl |
| $\psi$ | relatives Lagerspiel |
| $\rho$ | dimensionsloser Unwuchtparameter |
| $\sigma$ | reziproker Lastparameter |
| $\tau$ | dimensionslose Zeit |
| $\theta$ | Umfangskoordinate im Lager |
| $\varepsilon$ | relative Lagerexzentrizität |
| $\varphi$ | Winkeldrehung |
| $\varrho$ | Dichte |
| $\vartheta$ | Schlankheitsgrad |
| $A$ | Querschnittsfläche |
| $a,\ b$ | Lage von Schwerpunkt $S_T$ bzw. $S_V$ |
| $a_\varphi$ | konstante Drehbeschleunigung |
| $C$ | Lagerspiel |
| $D$ | Lagerdurchmesser |
| $d_a$ | Koeffizient der äußeren Dämpfung |
| $E$ | Elastizitätsmodul |
| $e$ | Lagerexzentrizität |
| $e_S$ | Massenexzentrizität |
| $f$ | Drehfrequenz |
| $F_r,\ F_t$ | radiale bzw. tangentiale Komponente der Lagerkraft |
| $f_r,\ f_t$ | radiale bzw. tangentiale Komponente der dimensionslosen Lagerkraft |
| $F_y,\ F_z$ | horizontale bzw. vertikale Komponente der Lagerkraft |

| | |
|---|---|
| $f_y,\ f_z$ | horizontale bzw. vertikale Komponente der dimensionslosen Lagerkraft |
| $f_{eig}$ | Eigenfrequenz |
| $f_{sub}$ | subsynchrone Frequenz |
| $g$ | Erdbeschleunigung |
| $H$ | bezogene Schmierspalthöhe |
| $h$ | Schmierspalthöhe |
| $I$ | Flächenträgheitsmoment |
| $I_p$ | polares Flächenträgheitsmoment |
| $J$ | Massenträgheitsmoment |
| $k$ | Wellensteifigkeit |
| $L$ | Lagerbreite |
| $M$ | Reibungsmoment infolge des jeweiligen Schmierfilms |
| $m$ | Rotor- bzw. Scheibenmasse |
| $p$ | Druckverteilung im Lagerspalt |
| $R$ | Radius der Welle bzw. des Lagerzapfens |
| $S_m$ | modifizierte Sommerfeldzahl |
| $T$ | kinetische Energie |
| $t$ | Zeit |
| $U_1,\ U_2$ | Oberflächengeschwindigkeiten des Lagerzapfens bzw. der Lagerschale |
| $U_S$ | Unwucht |
| $V$ | potentielle Energie |
| $v,\ w$ | Auslenkung der Welle in horizontaler bzw. vertikaler Richtung |
| $W$ | statische Last |
| $W_{I,r},\ W_{I,\phi}$ | radiale bzw. tangentiale Komponenten des von $L/D$ unabhängigen Impedanzvektors (Kurzlagertheorie) |
| $W_{I,r}^*,\ W_{I,\phi}^*$ | radiale bzw. tangentiale Komponenten des Impedanzvektors |
| $x$ | Ortskoordinate |
| $y,\ z$ | Auslenkung in horizontaler bzw. vertikaler Richtung |

| | |
|---|---|
| $\bar{v}_s$ | Betrag des dimensionslosen Verdrängungsgeschwindigkeitsvektors |
| $\bar{\mathbf{v}}_s$ | dimensionsloser Verdrängungsgeschwindigkeitsvektor |
| $\mathbf{F}_1,\ \mathbf{F}_2$ | Vektor der Lagerkräfte |
| $\mathbf{f}_1,\ \mathbf{f}_2$ | Vektor der dimensionslosen Lagerkräfte |
| $\mathbf{F}_g$ | Vektor der Gewichtskraft |
| $\mathbf{f}_g$ | Vektor der dimensionslosen Gewichtskraft |
| $\mathbf{F}_U$ | Vektor der Unwuchtkräfte |
| $\mathbf{f}_U$ | Vektor der dimensionslosen Unwuchtkräfte |
| $\mathbf{q}$ | Vektor der generalisierten Koordinaten |
| $So$ | Sommerfeldzahl |
| $So_0$ | von der Drehfrequenz befreite Sommerfeldzahl |

**Mathematische Größen**

| | |
|---|---|
| $\bar{\lambda}$ | bezogene Eigenwerte |
| $\mathbf{A}$ | Systemmatrix der linearisierten Gleichungen (Jacobi-Matrix) |
| $\mathbf{C}$ | Monodromiematrix |
| $\mathbf{D}$ | Diagonalmatrix |
| $\mathbf{I}$ | Einheitsmatrix |
| $\mathbf{n}$ | Normalenvektor |
| $\mathbf{x},\ \mathbf{y}$ | Zustandsvektoren |
| $\boldsymbol{\alpha}$ | Parametervektor |
| $\boldsymbol{\alpha}_0$ | Parametervektor im kritischen Punkt |
| $\boldsymbol{\Phi}$ | Fundamentalmatrix |
| $\lambda$ | Eigenwerte bzw. Ljapunow-Exponenten |
| $\mu$ | Eigenwert, Floquet-Multiplikator |
| $\Omega$ | Imaginärteil einer komplexen Zahl |
| $\varrho$ | Realteil einer komplexen Zahl |
| $j$ | imaginäre Einheit |
| $k$ | charakteristische Größe |

| | |
|---|---|
| $T$ | Periodendauer |
| $\alpha_1$ | Bifurkationsparameter |
| $\beta_1$ | Entfaltungsparameter |
| $\phi$ | Winkel |
| $\sigma$ | Stabilitätsparameter (superkritisch/subkritisch) |
| $r$ | Amplitude |

# Abbildungsverzeichnis

# Tabellenverzeichnis

# Literaturverzeichnis

[1] G. Adiletta, A. R. Guido und C. Rossi. Chaotic motions of a rigid rotor in short journal bearings. *Nonlinear Dynamics*, 10:251–269, 1996.

[2] R. H. Badgley und J. F. Booker. Turbo rotor instability, effect of initial transients on plane motion. *Journal of Lubrication Technology*, 91(4):625–633, 1969.

[3] R. H. Bannister und J. Makdissy. The effect of unbalance on stability and its influence on non-synchronous whirling. In *IMechE, Second International Conference on Vibrations in Rotating Machinery*, Cambridge, 1980.

[4] K.-J. Bathe. *Finite element procedures*. Prentice Hall, 1996.

[5] P. Bonello. Transient modal analysis of the non-linear dynamics of a turbocharger on floating ring bearings. *Proceedings of the Institution of Mechanical Engineers, Part J: Journal of Engineering Tribology*, 223:79–93, 2009.

[6] J. F. Booker. Dynamically-loaded journal bearings: Mobility method of solution. *ASME Journal of basic engineering*, 87(3):537–546, 1965.

[7] J. F. Booker. A Table of the Journal Bearing Integral. *ASME Journal of basic engineering*, 87(2):533–535, 1965.

[8] A. Boyaci, H. Hetzler, W. Seemann, C. Proppe und J. Wauer. Analytical bifurcation analysis of a rotor supported by floating ring bearings. *Nonlinear Dynamics*, 57(4): 497–507, 2009.

[9] A. Boyaci, W. Seemann und C. Proppe. Zur Stabilität eines in Gleitlagern laufenden elastischen Rotors. In *Proceedings of SIRM 2009 - 8th International Conference on Vibrations in Rotating Machines*, 2009.

[10] A. Boyaci, W. Seemann und C. Proppe. Stability analysis of rotors supported by floating ring bearings. In *Proceedings of the 8th IFToMM International Conference on Rotordynamics*, Seoul, 2010.

[11] A. Boyaci, W. Seemann und C. Proppe. Bifurcation Analysis of a Turbocharger Rotor Supported by Floating Ring Bearings. In *IUTAM Symposium on Emerging Trends in Rotor Dynamics*, volume 25 of *IUTAM Bookseries*, Seiten 335–347. Springer Netherlands, 2011.

[12] I. N. Bronstein, K. A. Semendjajew, G. Musiol und H. Mühlig. *Taschenbuch der Mathematik*. Frankfurt am Main, 2008.

[13] R. D. Brown, P. Addison und A. H. C. Chan. Chaos in the unbalance response of journal bearings. *Nonlinear Dynamics*, 5:421–432, 1994.

[14] J. Carr. *Applications of centre manifold theory*. Springer, New York, 1981.

[15] D. Childs. *Turbomachinery rotordynamics*. Wiley, New York, 1993.

[16] D. Childs, H. Moes und H. van Leeuwen. Journal bearing impedance descriptions for rotordynamic applications. *ASME Journal of lubrication technology*, 99:198–214, 1977.

[17] F. Christiansen und H. H. Rugh. Computing Lyapunov spectra with continuous Gram-Schmidt orthonormalization. *Nonlinearity*, 10:1063–1072, 1997.

[18] H. F. de Castro, K. L. Cavalca und R. Nordmann. Whirl and whip instabilities in rotor-bearing system considering a nonlinear force model. *Journal of Sound and Vibration*, 317:273–293, 2008.

[19] A. Dhooge und W. Govaerts. A MATLAB package for numerical bifurcation analysis of ODEs. *ACM Transactions on Mathematical Software*, 29(2):141–164, 2003.

[20] A. Dhooge, W. Govaerts und Y. Kuznetsov. Numerical continuation of fold bifurcations of limit cycles in MATCONT. In *Computational Science — ICCS 2003*, volume 2657 of *Lecture Notes in Computer Science*, Seiten 701–710. Springer Berlin/Heidelberg, 2003.

[21] B. Domes. *Amplituden der unwucht- und selbsterregten Schwingungen hochtouriger Rotoren mit rotierenden und nichtrotierenden schwimmenden Büchsen*. Dissertation, Universität Karlsruhe (TH), 1980.

[22] G. B. DuBois und F. W. Ocvirk. Analytical derivation and experimental evaluation of short-bearing approximation for full journal bearing. *NACA Report*, 1157:1199–1206, 1953.

[23] R. Gasch, R. Nordmann und H. Pfützner. *Rotordynamik*. Springer, Berlin/Heidelberg, 2006.

[24] W. Govaerts, Y. A. Kuznetsov, R. K. Ghaziani und H. G. E. Meijer. *MATCONT and CL MATCONT: Continuation toolboxes in MATLAB*. Ghent University and Utrecht University, Ghent and Utrecht, March 2008.

[25] J. Guckenheimer und P. Holmes. *Nonlinear oscillations, dynamical systems, and bifurcations of vector fields*. Springer, New York, 1983.

[26] E. G. Gunter und W. J. Chen. Dynamic analysis of a turbocharger in floating bushing bearings. In *Proceedings of the Third International Symposium on Stability Control of Rotating Machinery (ISCORMA)*, 2005.

[27] A. C. Haag. The influence of oil-film journal bearings on the stability of rotating machines. *Journal of Applied Mechanics*, 13(3):A211–A220, 1946.

[28] A. C. Haag. Some vibration aspects of lubrication. *Lubrication Engineering*, 4: 166–169, 1948.

[29] P. Hagedorn. *Nichtlineare Schwingungen.* Akad. Verl. Ges., Wiesbaden, 1978.

[30] H. C. Hill. Slipper bearings and vibration control in small gas turbines. *Transactions of the ASME*, 80:1756–1764, 1958.

[31] P. Hollis und D. L. Taylor. Hopf Bifurcation to Limit Cycles in Fluid Film Bearings. *ASME Journal of Tribology*, 108:184–189, 1986.

[32] C. Holt, L. San Andrés, S. Sahay, P. Tang, G. LaRue und K. Gjika. Test response and nonlinear analysis of a turbocharger supported on floating ring bearings. *ASME Journal of Vibration and Acoustics*, 127:1–9, 2005.

[33] Y. Hori. A theory of oil whip. *ASME Journal of Applied Mechanics*, 81:189–198, 1959.

[34] C. Hummel. *Kritische Drehzahlen als Folge der Nachgiebigkeit des Schmiermittels im Lager.* Dissertation, Berlin, 1926.

[35] J. I. Inayat-Hussain, H. Kanki und N. W. Mureithi. Stability and bifurcation of a rigid rotor in cavitated squeeze-film dampers without centering springs. *Tribology International*, 34:689–702, 2001.

[36] J. I. Inayat-Hussain, H. Kanki und N. W. Mureithi. On the bifurcations of a rigid rotor response in squeeze-film dampers. *Journal of Fluids and Structures*, 17:433–459, 2003.

[37] G. Iooss und W. Langford. *Nonlinear Dynamics, Annals of the New York Academy of Sciences*, volume 357, chapter Conjectures on the routes to turbulence via bifurcations, Seiten 480–505. New York, 1980.

[38] C. Kaas-Petersen. Computation of quasiperiodic solutions of forced dissipative systems. *Journal of Computational Physics*, 58(3):395–408, 1985.

[39] M. Kalitaa und S. Kakoty. Analysis of whirl speeds for rotor-bearing systems supported on fluid film bearings. *Mechanical Systems and Signal Processing*, 18:1369–1380, 2004.

[40] J. Kerth und L. San Andrés. Thermal effects on the performance of floating ring bearings for turbochargers. *Proc. Inst. Mech. Eng., Part J: Journal of Engineering Tribology*, 218(5):437–450, 2004.

[41] C. F. Kettleborough. Frictional experiments on lightly-loaded fully floating ring bearings. *Australian Journal of Applied Science*, 5:211–220, 1954.

[42] R. G. Kirk, A. A. Alsaeed und E. J. Gunter. Stability analysis of a high-speed automotive turbocharger. *Tribology Transactions*, 50(3):427–434, 2007.

[43] R. G. Kirk, A. Alsaeed, J. Liptrap, C. Lindsey, D. Sutherland, B. Dillon, E. Saunders, M. Chappell, S. Nawshin, E. Christian, A. Ellis, B. Mondschein, J. Oliver und J. Sterling. Experimental test results for vibration of a high speed diesel engine turbocharger. *Tribology Transactions*, 51(4):422 – 427, 2008.

[44] R. G. Kirk, A. A. Kornhauser, J. Sterling und A. Alsaeed. Turbocharger on-engine experimental vibration testing. *Journal of Vibration and Control*, 16(3):343–355, 2010.

[45] E. Knobloch. *Lectures on solar and planetary dynamos*, chapter Bifurcations in rotating systems, Seiten 331–372. Cambridge University Press, Cambridge, 1994.

[46] G. Knoll, W. Seemann, C. Proppe, R. Koch, K. Backhaus und A. Boyaci. *Mehrkörpersimulation des Hochlaufverhaltens von Abgasturbolader-Rotoren mit nichtlinear modellierten Schwimmbuchsenlagern*. Forschungsvorhaben Nr. 912 Heft 889, Forschungsvereinigung Verbrennungskraftmaschinen e. V. (FVV), Frankfurt am Main, 2009.

[47] G. Knoll, W. Seemann, C. Proppe, R. Koch, K. Backhaus und A. Boyaci. Hochlauf von Turboladerrotoren in nichtlinear modellierten Schwimmbuchsenlagern. *Motortechnische Zeitschrift (MTZ)*, 71(4):280–285, 2010.

[48] Y. A. Kuznetsov. *Elements of applied bifurcation theory*. Springer, New York, 2004.

[49] W. Lang, Otto R. ; Steinhilper. *Gleitlager: Berechnung und Konstruktion von Gleitlagern mit konstanter und zeitlich veränderlicher Belastung*. Springer, Berlin, 1978.

[50] C.-W. Lee. *Vibration analysis of rotors*. Kluwer Acad. Publ., Dordrecht [u.a.], 1993.

[51] M. Legrand, D. Jiang, C. Pierre und S. W. Shaw. Nonlinear normal modes of a rotating shaft based on the invariant manifold method. *International Journal of Rotating Machinery*, 10(4):319–335, 2004.

[52] R. W. Leven, B.-P. Koch und B. Pompe. *Chaos in dissipativen Systemen*. Akad.-Verl., Berlin, 1994.

[53] C. H. Li. Dynamics of rotor bearing systems supported by floating ring bearings. *ASME Journal of Lubrication Technology*, 104:469–477, 1982.

[54] C. H. Li und S. M. Rohde. On the steady state and dynamic performance characteristics of floating ring bearings. *ASME Journal of Lubrication Technology*, 103: 389–397, 1981.

[55] A. M. Ljapunov. *Stability of motion*. Acad. Press, New York [u.a.], 1966.

[56] J. W. Lund. *Self-excited, Stationary Whirl Orbits of a Journal in a Sleeve Bearing*. Dissertation, Rensselaer Polytechnic Institute New York, 1966.

[57] J. W. Lund und H. B. Nielsen. Instability threshold of an unbalanced rigid rotor in short journal bearings. In *IMechE, Second International Conference on Vibrations in Rotating Machinery*, Cambridge, 1980.

[58] J. W. Lund und E. Saibel. Oil whip whirl orbits of a rotor in sleeve bearings. *Journal of Engineering of Industry, ASME*, 4:813–823, 1967.

[59] K. Magnus. *Kreisel: Theorie und Anwendungen*. Springer, Berlin, 1971.

[60] K. Magnus, K. Popp und W. Sextro. *Schwingungen: eine Einführung in die physikalischen Grundlagen und die theoretische Behandlung von Schwingungsproblemen; mit 68 Aufgaben mit Lösungen*. Vieweg + Teubner, Wiesbaden, 2008.

[61] A. Meyer. *Äußere Lagerdämpfung für sehr hochtourige, gleitgelagerte Rotoren*. Dissertation, Universität Karlsruhe (TH), 1987.

[62] J. R. Mitchell, R. Holmes und J. Byrne. Oil whirl of a rigid rotor in 360° degree journal bearings: further characteristics. *Proc. Inst. Mech. Engrs*, 180:593–610, 1965/1966.

[63] P. C. Müller. Allgemeine lineare Theorie für Rotorsysteme ohne und mit kleinen Unsymmetrien. *Ingenieur-Archiv*, 50:61–74, 1981.

[64] P. C. Müller. Eigenverhalten rotationssymmetrischer Rotorsysteme. *ZAMM: Zeitschrift für angewandte Mathematik und Mechanik*, 60:T65–T67, 1980.

[65] F. Moser. *Stabilität und Verzweigungsverhalten eines nichtlinearen Rotor-Lager-Systems*. Dissertation, Technische Universität Wien, 1993.

[66] A. Muszynska. *Rotordynamics*. Taylor & Francis, Boca Raton, 2005.

[67] C. J. Myers. Bifurcation Theory applied to Oil Whirl in Plain Cylindrical Journal Bearings. *ASME Journal of Applied Mechanics*, 51:244–250, 1984.

[68] J. Naranjo, C. Holt und L. San Andrés. Dynamic response of a rotor supported in a floating ring bearing. In *Proceedings of the First International Conference on Rotordynamics of Machinery (ISCORMA)*, 2001.

[69] A. H. Nayfeh und B. Balachandran. *Applied nonlinear dynamics: analytical, computational and experimental methods*. Wiley, New York [u.a.], 1995.

[70] A. H. Nayfeh und D. T. Mook. *Nonlinear oscillations*. Wiley, New York, 1979.

[71] S. Newhouse, D. Ruelle und F. Takens. Occurrence of strange axiom $A$ attractors near quasi periodic flows on $T_m$, $m \geq 3$. *Communications in Mathematical Physics*, 64:35–40, 1978.

[72] B. L. Newkirk und J. F. Lewis. Oil film whirl—an investigation of disturbances due to oil films in journal bearings. *ASME Journal of Applied Mechanics*, 78:21–27, 1956.

[73] B. L. Newkirk und H. D. Taylor. Shaft whipping due to oil action in journal bearing. *General Electric Review*, 28:559–568, 1925.

[74] F. K. Orcutt und C. W. Ng. Steady-state and dynamic properties of the floating-ring journal bearing. *ASME Journal of Lubrication Technology*, 90:243–253, 1968.

[75] V. I. Oseledec. Ein multiplikativer Ergodensatz und charakteristische Ljapunow-Zahlen für dynamische Systeme (Russisch). *Trudy Mosk. Mat. Obsc.*, 19:179–210, 1968.

[76] T. S. Parker und L. O. Chua. *Practical numerical algorithms for chaotic systems.* Springer, New York [u.a.], 1989.

[77] P. Plaschko und K. Brod. *Nichtlineare Dynamik, Bifurkation und chaotische Systeme.* Vieweg, Braunschweig, 1995.

[78] H. Poritsky. Contribution to the theory of oil whip. *ASME Journal of Applied Mechanics*, 75:1153–1161, 1953.

[79] I. Poston, Tim ; Stewart. *Catastrophe theory and its applications.* Pitman, London, 1978.

[80] J. Rübel. *Vibrations in nonlinear rotordynamics.* Dissertation, Ruprecht-Karls-Universität Heidelberg, 2009.

[81] M. Riemer, J. Wauer und W. Wedig. *Mathematische Methoden der Technischen Mechanik.* Springer, Berlin, 1993.

[82] D. Ruelle und F. Takens. On the Nature of Turbulence. *Communications in Mathematical Physics*, 20:167–192, 1971.

[83] S. Saito, T. Someya und E. Nakagawa. Theoretical investigation into the stability of a rotor supported by floating bush journal bearings (Japanisch). *Journal of the Japan Society of Mechanical Engineers*, 40(338):2824–2831, 1974.

[84] L. San Andrés und J. Kerth. Thermal effects on the performance of floating ring bearings for turbochargers. *Proceedings of the Institution of Mechanical Engineers Part J: Journal of Engineering Tribology Journal of Engineering Tribology*, 218:437–450, 2004.

[85] L. San Andrés, J. C. Rivadeneira, M. Chinta, K. Gjika und G. LaRue. Nonlinear rotordynamics of automotive turbochargers: predictions and comparisons to test data. *Journal of Engineering for Gas Turbines and Power, Transactions of the ASME*, 129:488–493, 2007.

[86] L. San Andrés, J. C. Rivadeneira, K. Gjika, C. Groves und G. LaRue. Rotordynamics of small turbochargers supported on floating ring bearings—Highlights in bearing analysis and experimental validation. *Journal of Tribology*, 129:391–397, 2007.

[87] L. San Andrés, A. Maruyama, K. Gjika und S. Xia. Turbocharger nonlinear response with engine-induced excitations: predictions and test data. *Journal of Engineering for Gas Turbines and Power*, 132(3):032502, 2010.

[88] F. Schilder, H. M. Osinga und W. Vogt. Continuation of quasiperiodic invariant tori. *SIAM Journal on Applied Dynamical Systems*, 4(3):459–488, 2005.

[89] R. Schönen und S. Tuzcu. *Programmsystem TOWER, Version 6.2*. IST Ingenieurgesellschaft für Strukturanalyse und Tribologie mbH, Prof. Dr.-Ing. G. Knoll, Aachen, 2005.

[90] H. G. Schuster. *Deterministisches Chaos: eine Einführung*. VCH, Weinheim [u.a.], 1994.

[91] G. Schweitzer, W. Schiehlen, P. C. Müller, W. Hübner, J. Lückel, G. Sandweg und R. Lautenschlager. Kreiselverhalten eines elastisch gelagerten Rotors. *Ingenieur-Archiv*, 41:110–140, 1972.

[92] B. Schweizer. Dynamics and stability of automotive turbochargers. *Archive of Applied Mechanics*, 80(9):1017–1043, 2010.

[93] B. Schweizer. Total instability of turbocharger rotors - physical explanation of the dynamic failure of rotors with full-floating ring bearings. *Journal of Sound and Vibration*, 328:156–190, 2009.

[94] B. Schweizer. Oil whirl, oil whip and whirl/whip synchronization occurring in rotor systems with full-floating ring bearings. *Nonlinear Dynamics*, 57(4):509–532, 2009.

[95] B. Schweizer. Vibrations and bifurcations of turbocharger rotors. In *Proceedings of SIRM 2009 - 8th International Conference on Vibrations in Rotating Machines*, Wien, 2009.

[96] B. Schweizer und M. Sievert. Nonlinear oscillations of automotive turbocharger turbines. *Journal of Sound and Vibration*, 321:955–975, 2009.

[97] R. Seydel. *Practical bifurcation and stability analysis: from equilibrium to chaos*. Springer, New York [u.a.], 1994.

[98] J. Shaw und S. Shaw. The effect of unbalance on oil whirl. *Nonlinear Dynamics*, 1: 293–311, 1990.

[99] M. C. Shaw und T. J. Nussdorfer. *An analysis of the full-floating journal bearing*. Technical report, NACA Report, 1947.

[100] A. Shilnikov, L. Shilnikov und D. Tuarev. On some mathematical topics in classical synchronization. A tutorial. *International Journal of Bifurcation and Chaos*, 14(7): 2143–2160, 2004.

[101] T. Someya. *Stabilität einer in zylindrischen Gleitlagern laufenden, unwuchtfreien Welle: Beitrag zur Theorie des instationär belasteten Gleitlagers*. Dissertation, Universität Karlsruhe (TH), 1962.

[102] T. Someya. *Schwingungs- und Stabilitätsverhalten einer in zylindrischen Gleitlagern laufenden Welle mit Unwucht*. VDI-Forschungsheft 510. VDI-Verlag, Düsseldorf, 1965.

[103] J. Sotomayor. *Dynamical Systems*, chapter Generic bifurcations of dynamical systems, Seiten 549–560. Academic Press, New York, 1973.

[104] A. Stodola. Kritische Wellenstörung infolge der Nachgiebigkeit des Ölpolsters im Lager. *Schweizerische Bauzeitung*, 85(21):265 –266, 1925.

[105] P. Sundararajan und S. T. Noah. Dynamics of forced nonlinear systems using shooting/arc-length continuation method - application to rotor systems. *Journal of Vibration and Acoustics*, 119(1):9–20, 1997.

[106] A. Z. Szeri. *Fluid film lubrication: theory and design*. Cambridge Univ. Pr., Cambridge, 1998.

[107] M. Tanaka. A theoretical analysis of stability characteristics of high-speed floating bush bearings. In *IMechE, Vibrations in Rotating Machinery*, Seite 133–142, 1996.

[108] M. Tanaka und Y. Hori. Stability characteristics of floating bush bearings. *ASME Journal of Lubrication Technology*, 93(3):248–259, 1972.

[109] M. Tanaka, K. Hatakenaka und K. Suzuki. A theoretical analysis of floating bush journal bearing with axial oil film rupture being considered. *ASME Journal of Tribology*, 124:494–505, 2002.

[110] A. Tatara. An experimental study of the stabilizing effect of floating-bush journal bearings. *Bulletin of the JSME*, 13(61):858–863, 1970.

[111] J. M. T. Thompson und H. B. Stewart. *Nonlinear dynamics and chaos: geometrical methods for engineers and scientists*. Wiley, Chichester [u.a.], 1986.

[112] U. Tomm, A. Boyaci, W. Seemann, C. Proppe, M. Busch, L. Esmaeili und B. Schweizer. Rotor dynamic analysis of a passenger car turbocharger using run-up simulation and bifurcation theory. In *IMechE, 9th International Conference on Turbochargers and Turbocharging*, Seiten 335–347, London, 2010.

[113] A. Tondl. *Some problems of rotor dynamics*. Chapman & Hall, London, 1965.

[114] H. Troger und A. Steindl. *Nonlinear stability and bifurcation theory*. Springer, Wien, 1991.

[115] B. L. van de Vrande. *Nonlinear dynamics of elementary rotor systems with compliant plain journal bearings*. Proefschrift, Technische Universiteit Eindhoven, 2001.

[116] E. L. B. Vorst, R. H. B. Fey, A. Kraker und D. H. Campen. Steady-state behaviour of flexible rotordynamic systems with oil journal bearings. *Nonlinear Dynamics*, 11: 295–313, 1996.

[117] J. K. Wang und M. M. Khonsari. Application of Hopf bifurcation theory to rotor-bearing systems with consideration of turbulent effects. *Tribology International*, 39: 701–714, 2006.

[118] J. K. Wang und M. M. Khonsari. On the hysteresis phenomenon associated with instability of rotor-bearing systems. *Journal of Tribology*, 128:188–196, 2006.

[119] E. Warncke. Selbst- und unwuchterregte Schwingungen eines in Gleitlagern laufenden starren Rotors. *Konstruktion*, 27:13–18, 1975.

[120] E. Warncke. Selbsterregte Schwingungen eines in Gleitlagern laufenden starren Rotors. *ZAMM*, 53:T60–T62, 1973.

[121] J. Wauer. *Kontinuumsschwingungen: vom einfachen Strukturmodell zum komplexen Mehrfeldsystem.* Vieweg + Teubner, Wiesbaden, 2008.

[122] S. Wiggins. *Introduction to applied nonlinear dynamical systems and chaos.* Springer, New York [u.a.], 1990.

[123] T. Yamamoto und Y. Ishida. *Linear and nonlinear rotordynamics.* Wiley, New York, 2001.

[124] G. Ying, G. Meng und J. Jing. Turbocharger rotor dynamics with foundation excitation. *Archive of Applied Mechanics*, 79:287–299, 2009.